U0178923

数学分析选讲

赵克全　刘立汉　郭　辉　编

科学出版社

北京

内 容 简 介

本书是编者讲授数学分析与数学分析选讲课程十余年经验的总结. 全书主要内容包括：函数的极限与连续性、实数的完备性理论、上(下)极限与半连续性、微分与广义微分中值定理、积分理论与方法、级数理论与方法、广义积分理论与方法、凸函数的性质及其应用. 本书对数学分析中的一些主要思想与方法、重点与难点进行了专题阐述，对部分内容进行了深化与拓展，并配有典型例题和习题.

本书既可作为数学及相关专业的数学分析选讲课程教材和学生学习参考书，也可作为高等院校教师从事相关教学科研的参考用书.

图书在版编目(CIP)数据

数学分析选讲/赵克全，刘立汉，郭辉编. —北京：科学出版社，2022.10
ISBN 978-7-03-073529-4

Ⅰ.①数… Ⅱ.①赵… ②刘… ③郭… Ⅲ.①数学分析-高等学校-教材
Ⅳ.①O17

中国版本图书馆 CIP 数据核字(2022)第 191073 号

责任编辑：王胡权 李 萍／责任校对：杨聪敏
责任印制：张 伟／封面设计：蓝正设计

科学出版社 出版
北京东黄城根北街 16 号
邮政编码：100717
http://www.sciencep.com
固安县铭成印刷有限公司 印刷
科学出版社发行 各地新华书店经销
*
2022 年 10 月第 一 版 开本：720 × 1000 B5
2023 年 11 月第三次印刷 印张：17 1/2
字数：350 000
定价：59.00 元
(如有印装质量问题，我社负责调换)

前　　言

　　数学分析是数学及相关本科专业开设的一门专业基础课程, 是学习很多后续课程的重要基础. 近年来, 随着"双一流"建设和高等教育教学改革的深入推进, 国家对培养学生的专业基础、综合素养和创新能力提出了更高的要求. 为进一步夯实学生的数学专业基础, 提升人才培养质量, 各高等院校陆续开设了数学分析选讲课程, 作为对数学及相关专业知识的深化和拓展. 本书正是在这样的背景下为理工科院校的数学及相关专业学生编写的.

　　本书对数学分析中的一些主要思想与方法、重点与难点进行了比较系统的阐述, 对部分内容进行了深化与拓展. 第一章介绍数列与函数极限的分析定义、数列与函数极限之间的关系以及连续与一致连续函数的基本性质; 第二章介绍实数完备性定理的等价性证明, 以及基于完备性定理的闭区间上连续函数基本性质的证明及应用; 第三章介绍上 (下) 极限与上 (下) 半连续函数的性质; 第四章介绍微分中值定理及其应用, 以及单侧可导、开区间或无穷区间情形微分中值定理的各种推广形式; 第五章介绍定积分的基本性质及其应用, 不同类型积分的计算方法及应用; 第六章介绍数项级数的敛散性判别、函数项级数的一致收敛性及其性质, 以及幂级数的性质; 第七章介绍单变量函数的广义积分、含参变量广义积分的一致收敛性及性质; 第八章介绍在运筹学与最优化领域有广泛应用的凸函数的一些基本性质及在不等式证明中的应用. 此外, 本书也有针对性地精选了近年来全国知名院校部分研究生入学考试数学分析题目作为例题和习题.

　　本书既可作为数学及相关专业的数学分析选讲课程教材和学生学习参考书, 也可作为高等院校教师从事相关教学科研的参考用书. 各高校不同专业将本书作为教材时, 可根据实际情况和具体要求作适当取舍.

　　本书的出版得到了国家级一流本科专业建设项目、重庆市一流学科 (数学) 和重庆市高等教育教学改革研究项目的资助, 在此予以感谢! 向为本书的编写和出版提出宝贵意见的各位老师、参与本书录入与校对的重庆师范大学数学科学学院本科生与研究生致以诚挚的谢意!

　　本书在编写过程中参考了国内出版的一些教材, 也在此一并表示感谢! 由于编者水平有限, 加之时间较紧, 书中难免有不足之处, 恳请读者批评指正.

编　者

2022 年 5 月

目　　录

第一章　函数的极限与连续性

第一节　数列极限的分析定义及其否定形式

极限的思想与方法在数学分析中扮演了十分基础且重要的作用. 本节主要利用 $\varepsilon\text{-}N$ 语言给出数列各类极限的分析定义形式, 包括其否定形式以及分析定义在数列极限证明中的应用.

一、 数列极限的分析定义

定义 1　给定实数数列 $\{a_n\}$ 和 $a \in \mathbb{R}$[①]. 则

(1) $\lim\limits_{n\to\infty} a_n = a \Longleftrightarrow \forall \varepsilon > 0, \exists N \in \mathbb{N}^{+}$[②], 当 $n > N$ 时, $|a_n - a| < \varepsilon$;

(2) $\lim\limits_{n\to\infty} a_n = +\infty \Longleftrightarrow \forall G > 0, \exists N \in \mathbb{N}^+$, 当 $n > N$ 时, $a_n > G$;

(3) $\lim\limits_{n\to\infty} a_n = -\infty \Longleftrightarrow \forall G > 0, \exists N \in \mathbb{N}^+$, 当 $n > N$ 时, $a_n < -G$;

(4) $\lim\limits_{n\to\infty} a_n = \infty \Longleftrightarrow \forall G > 0, \exists N \in \mathbb{N}^+$, 当 $n > N$ 时, $|a_n| > G$.

注 1　由 ε 的任意性以及 N 的多值性可知, $\lim\limits_{n\to\infty} a_n = a$ 也可表述为: 对任意的 $\varepsilon > 0$, 存在 $N \in \mathbb{N}^+$, 当 $n \geqslant N$ 时, $|a_n - a| \leqslant M\varepsilon$, 其中 M 为正常数. 数列的其他类型的极限有类似的表述形式.

例 1　设 $\lim\limits_{n\to\infty} a_n = a$. 用分析定义证明: $\lim\limits_{n\to\infty} \dfrac{a_1 + a_2 + \cdots + a_n}{n} = a$.

证　由 $\lim\limits_{n\to\infty} a_n = a$ 可知, 对任意的 $\varepsilon > 0$, 存在 $N_1 \in \mathbb{N}^+$, 当 $n > N_1$ 时, $|a_n - a| < \dfrac{\varepsilon}{2}$. 因为 $\lim\limits_{n\to\infty} \dfrac{|a_1 - a| + |a_2 - a| + |a_3 - a| + \cdots + |a_{N_1} - a|}{n} = 0$, 所以存在 $N_2 \in \mathbb{N}^+$, 当 $n > N_2$ 时,

$$\frac{|a_1 - a| + |a_2 - a| + |a_3 - a| + \cdots + |a_{N_1} - a|}{n} < \frac{\varepsilon}{2}.$$

取 $N = \max\{N_1, N_2\}$. 则当 $n > N$ 时,

$$\left| \frac{a_1 + a_2 + a_3 + \cdots + a_n}{n} - a \right|$$

---

① 本书中符号 $\mathbb{R}$ 表示全体实数的集合.

② 本书中符号 $\mathbb{N}^+$ 表示全体正整数的集合.

$$= \left| \frac{(a_1 - a) + (a_2 - a) + \cdots + (a_{N_1} - a) + \cdots + (a_n - a)}{n} \right|$$

$$< \frac{|a_1 - a| + \cdots + |a_{N_1} - a|}{n} + \frac{n - N_1}{n} \cdot \frac{\varepsilon}{2}$$

$$< \frac{\varepsilon}{2} + \frac{\varepsilon}{2} = \varepsilon.$$

从而由数列极限的分析定义可得 $\lim\limits_{n \to \infty} \dfrac{a_1 + a_2 + \cdots + a_n}{n} = a.$　　　□

例 2　设 $\lim\limits_{n \to \infty} a_n = a.$ 用分析定义证明：$\lim\limits_{n \to \infty} \dfrac{a_1 + a_2 + \cdots + a_n}{n + \sqrt{n}} = a.$

证　由 $\lim\limits_{n \to \infty} a_n = a$ 可知, 对任意的 $\varepsilon > 0$, 存在 $N_1 \in \mathbb{N}^+$, 当 $n > N_1$

时, $|a_n - a| < \dfrac{\varepsilon}{3}$. 因为 $\lim\limits_{n \to \infty} \dfrac{|a_1 - a| + \cdots + |a_{N_1} - a|}{n} = 0$, 所以对 $\varepsilon > 0$, 存在

$N_2 \in \mathbb{N}^+$, 当 $n > N_2$ 时,

$$\frac{|a_1 - a| + \cdots + |a_{N_1} - a|}{n} < \frac{\varepsilon}{3}.$$

又因为 $\lim\limits_{n \to \infty} \dfrac{|a|}{\sqrt{n}} = 0$, 所以对 $\varepsilon > 0$, 存在 $N_3 \in \mathbb{N}^+$, 当 $n > N_3$ 时, $\dfrac{|a|}{\sqrt{n}} < \dfrac{\varepsilon}{3}$. 取

$N = \max\{N_1, N_2, N_3\}$. 则当 $n > N$ 时,

$$\left| \frac{a_1 + a_2 + \cdots + a_n}{n + \sqrt{n}} - a \right|$$

$$= \frac{|(a_1 - a) + \cdots + (a_{N_1} - a) + (a_{N_1+1} - a) + \cdots + (a_n - a) - \sqrt{n} \cdot a|}{n + \sqrt{n}}$$

$$\leqslant \frac{|a_1 - a| + \cdots + |a_{N_1} - a|}{n} + \frac{|a_{N_1+1} - a| + \cdots + |a_n - a| + \sqrt{n} \cdot |a|}{n}$$

$$\leqslant \frac{|a_1 - a| + \cdots + |a_{N_1} - a|}{n} + \frac{|a_{N_1+1} - a| + \cdots + |a_n - a|}{n} + \frac{|a|}{\sqrt{n}}$$

$$< \frac{\varepsilon}{3} + \frac{n - N_1}{n} \cdot \frac{\varepsilon}{3} + \frac{\varepsilon}{3} < \frac{\varepsilon}{3} + \frac{\varepsilon}{3} + \frac{\varepsilon}{3} = \varepsilon.$$

故由分析定义可知, $\lim\limits_{n \to \infty} \dfrac{a_1 + a_2 + \cdots + a_n}{n + \sqrt{n}} = a.$　　　□

例 3　设 $\lim\limits_{n \to \infty} a_n = +\infty.$ 用分析定义证明：$\lim\limits_{n \to \infty} \dfrac{a_1 + a_2 + \cdots + a_n}{n} = +\infty.$

证　因为 $\lim\limits_{n\to\infty} a_n = +\infty$, 所以对任意的 $G > 0$, 存在 $N_1 \in \mathbb{N}^+$, 当 $n > N_1$ 时, $a_n > 3G$. 从而当 $n > N_1$ 时,

$$\frac{a_1 + a_2 + \cdots + a_n}{n} > \frac{a_1 + a_2 + \cdots + a_{N_1}}{n} + \frac{3G(n - N_1)}{n}.$$

由 $\lim\limits_{n\to\infty} \dfrac{a_1 + a_2 + \cdots + a_{N_1}}{n} = 0$ 可得, 存在 $N_2 \in \mathbb{N}^+$, 当 $n > N_2$ 时,

$$\left| \frac{a_1 + a_2 + \cdots + a_{N_1}}{n} - 0 \right| = \left| \frac{a_1 + a_2 + \cdots + a_{N_1}}{n} \right| < \frac{G}{2}.$$

从而当 $n > N_2$ 时, $\dfrac{a_1 + a_2 + \cdots + a_{N_1}}{n} > -\dfrac{G}{2}$. 进一步, 由 $\lim\limits_{n\to\infty} \dfrac{n - N_1}{n} = 1$ 可知, 存在 $N_3 \in \mathbb{N}^+$, 当 $n > N_3$ 时, $\dfrac{n - N_1}{n} > \dfrac{1}{2}$. 取 $N = \max\{N_1, N_2, N_3\}$. 则当 $n > N$ 时,

$$\frac{a_1 + a_2 + \cdots + a_n}{n} > -\frac{G}{2} + \frac{3G}{2} = G.$$

故由分析定义可知, $\lim\limits_{n\to\infty} \dfrac{a_1 + a_2 + \cdots + a_n}{n} = +\infty$. □

例 4　设 $\lim\limits_{n\to\infty} a_n = -\infty$. 用分析定义证明: $\lim\limits_{n\to\infty} \dfrac{a_1 + a_2 + \cdots + a_n}{n} = -\infty$.

证　由 $\lim\limits_{n\to\infty} a_n = -\infty$ 可知, 对任意的 $G > 0$, 存在 $N_1 \in \mathbb{N}^+$, 当 $n > N_1$ 时, $a_n < -3G$. 从而当 $n > N_1$ 时,

$$\frac{a_1 + a_2 + \cdots + a_n}{n} < \frac{a_1 + a_2 + \cdots + a_{N_1}}{n} - \frac{3G(n - N_1)}{n}.$$

由 $\lim\limits_{n\to+\infty} \dfrac{a_1 + a_2 + \cdots + a_{N_1}}{n} = 0$ 可知, 存在 $N_2 \in \mathbb{N}^+$, 当 $n > N_2$ 时,

$$\left| \frac{a_1 + a_2 + \cdots + a_{N_1}}{n} - 0 \right| = \left| \frac{a_1 + a_2 + \cdots + a_{N_1}}{n} \right| < \frac{G}{2}.$$

进一步, 由 $\lim\limits_{n\to\infty} \dfrac{n - N_1}{n} = 1$ 可知, 存在 $N_3 \in \mathbb{N}^+$, 当 $n > N_3$ 时, $\dfrac{n - N_1}{n} > \dfrac{1}{2}$. 取 $N = \max\{N_1, N_2, N_3\}$. 则当 $n > N$ 时,

$$\frac{a_1 + a_2 + \cdots + a_n}{n} < \frac{G}{2} - \frac{3G}{2} = -G.$$

故由分析定义可知, $\lim\limits_{n\to\infty} \dfrac{a_1 + a_2 + \cdots + a_n}{n} = -\infty$. □

注 2 若 $\lim\limits_{n\to\infty} a_n = \infty$, 则 $\lim\limits_{n\to\infty} \dfrac{a_1 + a_2 + \cdots + a_n}{n} = \infty$ 不一定成立. 例如:

取 $a_n = (-1)^n n$, 其中 $n \in \mathbb{N}^+$. 虽然 $\lim\limits_{n\to\infty} a_n = \infty$, 但 $\lim\limits_{n\to\infty} \dfrac{a_1 + a_2 + \cdots + a_n}{n} \neq \infty$.

例 5 设对任意的 $n \in \mathbb{N}$, $a_n \neq 0$ 且 $\lim\limits_{n\to\infty} a_n = 0$. 令

$$A = \{na_i \mid n \in \mathbb{Z}^{①}, i \in \mathbb{N}^{②}\}.$$

证明: 对任意的 $b \in \mathbb{R}$, 存在数列 $\{b_n\} \subset A$ 使得 $\lim\limits_{n\to\infty} b_n = b$.

证 对任意的 $b \in \mathbb{R}$, 对任意的 $n \in \mathbb{N}^+$, 令 $b_n = \left[\dfrac{b}{a_n}\right] a_n{}^{③}$. 显然, 数列

$\{b_n\} \subset A$. 因为 $\lim\limits_{n\to\infty} a_n = 0$, 所以对任意的 $\varepsilon > 0$, 存在 $N \in \mathbb{N}^+$, 当 $n > N$ 时,

$$\left| \left[\frac{b}{a_n}\right] a_n - b \right| = |a_n| \left| \left[\frac{b}{a_n}\right] - \frac{b}{a_n} \right| \leqslant |a_n| < \varepsilon.$$

故 $\lim\limits_{n\to\infty} b_n = b$. $\qquad\qquad\qquad\qquad\qquad\qquad\qquad\qquad\qquad\qquad\qquad\qquad$ $\square$

二、数列极限分析定义的否定形式

定义 2 给定实数数列 $\{a_n\}$ 和实数 a. 则

(1) $\lim\limits_{n\to\infty} a_n \neq a \Longleftrightarrow \exists \varepsilon_0 > 0, \forall N \in \mathbb{N}^+, \exists n_0 \in \mathbb{N}^+,$ 当 $n_0 > N$ 时, $|a_{n_0} - a| \geqslant \varepsilon_0$;

(2) $\lim\limits_{n\to\infty} a_n \neq +\infty \Longleftrightarrow \exists G_0 > 0, \forall N \in \mathbb{N}^+, \exists n_0 \in \mathbb{N}^+,$ 当 $n_0 > N$ 时, $a_{n_0} \leqslant G_0$;

(3) $\lim\limits_{n\to\infty} a_n \neq -\infty \Longleftrightarrow \exists G_0 > 0, \forall N \in \mathbb{N}^+, \exists n_0 \in \mathbb{N}^+,$ 当 $n_0 > N$ 时, $a_{n_0} \geqslant -G_0$;

(4) $\lim\limits_{n\to\infty} a_n \neq \infty \Longleftrightarrow \exists G_0 > 0, \forall N \in \mathbb{N}^+, \exists n_0 \in \mathbb{N}^+,$ 当 $n_0 > N$ 时, $|a_{n_0}| \leqslant G_0$.

例 6 设函数 $f(x)$ 在闭区间 $[a,b]$ 上严格单调, 数列 $\{x_n\}$ 满足对任意的 $n \in \mathbb{N}^+, a \leqslant x_n \leqslant b$ 且 $\lim\limits_{n\to\infty} f(x_n) = f(b)$. 证明: $\lim\limits_{n\to\infty} x_n = b$.

证 不妨设函数 $f(x)$ 在 $[a,b]$ 上严格单调递增. 因为 $\lim\limits_{n\to\infty} f(x_n) = f(b)$, 所以对任意的 $\varepsilon > 0$, 存在 $N \in \mathbb{N}^+$, 当 $n > N$ 时, $f(x_n) > f(b) - \varepsilon$. 若 $\lim\limits_{n\to\infty} x_n \neq b$, 则存在 $\varepsilon_0 > 0$ 和 $n_0 > N$ 使得 $x_{n_0} \leqslant b - \varepsilon_0$. 显然, $f(x_{n_0}) > f(b) - \varepsilon$. 从而由

---

① 本书中符号 $\mathbb{Z}$ 表示全体整数的集合.

② 本书中符号 $\mathbb{N}$ 表示自然数的集合.

③ 本书中用符号 $[x]$ 表示对变量 x 取整.

$f(x)$ 在 $[a,b]$ 上严格单调递增可得 $f(b) - \varepsilon < f(x_{n_0}) \leqslant f(b - \varepsilon_0)$. 由 ε 的任意性可知, $f(b) \leqslant f(b - \varepsilon_0)$. 这与 $f(x)$ 在 $[a,b]$ 上严格单调递增矛盾. 故 $\lim\limits_{n \to \infty} x_n = b$.

□

第二节　函数极限的定义及其否定形式

本节主要利用 ε-δ 语言给出函数的各种类型极限的分析定义, 包括其否定形式以及这些分析定义在函数极限证明中的一些应用.

一、函数极限的分析定义

1. 函数极限为有限数情形

(1) $\lim\limits_{x \to x_0} f(x) = A \Longleftrightarrow \forall \varepsilon > 0, \exists \delta > 0$, 当 $0 < |x - x_0| < \delta$ 时, $|f(x) - A| < \varepsilon$;

(2) $\lim\limits_{x \to x_0^+} f(x) = A \Longleftrightarrow \forall \varepsilon > 0, \exists \delta > 0$, 当 $0 < x - x_0 < \delta$ 时, $|f(x) - A| < \varepsilon$;

(3) $\lim\limits_{x \to x_0^-} f(x) = A \Longleftrightarrow \forall \varepsilon > 0, \exists \delta > 0$, 当 $0 < x_0 - x < \delta$ 时, $|f(x) - A| < \varepsilon$;

(4) $\lim\limits_{x \to \infty} f(x) = A \Longleftrightarrow \forall \varepsilon > 0, \exists X > 0$, 当 $|x| > X$ 时, $|f(x) - A| < \varepsilon$;

(5) $\lim\limits_{x \to +\infty} f(x) = A \Longleftrightarrow \forall \varepsilon > 0, \exists X > 0$, 当 $x > X$ 时, $|f(x) - A| < \varepsilon$;

(6) $\lim\limits_{x \to -\infty} f(x) = A \Longleftrightarrow \forall \varepsilon > 0, \exists X > 0$, 当 $x < -X$ 时, $|f(x) - A| < \varepsilon$.

注 1　由 ε 的任意性以及 δ 的多值性可知, $\lim\limits_{x \to x_0} f(x) = A$ 也可表述为: 对任意的 $\varepsilon > 0$, 存在 $\delta > 0$, 当 $0 < |x - x_0| \leqslant \delta$ 时, $|f(x) - A| \leqslant M\varepsilon$, 其中 M 为正常数. 其他类型的函数极限有类似的表述形式.

例 1　用分析定义证明: $\lim\limits_{x \to 1^+} \sqrt{\dfrac{4}{2x^2 - 1}} = 2$.

证　因为 $x \to 1^+$, 故可设 $0 < x - 1 < 1$. 则 $2 < x + 1 < 3$. 对任意的 $\varepsilon > 0$, 取 $\delta = \min\left\{\dfrac{\varepsilon^2}{24}, 1\right\}$. 则当 $0 < x - 1 < \delta$ 时, $\sqrt{x - 1} < \dfrac{\varepsilon}{2\sqrt{6}}$ 且

$$2\sqrt{2}\left|\sqrt{(x-1)(x+1)}\right| < \varepsilon.$$

从而当 $0 < x - 1 < \delta$ 时,

$$\left|\sqrt{\frac{4}{2x^2 - 1}} - 2\right| = \left|\frac{\dfrac{4}{2x^2 - 1} - 4}{\sqrt{\dfrac{4}{2x^2 - 1}} + 2}\right| = 4\left|\frac{2(1 - x^2)}{(2x^2 - 1)\left(\sqrt{\dfrac{4}{2x^2 - 1}} + 2\right)}\right|$$

$$\leqslant 8 \left| \frac{(x+1)(x-1)}{2\sqrt{2x^2-1}} \right|$$

$$\leqslant 4 \left| \frac{(x+1)(x-1)}{\sqrt{2}\sqrt{(x-1)(x+1)}} \right|$$

$$= 2\sqrt{2} \left| \sqrt{(x-1)(x+1)} \right| < \varepsilon.$$

故由分析定义可知, $\lim\limits_{x \to 1^+} \sqrt{\dfrac{4}{2x^2-1}} = 2$.　　　　　　□

例 2　用分析定义证明: $\lim\limits_{x \to \infty} \dfrac{x^2-2}{x^2+1} = 1$.

证　对任意的 $\varepsilon > 0$, 取 $X = \sqrt{\dfrac{3}{\varepsilon}}$. 则当 $|x| > X$ 时,

$$\left| \frac{x^2-2}{x^2+1} - 1 \right| = \left| \frac{x^2-2-x^2-1}{x^2+1} \right| = \frac{3}{x^2+1} < \frac{3}{x^2} < \varepsilon.$$

故由分析定义可知, $\lim\limits_{x \to \infty} \dfrac{x^2-2}{x^2+1} = 1$.　　　　　　□

2. 函数极限为 ∞ 情形

(1) $\lim\limits_{x \to x_0} f(x) = \infty \Longleftrightarrow \forall G > 0, \exists \delta > 0$, 当 $0 < |x - x_0| < \delta$ 时, $|f(x)| > G$;

(2) $\lim\limits_{x \to x_0^+} f(x) = \infty \Longleftrightarrow \forall G > 0, \exists \delta > 0$, 当 $0 < x - x_0 < \delta$ 时, $|f(x)| > G$;

(3) $\lim\limits_{x \to x_0^-} f(x) = \infty \Longleftrightarrow \forall G > 0, \exists \delta > 0$, 当 $0 < x_0 - x < \delta$ 时, $|f(x)| > G$;

(4) $\lim\limits_{x \to \infty} f(x) = \infty \Longleftrightarrow \forall G > 0, \exists X > 0$, 当 $|x| > X$ 时, $|f(x)| > G$;

(5) $\lim\limits_{x \to +\infty} f(x) = \infty \Longleftrightarrow \forall G > 0, \exists X > 0$, 当 $x > X$ 时, $|f(x)| > G$;

(6) $\lim\limits_{x \to -\infty} f(x) = \infty \Longleftrightarrow \forall G > 0, \exists X > 0$, 当 $x < -X$ 时, $|f(x)| > G$.

例 3　用分析定义证明: $\lim\limits_{x \to 3} \dfrac{\sqrt{x}}{x^2-9} = \infty$.

证　因为 $x \to 3$, 故可设 $|x - 3| < 1$. 则 $2 < x < 4$. 从而

$$\frac{\sqrt{2}}{7} < \frac{\sqrt{x}}{x+3} < \frac{2}{5}.$$

对任意的 $G > 0$, 取 $\delta = \min\left\{ 1, \dfrac{\sqrt{2}}{7G} \right\}$. 则当 $0 < |x - 3| < \delta$ 时,

$$\left|\frac{\sqrt{x}}{x^2-9}\right| = \left|\frac{\sqrt{x}}{x+3}\right|\left|\frac{1}{x-3}\right| > \frac{\sqrt{2}}{7}\left|\frac{1}{x-3}\right| > G.$$

故由分析定义可知, $\lim\limits_{x\to 3}\dfrac{\sqrt{x}}{x^2-9} = \infty.$ □

例 4 用分析定义证明: $\lim\limits_{x\to\infty}\dfrac{x^3+2}{x-1} = \infty.$

证 因为 $x\to\infty$, 故可设 $|x| > 2$. 对任意的 $G > 0$, 取 $X = \max\{2, \sqrt{2G+1}\}$. 则当 $|x| > X$ 时,

$$\left|\frac{x^3+2}{x-1}\right| > \frac{|x|^3-2}{|x|+1} > \frac{|x|^3-|x|}{2|x|} = \frac{1}{2}|x|^2 - \frac{1}{2} > G.$$

故由分析定义可知, $\lim\limits_{x\to\infty}\dfrac{x^3+2}{x-1} = \infty.$ □

3. 函数极限为 $+\infty$ 情形

(1) $\lim\limits_{x\to x_0} f(x) = +\infty \Longleftrightarrow \forall G > 0, \exists\delta > 0,$ 当 $0 < |x-x_0| < \delta$ 时, $f(x) > G$;

(2) $\lim\limits_{x\to x_0^+} f(x) = +\infty \Longleftrightarrow \forall G > 0, \exists\delta > 0,$ 当 $0 < x-x_0 < \delta$ 时, $f(x) > G$;

(3) $\lim\limits_{x\to x_0^-} f(x) = +\infty \Longleftrightarrow \forall G > 0, \exists\delta > 0,$ 当 $0 < x_0-x < \delta$ 时, $f(x) > G$;

(4) $\lim\limits_{x\to\infty} f(x) = +\infty \Longleftrightarrow \forall G > 0, \exists X > 0,$ 当 $|x| > X$ 时, $f(x) > G$;

(5) $\lim\limits_{x\to+\infty} f(x) = +\infty \Longleftrightarrow \forall G > 0, \exists X > 0,$ 当 $x > X$ 时, $f(x) > G$;

(6) $\lim\limits_{x\to-\infty} f(x) = +\infty \Longleftrightarrow \forall G > 0, \exists X > 0,$ 当 $x < -X$ 时, $f(x) > G$.

例 5 用分析定义证明: $\lim\limits_{x\to 2^+}\dfrac{x}{\sqrt{x^2-4}} = +\infty.$

证 因为 $x\to 2^+$, 故可设 $0 < x-2 < 1$, 则 $2 < x < 3$. 从而

$$\frac{2}{\sqrt{5}} < \frac{x}{\sqrt{x+2}} < \frac{3}{2}.$$

对任意的 $G > 0$, 取 $\delta = \min\left\{1, \dfrac{4}{5G^2}\right\}$. 则当 $0 < x-2 < \delta$ 时,

$$\frac{x}{\sqrt{x^2-4}} = \frac{x}{\sqrt{x+2}}\cdot\frac{1}{\sqrt{x-2}} > \frac{2}{\sqrt{5}}\cdot\frac{\sqrt{5}G}{2} = G.$$

故由分析定义可知, $\lim\limits_{x\to 2^+}\dfrac{x}{\sqrt{x^2-4}} = +\infty.$ □

例 6　用分析定义证明: $\lim\limits_{x\to\infty}\dfrac{x^2+x}{2|x|+1}=+\infty$.

证　因为 $x\to\infty$, 故可设 $|x|>2$. 对任意的 $G>0$, 取 $X=\max\{2,3G+1\}$. 则当 $|x|>X$ 时,

$$\frac{x^2+x}{2|x|+1}>\frac{|x|^2-|x|}{2|x|+1}>\frac{|x|^2-|x|}{3|x|}=\frac{|x|}{3}-\frac{1}{3}>G.$$

故由分析定义可知, $\lim\limits_{x\to\infty}\dfrac{x^2+x}{2|x|+1}=+\infty$.　　　□

4. 函数极限为 $-\infty$ 情形

(1) $\lim\limits_{x\to x_0}f(x)=-\infty\Longleftrightarrow\forall G>0,\exists\delta>0,$ 当 $0<|x-x_0|<\delta$ 时, $f(x)<-G$;

(2) $\lim\limits_{x\to x_0^+}f(x)=-\infty\Longleftrightarrow\forall G>0,\exists\delta>0,$ 当 $0<x-x_0<\delta$ 时, $f(x)<-G$;

(3) $\lim\limits_{x\to x_0^-}f(x)=-\infty\Longleftrightarrow\forall G>0,\exists\delta>0,$ 当 $0<x_0-x<\delta$ 时, $f(x)<-G$;

(4) $\lim\limits_{x\to\infty}f(x)=-\infty\Longleftrightarrow\forall G>0,\exists X>0,$ 当 $|x|>X$ 时, $f(x)<-G$;

(5) $\lim\limits_{x\to+\infty}f(x)=-\infty\Longleftrightarrow\forall G>0,\exists X>0,$ 当 $x>X$ 时, $f(x)<-G$;

(6) $\lim\limits_{x\to-\infty}f(x)=-\infty\Longleftrightarrow\forall G>0,\exists X>0,$ 当 $x<-X$ 时, $f(x)<-G$.

例 7　用分析定义证明: $\lim\limits_{x\to1^-}\dfrac{x-2}{\sqrt{1-x^2}}=-\infty$.

证　因为 $x\to1^-$, 故可设 $0<1-x<\dfrac{1}{2}$. 则 $\dfrac{1}{2}<x<1$. 从而

$$-\sqrt{\frac{2}{3}}<-\sqrt{\frac{1}{1+x}}<-\sqrt{\frac{1}{2}}.$$

对任意的 $G>0$, 取 $\delta=\min\left\{\dfrac{1}{2},\dfrac{1}{2G^2}\right\}$. 则当 $0<1-x<\delta$ 时,

$$\frac{x-2}{\sqrt{1-x^2}}=-\frac{2-x}{\sqrt{1-x^2}}=-\frac{1-x+1}{\sqrt{1-x^2}}=-\sqrt{\frac{1-x}{1+x}}-\frac{1}{\sqrt{(1-x)(1+x)}}$$

$$<-\frac{1}{\sqrt{(1-x)(1+x)}}<-\frac{\sqrt{2}}{2\sqrt{1-x}}<-\frac{\sqrt{2}}{2}\cdot\sqrt{2}G=-G.$$

故由分析定义可知, $\lim\limits_{x\to1^-}\dfrac{x-2}{\sqrt{1-x^2}}=-\infty$.　　　□

例 8　用分析定义证明: $\lim\limits_{x\to+\infty}\dfrac{x^2+1}{1-x}=-\infty$.

证 因为 $x \to +\infty$, 故可设 $x > 2$. 则 $-2 < \dfrac{2}{1-x} < 0$. 因此,

$$-(1+x) + \frac{2}{1-x} < -(1+x).$$

对任意的 $G > 0$, 取 $X = \max\{2, G-1\}$. 则当 $x > X$ 时,

$$\frac{x^2+1}{1-x} = -\frac{(1+x)(1-x)-2}{1-x} = -(1+x) + \frac{2}{1-x} < -(1+x) < -G.$$

故由分析定义可知, $\displaystyle\lim_{x \to +\infty} \frac{x^2+1}{1-x} = -\infty.$ □

二、 函数极限分析定义的否定形式

1. 函数极限为有限数的否定形式

(1) $\displaystyle\lim_{x \to x_0} f(x) \neq A \iff \exists \varepsilon_0 > 0, \forall \delta > 0, \exists \widehat{x}$, 当 $0 < |\widehat{x} - x_0| < \delta$ 时, $|f(\widehat{x}) - A| \geqslant \varepsilon_0$;

(2) $\displaystyle\lim_{x \to x_0^+} f(x) \neq A \iff \exists \varepsilon_0 > 0, \forall \delta > 0, \exists \widehat{x}$, 当 $0 < \widehat{x} - x_0 < \delta$ 时, $|f(\widehat{x}) - A| \geqslant \varepsilon_0$;

(3) $\displaystyle\lim_{x \to x_0^-} f(x) \neq A \iff \exists \varepsilon_0 > 0, \forall \delta > 0, \exists \widehat{x}$, 当 $0 < x_0 - \widehat{x} < \delta$ 时, $|f(\widehat{x}) - A| \geqslant \varepsilon_0$;

(4) $\displaystyle\lim_{x \to \infty} f(x) \neq A \iff \exists \varepsilon_0 > 0, \forall X > 0, \exists \widehat{x}$, 当 $|\widehat{x}| > X$ 时, $|f(\widehat{x}) - A| \geqslant \varepsilon_0$;

(5) $\displaystyle\lim_{x \to +\infty} f(x) \neq A \iff \exists \varepsilon_0 > 0, \forall X > 0, \exists \widehat{x}$, 当 $\widehat{x} > X$ 时, $|f(\widehat{x}) - A| \geqslant \varepsilon_0$;

(6) $\displaystyle\lim_{x \to -\infty} f(x) \neq A \iff \exists \varepsilon_0 > 0, \forall X > 0, \exists \widehat{x}$, 当 $\widehat{x} < -X$ 时, $|f(\widehat{x}) - A| \geqslant \varepsilon_0$.

2. 函数极限为 ∞ 的否定形式

(1) $\displaystyle\lim_{x \to x_0} f(x) \neq \infty \iff \exists G_0 > 0, \forall \delta > 0, \exists \widehat{x}$, 当 $0 < |\widehat{x} - x_0| < \delta$ 时, $|f(\widehat{x})| \leqslant G_0$;

(2) $\displaystyle\lim_{x \to x_0^+} f(x) \neq \infty \iff \exists G_0 > 0, \forall \delta > 0, \exists \widehat{x}$, 当 $0 < \widehat{x} - x_0 < \delta$ 时, $|f(\widehat{x})| \leqslant G_0$;

(3) $\displaystyle\lim_{x \to x_0^-} f(x) \neq \infty \iff \exists G_0 > 0, \forall \delta > 0, \exists \widehat{x}$, 当 $0 < x_0 - \widehat{x} < \delta$ 时, $|f(\widehat{x})| \leqslant G_0$;

(4) $\displaystyle\lim_{x \to \infty} f(x) \neq \infty \iff \exists G_0 > 0, \forall X > 0, \exists \widehat{x}$, 当 $|\widehat{x}| > X$ 时, $|f(\widehat{x})| \leqslant G_0$;

(5) $\lim\limits_{x\to+\infty} f(x) \neq \infty \Longleftrightarrow \exists G_0 > 0, \forall X > 0, \exists \widehat{x},$ 当 $\widehat{x} > X$ 时, $|f(\widehat{x})| \leqslant G_0$;

(6) $\lim\limits_{x\to-\infty} f(x) \neq \infty \Longleftrightarrow \exists G_0 > 0, \forall X > 0, \exists \widehat{x},$ 当 $\widehat{x} < -X$ 时, $|f(\widehat{x})| \leqslant G_0.$

3. 函数极限为 $+\infty$ 的否定形式

(1) $\lim\limits_{x\to x_0} f(x) \neq +\infty \Longleftrightarrow \exists G_0 > 0, \forall \delta > 0, \exists \widehat{x},$ 当 $0 < |\widehat{x} - x_0| < \delta$ 时, $f(\widehat{x}) \leqslant G_0$;

(2) $\lim\limits_{x\to x_0^+} f(x) \neq +\infty \Longleftrightarrow \exists G_0 > 0, \forall \delta > 0, \exists \widehat{x},$ 当 $0 < \widehat{x} - x_0 < \delta$ 时, $f(\widehat{x}) \leqslant G_0$;

(3) $\lim\limits_{x\to x_0^-} f(x) \neq +\infty \Longleftrightarrow \exists G_0 > 0, \forall \delta > 0, \exists \widehat{x},$ 当 $0 < x_0 - \widehat{x} < \delta$ 时, $f(\widehat{x}) \leqslant G_0$;

(4) $\lim\limits_{x\to\infty} f(x) \neq +\infty \Longleftrightarrow \exists G_0 > 0, \forall X > 0, \exists \widehat{x},$ 当 $|\widehat{x}| > X$ 时, $f(\widehat{x}) \leqslant G_0$;

(5) $\lim\limits_{x\to+\infty} f(x) \neq +\infty \Longleftrightarrow \exists G_0 > 0, \forall X > 0, \exists \widehat{x},$ 当 $\widehat{x} > X$ 时, $f(\widehat{x}) \leqslant G_0$;

(6) $\lim\limits_{x\to-\infty} f(x) \neq +\infty \Longleftrightarrow \exists G_0 > 0, \forall X > 0, \exists \widehat{x},$ 当 $\widehat{x} < -X$ 时, $f(\widehat{x}) \leqslant G_0.$

4. 函数极限为 $-\infty$ 的否定形式

(1) $\lim\limits_{x\to x_0} f(x) \neq -\infty \Longleftrightarrow \exists G_0 > 0, \forall \delta > 0, \exists \widehat{x},$ 当 $0 < |\widehat{x} - x_0| < \delta$ 时, $f(\widehat{x}) \geqslant -G_0$;

(2) $\lim\limits_{x\to x_0^+} f(x) \neq -\infty \Longleftrightarrow \exists G_0 > 0, \forall \delta > 0, \exists \widehat{x},$ 当 $0 < \widehat{x} - x_0 < \delta$ 时, $f(\widehat{x}) \geqslant -G_0$;

(3) $\lim\limits_{x\to x_0^-} f(x) \neq -\infty \Longleftrightarrow \exists G_0 > 0, \forall \delta > 0, \exists \widehat{x},$ 当 $0 < x_0 - \widehat{x} < \delta$ 时, $f(\widehat{x}) \geqslant -G_0$;

(4) $\lim\limits_{x\to\infty} f(x) \neq -\infty \Longleftrightarrow \exists G_0 > 0, \forall X > 0, \exists \widehat{x},$ 当 $|\widehat{x}| > X$ 时, $f(\widehat{x}) \geqslant -G_0$;

(5) $\lim\limits_{x\to+\infty} f(x) \neq -\infty \Longleftrightarrow \exists G_0 > 0, \forall X > 0, \exists \widehat{x},$ 当 $\widehat{x} > X$ 时, $f(\widehat{x}) \geqslant -G_0$;

(6) $\lim\limits_{x\to-\infty} f(x) \neq -\infty \Longleftrightarrow \exists G_0 > 0, \forall X > 0, \exists \widehat{x},$ 当 $\widehat{x} < -X$ 时, $f(\widehat{x}) \geqslant -G_0.$

第三节　函数极限的归结原理

　　函数极限与数列极限之间具有密切关系. 本节主要介绍函数的各种类型极限与相应的数列极限之间的关系, 这些关系统称为函数极限的归结原理; 给出函数极限归结原理的否定形式并利用其否定形式证明函数的某些类型极限不存在.

一、 函数极限为有限数情形

(1) $\lim\limits_{x \to x_0} f(x) = A \Longleftrightarrow \forall x_n \to x_0 (x_n \neq x_0), f(x_n) \to A(n \to \infty)$;

(2) $\lim\limits_{x \to x_0^+} f(x) = A \Longleftrightarrow \forall x_n \to x_0 (x_n > x_0), f(x_n) \to A(n \to \infty)$;

(3) $\lim\limits_{x \to x_0^-} f(x) = A \Longleftrightarrow \forall x_n \to x_0 (x_n < x_0), f(x_n) \to A(n \to \infty)$;

(4) $\lim\limits_{x \to \infty} f(x) = A \Longleftrightarrow \forall x_n \to \infty, f(x_n) \to A(n \to \infty)$;

(5) $\lim\limits_{x \to +\infty} f(x) = A \Longleftrightarrow \forall x_n \to +\infty, f(x_n) \to A(n \to \infty)$;

(6) $\lim\limits_{x \to -\infty} f(x) = A \Longleftrightarrow \forall x_n \to -\infty, f(x_n) \to A(n \to \infty)$.

下面仅证 (2) 和 (4), 其余情形类似可证.

证 (2) (必要性) 由 $\lim\limits_{x \to x_0^+} f(x) = A$ 可知, 对任意的 $\varepsilon > 0$, 存在 $\delta > 0$, 当 $0 < x - x_0 < \delta$ 时, $|f(x) - A| < \varepsilon$. 因为 $\lim\limits_{n \to \infty} x_n = x_0$, 所以对 $\delta > 0$, 存在 $N \in \mathbb{N}^+$, 当 $n > N$ 时, $|x_n - x_0| < \delta$. 又因为 $x_n > x_0$, 所以当 $n > N$ 时, $0 < x_n - x_0 < \delta$. 从而当 $n > N$ 时, $|f(x_n) - A| < \varepsilon$.

(充分性) 假定 $\lim\limits_{x \to x_0^+} f(x) \neq A$. 则存在 $\varepsilon_0 > 0$, 对任意的 $\delta > 0$, 存在 $\hat{x}$, 当 $0 < \hat{x} - x_0 < \delta$ 时, $|f(\hat{x}) - A| \geqslant \varepsilon_0$. 由 δ 的任意性, 可取 $\delta = \dfrac{1}{n}(n \in \mathbb{N}^+)$. 则存在数列 $\{x_n\}$ 满足对任意的 $n \in \mathbb{N}^+$, $0 < x_n - x_0 < \dfrac{1}{n}$ 且 $|f(x_n) - A| \geqslant \varepsilon_0$. 因此, $x_n > x_0$ 且 $\lim\limits_{n \to \infty} x_n = x_0$, $\lim\limits_{n \to \infty} f(x_n) \neq A$. 这与条件矛盾.

(4) (必要性) 因为 $\lim\limits_{x \to \infty} f(x) = A$, 所以对任意的 $\varepsilon > 0$, 存在 $X > 0$, 当 $|x| > X$ 时, $|f(x) - A| < \varepsilon$. 又因为 $\lim\limits_{n \to \infty} x_n = \infty$, 所以对 $X > 0$, 存在 $N \in \mathbb{N}^+$, 当 $n > N$ 时, $|x_n| > X$. 从而当 $n > N$ 时, $|f(x_n) - A| < \varepsilon$.

(充分性) 假定 $\lim\limits_{x \to \infty} f(x) \neq A$. 则存在 $\varepsilon_0 > 0$, 对任意的 $X > 0$, 存在 $\hat{x}$, 当 $|\hat{x}| > X$ 时, $|f(\hat{x}) - A| \geqslant \varepsilon_0$. 由 X 的任意性, 可取 $X = n(n \in \mathbb{N}^+)$. 则存在数列 $\{x_n\}$ 满足 $|x_n| > n$, $|f(x_n) - A| \geqslant \varepsilon_0$. 因此, $\lim\limits_{n \to \infty} x_n = \infty$, $\lim\limits_{n \to \infty} f(x_n) \neq A$. 这与条件矛盾. $\qquad\square$

二、 函数极限为 ∞ 情形

(1) $\lim\limits_{x \to x_0} f(x) = \infty \Longleftrightarrow \forall x_n \to x_0 (x_n \neq x_0), f(x_n) \to \infty(n \to \infty)$;

(2) $\lim\limits_{x \to x_0^+} f(x) = \infty \Longleftrightarrow \forall x_n \to x_0 (x_n > x_0), f(x_n) \to \infty(n \to \infty)$;

(3) $\lim\limits_{x \to x_0^-} f(x) = \infty \Longleftrightarrow \forall x_n \to x_0(x_n < x_0),\ f(x_n) \to \infty(n \to \infty);$

(4) $\lim\limits_{x \to \infty} f(x) = \infty \Longleftrightarrow \forall x_n \to \infty,\ f(x_n) \to \infty(n \to \infty);$

(5) $\lim\limits_{x \to +\infty} f(x) = \infty \Longleftrightarrow \forall x_n \to +\infty,\ f(x_n) \to \infty(n \to \infty);$

(6) $\lim\limits_{x \to -\infty} f(x) = \infty \Longleftrightarrow \forall x_n \to -\infty,\ f(x_n) \to \infty(n \to \infty).$

下面仅证 (2) 和 (4), 其余情形类似可证.

证 (2) (必要性) 由 $\lim\limits_{x \to x_0^+} f(x) = \infty$ 可知, 对任意的 $G > 0$, 存在 $\delta > 0$, 当 $0 < x - x_0 < \delta$ 时, $|f(x)| > G$. 因为 $\lim\limits_{n \to \infty} x_n = x_0$, 所以对 $\delta > 0$, 存在 $N \in \mathbb{N}^+$, 当 $n > N$ 时, $|x_n - x_0| < \delta$. 又因为 $x_n > x_0$, 所以当 $n > N$ 时, $0 < x_n - x_0 < \delta$. 从而当 $n > N$ 时, $|f(x_n)| > G$.

(充分性) 假定 $\lim\limits_{x \to x_0^+} f(x) \neq \infty$. 则存在 $G_0 > 0$, 对任意的 $\delta > 0$, 存在 $\hat{x}$, 当 $0 < \hat{x} - x_0 < \delta$ 时, $|f(\hat{x})| \leqslant G_0$. 由 δ 的任意性, 可取 $\delta = \dfrac{1}{n}(n \in \mathbb{N}^+)$. 则存在数列 $\{x_n\}$ 满足 $0 < x_n - x_0 < \dfrac{1}{n}$ 且 $|f(x_n)| \leqslant G_0$. 因此, $x_n > x_0$ 且 $\lim\limits_{n \to \infty} x_n = x_0$, $\lim\limits_{n \to \infty} f(x_n) \neq \infty$. 这与条件矛盾.

(4) (必要性) 因为 $\lim\limits_{x \to \infty} f(x) = \infty$, 所以对任意的 $G > 0$, 存在 $X > 0$, 当 $|x| > X$ 时, $|f(x)| > G$. 又因为 $\lim\limits_{n \to \infty} x_n = \infty$, 所以对 $X > 0$, 存在 $N \in \mathbb{N}^+$, 当 $n > N$ 时, $|x_n| > X$. 因此, 当 $n > N$ 时, $|f(x_n)| > G$.

(充分性) 假定 $\lim\limits_{x \to \infty} f(x) \neq \infty$. 则存在 $G_0 > 0$, 对任意的 $X > 0$, 存在 $\hat{x}$, 当 $|\hat{x}| > X$ 时, $|f(\hat{x})| \leqslant G_0$. 由 X 的任意性, 可取 $X = n(n \in \mathbb{N}^+)$. 则存在相应的数列 $\{x_n\}$ 满足 $|x_n| > n$ $|f(x_n)| \leqslant G_0$. 因此, $\lim\limits_{n \to \infty} x_n = \infty$, $\lim\limits_{n \to \infty} f(x_n) \neq \infty$. 这与条件矛盾. □

三、 函数极限为 $+\infty$ 情形

(1) $\lim\limits_{x \to x_0} f(x) = +\infty \Longleftrightarrow \forall x_n \to x_0(x_n \neq x_0),\ f(x_n) \to +\infty(n \to \infty);$

(2) $\lim\limits_{x \to x_0^+} f(x) = +\infty \Longleftrightarrow \forall x_n \to x_0(x_n > x_0),\ f(x_n) \to +\infty(n \to \infty);$

(3) $\lim\limits_{x \to x_0^-} f(x) = +\infty \Longleftrightarrow \forall x_n \to x_0(x_n < x_0),\ f(x_n) \to +\infty(n \to \infty);$

(4) $\lim\limits_{x \to \infty} f(x) = +\infty \Longleftrightarrow \forall x_n \to \infty,\ f(x_n) \to +\infty(n \to \infty);$

(5) $\lim\limits_{x \to +\infty} f(x) = +\infty \Longleftrightarrow \forall x_n \to +\infty,\ f(x_n) \to +\infty(n \to \infty);$

(6) $\lim\limits_{x \to -\infty} f(x) = +\infty \Longleftrightarrow \forall x_n \to -\infty, f(x_n) \to +\infty(n \to \infty).$

下面仅证 (2) 和 (4), 其余情形类似可证.

证 (2) (必要性) 由 $\lim\limits_{x \to x_0^+} f(x) = +\infty$ 可知, 对任意的 $G > 0$, 存在 $\delta > 0$, 当 $0 < x - x_0 < \delta$ 时, $f(x) > G$. 因为 $\lim\limits_{n \to \infty} x_n = x_0$, 所以对 $\delta > 0$, 存在 $N \in \mathbb{N}^+$, 当 $n > N$ 时, $|x_n - x_0| < \delta$. 又因为 $x_n > x_0$, 所以当 $n > N$ 时, $0 < x_n - x_0 < \delta$. 从而当 $n > N$ 时, $f(x_n) > G$.

(充分性) 假定 $\lim\limits_{x \to x_0^+} f(x) \neq +\infty$. 则存在 $G_0 > 0$, 对任意的 $\delta > 0$, 存在 $\widehat{x}$, 当 $0 < \widehat{x} - x_0 < \delta$ 时, $f(\widehat{x}) \leqslant G_0$. 由 δ 的任意性, 可取 $\delta = \dfrac{1}{n}(n \in \mathbb{N}^+)$. 则存在数列 $\{x_n\}$ 满足 $0 < x_n - x_0 < \dfrac{1}{n}$ 且 $f(x_n) \leqslant G_0$. 因此, $x_n > x_0$ 且 $\lim\limits_{n \to \infty} x_n = x_0$, $\lim\limits_{n \to \infty} f(x_n) \neq +\infty$. 这与条件矛盾.

(4) (必要性) 因为 $\lim\limits_{x \to \infty} f(x) = +\infty$, 所以对任意的 $G > 0$, 存在 $X > 0$, 当 $|x| > X$ 时, $f(x) > G$. 又因为 $\lim\limits_{n \to \infty} x_n = \infty$, 所以对 $X > 0$, 存在 $N \in \mathbb{N}^+$, 当 $n > N$ 时, $|x_n| > X$. 因此, 当 $n > N$ 时, $f(x_n) > G$.

(充分性) 假定 $\lim\limits_{x \to \infty} f(x) \neq +\infty$. 则存在 $G_0 > 0$, 对任意的 $X > 0$, 存在 $\widehat{x}$, 当 $|\widehat{x}| > X$ 时, $f(\widehat{x}) \leqslant G_0$. 由 X 的任意性, 可取 $X = n(n \in \mathbb{N}^+)$. 则存在数列 $\{x_n\}$ 满足 $|x_n| > n$ 且 $f(x_n) \leqslant G_0$. 因此, $\lim\limits_{n \to \infty} x_n = \infty$ 且 $\lim\limits_{n \to \infty} f(x_n) \neq +\infty$. 这与条件矛盾. $\qquad\square$

四、 函数极限为 $-\infty$ 情形

(1) $\lim\limits_{x \to x_0} f(x) = -\infty \Longleftrightarrow \forall x_n \to x_0(x_n \neq x_0), f(x_n) \to -\infty(n \to \infty);$

(2) $\lim\limits_{x \to x_0^+} f(x) = -\infty \Longleftrightarrow \forall x_n \to x_0(x_n > x_0), f(x_n) \to -\infty(n \to \infty);$

(3) $\lim\limits_{x \to x_0^-} f(x) = -\infty \Longleftrightarrow \forall x_n \to x_0(x_n < x_0), f(x_n) \to -\infty(n \to \infty);$

(4) $\lim\limits_{x \to \infty} f(x) = -\infty \Longleftrightarrow \forall x_n \to \infty, f(x_n) \to -\infty(n \to \infty);$

(5) $\lim\limits_{x \to +\infty} f(x) = -\infty \Longleftrightarrow \forall x_n \to +\infty, f(x_n) \to -\infty(n \to \infty);$

(6) $\lim\limits_{x \to -\infty} f(x) = -\infty \Longleftrightarrow \forall x_n \to -\infty, f(x_n) \to -\infty(n \to \infty).$

下面仅证 (2) 和 (4), 其余情形类似可证.

证 (2) (必要性) 由 $\lim\limits_{x \to x_0^+} f(x) = -\infty$ 可知, 对任意的 $G > 0$, 存在 $\delta > 0$, 当 $0 < x - x_0 < \delta$ 时, $f(x) < -G$. 因为 $\lim\limits_{n \to \infty} x_n = x_0$, 所以对 $\delta > 0$, 存在 $N \in \mathbb{N}^+$,

当 $n > N$ 时, $|x_n - x_0| < \delta$. 又因为 $x_n > x_0$, 所以当 $n > N$ 时, $0 < x_n - x_0 < \delta$. 从而当 $n > N$ 时, $f(x_n) < -G$.

(充分性) 假定 $\lim\limits_{x \to x_0^+} f(x) \neq -\infty$. 则存在 $G_0 > 0$, 对任意的 $\delta > 0$, 存在 $\widehat{x}$, 当 $0 < \widehat{x} - x_0 < \delta$ 时, $f(\widehat{x}) \geqslant -G_0$. 由 δ 的任意性, 可取 $\delta = \dfrac{1}{n}(n \in \mathbb{N}^+)$. 则存在数列 $\{x_n\}$ 满足 $0 < x_n - x_0 < \dfrac{1}{n}$ 且 $f(x_n) \geqslant -G_0$. 因此, $x_n > x_0$ 且 $\lim\limits_{n \to \infty} x_n = x_0$, $\lim\limits_{n \to \infty} f(x_n) \neq -\infty$. 这与条件矛盾.

(4) (必要性) 因为 $\lim\limits_{x \to \infty} f(x) = -\infty$, 所以对任意的 $G > 0$, 存在 $X > 0$, 当 $|x| > X$ 时, $f(x) < -G$. 又因为 $\lim\limits_{n \to \infty} x_n = \infty$, 所以对 $X > 0$, 存在 $N \in \mathbb{N}^+$, 当 $n > N$ 时, $|x_n| > X$. 因此, 当 $n > N$ 时, $f(x_n) < -G$.

(充分性) 假定 $\lim\limits_{x \to \infty} f(x) \neq -\infty$. 则存在 $G_0 > 0$, 对任意的 $X > 0$, 存在 $\widehat{x}$, 当 $|\widehat{x}| > X$ 时, $f(\widehat{x}) \geqslant -G_0$. 由 X 的任意性, 取 $X = n(n \in \mathbb{N}^+)$. 则存在数列 $\{x_n\}$ 满足 $|x_n| > n$ 且 $f(x_n) \geqslant -G_0$. 因此, $\lim\limits_{n \to \infty} x_n = \infty$, $\lim\limits_{n \to \infty} f(x_n) \neq -\infty$. 这与条件矛盾. □

五、 函数极限归结原理的否定形式

(1) $\lim\limits_{x \to x_0} f(x)$ 不存在 $\Longleftrightarrow \exists x_n' \to x_0, x_n'' \to x_0(x_n', x_n'' \neq x_0), \lim\limits_{n \to \infty} f(x_n') \neq \lim\limits_{n \to \infty} f(x_n'')$;

(2) $\lim\limits_{x \to x_0^+} f(x)$ 不存在 $\Longleftrightarrow \exists x_n' \to x_0, x_n'' \to x_0(x_n', x_n'' > x_0), \lim\limits_{n \to \infty} f(x_n') \neq \lim\limits_{n \to \infty} f(x_n'')$;

(3) $\lim\limits_{x \to x_0^-} f(x)$ 不存在 $\Longleftrightarrow \exists x_n' \to x_0, x_n'' \to x_0(x_n', x_n'' < x_0), \lim\limits_{n \to \infty} f(x_n') \neq \lim\limits_{n \to \infty} f(x_n'')$;

(4) $\lim\limits_{x \to \infty} f(x)$ 不存在 $\Longleftrightarrow \exists x_n' \to \infty, x_n'' \to \infty, \lim\limits_{n \to \infty} f(x_n') \neq \lim\limits_{n \to \infty} f(x_n'')$;

(5) $\lim\limits_{x \to +\infty} f(x)$ 不存在 $\Longleftrightarrow \exists x_n' \to +\infty, x_n'' \to +\infty, \lim\limits_{n \to \infty} f(x_n') \neq \lim\limits_{n \to \infty} f(x_n'')$;

(6) $\lim\limits_{x \to -\infty} f(x)$ 不存在 $\Longleftrightarrow \exists x_n' \to -\infty, x_n'' \to -\infty, \lim\limits_{n \to \infty} f(x_n') \neq \lim\limits_{n \to \infty} f(x_n'')$.

注 1   利用函数极限归结原理的否定形式可以证明某些函数的极限不存在.

例 1   证明: $\lim\limits_{x \to -\infty} x \cos^2 x$ 不存在.

证   对任意的 $n \in \mathbb{N}^+$, 取 $x_n' = -2n\pi + \dfrac{\pi}{2}$, $x_n'' = -2n\pi$. 显然 $\lim\limits_{n \to \infty} x_n' =$

$\lim\limits_{n\to\infty} x_n'' = -\infty$. 令 $f(x) = x\cos^2 x$. 由于

$$\lim_{n\to\infty} f(x_n') = \lim_{n\to\infty}\left(-2n\pi + \frac{\pi}{2}\right)\cos^2\left(-2n\pi + \frac{\pi}{2}\right) = 0,$$
$$\lim_{n\to\infty} f(x_n'') = \lim_{n\to\infty} -2n\pi\cos^2(-2n\pi) = -\infty,$$

即 $\lim\limits_{n\to\infty} f(x_n') \neq \lim\limits_{n\to\infty} f(x_n'')$. 从而由归结原理的否定形式可知, $\lim\limits_{x\to-\infty} x\cos^2 x$ 不存在. □

例 2　证明: $\lim\limits_{x\to+\infty} \mathrm{e}^x\sin^2 x$ 不存在.

证　对任意的 $n\in\mathbb{N}^+$, 取 $x_n' = 2n\pi + \dfrac{\pi}{2}$, $x_n'' = 2n\pi$. 显然 $\lim\limits_{n\to\infty} x_n' = \lim\limits_{n\to\infty} x_n'' = +\infty$. 令 $f(x) = \mathrm{e}^x\sin^2 x$. 由于

$$\lim_{n\to\infty} f(x_n') = \lim_{n\to\infty} \mathrm{e}^{2n\pi + \frac{\pi}{2}}\sin^2\left(2n\pi + \frac{\pi}{2}\right) = +\infty,$$
$$\lim_{n\to\infty} f(x_n'') = \lim_{n\to\infty} \mathrm{e}^{2n\pi}\sin^2 2n\pi = 0,$$

即 $\lim\limits_{n\to\infty} f(x_n') \neq \lim\limits_{n\to\infty} f(x_n'')$. 从而由归结原理的否定形式知, $\lim\limits_{x\to+\infty} \mathrm{e}^x\sin^2 x$ 不存在. □

第四节　函数的连续与一致连续

函数的连续性与一致连续性是数学分析中十分基础的内容, 在微积分理论中具有非常重要的作用. 本节主要介绍函数连续与间断的定义及其基本性质、函数一致连续的定义及其基本性质, 以及连续与一致连续之间的一些关系.

一、函数连续的分析定义

定义 1　设函数 $f(x)$ 在 x_0 点的某邻域内有定义. 若对任意的 $\varepsilon > 0$, 存在 $\delta > 0$, 当 $|x - x_0| < \delta$ 时, $|f(x) - f(x_0)| < \varepsilon$, 则称 $f(x)$ 在 $x = x_0$ 连续.

定义 2　设函数 $f(x)$ 在 x_0 点的某邻域内有定义. 如果对任意的 $\varepsilon > 0$, 存在 $\delta > 0$, 当 $0 \leqslant x_0 - x < \delta$ 时, $|f(x) - f(x_0)| < \varepsilon$, 则称 $f(x)$ 在 $x = x_0$ 左连续.

定义 3　设函数 $f(x)$ 在 x_0 点的某邻域内有定义. 如果对任意的 $\varepsilon > 0$, 存在 $\delta > 0$, 当 $0 \leqslant x - x_0 < \delta$ 时, $|f(x) - f(x_0)| < \varepsilon$, 则称 $f(x)$ 在 $x = x_0$ 右连续.

若对任意的 $x_0 \in (a,b)$, 函数 $f(x)$ 在 $x = x_0$ 连续, 则称 $f(x)$ 在开区间 (a,b) 内连续. 若 $f(x)$ 在 (a,b) 内连续且同时在左端点右连续, 在右端点左连续, 则称 $f(x)$ 在闭区间 $[a,b]$ 上连续.

由函数连续的定义可知, 若 $f(x)$ 在 $x = x_0$ 连续, 则必须同时满足

(1) $f(x)$ 在 $x = x_0$ 有定义;

(2) $f(x)$ 在 $x = x_0$ 的极限存在;

(3) $\lim\limits_{x \to x_0} f(x) = f(x_0)$.

若函数 $f(x)$ 在 $x = x_0$ 不满足上述三个条件之一, 则称 $x = x_0$ 为 $f(x)$ 的不连续点或间断点. 函数的不连续点一般可分为以下几种类型:

(1) (第一类不连续点) $\lim\limits_{x \to x_0^-} f(x)$ 与 $\lim\limits_{x \to x_0^+} f(x)$ 存在, 但 $\lim\limits_{x \to x_0^-} f(x) \neq \lim\limits_{x \to x_0^+} f(x)$;

(2) (第二类不连续点) $\lim\limits_{x \to x_0^-} f(x)$ 与 $\lim\limits_{x \to x_0^+} f(x)$ 中至少有一个不存在;

(3) (可去间断点) $\lim\limits_{x \to x_0} f(x)$ 存在, 但 $\lim\limits_{x \to x_0} f(x) \neq f(x_0)$ 或 $f(x)$ 在 $x = x_0$ 无定义.

二、 连续函数的运算性质

性质 1　若函数 $f(x)$ 与 $g(x)$ 在定义域 D 上连续, 则对任意的 $\alpha, \beta \in \mathbb{R}$, $\alpha f(x) + \beta g(x)$ 在 D 上连续.

性质 2　若函数 $f(x)$ 与 $g(x)$ 在定义域 D 上连续, 则 $f(x)g(x)$ 在 D 上连续.

性质 3　若函数 $f(x)$ 与 $g(x)$ 在定义域 D 上连续且对任意的 $x \in D$, $g(x) \neq 0$, 则 $\dfrac{f(x)}{g(x)}$ 在 D 上连续.

性质 4　若函数 $f(x)$ 在定义域 D_1 上连续, $g(x)$ 在定义域 D_2 上连续且对任意的 $x \in D_2$, $g(x) \in D_1$, 则 $f(g(x))$ 在 D_2 上连续.

性质 5　若函数 $f(x)$ 在定义域 D 上连续, 则 $|f(x)|$ 在 D 上连续.

证　令 $g(x) = |x|$. 故由本节性质 4 可知, $g(f(x)) = |f(x)|$ 在 D 上连续.　□

性质 6　若函数 $f(x)$, $g(x)$ 在定义域 D 上连续, 则 $\max\{f(x), g(x)\}$ 与 $\min\{f(x), g(x)\}$ 在 D 上连续.

证　因为

$$\max\{f(x), g(x)\} = \frac{f(x) + g(x) + |f(x) - g(x)|}{2},$$

$$\min\{f(x), g(x)\} = \frac{f(x) + g(x) - |f(x) - g(x)|}{2},$$

故由本节性质 1 和性质 5 知, $\max\{f(x), g(x)\}$ 与 $\min\{f(x), g(x)\}$ 在 D 上连续.　□

三、 函数一致连续的分析定义

定义 4 设函数 $f(x)$ 在区间 D 上有定义. 若对任意的 $\varepsilon > 0$, 存在仅与 ε 有关的 $\delta > 0$, 对任意的 $x', x'' \in D$, 当 $|x' - x''| < \delta$ 时, $|f(x') - f(x'')| < \varepsilon$, 则称 $f(x)$ 在 D 上一致连续.

定义 5 设函数 $f(x)$ 在区间 D 上有定义. 若存在 $\varepsilon_0 > 0$, 对任意的 $\delta > 0$, 存在 $x', x'' \in D$, 当 $|x' - x''| < \delta$ 时, $|f(x') - f(x'')| \geqslant \varepsilon_0$, 则称 $f(x)$ 在 D 上非一致连续.

注 1 (1) 由一致连续的定义可知, 区间 D 上的一致连续函数一定连续, 反之不然. 例如, 函数 $y = x^2$ 在开区间 $(0, +\infty)$ 内连续但非一致连续.

(2) 若函数 $f(x)$ 在闭区间 $[a, b]$ 上连续, 则 $f(x)$ 在 $[a, b]$ 上必一致连续. 这就是著名的康托尔定理. 本书将在第二章中利用实数的完备性定理给出其证明.

(3) 函数 $f(x)$ 在开区间 (a, b) 内连续, 但 $f(x)$ 在 (a, b) 内不一定一致连续. 例如, 取 $f(x) = \dfrac{1}{x}$, $x \in (0, 1)$. 显然, $f(x)$ 在 $(0, 1)$ 内连续, 但非一致连续.

四、 一致连续函数的性质

性质 7 若函数 $f(x)$ 与 $g(x)$ 在区间 D 上一致连续, 则函数 $f(x) \pm g(x)$ 在区间 D 上一致连续.

证 因为 $f(x)$ 与 $g(x)$ 一致连续, 故对任意的 $\varepsilon > 0$, 存在 $\delta > 0$, 对任意的 $x', x'' \in D$, 当 $|x' - x''| < \delta$ 时,

$$|f(x') - f(x'')| < \frac{\varepsilon}{2}, \quad |g(x') - g(x'')| < \frac{\varepsilon}{2}.$$

故当 $|x' - x''| < \delta$ 时,

$$\left| (f(x') \pm g(x')) - (f(x'') \pm g(x'')) \right| \leqslant |f(x') - f(x'')| + |g(x') - g(x'')| < \varepsilon.$$

故由一致连续的定义可知, $f(x) \pm g(x)$ 在区间 D 上一致连续. □

性质 8 若函数 $f(x)$ 与 $g(x)$ 在 $\mathbb{R}$ 上一致连续并且有界, 则函数 $f(x)g(x)$ 在 $\mathbb{R}$ 上一致连续.

证 因 $f(x)$ 与 $g(x)$ 在 $\mathbb{R}$ 上有界, 故存在 $M > 0$, 对任意的 $x \in \mathbb{R}$, $|f(x)| \leqslant M$ 且 $|g(x)| \leqslant M$. 由 $f(x), g(x)$ 一致连续可知, 对任意的 $\varepsilon > 0$, 存在 $\delta > 0$, 对任意的 $x', x'' \in \mathbb{R}$, 当 $|x' - x''| < \delta$ 时,

$$|f(x') - f(x'')| < \frac{\varepsilon}{2M}, \quad |g(x') - g(x'')| < \frac{\varepsilon}{2M}.$$

从而当 $|x' - x''| < \delta$ 时,

$$|f(x')g(x') - f(x'')g(x'')|$$

$$= |f(x')g(x') - f(x')g(x'') - f(x'')g(x'') + f(x')g(x'')|$$

$$\leqslant |f(x')g(x') - f(x')g(x'')| + |f(x')g(x'') - f(x'')g(x'')| < \varepsilon.$$

故 $f(x)g(x)$ 在 $\mathbb{R}$ 上一致连续.　　　　　　　　　　　　　　　　　　□

注 2　无限区间上的一致连续函数不一定有界. 例如, 函数 $f(x) = x$ 在 $\mathbb{R}$ 上一致连续, 但无界.

性质 9　若函数 $f(x)$ 在区间 D 上一致连续且具有正的下确界, 则 $\dfrac{1}{f(x)}$ 在 D 上必一致连续.

证　设 $\inf\limits_{x \in D} f(x) = A > 0$. 则对任意的 $x \in D$, $f(x) \geqslant A > 0$. 由 $f(x)$ 在 D 上一致连续可知, 对任意的 $\varepsilon > 0$, 存在 $\delta > 0$, 对任意的 $x', x'' \in D$, 当 $|x' - x''| < \delta$ 时, $|f(x') - f(x'')| < A^2\varepsilon$. 故当 $|x' - x''| < \delta$ 时,

$$\left| \frac{1}{f(x')} - \frac{1}{f(x'')} \right| = \left| \frac{f(x') - f(x'')}{f(x')f(x'')} \right| \leqslant \frac{|f(x') - f(x'')|}{A^2} < \varepsilon.$$

因此, 函数 $\dfrac{1}{f(x)}$ 在 D 上一致连续.　　　　　　　　　　　　　　　□

性质 10　若函数 $f(x)$ 在区间 D_2 上一致连续, 函数 $g(x)$ 在区间 D_1 上一致连续且 $g(D_1) \subset D_2$, 则复合函数 $f(g(x))$ 在 D_1 上一致连续.

证　因为 $f(x)$ 在 D_2 上一致连续, 所以对任意的 $\varepsilon > 0$, 存在 $\eta > 0$, 对任意的 $d_1, d_2 \in D_2$, 当 $|d_1 - d_2| < \eta$ 时, $|f(d_1) - f(d_2)| < \varepsilon$. 又因为 $g(x)$ 在 D_1 上一致连续, 故对 $\eta > 0$, 存在 $\delta > 0$, 对任意的 $x', x'' \in D_1$, 当 $|x' - x''| < \delta$ 时, $|g(x') - g(x'')| < \eta$. 从而当 $|x' - x''| < \delta$ 时, $|f(g(x')) - f(g(x''))| < \varepsilon$. 故 $f(g(x))$ 在 D_1 上一致连续.　　　　　　　　　　　　　　　　　　　　□

性质 11　若函数 $f(x)$ 在闭区间 $[a,b]$ 与 $[b,c]$ 上一致连续, 则 $f(x)$ 在闭区间 $[a,c]$ 上一致连续.

证　由 $f(x)$ 在 $[a,b]$ 与 $[b,c]$ 上一致连续可知, 对任意的 $\varepsilon > 0$, 存在 $\delta > 0$,
(i) 对任意的 $x', x'' \in [a,b]$, 当 $|x' - x''| < \delta$ 时, $|f(x') - f(x'')| < \dfrac{\varepsilon}{2}$;

(ii) 对任意的 $x', x'' \in [b,c]$, 当 $|x' - x''| < \delta$ 时, $|f(x') - f(x'')| < \dfrac{\varepsilon}{2}$.

对任意的 $x', x'' \in [a,c]$, 若 $x', x'' \in [a,b]$, 则由 (i) 可知结论成立; 若 $x', x'' \in [b,c]$, 则由 (ii) 可知结论成立. 若 $x' \in [a,b], x'' \in [b,c]$, 则当 $|x' - x''| < \delta$ 时, $|x' - b| \leqslant |x' - x''| < \delta$, $|x'' - b| \leqslant |x' - x''| < \delta$. 故由 (i) 与 (ii) 可得 $|f(x') - f(b)| < \dfrac{\varepsilon}{2}$ 且 $|f(x'') - f(b)| < \dfrac{\varepsilon}{2}$. 从而当 $|x' - x''| < \delta$ 时,

$$|f(x') - f(x'')| = |f(x') - f(b) + f(b) - f(x'')|$$

$$\leqslant |f(x') - f(b)| + |f(x'') - f(b)| < \frac{\varepsilon}{2} + \frac{\varepsilon}{2} = \varepsilon.$$

因此, $f(x)$ 在 $[a,c]$ 上也一致连续. □

注 3　由性质 11 可知, 若函数 $f(x)$ 在 $[a,X]$ 与 $[X,+\infty)$ 上一致连续, 则 $f(x)$ 在 $[a,+\infty)$ 上一致连续.

定义 6 (利普希茨条件)　若存在常数 $L > 0$ 使得对任意的 $x,y \in D$, $|f(x) - f(y)| \leqslant L|x - y|$, 则称函数 $f(x)$ 在区间 D 上满足利普希茨条件.

性质 12　若函数 $f(x)$ 在区间 D 上满足利普希茨条件, 则 $f(x)$ 在 D 上一致连续.

证　对任意的 $\varepsilon > 0$, 取 $\delta = \dfrac{\varepsilon}{L}$. 则对任意的 $x,y \in D$, 当 $|x-y| < \delta = \dfrac{\varepsilon}{L}$ 时,

$$|f(x) - f(y)| \leqslant L|x-y| < L \cdot \frac{\varepsilon}{L} = \varepsilon.$$

故由定义可知, 函数 $f(x)$ 在区间 D 上一致连续. □

性质 13　设函数 $f(x)$ 在区间 D 上有定义. 令

$$w(\delta) = \sup_{\substack{x',x'' \in D \\ |x'-x''| < \delta}} |f(x') - f(x'')|.$$

则 $f(x)$ 在 D 上一致连续 $\Longleftrightarrow \lim\limits_{\delta \to 0^+} w(\delta) = 0$.

证　(必要性) 因为 $f(x)$ 在 D 上一致连续, 故对任意的 $\varepsilon > 0$, 存在 $\overline{\delta} > 0$, 对任意的 $x', x'' \in D$, 当 $|x'-x''| < \overline{\delta}$ 时, $|f(x') - f(x'')| < \dfrac{\varepsilon}{2}$. 故当 $0 < \delta < \overline{\delta}$ 时,

$$|w(\delta) - 0| = w(\delta) = \sup_{\substack{x',x'' \in D \\ |x'-x''| < \delta}} |f(x') - f(x'')|$$

$$\leqslant \sup_{\substack{x',x'' \in D \\ |x'-x''| < \overline{\delta}}} |f(x') - f(x'')| \leqslant \frac{\varepsilon}{2} < \varepsilon.$$

(充分性) 由 $\lim\limits_{\delta \to 0^+} w(\delta) = 0$ 可知, 对任意的 $\varepsilon > 0$, 存在 $\overline{\delta} > 0$, 当 $0 < \delta < \overline{\delta}$ 时, $|w(\delta) - 0| = w(\delta) < \varepsilon$. 取 $\delta_0 = \dfrac{\overline{\delta}}{2}$. 则对任意的 $x', x'' \in D$, 当 $|x'-x''| < \dfrac{\overline{\delta}}{2} = \delta_0$ 时, $0 < w\left(\dfrac{\overline{\delta}}{2}\right) < \varepsilon$. 故当 $|x'-x''| < \delta_0$ 时,

$$|f(x') - f(x'')| \leqslant \sup_{\substack{x',x'' \in D \\ |x'-x''| < \frac{\overline{\delta}}{2}}} |f(x') - f(x'')| = w\left(\frac{\overline{\delta}}{2}\right) < \varepsilon.$$

所以 $f(x)$ 在 D 上一致连续. □

性质 14 函数 $f(x)$ 在区间 D 上一致连续 $\Longleftrightarrow$ 对任意的 $x_n', x_n'' \in D$, 只要 $\lim_{n\to\infty}(x_n' - x_n'') = 0$, 则有 $\lim_{n\to\infty}(f(x_n') - f(x_n'')) = 0$.

证 (必要性) 设 $f(x)$ 在 D 上一致连续. 则对任意的 $\varepsilon > 0$, 存在 $\delta > 0$, 对任意的 $x', x'' \in D$, 当 $|x' - x''| < \delta$ 时, $|f(x') - f(x'')| < \varepsilon$. 由 $\lim_{n\to\infty}(x_n' - x_n'') = 0$ 可知, 对 $\delta > 0$, 存在 $N \in \mathbb{N}^+$, 当 $n > N$ 时, $|x_n' - x_n''| < \delta$. 因此, 当 $n > N$ 时, $|f(x_n') - f(x_n'')| < \varepsilon$. 从而 $\lim_{n\to\infty}(f(x_n') - f(x_n'')) = 0$.

(充分性) 反设 $f(x)$ 在 D 上非一致连续. 则存在 $\varepsilon_0 > 0$, 对任意的 $\delta > 0$, 存在 $x', x'' \in D$, 当 $|x' - x''| < \delta$ 时, $|f(x') - f(x'')| \geqslant \varepsilon_0$. 取 $\delta = \dfrac{1}{n}$. 则存在 x_n', $x_n'' \in D$, 当 $|x_n' - x_n''| < \dfrac{1}{n}$ 时, $|f(x_n') - f(x_n'')| \geqslant \varepsilon_0$. 此时, 显然 $\lim_{n\to\infty}(x_n' - x_n'') = 0$, 但 $\lim_{n\to\infty}(f(x_n') - f(x_n'')) \neq 0$. 这与条件矛盾. □

注 4 由性质 14 可知, $f(x)$ 在 D 上非一致连续 $\Longleftrightarrow$ 存在 $\varepsilon_0 > 0$, 对任意的 $\dfrac{1}{n}$, 存在 $x_n', x_n'' \in D$, 当 $|x_n' - x_n''| < \dfrac{1}{n}$ 时, $|f(x_n') - f(x_n'')| \geqslant \varepsilon_0$. 特别地, 若存在 $\varepsilon_0 > 0$, $x_n', x_n'' \in D$, 当 $|x_n' - x_n''| < \dfrac{1}{n}$ 时, $\lim_{n\to\infty} x_n' = \lim_{n\to\infty} x_n'' = a$, 但 $|f(x_n') - f(x_n'')| \geqslant \varepsilon_0$, 则 $f(x)$ 在 D 上非一致连续.

例 1 设函数 $f(x) = \lim_{n\to\infty} \dfrac{x^{2n-1} + ax^2 + bx}{x^{2n+1} + 1}$ 在 $\mathbb{R}$ 上连续. 求常数 a, b 的值.

证 因为当 $|x| > 1$ 时,

$$f(x) = \lim_{n\to\infty} \frac{\dfrac{1}{x^2} + \dfrac{a}{x^{2n-1}} + \dfrac{b}{x^{2n}}}{1 + \dfrac{1}{x^{2n+1}}} = \frac{1}{x^2},$$

当 $0 < |x| < 1$ 时, $f(x) = ax^2 + bx$. 从而由 $f(x)$ 的连续性可知

$$1 = \lim_{x\to 1^+} f(x) = \lim_{x\to 1^-} f(x) = a + b,$$
$$1 = \lim_{x\to -1^-} f(x) = \lim_{x\to -1^+} f(x) = a - b.$$

因此, $a = 1, b = 0$. □

例 2 设函数 $f(x)$ 是连续的. 证明: 对任意的 $c > 0$, $g(x)$ 连续, 其中

$$g(x) = \begin{cases} -c, & f(x) < -c, \\ f(x), & |f(x)| \leqslant c, \\ c, & f(x) > c. \end{cases}$$

证 因为 $g(x) = \max\{-c, \min\{f(x), c\}\}$, $f(x)$ 连续且对任意的 $c > 0$, $\varphi(x) = c$ 与 $\psi(x) = -c$ 连续, 所以由本节性质 6 可知, $\min\{f(x), c\}$ 连续且 $g(x)$ 连续. □

例 3 设函数 $f(x)$ 在开区间 $(0,1)$ 内有定义且函数 $\mathrm{e}^x f(x)$ 与 $\mathrm{e}^{-f(x)}$ 在 $(0,1)$ 内单调递增. 证明: $f(x)$ 在 $(0,1)$ 内连续.

证 任取 $x_0 \in (0,1)$. 因为 $\mathrm{e}^x f(x)$ 在 $(0,1)$ 内单调递增, 所以当 $x > x_0$ 时, $\mathrm{e}^x f(x) \geqslant \mathrm{e}^{x_0} f(x_0)$, 即 $f(x) \geqslant \mathrm{e}^{x_0-x} f(x_0)$. 又因为 $\mathrm{e}^{-f(x)}$ 在 $(0,1)$ 内单调递增, 所以当 $x > x_0$ 时, $\mathrm{e}^{-f(x)} \geqslant \mathrm{e}^{-f(x_0)}$, 即 $f(x) \leqslant f(x_0)$. 从而当 $x > x_0$ 时,

$$\mathrm{e}^{x_0-x} f(x_0) \leqslant f(x) \leqslant f(x_0).$$

因此, 由夹逼准则可知, $\lim\limits_{x \to x_0^+} f(x) = f(x_0)$. 同理可证 $\lim\limits_{x \to x_0^-} f(x) = f(x_0)$. 因此, $\lim\limits_{x \to x_0} f(x) = f(x_0)$, 即 $f(x)$ 在 $x = x_0$ 连续. 再由 x_0 的任意性可知, $f(x)$ 在 $(0,1)$ 内连续. □

例 4 讨论函数 $f(x) = \dfrac{x^2 - x}{|x|(x^2-1)}$ 的不连续点.

解 因为 $\lim\limits_{x \to 1} f(x) = \dfrac{1}{2}$ 且 $f(x)$ 在 $x = 1$ 处无定义, 所以 $x = 1$ 是可去不连续点.

由 $\lim\limits_{x \to 0^+} f(x) = 1$ 和 $\lim\limits_{x \to 0^-} f(x) = -1$ 可知, $x = 0$ 是第一类不连续点.

因为 $\lim\limits_{x \to -1^+} f(x) = -\infty$, 所以 $x = -1$ 是第二类不连续点.

例 5 设函数 $f(x)$ 在闭区间 $[a,b]$ 上有定义且只有第一类不连续点. 证明: $f(x)$ 在 $[a,b]$ 上有界.

证 假设 $f(x)$ 在 $[a,b]$ 上无界. 则对任意的 $M > 0$, 存在 $x_0 \in [a,b]$ 使得 $|f(x)| > M$. 由 M 的任意性可知, 存在 $x_n \in [a,b]$ 满足 $|f(x_n)| > n$. 故 $\lim\limits_{n \to \infty} f(x_n) = +\infty$. 这与 $f(x)$ 在 $[a,b]$ 上只有第一类不连续点矛盾. 因此, $f(x)$ 在 $[a,b]$ 上有界. □

例 6 讨论函数 $f(x)$ 的不连续点, 其中

$$f(x) = \begin{cases} \sin \pi x, & x \in \mathbb{Q}, ^① \\ 0, & x \in \mathbb{Q}^c. ^② \end{cases}$$

解 当 $x_0 \neq n$, $n \in \mathbb{Z}$ 时, 取有理点列 $r_n \to x_0$ 且 $r_n > x_0$. 则 $\lim\limits_{r_n \to x_0^+} f(r_n) =$

---

① 本书中用符号 $\mathbb{Q}$ 表示全体有理数构成的集合.
② 本书中用符号 $\mathbb{Q}^c$ 表示全体有理数所构成的集合的补集.

$\sin \pi x_0 \neq 0$; 取无理点列 $x_n \to x_0$ 且 $x_n > x_0$. 则 $\lim\limits_{x_n \to x_0^+} f(x_n) = 0$. 故 $\lim\limits_{x \to x_0^+} f(x)$ 不存在. 从而 $x_0 \neq n, n \in \mathbb{Z}$ 为函数的第二类不连续点.

当 $x_0 = n, n \in \mathbb{Z}$ 时, 若 x 为无理数, 则 $|f(x) - f(n)| = 0$; 若 x 为有理数, 则 $|f(x) - f(n)| \leqslant \pi |x - n|$. 从而对任意的 $\varepsilon > 0$, 存在 $\delta = \dfrac{\varepsilon}{\pi} > 0$, 当 $|x - n| < \delta$ 时, $|f(x) - f(n)| < \varepsilon$. 故 $f(x)$ 在 $x = n\ (n \in \mathbb{Z})$ 连续.

例 7 设函数 $f(x)$ 在 $x = 0$ 与 $x = 1$ 处连续且对任意的 $x \in \mathbb{R}$, $f(x) = f(x^2)$. 证明: 对任意的 $x \in \mathbb{R}$, $f(x) = f(1)$.

证 由条件可知, 当 $x > 0$ 时,

$$f(x) = f(x^{\frac{1}{2}}) = f(x^{\frac{1}{4}}) = \cdots = f(x^{\frac{1}{2^n}}) = \cdots.$$

从而由 $f(x)$ 在 $x = 1$ 处连续以及函数极限的归结原理可知

$$f(x) = \lim_{n \to \infty} f(x^{\frac{1}{2^n}}) = \lim_{x \to 1} f(x) = f(1).$$

当 $x < 0$ 时, $f(x) = f(x^2) = f(1)$.

当 $x = 0$ 时, $f(0) = \lim\limits_{x \to 0} f(x) = \lim\limits_{x \to 0^+} f(x) = f(1)$. □

例 8 证明: 函数 $f(x) = \sin^2 \sqrt{x}$ 在 $[0, +\infty)$ 上一致连续.

证 对任意的 $\varepsilon > 0$, 取 $\delta = \varepsilon$. 则当 $|x' - x''| < \delta$ 时, 对任意的 $x', x'' \in [0, +\infty)$,

$$
\begin{aligned}
|\sin^2 \sqrt{x'} - \sin^2 \sqrt{x''}| &= \left| \frac{1}{2} - \frac{1}{2}\cos 2\sqrt{x'} - \left(\frac{1}{2} - \frac{1}{2}\cos 2\sqrt{x''} \right) \right| \\
&= \frac{1}{2} |\cos 2\sqrt{x''} - \cos 2\sqrt{x'}| \\
&= |\sin(\sqrt{x'} + \sqrt{x''})\sin(\sqrt{x'} - \sqrt{x''})| \\
&\leqslant |(\sqrt{x'} + \sqrt{x''})(\sqrt{x'} - \sqrt{x''})| \\
&= |x' - x''| < \varepsilon,
\end{aligned}
$$

即 $f(x)$ 在 $[0, +\infty)$ 上一致连续. □

例 9 若函数 $g(x)$ 在区间 $[a, +\infty)$ 上连续且 $\lim\limits_{x \to +\infty} g(x) = A$, 则函数 $g(x)$ 在 $[a, +\infty)$ 上一致连续.

证 由 $\lim\limits_{x \to +\infty} g(x) = A$ 可知, 对任意的 $\varepsilon > 0$, 存在 $X > a$, 当 $x > X$ 时, $|g(x) - A| < \dfrac{\varepsilon}{2}$. 任取 $\delta > 0$. 对任意的 $x', x'' \in [X + 1, +\infty)$, 显然 $x' > X$ 且

$x'' > X$. 从而当 $|x' - x''| < \delta$ 时,

$$|g(x') - g(x'')| = |g(x') - A + A - g(x'')| \leqslant |g(x') - A| + |A - g(x'')| < \varepsilon.$$

故 $g(x)$ 在 $[X+1, +\infty)$ 上一致连续. 又因为 $g(x)$ 在 $[a, X+1]$ 上连续, 故由康托尔定理可知, $g(x)$ 在 $[a, X+1]$ 上一致连续. 从而 $g(x)$ 在 $[a, +\infty)$ 上一致连续.□

例 10 设函数 $f(x)$ 在 $(-\infty, +\infty)$ 内一致连续. 证明: 存在非负实数 a 和 b 使得对任意的 $x \in (-\infty, +\infty)$, $|f(x)| \leqslant a|x| + b$.

证 因为 $f(x)$ 在 $(-\infty, +\infty)$ 内一致连续, 所以存在 $\delta > 0$, 对任意的 $x_1, x_2 \in (-\infty, +\infty)$, 当 $|x_1 - x_2| \leqslant \delta$ 时, $|f(x_1) - f(x_2)| \leqslant 1$. 对任意的 $x \in (-\infty, +\infty)$ 且 $x \neq 0$, 存在自然数 n 使得

$$\frac{1}{n}|x| \leqslant \delta \leqslant \frac{1}{n-1}|x|.$$

因此, 当 $x > 0$ 时,

$$|f(x) - f(0)| \leqslant \left| f(x) - f\left(\frac{n-1}{n}x\right) \right| + \left| f\left(\frac{n-1}{n}x\right) - f\left(\frac{n-2}{n}x\right) \right|$$
$$+ \cdots + \left| f\left(\frac{1}{n}x\right) - f(0) \right|.$$

从而 $|f(x) - f(0)| \leqslant n$. 故

$$|f(x)| = |f(x) - f(0) + f(0)| \leqslant |f(0)| + n.$$

由 $\frac{1}{n-1}x \geqslant \delta$ 可知, $n \leqslant \frac{x}{\delta} + 1$. 从而

$$|f(x)| \leqslant |f(0)| + \frac{x}{\delta} + 1 = a|x| + b,$$

其中 $a = \frac{1}{\delta}, b = |f(0)| + 1$.

当 $x < 0$ 时, 类似可证 $|f(x)| \leqslant a|x| + b$. □

例 11 设函数 $f(x)$ 在区间 $[0, +\infty)$ 上一致连续且存在实数 A 使得对任意的 $c > 0$, $\lim_{n \to \infty} f(nc) = A$. 证明: $\lim_{x \to +\infty} f(x) = A$.

证 因为 $f(x)$ 在 $[0, +\infty)$ 上一致连续, 所以对任意的 $\varepsilon > 0$, 存在 $\delta > 0$, 对任意的 $x_1, x_2 \in [0, +\infty)$, 当 $|x_1 - x_2| < \delta$ 时, $|f(x_1) - f(x_2)| < \frac{\varepsilon}{3}$. 任取 $c_1 > 0$. 则

$$\left| f(nc_1) - f\left(nc_1 + \frac{\delta}{2}\right) \right| < \frac{\varepsilon}{3}.$$

因为 $\lim\limits_{n\to\infty} f(nc_1) = A$, 所以对 $\varepsilon > 0$, 存在 $N \in \mathbb{N}^+$, 当 $n > N$ 时, $|f(nc_1) - A| < \dfrac{\varepsilon}{3}$. 取 $X = Nc_1$. 则当 $x > X$ 且 $x \in \left(nc_1, nc_1 + \dfrac{\delta}{2}\right)$ 时,

$$
\begin{aligned}
|f(x) - A| &= \left| f(x) - f\left(nc_1 + \frac{\delta}{2}\right) + f\left(nc_1 + \frac{\delta}{2}\right) - f(nc_1) + f(nc_1) - A \right| \\
&\leqslant \left| f(x) - f\left(nc_1 + \frac{\delta}{2}\right) \right| + \left| f\left(nc_1 + \frac{\delta}{2}\right) - f(nc_1) \right| + |f(nc_1) - A| \\
&< \varepsilon.
\end{aligned}
$$

故由分析定义可知, $\lim\limits_{x\to+\infty} f(x) = A$. □

例 12　设函数 $f(x)$ 在区间 $[a, +\infty)$ 上连续, 函数 $g(x)$ 在区间 $[a, +\infty)$ 上一致连续且 $\lim\limits_{x\to+\infty} (f(x) - g(x)) = 0$. 证明: $f(x)$ 在 $[a, +\infty)$ 上一致连续.

证　因为 $g(x)$ 在 $[a, +\infty)$ 上一致连续, 故对任意的 $\varepsilon > 0$, 存在 $\delta > 0$, 对任意的 $x', x'' \in [a, +\infty)$, 当 $|x' - x''| < \delta$ 时, $|g(x') - g(x'')| < \dfrac{\varepsilon}{3}$. 因为 $\lim\limits_{x\to+\infty} (f(x) - g(x)) = 0$, 故对上述 $\delta > 0$, 存在 $X > 0$, 对任意的 $x \in [a, +\infty)$, 当 $x > X$ 时, $|f(x) - g(x)| < \dfrac{\varepsilon}{3}$. 从而对任意的 $x', x'' \in [X+1, +\infty)$, 当 $|x' - x''| < \delta$ 时,

$$
\begin{aligned}
|f(x') - f(x'')| &= |f(x') - g(x') - f(x'') + g(x'') + g(x') - g(x'')| \\
&\leqslant |f(x') - g(x')| + |f(x'') - g(x'')| + |g(x') - g(x'')| < \varepsilon.
\end{aligned}
$$

故 $f(x)$ 在 $[X+1, +\infty)$ 上一致连续. 又因为 $f(x)$ 在 $[a, X+1]$ 上连续, 故由康托尔定理可知, $f(x)$ 在 $[a, X+1]$ 上一致连续. 所以 $f(x)$ 在 $[a, +\infty)$ 上一致连续. □

例 13　设 $a > 0$, 函数 $f(x)$ 在区间 $[a, +\infty)$ 上满足利普希茨条件. 证明: 函数 $\dfrac{f(x)}{x}$ 在 $[a, +\infty)$ 上一致连续且有界.

证　对任意的 $x \in [a, +\infty)$, 由 $|f(x) - f(a)| \leqslant L|x - a|$ 知, $|f(x)| \leqslant |f(a)| + L|x - a|$. 对任意的 $x, y \in [a, +\infty)$, 可得

$$
\begin{aligned}
\left| \frac{f(x)}{x} - \frac{f(y)}{y} \right| &= \left| \frac{f(x)}{x} - \frac{f(y)}{x} + \frac{f(y)}{x} - \frac{f(y)}{y} \right| \\
&\leqslant \frac{1}{x}|f(x) - f(y)| + |f(y)| \left| \frac{1}{x} - \frac{1}{y} \right|
\end{aligned}
$$

$$\leqslant \frac{L}{x}|x-y| + |f(y)|\left|\frac{x-y}{xy}\right|$$

$$\leqslant \frac{L}{a}|x-y| + \left(\frac{|f(a)|+L|y-a|}{xy}\right)|x-y|$$

$$\leqslant |x-y|\left(\frac{L}{a} + \frac{|f(a)|}{a^2} + \frac{L}{a}\left|\frac{y-a}{y}\right|\right)$$

$$\leqslant |x-y|\left(\frac{2L}{a} + \frac{|f(a)|}{a^2}\right).$$

取 $K = \dfrac{2L}{a} + \dfrac{|f(a)|}{a^2}$. 则对任意的 $x,y \in [a,+\infty)$, $\left|\dfrac{f(x)}{x} - \dfrac{f(y)}{y}\right| \leqslant K|x-y|$. 故由本节性质 12 可知, $\dfrac{f(x)}{x}$ 在 $[a,+\infty)$ 上一致连续.

下证 $\dfrac{f(x)}{x}$ 在 $[a,+\infty)$ 上有界. 由 $f(x)$ 在 $[a,+\infty)$ 上满足利普希茨条件可知, 对任意的 $x \in [a,+\infty)$, $|f(x)-f(a)| \leqslant L|x-a| \leqslant L|x|$. 从而

$$\frac{|f(x)| - |f(a)|}{|x|} \leqslant \frac{|f(x)-f(a)|}{|x|} \leqslant L.$$

因此有

$$\frac{|f(x)|}{|x|} \leqslant L + \frac{|f(a)|}{|x|} \leqslant L + \frac{f(a)}{a}.$$

故函数 $\dfrac{f(x)}{x}$ 在 $[a,+\infty)$ 有界. $\qquad\square$

例 14 设函数 $f(x)$ 在区间 $[0,+\infty)$ 上一致连续且 $f(x) \geqslant 0$. 证明: 若 $\alpha \in (0,1]$, 则函数 $g(x) = f^\alpha(x)$ 也在 $[0,+\infty)$ 上一致连续.

证 首先证明 $1 - t^\alpha \leqslant (1-t)^\alpha$, $t \in [0,1], \alpha \in (0,1]$. 令

$$\varphi(t) = 1 - t^\alpha - (1-t)^\alpha.$$

则关于 t 求导可得

$$\varphi'(t) = -\alpha t^{\alpha-1} + \alpha(1-t)^{\alpha-1}.$$

显然, 当 $0 \leqslant t \leqslant \dfrac{1}{2}$ 时, $\varphi'(t) \leqslant 0$; 当 $\dfrac{1}{2} \leqslant t \leqslant 1$ 时, $\varphi'(t) \geqslant 0$. 又因为 $\varphi(0) = \varphi(1) = 0$, 故 $\varphi(t) \leqslant 0$, 即 $1 - t^\alpha \leqslant (1-t)^\alpha$.

下证 $g(x) = f^\alpha(x)$ 在 $[0,+\infty)$ 上一致连续. 由 $f(x)$ 一致连续可知, 对任意的 $\varepsilon > 0$, 存在 $\delta > 0$, 对任意的 $x', x'' \in [0,+\infty)$, 当 $|x'-x''| < \delta$ 时, $|f(x')-f(x'')| <$

ε. 下证

$$|g(x') - g(x'')| = |f^\alpha(x') - f^\alpha(x'')| \leqslant |f'(x) - f''(x)|^\alpha.$$

显然, 当 $f(x')$ 与 $f(x'')$ 中至少有一个为 0 时, 不等式成立. 当 $f(x')$ 与 $f(x'')$ 均不为 0 时, 不妨设 $f(x') \geqslant f(x'')$, 并令 $t = \dfrac{f(x'')}{f(x')} \in (0,1]$. 则

$$1 - \left(\frac{f(x'')}{f(x')}\right)^\alpha \leqslant \left(1 - \frac{f(x'')}{f(x')}\right)^\alpha.$$

因此,

$$|f^\alpha(x') - f^\alpha(x'')| \leqslant |f(x') - f(x'')|^\alpha.$$

故当 $|x' - x''| < \delta$ 时,

$$|g(x') - g(x'')| \leqslant |f(x') - f(x'')|^\alpha < \varepsilon^\alpha.$$

从而 $g(x)$ 在 $[0, +\infty)$ 上一致连续. □

第五节　函数极限的计算方法

本节主要介绍求解函数极限的斯托尔茨 (Stolz) 定理、夹逼准则、等价代换法、洛必达法则、导数的定义、定积分的定义, 以及泰勒展式等一些常见方法及其在极限求解中的一些应用. 值得注意的是, 在求解某些数列或函数的极限时, 可能需要综合利用极限求解的多种方法并借助不等式的放缩等一些基本的数学技巧.

1. 用运算法则求极限

若 $\lim\limits_{x \to x_0} f(x) = A$, $\lim\limits_{x \to x_0} g(x) = B$ 且 $\alpha, \beta \in \mathbb{R}$, 则 $\lim\limits_{x \to x_0} (\alpha f(x) \pm \beta g(x)) = \alpha A \pm \beta B$, $\lim\limits_{x \to x_0} f(x)g(x) = AB$, $\lim\limits_{x \to x_0} \dfrac{f(x)}{g(x)} = \dfrac{A}{B}(B \neq 0)$.

注 1　对于数列极限以及 $x \to x_0^+$, $x \to x_0^-$, $x \to \infty$, $x \to +\infty$, $x \to -\infty$ 等函数极限类型有类似的运算法则.

2. 用斯托尔茨定理求极限

设 $\lim\limits_{n \to \infty} b_n = +\infty$ 且存在 $N \in \mathbb{N}^+$, 当 $n > N$ 时, $\{b_n\}$ 严格单调递增. 若

$$\lim_{n \to \infty} \frac{a_n - a_{n-1}}{b_n - b_{n-1}} = l,$$

其中 l 为有限数, $+\infty$ 或 $-\infty$. 则

$$\lim_{n\to\infty}\frac{a_n}{b_n}=\lim_{n\to\infty}\frac{a_n-a_{n-1}}{b_n-b_{n-1}}=l.$$

注 2 若 $l=\infty$, 斯托尔茨定理的结论不一定成立. 例如, 取 $a_n=\dfrac{1}{2}(1+(-1)^n)n^2, b_n=n.$ 则

$$\lim_{n\to\infty}\frac{a_n-a_{n-1}}{b_n-b_{n-1}}=\lim_{n\to\infty}(a_n-a_{n-1})=\infty,$$

但

$$\lim_{n\to\infty}\frac{a_n}{b_n}=\lim_{n\to\infty}\frac{1}{2}(1+(-1)^n)n\neq\infty.$$

3. 用夹逼准则求极限

(1) 函数极限的夹逼准则.

若存在 $\delta>0$, 当 $0<|x-x_0|<\delta$ 时, $g(x)\leqslant f(x)\leqslant h(x)$ 且 $\lim\limits_{x\to x_0}g(x)=\lim\limits_{x\to x_0}h(x)=A$, 则 $\lim\limits_{x\to x_0}f(x)=A.$

注 3 对于 $x\to x_0^+, x\to x_0^-, x\to\infty, x\to+\infty, x\to-\infty$ 等函数极限类型有类似的夹逼准则.

(2) 数列极限的夹逼准则.

若存在 $N\in\mathbb{N}^+$, 当 $n>N$ 时, $a_n\leqslant b_n\leqslant c_n$ 且 $\lim\limits_{n\to\infty}a_n=\lim\limits_{n\to\infty}c_n=a$, 则 $\lim\limits_{n\to\infty}b_n=a.$

注 4 利用夹逼准则求函数或数列极限的关键在于, 如何将被求极限的函数或数列进行恰当的放缩并保证两端的极限相等.

4. 利用一些重要极限求极限

$$\lim_{x\to0}\frac{\sin x}{x}=1,\quad \lim_{x\to\infty}\left(1+\frac{1}{x}\right)^x=\mathrm{e},\quad \lim_{n\to\infty}\left(1+\frac{1}{n}\right)^n=\mathrm{e}.$$

5. 用等价代换求极限

利用等价代换可简化某些函数的极限求解问题, 一般情况下等价代换只能在函数的乘法或除法运算中才能使用. 常见的等价无穷小量包括:

(1) $\tan x\sim x(x\to0)$;

(2) $\sin x\sim x(x\to0)$;

(3) $\ln(1+x)\sim x(x\to0)$;

(4) $e^x - 1 \sim x(x \to 0)$;

(5) $\arctan x \sim x(x \to 0)$;

(6) $1 - \cos x \sim \dfrac{1}{2}x^2(x \to 0)$;

(7) $(1+x)^\alpha - 1 \sim \alpha x(x \to 0)$.

6. 用泰勒中值定理求极限

利用函数在某点的泰勒展式可以简化某些函数的极限求解问题. 下面是一些常见函数在 $x = 0$ 点的泰勒展式.

(1) $\dfrac{1}{1-x} = 1 + x + x^2 + \cdots + x^n + o(x^n)$;

(2) $\dfrac{1}{1+x} = \dfrac{1}{1-(-x)} = 1 - x + x^2 - x^3 + \cdots + (-1)^n x^n + o(x^n)$;

(3) $e^x = 1 + x + \dfrac{x^2}{2!} + \dfrac{x^3}{3!} + \cdots + \dfrac{x^n}{n!} + o(x^n)$;

(4) $\cos x = 1 - \dfrac{x^2}{2!} + \dfrac{x^4}{4!} - \dfrac{x^6}{6!} + \cdots + (-1)^n \dfrac{x^{2n}}{2n!} + o(x^{2n})$;

(5) $\sin x = x - \dfrac{x^3}{3!} + \dfrac{x^5}{5!} - \cdots + (-1)^n \dfrac{x^{2n+1}}{2n+1!} + o(x^{2n+1})$;

(6) $\ln(1+x) = x - \dfrac{x^2}{2} + \dfrac{x^3}{3} + \cdots + (-1)^{n-1}\dfrac{x^n}{n} + o(x^n)$;

(7) $(1+x)^\alpha = 1 + \alpha x + \dfrac{\alpha(\alpha-1)}{2!}x^2 + \cdots + \dfrac{\alpha(\alpha-1)\cdots(\alpha-n+1)}{n!}x^n + o(x^n)$;

(8) $(1+x)^n = 1 + nx + \dfrac{n(n-1)}{2!}x^2 + \cdots + nx^{n-1} + x^n + o(x^n)$, $n \in \mathbb{N}^+$.

注 5　利用泰勒中值定理求解某些函数极限的关键在于, 如何将被求极限函数中的某些项恰当地利用相应的泰勒展式进行替换. 值得注意的是, 若泰勒展式中函数展开的项数太少可能无法正确求出函数的极限.

7. 用洛必达法则求极限

(1) $\dfrac{0}{0}$ 型.

(i) 若函数 $f(x)$ 和 $g(x)$ 在 $(a, a+\delta)$ 上可导且 $g'(x) \neq 0$;

(ii) $\lim\limits_{x \to a^+} f(x) = \lim\limits_{x \to a^+} g(x) = 0$ 且 $\lim\limits_{x \to a^+} \dfrac{f'(x)}{g'(x)} = A(A$ 可能为 $\infty)$, 则

$$\lim_{x \to a^+} \frac{f(x)}{g(x)} = \lim_{x \to a^+} \frac{f'(x)}{g'(x)} = A.$$

(2) $\dfrac{\infty}{\infty}$ 型.

(i) 若函数 $f(x)$ 和 $g(x)$ 在 $(a, a+\delta)$ 上可导且 $g'(x) \neq 0$;

(ii) $\lim\limits_{x \to a^+} f(x) = \lim\limits_{x \to a^+} g(x) = \infty$ 且 $\lim\limits_{x \to a^+} \dfrac{f'(x)}{g'(x)} = A$($A$ 可能为 ∞), 则

$$\lim_{x \to a^+} \frac{f(x)}{g(x)} = \lim_{x \to a^+} \frac{f'(x)}{g'(x)} = A.$$

注 6　对于 $x \to a, x \to a^-, x \to \infty, x \to +\infty, x \to -\infty$ 等情形有类似的方法.

注 7　对于其他类型的待定型, 包括 $0 \cdot \infty, 0^\infty, 0^0, 1^\infty, \infty - \infty, \infty^0$ 等极限类型一般可以转化为 $\dfrac{0}{0}$ 型或 $\dfrac{\infty}{\infty}$ 型进行处理.

8. 用导数定义求极限

若函数 $f(x)$ 可分解为 $f(x) = \dfrac{g(x) - g(a)}{x - a}$ 且 $g(x)$ 在 $x = a$ 可导, 则

$$\lim_{x \to a} f(x) = \lim_{x \to a} \frac{g(x) - g(a)}{x - a} = g'(a).$$

注 8　用导数的定义求函数极限的关键在于, 如何将被求极限的函数表达式分解成为另一函数的函数值改变量与自变量改变量之商的形式.

9. 用拉格朗日中值定理求极限

若函数 $f(x)$ 可表示为 $f(x) = \dfrac{g(x) - g(a)}{x - a}$ 且函数 $g(x)$ 在闭区间 $[a, b]$ 上连续, 在开区间 (a, b) 内可导, 则

$$\lim_{x \to a} f(x) = \lim_{x \to a} \frac{g(x) - g(a)}{x - a} = \lim_{x \to a} g'(\xi) = \lim_{\xi \to a} g'(\xi), \quad \xi \in (a, x).$$

10. 用定积分的定义求极限

若函数 $f(x)$ 在闭区间 $[a, b]$ 上可积, 则对 $[a, b]$ 的任意分法 $a = x_0 < x_1 < x_2 < \cdots < x_n = b$, 对任意的 $\xi_i \in [x_{i-1}, x_i]$, $\int_a^b f(x)\mathrm{d}x = \lim\limits_{\lambda \to 0} \sum\limits_{i=1}^{n} f(\xi_i) \cdot \Delta x_i$, 其中 $\lambda = \max\limits_{1 \leqslant i \leqslant n} \{\Delta x_i\}$.

注 9　利用定积分的定义求某些数列的极限时, 其关键在于如何将数列转化为某一可积函数在某区间上关于某种特殊分法所对应的黎曼和形式.

例 1　设 $\lim\limits_{n \to \infty} a_n = a$. 利用斯托尔茨定理证明: $\lim\limits_{n \to \infty} \dfrac{a_1 + a_2 + \cdots + a_n}{n} = a$.

证 设对任意的 $n \in \mathbb{N}^+$, $b_n = \sum\limits_{i=1}^{n} a_i$, $c_n = n$. 则 $\lim\limits_{n\to\infty} c_n = +\infty$ 且 $\{c_n\}$ 严格单调增加. 从而由斯托尔茨定理可知

$$\lim_{n\to\infty} \frac{b_n}{c_n} = \lim_{n\to\infty} \frac{b_{n+1} - b_n}{c_{n+1} - c_n} = a.$$

故 $\lim\limits_{n\to\infty} \dfrac{a_1 + a_2 + \cdots + a_n}{n} = a.$ □

例 2 设 $\{C_n^k\}_{k=0}^{n}$ 为二项式系数, A_n, G_n 分别表示它们的算术平均值与几何平均值. 求 $\lim\limits_{n\to\infty} \sqrt[n]{A_n}$ 和 $\lim\limits_{n\to\infty} \sqrt[n]{G_n}$.

解 由条件可知, $A_n = \dfrac{C_n^0 + C_n^1 + \cdots + C_n^n}{n} = \dfrac{2^n}{n}$, $G_n = \sqrt[n]{C_n^0 C_n^1 \cdots C_n^n}$. 故

$$\lim_{n\to\infty} \sqrt[n]{A_n} = \lim_{n\to\infty} \sqrt[n]{\frac{2^n}{n}} = \lim_{n\to\infty} \frac{2}{\sqrt[n]{n}} = 2.$$

$$\lim_{n\to\infty} \sqrt[n]{G_n} = \lim_{n\to\infty} (C_n^0 C_n^1 \cdots C_n^n)^{\frac{1}{n^2}} = \lim_{n\to\infty} e^A = e^{\lim\limits_{n\to\infty} A},$$

其中 $A = \dfrac{\ln C_n^0 + \ln C_n^1 + \cdots + \ln C_n^n}{n^2}$. 不妨设

$$a_n = \ln C_n^0 + \ln C_n^1 + \cdots + \ln C_n^n, \quad b_n = n^2.$$

因为 $\lim\limits_{n\to\infty} b_n = +\infty$ 且数列 $\{b_n\}$ 单调递增, 所以由斯托尔茨定理可得

$$\lim_{n\to\infty} \frac{a_n}{b_n} = \lim_{n\to\infty} \frac{a_{n+1} - a_n}{b_{n+1} - b_n} = \lim_{n\to\infty} \frac{\ln(n+1)^n - \ln n!}{2n+1}.$$

不妨设 $a_n' = \ln(n+1)^n - \ln n!$, $b_n' = 2n + 1$. 因为 $\lim\limits_{n\to\infty} b_n' = +\infty$ 且数列 $\{b_n'\}$ 单调递增, 故由斯托尔茨定理可得

$$\lim_{n\to\infty} \frac{a_n'}{b_n'} = \lim_{n\to\infty} \frac{a_{n+1}' - a_n'}{b_{n+1}' - b_n'} = \lim_{n\to\infty} \frac{\ln \left(1 + \dfrac{1}{n+1}\right)^{n+1}}{2} = \frac{1}{2},$$

即 $\lim\limits_{n\to\infty} A = \dfrac{1}{2}$, 故 $\lim\limits_{n\to\infty} \sqrt[n]{G_n} = e^{\lim\limits_{n\to\infty} A} = \sqrt{e}.$

例 3 设 $\lim\limits_{n\to\infty} a_n = a$ 且 $\lim\limits_{n\to\infty} b_n = b$. 证明:

$$\lim_{n\to\infty} \frac{a_1 b_n + a_2 b_{n-1} + \cdots + a_n b_1}{n} = ab.$$

证　令 $a_n = a + x_n$, $b_n = b + y_n$. 则 $\lim\limits_{n\to\infty} x_n = 0$ 且 $\lim\limits_{n\to\infty} y_n = 0$. 从而 $\lim\limits_{n\to\infty} |x_n| = 0$ 且存在 $M > 0$, 对任意的 $n \in \mathbb{N}^+$, $|y_n| \leqslant M$. 因为

$$
\frac{a_1 b_n + a_2 b_{n-1} + \cdots + a_n b_1}{n}
$$
$$
= \frac{(a + x_1)(b + y_n) + \cdots + (a + x_n)(b + y_1)}{n}
$$
$$
= ab + a \cdot \frac{y_1 + y_2 + \cdots + y_n}{n} + b \cdot \frac{x_1 + x_2 + \cdots + x_n}{n}
$$
$$
+ \frac{x_1 y_n + x_2 y_{n-1} + \cdots + x_n y_1}{n},
$$

所以由本节例 1 可知

$$
\lim_{n\to\infty} \frac{y_1 + y_2 + \cdots + y_n}{n} = \lim_{n\to\infty} \frac{x_1 + x_2 + \cdots + x_n}{n} = 0.
$$

此外,

$$
0 \leqslant \left| \frac{x_1 y_n + x_2 y_{n-1} + \cdots + x_n y_1}{n} \right| \leqslant M \cdot \frac{|x_1| + |x_2| + \cdots + |x_n|}{n}.
$$

故再由本节例 1 以及夹逼准则可知

$$
\lim_{n\to\infty} \frac{x_1 y_n + x_2 y_{n-1} + \cdots + x_n y_1}{n} = 0.
$$

因此, $\lim\limits_{n\to\infty} \dfrac{a_1 b_n + a_2 b_{n-1} + \cdots + a_n b_1}{n} = ab$.　　　　　　□

例 4　设非负数列 $\{a_n\}$ 单调递增且 $\lim\limits_{n\to\infty} a_n = a$. 证明:

$$
\lim_{n\to\infty} (a_1^n + a_2^n + \cdots + a_n^n)^{\frac{1}{n}} = a.
$$

证　因为 $\lim\limits_{n\to\infty} a_n = a$, 故对任意的 $\varepsilon > 0$, 存在 $N \in \mathbb{N}^+$, 当 $n > N$ 时, $a_n < a + \varepsilon$. 故由数列 $\{a_n\}$ 非负可知, 当 $k > N$ 时, $a_k^n < (a + \varepsilon)^n$. 因此, 由数列的单调递增性可得

$$
a_n = \sqrt[n]{a_n^n} \leqslant \sqrt[n]{a_1^n + a_2^n + \cdots + a_n^n} \leqslant \sqrt[n]{n(a + \varepsilon)^n}, \quad n \in \mathbb{N}^+.
$$

令 $\varepsilon \to 0^+$. 则有

$$
a_n \leqslant \sqrt[n]{a_1^n + a_2^n + \cdots + a_n^n} \leqslant a \sqrt[n]{n} \quad (n \in \mathbb{N}^+).
$$

从而由 $\lim\limits_{n\to\infty} a_n = \lim\limits_{n\to\infty} a\sqrt[n]{n} = a$ 以及夹逼准则可得

$$\lim_{n\to\infty} \sqrt[n]{a_1^n + a_2^n + \cdots + a_n^n} = a.$$ □

例 5　若 $a_n > 0$ 且 $\lim\limits_{n\to\infty} \dfrac{a_{n+1}}{a_n} = a$. 证明: $\lim\limits_{n\to\infty} \sqrt[n]{a_n} = a$.

证　(i) 若 $a = 0$, 即 $\lim\limits_{n\to\infty} \dfrac{a_{n+1}}{a_n} = 0$, 则对任意的 $\varepsilon > 0$, 存在 $N \in \mathbb{N}^+$, 当 $n > N$ 时, $\dfrac{a_{n+1}}{a_n} < \varepsilon$. 从而当 $n > N$ 时,

$$0 < a_{n+1} < \varepsilon a_n < \varepsilon^2 a_{n-1} < \cdots < \varepsilon^{n-N} a_{N+1}.$$

故 $0 < \sqrt[n]{a_{n+1}} < \sqrt[n]{\varepsilon^{n-N}} \sqrt[n]{a_{N+1}}$. 由 ε 的任意性及夹逼准则有 $\lim\limits_{n\to\infty} \sqrt[n]{a_n} = 0$.

(ii) 若 $a > 0$, 令 $b_1 = a_1, b_n = \dfrac{a_n}{a_{n-1}}$. 则

$$\sqrt[n]{a_n} = \sqrt[n]{b_n \cdot b_{n-1} \cdots \cdot b_1}.$$

由 $\lim\limits_{n\to\infty} \dfrac{a_{n+1}}{a_n} = a$ 可得 $\lim\limits_{n\to\infty} b_n = a$, 即对任意的 $\varepsilon > 0$, 存在 $N \in \mathbb{N}^+$, 当 $n > N$ 时, $|b_n - a| < \varepsilon$. 所以由本节例 1 可知

$$\lim_{n\to\infty} \frac{b_1 + b_2 + \cdots + b_n}{n} = a.$$

同理, 由 $\lim\limits_{n\to\infty} \dfrac{1}{b_n} = \dfrac{1}{a}$ 可得 $\lim\limits_{n\to\infty} \dfrac{\dfrac{1}{b_1} + \dfrac{1}{b_2} + \cdots + \dfrac{1}{b_n}}{n} = \dfrac{1}{a}$, 即

$$\lim_{n\to\infty} \frac{1}{\dfrac{1}{n}\left(\dfrac{1}{b_1} + \dfrac{1}{b_2} + \cdots + \dfrac{1}{b_n}\right)} = a.$$

又因为

$$\frac{1}{\dfrac{1}{n}\left(\dfrac{1}{b_1} + \dfrac{1}{b_2} + \cdots + \dfrac{1}{b_n}\right)} \leqslant \sqrt[n]{b_n \cdot b_{n-1} \cdots \cdot b_1} \leqslant \frac{b_1 + b_2 + \cdots + b_n}{n},$$

故由夹逼准则可得 $\lim\limits_{n\to\infty} \sqrt[n]{a_n} = a$. □

例 6 设非负数列 $\{a_n\}$ 单调递减且令 $S_n = \sum\limits_{k=1}^{n} a_k$. 证明: 如果数列 $\{S_n\}$ 收敛, 则 $\lim\limits_{n\to\infty} na_n = 0$.

证 因为数列 $\{S_n\}$ 收敛, 所以 $\lim\limits_{n\to\infty} S_n = \lim\limits_{n\to\infty} S_{2n}$. 故 $\lim\limits_{n\to\infty} (S_n - S_{2n}) = 0$. 又因为 $\{a_n\}$ 为非负数列且单调递减, 所以

$$S_{2n} - S_n = a_{n+1} + a_{n+2} + \cdots + a_{2n} \geqslant na_{2n} \geqslant 0.$$

于是由夹逼准则可知, $\lim\limits_{n\to\infty} na_{2n} = \lim\limits_{n\to\infty} 2na_{2n} = 0$. 另一方面, 因为

$$0 \leqslant (2n+1)a_{2n+1} \leqslant (2n+1)a_{2n} = \frac{2n+1}{2n}(2na_{2n}),$$

所以再由夹逼准则可知, $\lim\limits_{n\to\infty} (2n+1)a_{2n+1} = 0$. 从而 $\lim\limits_{n\to\infty} na_n = 0$. $\qquad\square$

例 7 求 $\lim\limits_{x\to\infty} \left(\sin\dfrac{2}{x} + \cos\dfrac{2}{x} \right)^x$.

解 因为

$$\left(\sin\frac{2}{x} + \cos\frac{2}{x} \right)^x$$

$$= \left(1 + \left(\sin\frac{2}{x} + \cos\frac{2}{x} - 1 \right) \right)^{\frac{1}{\sin\frac{2}{x} + \cos\frac{2}{x} - 1} x\left(\sin\frac{2}{x} + \cos\frac{2}{x} - 1\right)},$$

$$\lim_{x\to\infty} x\left(\sin\frac{2}{x} + \cos\frac{2}{x} - 1 \right)$$

$$= \lim_{x\to\infty} \left(\frac{2\sin\dfrac{2}{x}}{\dfrac{2}{x}} - \frac{2\sin\dfrac{1}{x}\sin\dfrac{1}{x}}{\dfrac{1}{x}} \right)$$

$$= 2\lim_{x\to\infty} \frac{\sin\dfrac{2}{x}}{\dfrac{2}{x}} - 2\lim_{x\to\infty} \frac{\sin\dfrac{1}{x}}{\dfrac{1}{x}} \cdot \lim_{x\to\infty} \sin\frac{1}{x} = 2,$$

所以 $\lim\limits_{x\to\infty} \left(\sin\dfrac{2}{x} + \cos\dfrac{2}{x} \right)^x = \mathrm{e}^2$.

例 8 求 $A = \lim\limits_{x\to 1}(1-x)^{1-n}(1-\sqrt{x})(1-\sqrt[3]{x})\cdots(1-\sqrt[n]{x})$, 其中 $n \geqslant 2$ 且 $n \in \mathbb{N}^+$.

解 令 $(1-x) = t$. 则

$$\lim_{x \to 1}(1-x)^{1-n}(1-\sqrt{x})\cdots(1-\sqrt[n]{x})$$

$$=\lim_{t \to 0} t^{1-n}(1-\sqrt{1-t})\cdots(1-\sqrt[n]{1-t})$$

$$=\lim_{t \to 0}\frac{1-\sqrt{1-t}}{t}\cdots\frac{1-\sqrt[n]{1-t}}{t}$$

$$=\lim_{t \to 0}\frac{\frac{1}{2}t}{t}\cdots\frac{\frac{1}{n}t}{t}=\frac{1}{n!}.$$

故 $A = \dfrac{1}{n!}$.

例 9 设 $\lim\limits_{x \to +\infty} x^\alpha(\sqrt{x^2+1}+\sqrt{x^2-1}-2x)=\beta$, 其中 $\beta \neq 0, \infty$. 求 α 与 β 的值.

解 由泰勒中值定理可得

$$x^\alpha\left(\sqrt{x^2+1}+\sqrt{x^2-1}-2x\right)$$

$$=x^\alpha\left(x\left(1+\frac{1}{x^2}\right)^{\frac{1}{2}}+x\left(1-\frac{1}{x^2}\right)^{\frac{1}{2}}-2x\right)$$

$$=x^\alpha\left(x+\frac{1}{2x}-\frac{1}{8x^3}+o\left(\frac{1}{x^3}\right)+x-\frac{1}{2x}-\frac{1}{8x^3}+o\left(\frac{1}{x^3}\right)-2x\right)$$

$$=x^\alpha\left(-\frac{1}{4x^3}+o\left(\frac{1}{x^3}\right)\right)=-\frac{1}{4x^{3-\alpha}}+\frac{o\left(\frac{1}{x^3}\right)}{\left(\frac{1}{x^3}\right)}x^{\alpha-3}.$$

故当 $\alpha = 3$ 时, 原式 $= -\dfrac{1}{4} = \beta$.

例 10 求 $\lim\limits_{x \to 1}\dfrac{\sqrt{x}-e^{\frac{x-1}{2}}}{\ln^2(2x-1)}$.

解 因为当 $x \to 1$ 时, $\ln^2(2x-1) \sim 4(x-1)^2$ 且

$$\sqrt{x}-1=\sqrt{1+(x-1)}-1=\frac{1}{2}(x-1)-\frac{1}{8}(x-1)^2+o((x-1)^2),$$

$$1-e^{\frac{x-1}{2}}=-\frac{x-1}{2}-\frac{(x-1)^2}{8}+o((x-1)^2),$$

所以

$$\lim_{x \to 1} \frac{\sqrt{x} - e^{\frac{x-1}{2}}}{\ln^2(2x-1)} = \lim_{x \to 1} \frac{\sqrt{x} - 1 + 1 - e^{\frac{x-1}{2}}}{\ln^2(2x-1)}$$

$$= \lim_{x \to 1} \frac{-\dfrac{1}{4}(x-1)^2 + o((x-1)^2)}{4(x-1)^2} = -\frac{1}{16}.$$

例 11　设 $f'(0)$ 存在，$f(0) = 0$ 且 $a_n = \sum_{k=1}^{n} f\left(\dfrac{k}{n^2}\right)$. 证明: $\lim_{n \to \infty} a_n = \dfrac{f'(0)}{2}$.

解　由导数的定义可知

$$f'(0) = \lim_{n \to \infty} \frac{f\left(0 + \dfrac{1}{n^2}\right) - f(0)}{\dfrac{1}{n^2}} = \lim_{n \to \infty} \frac{f\left(\dfrac{1}{n^2}\right)}{\dfrac{1}{n^2}}.$$

所以 $\dfrac{f\left(\dfrac{1}{n^2}\right)}{\dfrac{1}{n^2}} = f'(0) + o\left(\dfrac{1}{n^2}\right)$，即

$$f\left(\frac{1}{n^2}\right) = f'(0) \cdot \frac{1}{n^2} + o\left(\frac{1}{n^4}\right).$$

从而有

$$f\left(\frac{2}{n^2}\right) = f'(0) \cdot \frac{2}{n^2} + o\left(\frac{1}{n^4}\right),$$

$$\cdots\cdots$$

$$f\left(\frac{n}{n^2}\right) = f'(0) \cdot \frac{n}{n^2} + o\left(\frac{1}{n^4}\right).$$

因此,

$$\lim_{n \to \infty} a_n = \lim_{n \to \infty} \sum_{k=1}^{n} f\left(\frac{k}{n^2}\right) = \lim_{n \to \infty} f'(0) \cdot \frac{(1+n)n}{2n^2} = \frac{f'(0)}{2}.$$

例 12　设函数 $f(x)$ 在 $x = a$ 可导且 $f(a) \neq 0$. 求 $A = \lim_{n \to \infty} \left(\dfrac{f\left(a + \dfrac{1}{n}\right)}{f(a)}\right)^n$.

解 由泰勒中值定理可得 $f\left(a+\dfrac{1}{n}\right)=f(a)+f'(a)\cdot\dfrac{1}{n}+o\left(\dfrac{1}{n}\right)$. 所以

$$\frac{f\left(a+\dfrac{1}{n}\right)}{f(a)}=1+\frac{f'(a)}{f(a)}\cdot\frac{1}{n}+o\left(\frac{1}{n}\right).$$

从而有

$$A=\lim_{n\to\infty}\left(1+\frac{f'(a)}{f(a)}\cdot\frac{1}{n}+o\left(\frac{1}{n}\right)\right)^{\frac{n}{\frac{f'(a)}{f(a)}+n\cdot o\left(\frac{1}{n}\right)}\left(\frac{f'(a)}{f(a)}+n\cdot o\left(\frac{1}{n}\right)\right)}=\mathrm{e}^{\frac{f'(a)}{f(a)}}.$$

例 13 求 $\lim\limits_{x\to0}\left(\dfrac{\sin x}{x}\right)^{\frac{1}{x\ln(1+2x)}}$.

解 利用等价代换与洛必达法则可得

$$\lim_{x\to0}\frac{1}{x\ln(2x+1)}\ln\frac{\sin x}{x}=\lim_{x\to0}\frac{\ln\frac{\sin x}{x}}{x\cdot2x}=\lim_{x\to0}\frac{\frac{x}{\sin x}\cdot\frac{\cos x\cdot x-\sin x}{x^2}}{4x}$$

$$=\lim_{x\to0}\frac{x\cos x-\sin x}{4x^2\cdot\sin x}=\lim_{x\to0}\frac{x\cos x-\sin x}{4x^3}=-\frac{1}{12},$$

故 $\lim\limits_{x\to0}\left(\dfrac{\sin x}{x}\right)^{\frac{1}{x\ln(1+2x)}}=\mathrm{e}^{-\frac{1}{12}}$.

例 14 求 $\lim\limits_{x\to0}\left(\dfrac{\mathrm{e}^x+\mathrm{e}^{2x}+\cdots+\mathrm{e}^{nx}}{n}\right)^{\frac{1}{x}}$.

解 令 $y=\lim\limits_{x\to0}\left(\dfrac{\mathrm{e}^x+\cdots+\mathrm{e}^{nx}}{n}\right)^{\frac{1}{x}}$, 则 $\ln y=\lim\limits_{x\to0}\dfrac{\ln(\mathrm{e}^x+\cdots+\mathrm{e}^{nx})-\ln n}{x}$.

故由洛必达法则可得

$$\ln y=\lim_{x\to0}\frac{\mathrm{e}^x+2\mathrm{e}^{2x}+\cdots+n\mathrm{e}^{nx}}{\mathrm{e}^x+\mathrm{e}^{2x}+\cdots+\mathrm{e}^{nx}}=\frac{1+2+\cdots+n}{n}=\frac{1+n}{2}.$$

故 $\lim\limits_{x\to0}\left(\dfrac{\mathrm{e}^x+\mathrm{e}^{2x}+\cdots+\mathrm{e}^{nx}}{n}\right)^{\frac{1}{x}}=\mathrm{e}^{\frac{1+n}{2}}$.

例 15 设函数 $f(x)$ 在 $x=0$ 的某邻域内连续且 $\lim\limits_{x\to0}\dfrac{f(x)}{1-\cos x}=1$.

(1) 求 $f(0)$ 的值;

(2) 证明: $f(x)$ 在 $x=0$ 可导, 并求 $f'(0)$ 的值;

(3) 证明: $f(x)$ 在 $x=0$ 取得极小值并求出其极小值.

解　(1) 由 $f(x)$ 在 $x=0$ 连续且 $\lim\limits_{x\to 0}\dfrac{f(x)}{1-\cos x}=1$ 可得

$$f(0)=\lim_{x\to 0}f(x)=\lim_{x\to 0}\frac{f(x)}{1-\cos x}\cdot(1-\cos x)=0.$$

(2) 因为 $\lim\limits_{x\to 0}\dfrac{1-\cos x}{x}=0$, 所以

$$f'(0)=\lim_{x\to 0}\frac{f(x)-f(0)}{x-0}=\lim_{x\to 0}\frac{f(x)}{1-\cos x}\cdot\frac{1-\cos x}{x}=0.$$

(3) 因为 $f'(0)=0$ 且 $\sin x\sim x(x\to 0)$, 所以

$$f''(0)=\lim_{x\to 0}\frac{f'(x)-f'(0)}{x-0}=\lim_{x\to 0}\frac{f'(x)}{\sin x}=\lim_{x\to 0}\frac{f(x)}{1-\cos x}=1>0.$$

因此, 函数 $f(x)$ 在 $x=0$ 处取得极小值 0.

例 16　设函数 $f(x)$ 在 $x=0$ 的某邻域内一阶连续可导且 $f'(0)=0$, $f''(0)=1$. 求 $\lim\limits_{x\to 0}\dfrac{f(x)-f(\ln(1+x))}{x^3}$.

解　由 $\lim\limits_{x\to 0}\dfrac{f'(x)-f'(0)}{x}=f''(0)$ 知 $\lim\limits_{x\to 0}\dfrac{f'(x)}{x}=1$. 故 $f'(x)=x+o(x^2)$.
因此,

$$\lim_{x\to 0}\frac{f(x)-f(\ln(1+x))}{x^3}$$

$$=\lim_{x\to 0}\frac{f'(x)-\dfrac{f'(\ln(1+x))}{1+x}}{3x^2}=\lim_{x\to 0}\frac{(1+x)f'(x)-f'(\ln(1+x))}{3x^2(1+x)}$$

$$=\lim_{x\to 0}\frac{(1+x)\left(x+o(x^2)\right)-\left(\ln(1+x)+o(\ln^2(1+x))\right)}{3x^2(1+x)}$$

$$=\lim_{x\to 0}\frac{(1+x)x-\ln(1+x)+(1+x)o(x^2)-o(\ln^2(1+x))}{3x^2}$$

$$=\lim_{x\to 0}\left(\frac{(1+x)x-\ln(1+x)}{3x^2}-\frac{o(\ln^2(1+x))}{\ln^2(1+x)}\cdot\frac{\ln^2(1+x)}{3x^2}\right)$$

$$=\lim_{x\to 0}\frac{(1+x)x-\ln(1+x)}{3x^2}=\frac{1}{2},$$

即 $\lim\limits_{x\to 0}\dfrac{f(x)-f(\ln(1+x))}{x^3}=\dfrac{1}{2}$.

例 17   设 $\lim\limits_{x \to 0} f(x) = 0$ 且 $\lim\limits_{x \to 0} \dfrac{f(x) - f\left(\dfrac{x}{2}\right)}{x} = 0$. 证明: $\lim\limits_{x \to 0} \dfrac{f(x)}{x} = 0$.

证   由 $\lim\limits_{x \to 0} \dfrac{f(x) - f\left(\dfrac{x}{2}\right)}{x} = 0$ 可知, 对任意的 $\varepsilon > 0$, 存在 $\delta > 0$, 当 $0 < |x| < \delta$ 时,

$$|f(x)| < |x|\varepsilon + \left|f\left(\frac{x}{2}\right)\right|.$$

又因为 $0 < \left|\dfrac{x}{2^n}\right| < \delta (n \in \mathbb{N}^+)$, 所以

$$\left|f\left(\frac{x}{2^1}\right)\right| < \frac{|x|}{2^1}\varepsilon + \left|f\left(\frac{x}{2^{1+1}}\right)\right|,$$

$$\left|f\left(\frac{x}{2^2}\right)\right| < \frac{|x|}{2^2}\varepsilon + \left|f\left(\frac{x}{2^{2+1}}\right)\right|,$$

$$\cdots\cdots$$

$$\left|f\left(\frac{x}{2^n}\right)\right| < \frac{|x|}{2^n}\varepsilon + \left|f\left(\frac{x}{2^{n+1}}\right)\right|.$$

从而可得

$$|f(x)| < |x|\varepsilon\left(1 + \frac{1}{2} + \cdots + \frac{1}{2^n}\right) + \left|f\left(\frac{x}{2^{n+1}}\right)\right|.$$

因为 $\lim\limits_{n \to \infty} \dfrac{x}{2^{n+1}} = 0$, 所以 $\lim\limits_{n \to \infty} f\left(\dfrac{x}{2^{n+1}}\right) = 0$. 又因为

$$\lim\limits_{n \to \infty} \left(1 + \frac{1}{2} + \cdots + \frac{1}{2^n}\right) = 2,$$

所以当 $0 < |x| < \delta$ 时, $\left|\dfrac{f(x)}{x}\right| \leqslant 2\varepsilon$. 这表明 $\lim\limits_{x \to 0} \dfrac{f(x)}{x} = 0$.   □

例 18   求 $\lim\limits_{x \to 0} \dfrac{\cos(\sin x) - \cos x}{(\sin x)^3}$.

解   利用等价代换与洛必达法则可得

$$\lim\limits_{x \to 0} \frac{\sin x - x}{(\sin x)^3} = \lim\limits_{x \to 0} \frac{\sin x - x}{x^3} = \lim\limits_{x \to 0} \frac{\cos x - 1}{3x^2} = \lim\limits_{x \to 0} \frac{-\sin x}{6x} = -\frac{1}{6}.$$

设 $f(x) = \cos x$. 由拉格朗日中值定理可知, 存在介于 $\sin x$ 与 x 之间的 ξ 满足 $f(\sin x) - f(x) = f'(\xi)(\sin x - x)$. 从而有

$$\lim\limits_{x \to 0} \frac{\cos(\sin x) - \cos x}{\sin x - x} = \lim\limits_{x \to 0} f'(\xi) = \lim\limits_{\xi \to 0} -\sin \xi = 0.$$

因此可得

$$\lim_{x \to 0} \frac{\cos(\sin x) - \cos x}{(\sin x)^3} = \lim_{x \to 0} \frac{\cos(\sin x) - \cos x}{\sin x - x} \cdot \frac{\sin x - x}{(\sin x)^3} = 0.$$

例 19 设 $a > 0$. 求 $\lim\limits_{n \to \infty} n^2 \left(\arctan \dfrac{a}{n} - \arctan \dfrac{a}{n+1} \right)$.

解 设 $f(x) = \arctan x$. 则由拉格朗日中值定理可知, 存在 $\xi \in \left(\dfrac{a}{n+1}, \dfrac{a}{n} \right)$ 使得

$$\arctan \frac{a}{n} - \arctan \frac{a}{n+1} = f'(\xi) \left(\frac{a}{n} - \frac{a}{n+1} \right).$$

从而可得

$$\lim_{n \to \infty} n^2 \left(\arctan \frac{a}{n} - \arctan \frac{a}{n+1} \right) = \lim_{n \to \infty} n^2 f'(\xi) \left(\frac{a}{n} - \frac{a}{n+1} \right) = a.$$

例 20 求 $\lim\limits_{n \to \infty} \sum\limits_{k=1}^{n} \dfrac{2^{\frac{k}{n}}}{n + \dfrac{1}{k}}$.

解 显然有 $\sum\limits_{k=1}^{n} \dfrac{2^{\frac{k}{n}}}{n+1} \leqslant \sum\limits_{k=1}^{n} \dfrac{2^{\frac{k}{n}}}{n + \dfrac{1}{k}} \leqslant \sum\limits_{k=1}^{n} \dfrac{2^{\frac{k}{n}}}{n + \dfrac{1}{n}}$. 由定积分的定义可得

$$\lim_{n \to \infty} \sum_{k=1}^{n} \frac{2^{\frac{k}{n}}}{n+1} = \lim_{n \to \infty} \frac{n}{n+1} \sum_{k=1}^{n} \frac{1}{n} 2^{\frac{k}{n}} = \int_0^1 2^x \mathrm{d}x = \frac{1}{\ln 2},$$

$$\lim_{n \to \infty} \sum_{k=1}^{n} \frac{2^{\frac{k}{n}}}{n + \dfrac{1}{n}} = \lim_{n \to \infty} \frac{n}{n + \dfrac{1}{n}} \sum_{k=1}^{n} \frac{1}{n} 2^{\frac{k}{n}} = \int_0^1 2^x \mathrm{d}x = \frac{1}{\ln 2}.$$

从而由夹逼准则可知 $\lim\limits_{n \to \infty} \sum\limits_{k=1}^{n} \dfrac{2^{\frac{k}{n}}}{n + \dfrac{1}{k}} = \dfrac{1}{\ln 2}$.

例 21 求 $A = \lim\limits_{n \to \infty} \sqrt[n]{\left(1 + \dfrac{1}{n^2} \right) \left(1 + \dfrac{2^2}{n^2} \right) \cdots \left(1 + \dfrac{n^2}{n^2} \right)}$.

解 由定积分的定义可得

$$A = \lim_{n \to \infty} \mathrm{e}^{\frac{1}{n} \ln\left(\left(1 + \frac{1}{n^2}\right)\left(1 + \frac{2^2}{n^2}\right) \cdots \left(1 + \frac{n^2}{n^2}\right) \right)} = \mathrm{e}^{\lim\limits_{n \to \infty} \sum\limits_{k=1}^{n} \frac{1}{n} \ln\left(1 + \frac{k^2}{n^2}\right)} = \mathrm{e}^{\int_0^1 \ln(1 + x^2)\mathrm{d}x}.$$

又因为 $\displaystyle\int_0^1 \ln(1 + x^2)\mathrm{d}x = \ln 2 - 2 + \dfrac{\pi}{2}$, 所以 $A = \mathrm{e}^{\ln 2 - 2 + \frac{\pi}{2}} = 2\mathrm{e}^{-2 + \frac{\pi}{2}}$.

例22 设 $f(x) = \lim\limits_{n\to\infty} \left(\left(1+\dfrac{x}{n}\right)\left(1+\dfrac{2x}{n}\right)\cdots\left(1+\dfrac{nx}{n}\right)\right)^{\frac{1}{n}}$. 求 $\lim\limits_{x\to+\infty}\dfrac{f(x)}{x}$.

解 由定积分的定义可得

$$f(x) = \lim_{n\to\infty} e^{\frac{1}{n}\ln\left(\left(1+\frac{x}{n}\right)\left(1+\frac{2x}{n}\right)\cdots\left(1+\frac{nx}{n}\right)\right)} = e^{\lim\limits_{n\to\infty}\sum\limits_{k=1}^{n}\frac{1}{n}\ln\left(1+\frac{kx}{n}\right)} = e^{\int_0^1 \ln(1+tx)dt}.$$

又因为 $\displaystyle\int_0^1 \ln(1+tx)dt = \ln(1+x) - 1 + \dfrac{1}{x}\ln(1+x)$, 所以

$$f(x) = e^{\ln(1+x)-1+\frac{1}{x}\ln(1+x)} = e^{-1}(1+x)^{1+\frac{1}{x}}.$$

因此, $\lim\limits_{x\to+\infty}\dfrac{f(x)}{x} = \lim\limits_{x\to+\infty}\dfrac{e^{-1}(1+x)^{1+\frac{1}{x}}}{x} = e^{-1}.$

习　题　一

1. 判断 $\lim\limits_{x\to 1}\left(\dfrac{2+e^{\frac{1}{x-1}}}{1+e^{\frac{2}{x-1}}} + \dfrac{\ln(1+\sin(x-1))}{|x-1|}\right)$ 是否存在.

2. 设 $\lim\limits_{n\to\infty} a_n = a$. 求 $\lim\limits_{n\to\infty}\dfrac{a_1+2a_2+\cdots+na_n}{n(n+2)}$.

3. 求 $\lim\limits_{n\to\infty}\dfrac{1+\sqrt{2}+\sqrt[3]{3}+\cdots+\sqrt[n]{n}}{n}$.

4. 设 $a_1,a_2,\cdots,a_n$ 均为正数. 求 $\lim\limits_{x\to\infty}\left(\dfrac{(a_1)^x+(a_2)^x+\cdots+(a_n)^x}{n}\right)^{\frac{n}{x}}$.

5. 求 $\lim\limits_{x\to 0}\dfrac{(1+(x+1)\sin x)^{\frac{1}{4}}-1}{e^x-1}$.

6. 求 $\lim\limits_{x\to 0}\dfrac{3\sin x+x^2\cos\frac{1}{x}}{(1+\cos x)\ln(1+x)}$.

7. 求 $\lim\limits_{x\to+\infty}\dfrac{x^n}{\ln^3 x}$.

8. 求 $\lim\limits_{x\to+\infty} e^{-x}\left(1+\dfrac{1}{x}\right)^{x^2}$.

9. 求 $\lim\limits_{x\to+\infty}\left(\left(x-\dfrac{1}{2}\right)^2 - x^4\ln^2\left(1+\dfrac{1}{x}\right)\right)$.

10. 确定实数 s 的范围使得 $\lim\limits_{n\to\infty}\sum\limits_{i=0}^{n-1}\left(\dfrac{i}{n}\right)^s\dfrac{1}{n}$ 存在.

11. 求 $\lim\limits_{x\to 0}\left(\dfrac{\sin x}{x}\right)^{\frac{1}{1-\cos x}}$.

12. 设 $a>0$. 求 $\lim\limits_{x\to 0}\dfrac{(x+a)^x-(a)^x}{x^2}$.

13. 设函数 $f(x)$ 在 $\mathbb{R}$ 上连续且 $\lim\limits_{x \to \infty} f(x)$ 存在. 证明: $f(x)$ 在 $\mathbb{R}$ 上一致连续.

14. 设函数 $f(x)$ 在开区间 $(a, +\infty)$ 内可导且 $\lim\limits_{x \to +\infty} f'(x) = \infty$. 证明: $f(x)$ 在 $(a, +\infty)$ 内非一致连续.

(提示: 可利用反证法以及一致连续的分析定义.)

15. 若函数 $f(x)$ 在有限开区间 (a, b) 内可导且满足 $\lim\limits_{x \to b^-} f'(x) = \infty$, 分析说明 $f(x)$ 在 (a, b) 内是否一致连续.

16. 设函数 $f(x)$ 在区间 $(0, 1]$ 上连续可导且 $\lim\limits_{x \to 0^+} x^{\frac{1}{2}} f'(x)$ 存在. 证明: $f(x)$ 在 $(0, 1]$ 上一致连续.

(提示: 可利用 $x^{\frac{1}{2}} f'(x)$ 在 $[0, 1]$ 上的有界性以及一致连续的分析定义.)

第二章　实数的完备性理论

第一节　完备性定理的等价证明

实数的完备性是数学分析理论与方法的重要基础. 本节主要介绍确界定理、单调有界定理、闭区间套定理、致密性定理、柯西收敛原理以及有限覆盖定理这六个实数的完备性定理之间的等价证明及其应用.

一、完备性定理

定义 1　设 E 是非空数集. 若存在 $\beta \in \mathbb{R}$ 使得对任意的 $x \in E$, $x \leqslant \beta$ 且对任意的 $\varepsilon > 0$, 存在 $x_0 \in E$ 使得 $x_0 > \beta - \varepsilon$, 则称 β 为集合 E 的上确界, 记为 $\beta = \sup E$.

定义 2　设 E 是非空数集. 若存在 $\alpha \in \mathbb{R}$ 使得对任意的 $x \in E$, $x \geqslant \alpha$ 且对任意的 $\varepsilon > 0$, 存在 $x_0 \in E$ 使得 $x_0 < \alpha + \varepsilon$, 则称 α 为集合 E 的下确界, 记为 $\alpha = \inf E$.

定理 1 (确界定理)　非空有上 (下) 界数集必有上 (下) 确界.

定理 2 (单调有界定理)　单调有界数列①必有极限.

注 1　利用单调有界定理可以证明某些数列的极限存在, 进而求出数列的极限值. 而证明数列的单调性和有界性一般需借助数学归纳法或对数列进行恰当的放缩.

定理 3 (闭区间套定理)　若闭区间列 $\{[a_n, b_n]\}$ 满足对任意的 $n \in \mathbb{N}^+$, $[a_{n+1}, b_{n+1}] \subset [a_n, b_n]$ 且 $\lim\limits_{n \to \infty} (b_n - a_n) = 0$, 则存在唯一的 ξ 满足对任意的 $n \in \mathbb{N}^+$, $\xi \in [a_n, b_n]$ 且 $\lim\limits_{n \to \infty} a_n = \lim\limits_{n \to \infty} b_n = \xi$.

定义 3　给定某区间集 $\mathcal{A}$ 及某一区间 D. 若对任意的 $\xi \in D$, 存在 $\Delta \in \mathcal{A}$ 使得 $\xi \in \Delta$, 则称区间集 $\mathcal{A}$ 覆盖 D.

定理 4 (致密性定理)　有界数列必有收敛子列.

定理 5 (柯西收敛原理)　$\lim\limits_{n \to \infty} a_n$ 存在 $\Longleftrightarrow$ 对任意的 $\varepsilon > 0$, 存在 $N \in \mathbb{N}^+$, 当 $m, n > N$ 时, $|a_n - a_m| < \varepsilon$.

定理 5 也可等价表述为 $\lim\limits_{n \to \infty} a_n$ 存在 $\Longleftrightarrow$ 对任意的 $\varepsilon > 0$, 存在 $N \in \mathbb{N}^+$, 当 $n > N$ 时, 对任意的 $p \in \mathbb{N}^+$, $|a_{n+p} - a_n| < \varepsilon$.

---

① 本书中所考虑的数列均含有无穷多项.

证　(必要性) 由 $\lim\limits_{n\to\infty} a_n$ 存在可得, 对任意的 $\varepsilon > 0$, 存在 $N \in \mathbb{N}^+$, 当 $m, n > N$ 时, $|a_m - a_n| < \varepsilon$. 对任意的 $p \in \mathbb{N}^+$, 令 $m = n + p$. 当 $n > N$ 时, $|a_{n+p} - a_n| < \varepsilon$.

(充分性) 假设对任意的 $\varepsilon > 0$, 存在 $N \in \mathbb{N}^+$, 当 $n > N$ 时, 对任意的 $p \in \mathbb{N}^+$, $|a_{n+p} - a_n| < \varepsilon$. 对任意的 $m > N$ (不妨设 $m > n$), 存在 $p > 0$ 使得 $m = n + p$. 则当 $m, n > N$ 时, $|a_m - a_n| < \varepsilon$.　□

注 2　由数列极限的分析定义易证柯西收敛原理的必要性成立, 因此本章仅给出柯西收敛原理的充分性的证明.

定理 6 (有限覆盖定理)　若由开区间所构成的区间集 $\mathcal{A}$ 覆盖闭区间 $[a, b]$, 则必存在 $\mathcal{A}$ 中的有限个开区间覆盖闭区间 $[a, b]$.

二、完备性定理的等价证明

以上六个实数的完备性定理之间相互等价. 下面给出其证明.

A.

$$定理 1 \overset{(1)}{\Longrightarrow} 定理 2 \overset{(2)}{\Longrightarrow} 定理 3$$
$$_{(6)}\Uparrow \qquad\qquad\qquad\qquad \Downarrow_{(3)}$$
$$定理 6 \overset{(5)}{\Longleftarrow} 定理 5 \overset{(4)}{\Longleftarrow} 定理 4$$

(1) 确界定理蕴含单调有界定理.

证　不妨设数列 $\{a_n\}$ 单调递增有上界. 该数列中互异的元素组成的数集记为 E. 显然 E 非空有上界. 于是由确界定理可知 E 必有上确界, 记为 $\sup E = \alpha$. 下证 α 是 $\{a_n\}$ 的极限. 由于 α 是 E 的上确界, 故对任意的 $n \in \mathbb{N}^+$, $a_n \leqslant \alpha$ 且对任意的 $\varepsilon > 0$, 存在 $a_N \in E$ 使得 $a_N > \alpha - \varepsilon$. 又因为 $\{a_n\}$ 单调递增, 故当 $n > N$ 时, $a_n \geqslant a_N$. 于是当 $n > N$ 时, $\alpha - \varepsilon < a_N \leqslant a_n \leqslant \alpha$, 即 $\lim\limits_{n\to\infty} a_n = \alpha$.　□

(2) 单调有界定理蕴含闭区间套定理.

证　设闭区间列 $\{[a_n, b_n]\}$ 满足对任意的 $n \in \mathbb{N}^+$, $[a_{n+1}, b_{n+1}] \subset [a_n, b_n]$ 且 $\lim\limits_{n\to\infty} (b_n - a_n) = 0$. 则数列 $\{a_n\}$ 单调递增有上界, $\{b_n\}$ 单调递减有下界. 于是由单调有界定理可知, $\{a_n\}$ 与 $\{b_n\}$ 均有极限. 不妨设 $\lim\limits_{n\to\infty} a_n = \xi$, $\lim\limits_{n\to\infty} b_n = \eta$. 显然, 对任意的 $n \in \mathbb{N}^+$, $a_n \leqslant \xi$, $b_n \geqslant \eta$. 又因为 $\lim\limits_{n\to\infty} (b_n - a_n) = 0$, 所以

$$\lim_{n\to\infty} a_n = \lim_{n\to\infty} b_n = \xi.$$

从而对任意的 $n \in \mathbb{N}^+$, $a_n \leqslant \xi \leqslant b_n$. 故 ξ 是所有区间的公共点. 下证唯一性. 若存在 ξ' 满足对任意的 $n \in \mathbb{N}^+$, $\xi' \in [a_n, b_n]$. 则对任意的 $n \in \mathbb{N}^+$, $0 \leqslant |\xi - \xi'| \leqslant b_n - a_n$. 又因为 $\lim\limits_{n\to\infty} (b_n - a_n) = 0$, 所以由夹逼准则可知 $\xi = \xi'$.　□

(3) 闭区间套定理蕴含致密性定理.

证　设数列 $\{a_n\}$ 有界. 则存在常数 b, c 使得对任意的 $n \in \mathbb{N}^+$, $b \leqslant a_n \leqslant c$. 将区间 $[b,c]$ 二等分, 则至少存在一个闭子区间含有 $\{a_n\}$ 的无限多项, 将这一区间记为 $[b_1,c_1]$. 如果两个闭子区间均含有 $\{a_n\}$ 中的无限多项, 则任选其中一个闭子区间记为 $[b_1,c_1]$. 再将区间 $[b_1,c_1]$ 二等分, 记含 $\{a_n\}$ 中无限多项的闭子区间为 $[b_2,c_2]$. 依次进行下去, 可构造闭区间列 $\{[b_k,c_k]\}$ 且满足

(i) 对任意的 $k \in \mathbb{N}^+$, $[b_{k+1},c_{k+1}] \subset [b_k,c_k]$;

(ii) $\lim\limits_{k\to\infty}(c_k - b_k) = \lim\limits_{k\to\infty}\dfrac{c-b}{2^k} = 0$;

(iii) 对任意的 $k \in \mathbb{N}^+$, $[b_k,c_k]$ 中均含有数列 $\{a_n\}$ 的无限项.

由闭区间套定理可知, 存在唯一的 ξ 满足对任意的 $k \in \mathbb{N}^+$, $\xi \in [b_k,c_k]$ 且

$$\lim_{k\to\infty} b_k = \lim_{k\to\infty} c_k = \xi.$$

在 $[b_1,c_1]$ 中任取 $\{a_n\}$ 的一项, 记为 a_{n_1}. 由于 $[b_2,c_2]$ 也有 $\{a_n\}$ 的无限项, 则它必含有 a_{n_1} 以后的无穷限项, 任取其中一项记为 a_{n_2}, 则 $n_2 > n_1$. 依次进行下去, 可得数列 $\{a_n\}$ 的一个子列 $\{a_{n_k}\}$ 且满足对任意的 $k \in \mathbb{N}^+$, $b_k \leqslant a_{n_k} \leqslant c_k$. 则由 $\lim\limits_{k\to\infty} b_k = \lim\limits_{k\to\infty} c_k = \xi$ 和夹逼准则可得 $\lim\limits_{k\to\infty} a_{n_k} = \xi$. □

(4) 致密性定理蕴含柯西收敛原理.

证　对数列 $\{a_n\}$, 由条件可知, 存在 $N \in \mathbb{N}^+$, 当 $m, n > N$ 时, $|a_n - a_m| < 1$. 取 $m = N+1$, 则当 $n > N$ 时, $|a_n - a_{N+1}| < 1$. 从而当 $n > N$ 时,

$$|a_n| \leqslant |a_n - a_{N+1}| + |a_{N+1}| < 1 + |a_{N+1}|,$$

即数列 $\{a_n\}$ 有界. 故由致密性定理可知, 必存在收敛子列 $\{a_{n_k}\}$, 不妨设 $\lim\limits_{k\to\infty} a_{n_k} = a$. 则对任意的 $\varepsilon > 0$, 存在 $K \in \mathbb{N}^+$, 当 $k > K$ 时, $|a_{n_k} - a| < \dfrac{\varepsilon}{2}$. 取

$$k_0 = \max\{K+1, N+1\}.$$

于是 $k_0 > K$ 且 $n_{k_0} \geqslant n_{N+1} \geqslant N+1 > N$. 因此, 当 $n > N$ 时, $|a_n - a_{n_{k_0}}| < \dfrac{\varepsilon}{2}$. 从而当 $n > N$ 时,

$$|a_n - a| \leqslant |a_n - a_{n_{k_0}}| + |a_{n_{k_0}} - a| < \frac{\varepsilon}{2} + \frac{\varepsilon}{2} = \varepsilon.$$

故由数列极限的分析定义可知, $\lim\limits_{n\to\infty} a_n = a$. □

(5) 柯西收敛原理蕴含有限覆盖定理.

证　用反证法. 假设存在闭区间 $[a,b]$ 的一个开覆盖 $\mathcal{A}$ 无有限子覆盖. 将 $[a,b]$ 二等分, 则至少存在一个闭子区间不能被 $\mathcal{A}$ 中的有限个开区间覆盖, 将此闭

子区间记为 $[a_1, b_1]$. 如果两个闭子区间均不能被 $\mathcal{A}$ 的有限个开区间覆盖, 可任选其中一个闭子区间记为 $[a_1, b_1]$. 将闭区间 $[a_1, b_1]$ 二等分, 记不能被 $\mathcal{A}$ 的有限个开区间覆盖的一个闭子区间为 $[a_2, b_2]$. 依次进行下去, 可构造闭区间列 $\{[a_n, b_n]\}$ 满足

(i) 对任意的 $n \in \mathbb{N}^+$, $[a_{n+1}, b_{n+1}] \subset [a_n, b_n]$;

(ii) $\lim\limits_{n\to\infty}(b_n - a_n) = \lim\limits_{n\to\infty}\dfrac{1}{2^n}(b-a) = 0$;

(iii) 对任意的 $n \in \mathbb{N}^+$, $[a_n, b_n]$ 皆不能被 $\mathcal{A}$ 中的有限个开区间覆盖.

因此, 对任意的 $\varepsilon > 0$, 存在 $N \in \mathbb{N}^+$, 当 $m > n > N$ 时,

$$a_m - a_n < b_n - a_n < \varepsilon.$$

从而由柯西收敛原理可知 $\lim\limits_{n\to\infty} a_n$ 存在, 设为 ξ. 因此,

$$\lim\limits_{n\to\infty} b_n = \lim\limits_{n\to\infty}(a_n + b_n - a_n) = \lim\limits_{n\to\infty} a_n + \lim\limits_{n\to\infty}(b_n - a_n) = \xi.$$

显然, $\xi \in [a_n, b_n] \subset [a, b]$. 故存在 $(\alpha, \beta) \in \mathcal{A}$ 使得 $\alpha < \xi < \beta$. 从而存在 $N_1 \in \mathbb{N}^+$, 当 $n > N_1$ 时, $[a_n, b_n] \subset (\alpha, \beta)$. 这与 $[a_n, b_n]$ 不能被 $\mathcal{A}$ 中的有限个开区间覆盖矛盾. □

(6) 有限覆盖定理蕴含确界定理.

证 仅证非空有上界数集 E 必有上确界. 由于 E 非空有上界, 故存在 M, 对任意的 $x \in E$, $x < M$. 任取 $x_0 \in E$, 并考虑闭区间 $[x_0, M]$. 若 E 无上确界, 则对任意的 $x \in [x_0, M]$ 满足

(i) 当 x 为 E 的上界时, 必存在 E 的另一上界 x_1 且 $x_1 < x$. 从而存在 x 的某一开邻域 Δ_x, 其中的元素均是 E 的上界.

(ii) 当 x 不是 E 的上界时, 则存在 $x_2 \in E$ 且 $x_2 > x$. 于是存在 x 的某一开邻域 Δ_x, 其中的元素均不是 E 的上界.

这表明对任意的 $x \in [x_0, M]$, 均存在邻域 Δ_x, 其中的元素要么均是 E 的上界, 要么均不是 E 的上界. 显然, $\{\Delta_x | x \in [x_0, M]\}$ 构成 $[x_0, M]$ 的开覆盖. 由有限覆盖定理可知, 必存在有限子覆盖 $\{\Delta_1, \Delta_2, \cdots, \Delta_n\}$. 由于 M 所在开区间内的每点均为 E 的上界且与其相邻接的开区间内每个元素也是 E 的上界, 故 x_0 所在开区间内的每一个元素均是 E 的上界. 因此, E 中的所有元素均为 E 的上界, 产生矛盾. □

B.

$$\begin{array}{ccccc}
\text{定理 2} & \xRightarrow{(1)} & \text{定理 1} & \xRightarrow{(2)} & \text{定理 6} \\
{\scriptstyle(6)}\Uparrow & & & & \Downarrow{\scriptstyle(3)} \\
\text{定理 3} & \xLeftarrow{(5)} & \text{定理 4} & \xLeftarrow{(4)} & \text{定理 5}
\end{array}$$

(1) 单调有界定理蕴含确界定理.

证　仅证非空有上界数集 E 必有上确界. 由 E 非空有上界可知, 存在常数 M 满足对任意的 $x \in E$, $x \leqslant M$. 任取 $x_1 \in E$, 令 $M_1 = M$, 则 $x_1 \leqslant M_1$. 若 $x_1 = M_1$, 则 M_1 为 E 的上确界, 结论得证. 若 $x_1 < M_1$, 则令 $a = M_1 - x_1$, $y_1 = \dfrac{1}{2}(M_1 + x_1)$.

(i) 若 y_1 是 E 的上界, 令 $M_2 = y_1$. 若 $y_1 \in E$, 则 y_1 为 E 的上确界, 结论得证. 若 $y_1 \notin E$, 记 $x_2 = x_1$.

(ii) 若 y_1 不是 E 的上界, 则存在 $x_2 \in E$ 使得 $x_2 > y_1$. 若 x_2 是 E 的上界, 结论得证. 否则记 $M_2 = M_1$.

从而 $x_1 \leqslant x_2 < M_2 \leqslant M_1$. 因为 $M_2 - x_2 \leqslant \dfrac{1}{2}(M_1 - x_1) = \dfrac{1}{2}a$, 故 x_2 属于 M_2 的 $\dfrac{1}{2}a$ 邻域. 以 x_2, M_2 代替 x_1, M_1, 重复上述步骤可得 x_3, M_3. 依次进行下去, 要么结论得证, 要么存在数列 $\{x_n\}$, $\{M_n\}$ 满足

$$x_1 \leqslant x_2 \leqslant \cdots \leqslant x_n < \cdots < M_n \leqslant \cdots \leqslant M_2 \leqslant M_1,$$

其中 $x_n \in E$, M_n 为 E 的上界且 x_n 属于 M_n 的 $\dfrac{1}{2^{n-1}}a$ 邻域. 所以 $\{M_n\}$ 单调递减且有下界. 由单调有界定理可知, $\lim\limits_{n\to\infty} M_n$ 存在且记 $\lim\limits_{n\to\infty} M_n = M_0$. 最后证明 M_0 是 E 的上确界. 因为对任意的 $x \in E$, $x \leqslant M_n$, 所以 $x \leqslant \lim\limits_{n\to\infty} M_n = M_0$, 即 M_0 是 E 的上界. 又因为对任意的 $\varepsilon > 0$, 存在 $N_1 \in \mathbb{N}^+$, 当 $n > N_1$ 时, $\{M_n\}$ 属于 M_0 的 $\dfrac{\varepsilon}{2}$ 邻域. 因为 $\dfrac{1}{2^{n-1}}a$ 是无穷小量, 故存在 n_0 使得 $n_0 > N_1$ 且 $\dfrac{1}{2^{n_0-1}}a < \dfrac{\varepsilon}{2}$. 而 x_{n_0} 属于 M_{n_0} 的 $\dfrac{1}{2^{n_0-1}}a$ 邻域, 当然属于 M_{n_0} 的 $\dfrac{\varepsilon}{2}$ 邻域. 因此,

$$|x_{n_0} - M_0| \leqslant |x_{n_0} - M_{n_0}| + |M_{n_0} - M_0| < \frac{\varepsilon}{2} + \frac{\varepsilon}{2} = \varepsilon,$$

即 $x_{n_0} > M_0 - \varepsilon$. 这表明 M_0 是 E 的上确界.　　　　　　　　$\square$

(2) 确界定理蕴含有限覆盖定理.

证　令 $E = \{t \,|\, a < t \leqslant b, [a, t]$ 能被 $\mathscr{A}$ 中的有限个开区间覆盖$\}$. 则只需证明 $b \in E$. 因为 $\bigcup\limits_{\Delta \in \mathscr{A}} \Delta \supset [a, b]$, 所以 a 必属于 $\mathscr{A}$ 中的某个开区间, 记为 (β, η). 任取 t_0 满足 $a < t_0 < b$ 且 $[a, t_0] \subset (\beta, \eta)$. 这表明 $[a, t_0]$ 可以被 $\mathscr{A}$ 中的一个开区间覆盖, 即 $t_0 \in E$. 从而 $E \neq \varnothing$. 又因为 $E \subset [a, b]$, 所以 E 有界. 由确界定理知 E 有上确界, 记为 $\sup E = \alpha$. 注意到 b 是 E 的上界, 所以 $b \geqslant \alpha$. 下证 $b = \alpha$. 事实

上, 若 $\alpha < b$, 因为

$$\alpha \in [a,b] \subset \bigcup_{\Delta \in \mathcal{A}} \Delta,$$

所以 α 必属于 $\mathcal{A}$ 中的某个开区间, 记为 (β', η'). 从而 $\beta' < \alpha < \eta'$. 由 α 是 E 的上确界可知, $[\beta', \alpha]$ 中必存在某个 $t' \in E$. 此外, 因为 $\alpha < b$, 所以可在 (α, η') 中任取 $t_0 \in [a,b)$. 由 $[t', t_0] \subset (\beta', \eta') \in \mathcal{A}$ 可知, $[a, t_0] = [a, t'] \cup [t', t_0]$ 可以被 $\mathcal{A}$ 中的有限个开区间覆盖, 所以 $t_0 \in E$. 从而 $t_0 \leqslant \alpha = \sup E$. 这与 $t_0 \in (\alpha, \eta')$ 矛盾, 即 $b = \sup E$.

最后证明 $b \in E$. 因为 $b \in [a,b] \subset \bigcup_{\Delta \in \mathcal{A}} \Delta$, 所以 $\mathcal{A}$ 中存在开区间 (β'', η'') 使得 $\beta'' < b < \eta''$. 因为 $b = \sup E$, 所以在 (β'', b) 中必存在 $t'' \in E$. 又因为 $[t'', b] \subset (\beta'', \eta'')$, 故 $[a, t'']$ 可以被 $\mathcal{A}$ 中的有限个开区间覆盖. 从而 $[a,b] = [a, t''] \cup [t'', b]$ 可以被 $\mathcal{A}$ 中的有限个开区间覆盖, 即 $b \in E$. □

(3) 有限覆盖定理蕴含柯西收敛原理.

证 设数列 $\{a_n\}$ 满足对任意的 $\varepsilon > 0$, 存在 $N \in \mathbb{N}^+$, 当 $m, n > N$ 时, $|a_n - a_m| < \varepsilon$. 由循环证明的 A(4) 易知 $\{a_n\}$ 有界. 下证 $\{a_n\}$ 存在收敛子列. 不妨设当 $n \neq m$ 时, $a_n \neq a_m$. 由于 $\{a_n\}$ 有界, 所以存在 $M > 0$ 使得 $\{a_n\} \subset [-M, M]$. 若 $\{a_n\}$ 中不存在收敛子列, 则对任意的 $x \in [-M, M]$, 存在 $\delta_x > 0$ 使得 $\Delta_x = (x - \delta_x, x + \delta_x)$ 至多包含 $\{a_n\}$ 中的有限项. 显然,

$$\bigcup_{x \in [-M, M]} \Delta_x \supset [-M, M].$$

故由有限覆盖定理可知, 存在 $x_1, \cdots, x_N \in [-M, M]$ 使得

$$\bigcup_{i=1}^{N} \Delta_{x_i} \supset [-M, M] \supset \{a_n\}.$$

因此, $\{a_n\}$ 中只有有限项. 这与 $\{a_n\}$ 有无限项矛盾. 故 $\{a_n\}$ 存在收敛子列. 不妨设 $\{a_{n_k}\}$ 是 $\{a_n\}$ 的子列且 $\lim_{k \to \infty} a_{n_k} = x_0$. 则对 $\varepsilon > 0$, 存在 $N_0 \in \mathbb{N}^+$, 当 $k > N_0$ 时, $|a_{n_k} - x_0| < \dfrac{\varepsilon}{2}$. 此外, 由条件可知, 对 $\dfrac{\varepsilon}{2} > 0$, 存在 $N_1 \in \mathbb{N}^+$, 当 $m, n > N_1$ 时, $|a_n - a_m| < \dfrac{\varepsilon}{2}$. 令 $N_2 = \max\{N_0, N_1\}$. 则当 $k, n > N_2$ 时, $n_k > N_2$ 且

$$|a_n - a_0| \leqslant |a_{n_k} - a_n| + |a_{n_k} - a_0| < \varepsilon.$$

故由数列极限的分析定义可知, $\lim_{n \to \infty} a_n = a_0$. □

(4) 柯西收敛原理蕴含致密性定理.

证　设数列 $\{a_n\}$ 有界. 则存在 b 与 c 使得对任意的 $n \in \mathbb{N}^+$, $b \leqslant a_n \leqslant c$. 将 $[b,c]$ 等分为两个闭子区间, 则至少存在一个闭子区间含有 $\{a_n\}$ 的无限多项, 记为 $[b_1,c_1]$. 若两个闭子区间均含有 $\{b_n\}$ 的无限项, 则任取一个记为 $[b_1,c_1]$, 并在 $[b_1,c_1]$ 中任取数列中的一项, 记为 a_{n_1}. 将 $[b_1,c_1]$ 等分为两个闭子区间, 则至少存在一个闭子区间含有 $\{a_n\}$ 的无限多项, 记为 $[b_2,c_2]$. 从而在 $[b_2,c_2]$ 中必含有 $\{a_n\}$ 中的无限多项, 任取 a_{n_1} 之后的一项, 记为 a_{n_2}, $n_2 > n_1$. 依次进行下去, 可构造闭区间列 $\{[b_k,c_k]\}$ 满足

(i) 对任意的 $k \in \mathbb{N}^+$, $[b_{k+1},c_{k+1}] \subset [b_k,c_k]$;

(ii) $\lim\limits_{k\to\infty}(c_k - b_k) = \lim\limits_{k\to\infty}\dfrac{c-b}{2^k} = 0$;

(iii) 对任意的 $k \in \mathbb{N}^+$, $a_{n_k} \in [b_k,c_k]$.

于是由 (ii) 可知, 对任意的 $\varepsilon > 0$, 存在 $K \in \mathbb{N}^+$, 当 $k \geqslant K$ 时, $|c_k - b_k| = c_k - b_k < \varepsilon$. 而当 $m, r > K$ 时,

$$a_{n_m} \in [b_m,c_m] \subset [b_K,c_K], \quad a_{n_r} \in [b_r,c_r] \subset [b_K,c_K].$$

因此, 当 $m, r > K$ 时, $|a_{n_m} - a_{n_r}| \leqslant c_K - b_K < \varepsilon$. 由柯西收敛原理可知, $\{a_n\}$ 的子列 $\{a_{n_k}\}$ 的极限存在. □

(5) 致密性定理蕴含闭区间套定理.

证　设闭区间列 $\{[a_n,b_n]\}$ 满足对任意的 $n \in \mathbb{N}^+$, $[a_{n+1},b_{n+1}] \subset [a_n,b_n]$ 且 $\lim\limits_{n\to\infty}(b_n - a_n) = 0$. 显然, $\{b_n\}$ 有界. 从而由致密性定理可知, $\{b_n\}$ 存在收敛子列 $\{b_{n_k}\}$, 不妨设 $\lim\limits_{k\to\infty} b_{n_k} = \xi$. 因为 $\lim\limits_{n\to\infty}(b_n - a_n) = 0$, 所以 $\lim\limits_{k\to\infty}(b_{n_k} - a_{n_k}) = 0$. 由子列 $\{a_{n_k}\}$ 和 $\{b_{n_k}\}$ 的单调性以及极限的保序性可知, 对任意的 $k \in \mathbb{N}^+$, $\xi \in [a_{n_k},b_{n_k}]$. 此外, 对任意的 $k \in \mathbb{N}^+$, 均有 $n_k \geqslant k$, 故 $a_{n_k} \geqslant a_k$ 且 $b_{n_k} \leqslant b_k$. 则 $[a_{n_k},b_{n_k}] \subset [a_k,b_k]$. 故对任意的 $n \in \mathbb{N}^+$, $\xi \in [a_n,b_n]$. 因此,

$$0 \leqslant \xi - a_n \leqslant b_n - a_n \quad \text{且} \quad 0 \leqslant b_n - \xi \leqslant b_n - a_n.$$

又因为 $\lim\limits_{n\to\infty}(b_n - a_n) = 0$, 故由夹逼准则可知 $\lim\limits_{n\to\infty} a_n = \lim\limits_{n\to\infty} b_n = \xi$. 唯一性的证明与 A(2) 的证明相同. □

(6) 闭区间套定理蕴含单调有界定理.

证　不妨设数列 $\{a_n\}$ 单调递增有上界且 c 是 $\{a_n\}$ 的上界. 令 $x_1 = b < c$. 将 $[b,c]$ 二等分, 则必存在闭子区间含有 $\{a_n\}$ 的无穷多项, 记为 $[b_1,c_1]$. 再将 $[b_1,c_1]$ 二等分, 用同样的方法选记闭区间 $[b_2,c_2]$. 依次进行下去, 可构造闭区间列 $\{[b_k,c_k]\}$ 满足

(i) 对任意的 $k \in \mathbb{N}^+$, $[b_{k+1}, c_{k+1}] \subset [b_k, c_k]$;

(ii) $\lim\limits_{k \to \infty} (c_k - b_k) = \lim\limits_{k \to \infty} \dfrac{c-b}{2^k} = 0$;

(iii) 对任意的 $k \in \mathbb{N}^+$, $[b_k, c_k]$ 含有 $\{a_n\}$ 中的无穷多项.

由闭区间套定理可知, 存在唯一的 ξ 满足对任意的 $k \in \mathbb{N}^+$, $\xi \in [b_k, c_k]$ 且 $\lim\limits_{k \to \infty} b_k = \lim\limits_{k \to \infty} c_k = \xi$. 从而对任意的 $\varepsilon > 0$, 存在 $K \in \mathbb{N}^+$, 当 $k > K$ 时, $\xi - \varepsilon < b_k \leqslant c_k < \xi + \varepsilon$. 取 $k = K+1$. 由于 $[b_k, c_k]$ 中含 $\{a_n\}$ 中的无穷多项, 故存在 $N \in \mathbb{N}^+$ 使得 $a_N \in [b_k, c_k]$. 从而由 $\{a_n\}$ 单调递增可知, 当 $n > N$ 时, $a_n \in [b_k, c_k]$. 因此, 当 $n > N$ 时,

$$\xi - \varepsilon < b_k \leqslant a_n \leqslant c_k < \xi + \varepsilon,$$

即当 $n > N$ 时, $|a_n - \xi| < \varepsilon$. 所以 $\{a_n\}$ 的极限存在且等于 ξ. $\qquad\square$

C.

$$\begin{array}{ccccc} \text{定理 3} & \xRightarrow{(1)} & \text{定理 1} & \xRightarrow{(2)} & \text{定理 5} \\ {}_{(6)}\Big\Uparrow & & & & \Big\Downarrow{}_{(3)} \\ \text{定理 6} & \xLeftarrow{(5)} & \text{定理 4} & \xLeftarrow{(4)} & \text{定理 2} \end{array}$$

(1) 闭区间套定理蕴含确界定理.

证 仅证非空有上界数集 E 必有上确界. 由 E 非空有上界可知, 存在常数 M 满足对任意的 $x \in E$, $x \leqslant M$. 若 E 有最大值, 则最大值即为上确界, 结论得证. 现设 E 无最大值. 任取 $x_0 \in E$, 将闭区间 $[x_0, M]$ 二等分, 若右半区间含有 E 中的点, 则记右半区间为 $[a_1, b_1]$, 否则就记左半区间为 $[a_1, b_1]$. 再将闭区间 $[a_1, b_1]$ 二等分, 用同样的方法选记闭区间 $[a_2, b_2]$. 依次进行下去, 可构造闭区间列 $\{[a_n, b_n]\}$ 满足

(i) 对任意的 $n \in \mathbb{N}^+$, $[a_{n+1}, b_{n+1}] \subset [a_n, b_n]$;

(ii) $\lim\limits_{n \to \infty} (b_n - a_n) = \lim\limits_{n \to \infty} \dfrac{M - x_0}{2^n} = 0$;

(iii) 对任意的 $x \in E$ 和任意的 $n \in \mathbb{N}^+$, $x \leqslant b_n$.

由闭区间套定理可知, 存在唯一的 $\xi \in [a_n, b_n]$ $(n \in \mathbb{N}^+)$ 使得 $\lim\limits_{n \to \infty} a_n = \lim\limits_{n \to \infty} b_n = \xi$. 从而由 (iii) 和数列极限的保序性可知, 对任意的 $x \in E$, $x \leqslant \xi$. 此外, 由 $\lim\limits_{n \to \infty} a_n = \xi$ 可知, 对任意的 $\varepsilon > 0$, 存在 $N \in \mathbb{N}^+$, 当 $n > N$ 时, $\xi < a_n + \varepsilon$. 再由 $\{[a_n, b_n]\}$ 的构造可知, 对任意的 $n > N$, 存在 $x_n \in E$ 使得 $a_n \leqslant x_n$. 因此, 当 $n > N$ 时,

$$\xi < a_n + \varepsilon \leqslant x_n + \varepsilon.$$

故 ξ 是非空数集 E 的上确界. $\qquad\square$

(2) 确界定理蕴含柯西收敛原理.

证   设数列 $\{a_n\}$ 满足对任意的 $\varepsilon > 0$, 存在 $N \in \mathbb{N}^+$, 当 $m, n > N$ 时, $|a_n - a_m| < \varepsilon$. 由循环证明的 A(4) 易知 $\{a_n\}$ 有界. 定义数集 $E = \{x | \{a_n\}$ 中有无穷多项大于 $x\}$. 显然, E 非空有上界. 由确界定理可知, 存在 α 使得 $\alpha = \sup E$. 则对任意 $\varepsilon > 0$, 由 $\alpha - \varepsilon$ 不是 E 的上界可知 $\{a_n\}$ 中有无穷多项大于 $\alpha - \varepsilon$. 又因为 $\alpha + \varepsilon$ 是 E 的上界, 所以 $\{a_n\}$ 中至多有有限项大于 $\alpha + \varepsilon$. 从而在 $(\alpha - \varepsilon, \alpha + \varepsilon)$ 中有 $\{a_n\}$ 的无穷多项. 取

$\varepsilon = 1$, 则存在 n_1 使得 $a_{n_1} \in (\alpha - 1, \alpha + 1)$, 即 $|a_{n_1} - \alpha| < 1$;

$\varepsilon = \dfrac{1}{2}$, 则存在 $n_2 > n_1$ 使得 $a_{n_2} \in \left(\alpha - \dfrac{1}{2}, \alpha + \dfrac{1}{2}\right)$, 即 $|a_{n_2} - \alpha| < \dfrac{1}{2}$;

$$\cdots\cdots$$

$\varepsilon = \dfrac{1}{k}$, 则存在 $n_k > n_{k-1}$ 使得 $a_{n_k} \in \left(\alpha - \dfrac{1}{k}, \alpha + \dfrac{1}{k}\right)$, 即 $|a_{n_k} - \alpha| < \dfrac{1}{k}$.

由此可构造出 $\{a_n\}$ 的子列 $\{a_{n_k}\}$ 满足 $\lim\limits_{k \to \infty} a_{n_k} = \alpha$, 即对任意的 $\varepsilon > 0$, 存在 $K \in \mathbb{N}^+$, 当 $k > K$ 时, $|a_{n_k} - a| < \varepsilon$. 取

$$k_0 = \max\{K + 1, N + 1\}.$$

则 $k_0 > K$ 且 $n_{k_0} \geqslant n_{N+1} \geqslant N + 1 > N$. 当 $n > N$ 时, $\left|a_n - a_{n_{k_0}}\right| < \varepsilon$. 故当 $n > N$ 时,

$$|a_n - a| \leqslant \left|a_n - a_{n_{k_0}}\right| + \left|a_{n_{k_0}} - a\right| < \varepsilon + \varepsilon = 2\varepsilon.$$

故由数列极限的分析定义可知, $\lim\limits_{n \to \infty} a_n = a$. □

(3) 柯西收敛原理蕴含单调有界定理.

证   不妨设数列 $\{a_n\}$ 单调递增有上界. 则存在常数 M, 使得对任意的 $n \in \mathbb{N}^+$, $a_n \leqslant M$. 若 $\{a_n\}$ 的极限不存在, 则由柯西收敛原理的否定形式可知, 存在 $\varepsilon_0 > 0$, 对任意的 $N \in \mathbb{N}^+$, 存在 $n_0 > N$ 使得 $|a_{n_0} - a_N| = a_{n_0} - a_N \geqslant \varepsilon_0$. 取

$N = 1$, 则存在 $n_1 > N$, 满足 $a_{n_1} - a_1 \geqslant \varepsilon_0$;

$N = n_1$, 则存在 $n_2 > N$, 满足 $a_{n_2} - a_{n_1} \geqslant \varepsilon_0$;

$$\cdots\cdots$$

$N = n_{k-1}$, 则存在 $n_k > N$, 满足 $a_{n_k} - a_{n_{k-1}} \geqslant \varepsilon_0$.

因此, $a_{n_k} - a_1 \geqslant k\varepsilon_0$. 故当 $k > \dfrac{M - a_1}{\varepsilon_0}$ 时, $a_{n_k} > M$. 这与 M 为 $\{a_n\}$ 的上界矛盾. □

(4) 单调有界定理蕴含致密性定理.

证   设数列 $\{a_n\}$ 有界. 则存在常数 b, c 使得对任意的 $n \in \mathbb{N}^+$, $b \leqslant a_n \leqslant c$. 类似于 A(3) 的方法, 可以得到闭区间列 $\{[b_k, c_k]\}$ 满足

(i) 对任意的 $k \in \mathbb{N}^+$, $[b_{k+1}, c_{k+1}] \subset [b_k, c_k]$;

(ii) $\lim\limits_{k \to \infty} (c_k - b_k) = \lim\limits_{k \to \infty} \dfrac{c - b}{2^k} = 0$;

(iii) 对任意的 $k \in \mathbb{N}^+$, $[b_k, c_k]$ 中均含有 $\{a_n\}$ 的无限项.

由 (i) 可知, $\{b_k\}$ 和 $\{c_k\}$ 单调有界. 从而由单调有界定理可知, $\{b_k\}$ 和 $\{c_k\}$ 的极限均存在. 又由 (ii) 可知, 存在 ξ 使得 $\lim\limits_{k \to \infty} b_k = \lim\limits_{k \to \infty} c_k = \xi$. 再次利用 A(3) 的方法可构造 $\{a_n\}$ 的子列 $\{a_{n_k}\}$ 且满足对任意的 $k \in \mathbb{N}^+$, $b_k \leqslant a_{n_k} \leqslant c_k$. 则由 $\lim\limits_{k \to \infty} b_k = \lim\limits_{k \to \infty} c_k = \xi$ 和夹逼准则可得 $\lim\limits_{k \to \infty} a_{n_k} = \xi$. □

(5) 致密性定理蕴含有限覆盖定理.

证 假设存在 $[a, b]$ 的一个开覆盖 $\mathcal{A}$ 无有限子覆盖. 将闭区间 $[a, b]$ 二等分, 则至少存在一个闭子区间不能被 $\mathcal{A}$ 中的有限个开区间覆盖. 将此闭子区间记为 $[a_1, b_1]$, 如果两个闭子区间都不能被 $\mathcal{A}$ 中有限个开区间覆盖, 则任选其中一个记为 $[a_1, b_1]$. 再将 $[a_1, b_1]$ 二等分, 重复上述步骤, 依次进行下去, 则可构造闭区间列 $\{[a_n, b_n]\}$ 满足

(i) 对任意的 $n \in \mathbb{N}^+$, $[a_{n+1}, b_{n+1}] \subset [a_n, b_n]$;

(ii) $\lim\limits_{n \to \infty} (b_n - a_n) = \lim\limits_{n \to \infty} \dfrac{b - a}{2^n} = 0$;

(iii) 对任意的 $n \in \mathbb{N}^+$, $[a_n, b_n]$ 皆不能用 $\mathcal{A}$ 的有限子集覆盖.

由 $\{b_n\}$ 有界和致密性定理可知, 存在子列 $\{b_{n_k}\}$ 收敛, 记为 $\lim\limits_{k \to \infty} b_{n_k} = \xi$. 因此,

$$\lim_{k \to \infty} a_{n_k} = \lim_{n \to \infty} (b_{n_k} - (b_{n_k} - a_{n_k})) = \lim_{n \to \infty} b_{n_k} - \lim_{n \to \infty} (b_{n_k} - a_{n_k}) = \xi.$$

显然, $\xi \in [a, b]$. 因为 $[a, b]$ 被 $\mathcal{A}$ 覆盖, 所以存在开区间 $(\alpha, \beta) \in \mathcal{A}$ 使得 $\xi \in (\alpha, \beta)$. 从而存在 $K \in \mathbb{N}^+$, 当 $k > K$ 时 $[a_{n_k}, b_{n_k}] \subset [\alpha, \beta]$. 这与 $[a_{n_k}, b_{n_k}]$ 不能被 $\mathcal{A}$ 中的有限个开区间覆盖矛盾. □

(6) 有限覆盖定理蕴含闭区间套定理.

证 设闭区间列 $\{[a_n, b_n]\}$ 满足对任意的 $n \in \mathbb{N}^+$, $[a_{n+1}, b_{n+1}] \subset [a_n, b_n]$ 且 $\lim\limits_{n \to \infty} (b_n - a_n) = 0$. 先证 $\bigcap\limits_{n=1}^{\infty} [a_n, b_n] \neq \varnothing$. 若 $\bigcap\limits_{n=1}^{\infty} [a_n, b_n] = \varnothing$, 则对任意的 $x \in [a_1, b_1]$, $x \notin \bigcap\limits_{n=1}^{\infty} [a_n, b_n]$. 则存在 $n_x \in \mathbb{N}^+$ 使得 $x \notin \bigcap\limits_{n=n_x}^{\infty} [a_n, b_n]$, 即当 $n \geqslant n_x$ 时, $x \notin [a_n, b_n]$. 故存在 $\delta_x > 0$ 使得

$$(x - \delta_x, x + \delta_x) \cap [a_n, b_n] = \varnothing.$$

令 $\mathcal{A} = \bigcup\limits_{x \in [a_1, b_1]} (x - \delta_x, x + \delta_x)$. 则 $\mathcal{A} \supset [a_1, b_1]$. 由有限覆盖定理可知, 区间集 $\mathcal{A}$

中存在 k 个开区间使得

$$\bigcup_{i=1}^{k}(x_i - \delta_{x_i}, x_i + \delta_{x_i}) \supset [a_1, b_1].$$

对每个 $i(1 \leqslant i \leqslant k)$, 存在 n_{x_i}, 当 $n \geqslant n_{x_i}$ 时,

$$(x_i - \delta_{x_i}, x_i + \delta_{x_i}) \cap [a_n, b_n] = \varnothing.$$

令 $N = \max\{n_{x_i} | i = 1, 2, \cdots, k\}$, 则当 $n > N$ 时,

$$\bigcup_{i=1}^{k}(x_i - \delta_{x_i}, x_i + \delta_{x_i}) \cap [a_n, b_n] = \varnothing.$$

这与 $[a_n, b_n] \subset [a_1, b_1] \subset \bigcup_{i=1}^{k}(x_i - \delta_{x_i}, x_i + \delta_{x_i})$ 矛盾. 故 $\bigcap_{n=1}^{\infty}[a_n, b_n] \neq \varnothing$.

进一步, 由 A(2) 的唯一性证明可知, 存在唯一的 $\xi \in \bigcap_{n=1}^{\infty}[a_n, b_n]$. 最后证明 $\lim\limits_{n\to\infty} a_n = \lim\limits_{n\to\infty} b_n = \xi$. 因为对任意的 $n \in \mathbb{N}^+$, $a_n \leqslant \xi \leqslant b_n$, 所以

$$0 \leqslant \xi - a_n \leqslant b_n - a_n, \quad 0 \leqslant b_n - \xi \leqslant b_n - a_n.$$

因此, $\lim\limits_{n\to\infty} a_n = \lim\limits_{n\to\infty} b_n = \xi$. 　　　　　　　　　　□

D.

$$\text{定理 5} \overset{(1)}{\Longrightarrow} \text{定理 1} \overset{(2)}{\Longrightarrow} \text{定理 3}$$
$$^{(6)}\Uparrow \qquad\qquad\qquad\qquad \Downarrow {}^{(3)}$$
$$\text{定理 2} \overset{(5)}{\Longleftarrow} \text{定理 4} \overset{(4)}{\Longleftarrow} \text{定理 6}$$

(1) 柯西收敛原理蕴含确界定理.

证 仅证非空有上界数集 E 必有上确界. 由于 E 非空有上界, 则存在常数 M 满足对任意的 $x \in E$, $x < M$. 任取 $x_0 \in E$, 则 $[x_0, M] \cap E \neq \varnothing$. 将闭区间 $[x_0, M]$ 二等分, 若右半区间含有 E 中的点, 则记右半区间为 $[a_1, b_1]$, 否则就记左半区间为 $[a_1, b_1]$. 再将闭区间 $[a_1, b_1]$ 二等分, 用同样的方法选记闭区间 $[a_2, b_2]$. 依次进行下去, 可以构造闭区间列 $\{[a_n, b_n]\}$ 满足

(i) 对任意的 $n \in \mathbb{N}^+$, 对任意的 $x \in E$, $x \leqslant b_n$;

(ii) 对任意的 $n \in \mathbb{N}^+$, $[a_n, b_n] \cap E \neq \varnothing$, 但 $(b_n, +\infty) \cap E = \varnothing$;

(iii) 对任意的 $n \in \mathbb{N}^+$, $|b_{n+1} - b_n| \leqslant b_n - a_n \leqslant \dfrac{M - x_0}{2^n}$.

对任意的 $\varepsilon > 0$, 由 $\lim\limits_{n \to \infty} \dfrac{M - x_0}{2^{n-1}} = 0$ 可知, 存在 $N \in \mathbb{N}^+$, 当 $n > N$ 时,
$\dfrac{M - x_0}{2^{n-1}} < \varepsilon$. 从而由 (iii) 可知, 当 $n > N$ 时, 对任意的 $p \in \mathbb{N}^+$,

$$|b_{n+p} - b_n| \leqslant |b_{n+p} - b_{n+p-1}| + |b_{n+p-1} - b_{n+p-2}| + \cdots + |b_{n+1} - b_n|$$

$$\leqslant \frac{M - x_0}{2^{n+p-1}} + \cdots + \frac{M - x_0}{2^n}$$

$$= \frac{M - x_0}{2^{n-1}} \left(\frac{1}{2^p} + \frac{1}{2^{p-1}} + \cdots + \frac{1}{2} \right) < \frac{M - x_0}{2^{n-1}} < \varepsilon.$$

由柯西收敛原理可知, 数列 $\{b_n\}$ 收敛. 令 $\lim\limits_{n \to \infty} b_n = \beta$. 最后证明 β 为 E 的上确界. 由条件 (i) 以及 $\lim\limits_{n \to \infty} b_n = \beta$ 可知 β 为 E 的上界. 此外, 由 $\lim\limits_{n \to \infty} b_n = \beta$ 以及 $\lim\limits_{n \to \infty} \dfrac{M - x_0}{2^n} = 0$ 可知, 对任意的 $\varepsilon > 0$, 存在 $N \in \mathbb{N}^+$ 使得 $\dfrac{M - x_0}{2^N} < \dfrac{\varepsilon}{2}$ 且 $|b_N - \beta| < \dfrac{\varepsilon}{2}$. 由条件 (ii) 和条件 (iii) 可知, 存在 $x_0 \in E$ 使得 $b_N - x_0 \leqslant \dfrac{M - x_0}{2^N}$. 于是

$$\beta - x_0 \leqslant \beta - b_N + \frac{M - x_0}{2^N} < \frac{\varepsilon}{2} + \frac{\varepsilon}{2} = \varepsilon,$$

即 $x_0 > \beta - \varepsilon$. 这意味着 $\sup E = \beta$. $\hspace{2cm}$ □

(2) 确界定理蕴含闭区间套定理.

证　设闭区间列 $\{[a_n, b_n]\}$ 满足对任意的 $n \in \mathbb{N}^+$, $[a_{n+1}, b_{n+1}] \subset [a_n, b_n]$ 且 $\lim\limits_{n \to \infty} (b_n - a_n) = 0$. 则 $\{a_n\}$ 有上界. 从而由确界定理可知, $\{a_n\}$ 有上确界, 记 $\sup\{a_n\} = \xi$. 下证 ξ 是 $\{a_n\}$ 的极限. 事实上, 对任意的 $\varepsilon > 0$, 由上确界的定义可知, 存在 a_N 使得 $\xi - \varepsilon < a_N$. 又由 $\{a_n\}$ 单调递增可知, 当 $n \geqslant N$ 时, $\xi - \varepsilon < a_N \leqslant a_n$. 此外, 由于 ξ 是 $\{a_n\}$ 的上界, 故对任意的 $n \in \mathbb{N}^+$, $a_n \leqslant \xi < \xi + \varepsilon$. 所以当 $n \geqslant N$ 时, $\xi - \varepsilon < a_n < \xi + \varepsilon$. 故 $\lim\limits_{n \to \infty} a_n = \xi$. 又因为 $\lim\limits_{n \to \infty} (b_n - a_n) = 0$, 所以

$$\lim_{n \to \infty} b_n = \lim_{n \to \infty} (b_n - a_n + a_n) = \lim_{n \to \infty} (b_n - a_n) + \lim_{n \to \infty} a_n = \xi.$$

唯一性的证明与 A(2) 的证明相同. $\hspace{2cm}$ □

(3) 闭区间套定理蕴含有限覆盖定理.

证　用反证法. 若存在闭区间 $[a, b]$ 的开覆盖 $\mathcal{A}$ 无有限子覆盖. 将 $[a, b]$ 等分为两个闭子区间, 则至少存在一个闭子区间不能被 $\mathcal{A}$ 中有限个开区间所覆盖, 取出这样的一个闭子区间, 记为 $[a_1, b_1]$. 再将 $[a_1, b_1]$ 等分为两个闭子区间, 则至少

存在一个闭子区间不能被 $\mathcal{A}$ 中有限个开区间覆盖, 取出这样的一个闭子区间, 记为 $[a_2, b_2]$. 依次进行下去, 可构造闭区间列 $\{[a_n, b_n]\}$ 满足

(i) 对任意的 $n \in \mathbb{N}^+$, $[a_{n+1}, b_{n+1}] \subset [a_n, b_n]$;

(ii) $\lim\limits_{n\to\infty} (b_n - a_n) = \lim\limits_{n\to\infty} \dfrac{b-a}{2^n} = 0$;

(iii) 对任意的 $n \in \mathbb{N}^+$, $[a_n, b_n]$ 都不能被 $\mathcal{A}$ 中的有限个开区间所覆盖.

由区间套定理可知, 存在唯一的 ξ 满足对任意的 $n \in \mathbb{N}^+$, $\xi \in [a_n, b_n] \subset [a, b]$. 故存在 $\mathcal{A}$ 中某个开区间 (α, β) 使得 $\xi \in (\alpha, \beta)$. 由于 $a_n \leqslant \xi \leqslant b_n$ 且 $\lim\limits_{n\to\infty} a_n = \xi = \lim\limits_{n\to\infty} b_n$, 故存在充分大的 $n_0 \in \mathbb{N}^+$ 使得 $\alpha < a_{n_0} \leqslant \xi \leqslant b_{n_0} < \beta$, 即 $\mathcal{A}$ 中开区间 (α, β) 覆盖了闭区间 $[a_{n_0}, b_{n_0}]$. 这与 (iii) 矛盾. □

(4) 有限覆盖定理蕴含致密性定理.

证 设数列 $\{a_n\}$ 有界. 则存在 a 和 b 使得 $a \leqslant a_n \leqslant b$. 用反证法. 设 $\{a_n\}$ 的任一子列均不收敛. 首先证明对任意的 $x_0 \in [a, b]$, 存在 $\varepsilon_{x_0} > 0$, 使得 $(x_0 - \varepsilon_{x_0}, x_0 + \varepsilon_{x_0})$ 只含有 $\{a_n\}$ 的有限项. 若不然, 对任意的 $\varepsilon > 0$, $(x_0 - \varepsilon, x_0 + \varepsilon)$ 含有 $\{a_n\}$ 的无限项. 从而在 $\{a_n\}$ 中可取出子列 $\{a_{n_k}\}$ 满足 $n_1 < n_2 < \cdots < n_k < \cdots$ 且

$$a_{n_1} \in (x_0 - 1, x_0 + 1),$$
$$a_{n_2} \in \left(x_0 - \frac{1}{2}, x_0 + \frac{1}{2}\right),$$
$$\cdots\cdots$$
$$a_{n_k} \in \left(x_0 - \frac{1}{k}, x_0 + \frac{1}{k}\right),$$
$$\cdots\cdots$$

显然 $\lim\limits_{k\to\infty} a_{n_k} = x_0$. 这与假设矛盾. 进一步, 由 $x_0 \in [a, b]$ 的任意性可构造闭区间 $[a, b]$ 的开覆盖 $\bigcup\limits_{x_0 \in [a,b]} (x_0 - \varepsilon_{x_0}, x_0 + \varepsilon_{x_0})$ 满足

(i) 对任意的 $x_0 \in [a, b]$, $(x_0 - \varepsilon_{x_0}, x_0 + \varepsilon_{x_0})$ 只含有 $\{a_n\}$ 的有限项;

(ii) $[a, b] \subset \bigcup\limits_{x_0 \in [a,b]} (x_0 - \varepsilon_{x_0}, x_0 + \varepsilon_{x_0})$.

由有限覆盖定理可知, 存在有限个开区间覆盖 $[a, b]$. 因而 $[a, b]$ 也只含有 $\{a_n\}$ 的有限项, 产生矛盾. □

(5) 致密性定理蕴含单调有界定理.

证 仅证单调递增有上界数列 $\{a_n\}$ 必有极限. 由致密性定理可知, 存在子列 $\{a_{n_k}\}$ 满足 $\lim\limits_{k\to\infty} a_{n_k} = a$. 下证 $\lim\limits_{n\to\infty} a_n = a$. 首先指出, 对任意的 $n \in \mathbb{N}^+$,

$a_n \leqslant a$. 若不然, 存在 $N \in \mathbb{N}^+$ 使得 $a_N > a$. 当 k 充分大时, 必有 $n_k > N$. 从而 $a_{n_k} \geqslant a_N > a$. 于是 $a = \lim\limits_{k\to\infty} a_{n_k} \geqslant a_N > a$, 产生矛盾. 又对任意的 $\varepsilon > 0$, 存在 k_0 使得 $|a_{n_{k_0}} - a| = a - a_{n_{k_0}} < \varepsilon$. 取 $N = n_{k_0}$. 则当 $n > N$ 时, $a_n \geqslant a_{n_{k_0}} = a_N$. 从而当 $n > N$ 时,

$$|a - a_n| = a - a_n \leqslant a - a_{n_{k_0}} < \varepsilon,$$

即 $\lim\limits_{n\to\infty} a_n = a$. □

(6) 单调有界定理蕴含柯西收敛原理[①].

证　假定数列 $\{a_n\}$ 满足对任意的 $\varepsilon > 0$, 存在 $N \in \mathbb{N}^+$, 当 $n, m > N$ 时, $|a_n - a_m| < \varepsilon$. 令 $b_n = \sup\{a_{n+p}|p=1,2,\cdots\}$ 且 $c_n = \inf\{a_{n+p}|p=1,2,\cdots\}$. 则 $\{b_n\}$ 和 $\{c_n\}$ 满足

(i) $\{b_n\}$ 单调递减有下界, $\{c_n\}$ 单调递增有上界;

(ii) 对任意的 $n \in \mathbb{N}^+$, $c_n \leqslant a_{n+1} \leqslant b_n$;

(iii) 当 $n \geqslant N$ 时, $|b_n - c_n| < \varepsilon$.

则由 (iii) 知, $\lim\limits_{n\to\infty}(b_n - c_n) = 0$. 此外, 由 (i) 和单调有界定理知, $\{b_n\}$ 和 $\{c_n\}$ 均收敛. 故存在实数 a 使得 $\lim\limits_{n\to\infty} b_n = \lim\limits_{n\to\infty} c_n = a$. 由 (ii) 和夹逼准则知 $\lim\limits_{n\to\infty} a_n = a$. □

E.

$$\text{定理 4} \overset{(1)}{\Longrightarrow} \text{定理 1} \overset{(2)}{\Longrightarrow} \text{定理 6}$$
$$\scriptsize(6)\Big\Uparrow \qquad\qquad\qquad\qquad \Big\Downarrow\scriptsize(3)$$
$$\text{定理 5} \overset{(5)}{\Longleftarrow} \text{定理 3} \overset{(4)}{\Longleftarrow} \text{定理 2}$$

(1) 致密性定理蕴含确界定理.

证　仅证非空有上界数集 E 必有上确界. 由于 E 非空有上界, 则存在常数 M 满足对任意的 $x \in E$, $x < M$. 任取 $x_0 \in E$, 则 $[x_0, M] \cap E \neq \varnothing$. 将闭区间 $[x_0, M]$ 二等分, 若右半区间含有 E 中的点, 则记右半区间为 $[a_1, b_1]$, 否则就记左半区间为 $[a_1, b_1]$. 再将闭区间 $[a_1, b_1]$ 二等分, 用同样的方法选记闭区间 $[a_2, b_2]$. 依次进行下去, 可构造闭区间列 $\{[a_n, b_n]\}$ 满足

(i) 对任意的 $n \in \mathbb{N}^+$, 对任意的 $x \in E$, $x \leqslant b_n$;

(ii) 对任意的 $n \in \mathbb{N}^+$, $[a_n, b_n] \cap E \neq \varnothing$, 但 $(b_n, +\infty) \cap E = \varnothing$;

(iii) $\lim\limits_{n\to\infty}(b_n - a_n) = \lim\limits_{n\to\infty} \dfrac{1}{2^n}(M - x_0) = 0$.

由 $\{b_n\}$ 有界以及致密性定理可知, 存在收敛子列 $\{b_{n_k}\}$, 记为 $\lim\limits_{k\to\infty} b_{n_k} = \beta$.

---

① 该证明源自 (杨进. 柯西收敛准则的一个新证明. 西南师范大学学报 (自然科学版), 2010, 35(5): 236).

下证 β 为 E 的上确界. 由条件 (i) 以及 $\lim\limits_{n\to\infty} b_n = \beta$ 可知 β 为 E 的上界. 此外, 由 (iii) 可得

$$\lim_{k\to\infty} a_{n_k} = \lim_{n\to\infty}(b_{n_k} - (b_{n_k} - a_{n_k})) = \lim_{n\to\infty} b_{n_k} - \lim_{n\to\infty}(b_{n_k} - a_{n_k}) = \beta.$$

故存在充分大的 $k_0 \in \mathbb{N}^+$ 使得 $a_{n_{k_0}} > \beta - \varepsilon$. 又由 (ii) 可知, 存在 $x_0 \in [a_{n_{k_0}}, b_{n_{k_0}}] \cap E$ 使得 $x_0 > \beta - \varepsilon$. 这表明 $\sup E = \beta$. $\qquad\square$

(2) 确界定理蕴含有限覆盖定理.

证 见等价证明的 B(2). $\qquad\square$

(3) 有限覆盖定理蕴含单调有界定理.

证 仅证单调递增有上界数列 $\{a_n\}$ 必有极限. 反设 $\{a_n\}$ 的极限不存在. 由 $\{a_n\}$ 单调递增有上界可知, 存在实数 a 和 b 满足对任意的 $n \in \mathbb{N}^+$, $a \leqslant a_n \leqslant b$. 那么对任意的 $x \in [a, b]$, 存在 $\delta_x > 0$ 使得 $(x - \delta_x, x + \delta_x)$ 内仅含有 $\{a_n\}$ 的有限项. 否则, 存在 $x_0 \in [a, b]$ 使得对任意的 $\delta > 0$, $(x_0 - \delta, x_0 + \delta)$ 内含有 $\{a_n\}$ 的无限项. 故存在 $\{a_n\}$ 的子列 $\{a_{n_k}\}$ 使得 $\lim\limits_{k\to\infty} a_{n_k} = x_0$, 即对任意的 $\varepsilon > 0$, 存在 $K \in \mathbb{N}^+$ 使得对任意的 $k > K$, $|a_{n_k} - x_0| < \dfrac{\varepsilon}{2}$. 取 $N = n_{K+1}$. 由于 $\{a_n\}$ 单调递增, 则对任意的 $n > N$, 存在 $k > K$ 使得 $a_{n_k} \leqslant a_n \leqslant a_{n_{k+1}}$. 从而

$$|a_n - x_0| \leqslant \max\{|a_{n_k} - x_0|, |a_{n_{k+1}} - x_0|\} \leqslant |a_{n_k} - x_0| + |a_{n_{k+1}} - x_0| < \varepsilon.$$

这与 $\{a_n\}$ 的极限不存在矛盾. 令 $\mathcal{A} = \bigcup\limits_{x \in [a,b]}(x - \delta_x, x + \delta_x)$. 则 $\mathcal{A}$ 是闭区间 $[a, b]$ 的开覆盖. 由有限覆盖定理知, 存在 $\mathcal{A}$ 中的有限个开区间覆盖 $[a, b]$, 不妨设 $(x_1 - \delta_1, x_1 + \delta_1), (x_2 - \delta_2, x_2 + \delta_2), \cdots, (x_n - \delta_n, x_n + \delta_n)$ 覆盖 $[a, b]$, 即

$$\bigcup_{i=1}^{n}(x_i - \delta_i, x_i + \delta_i) \supset [a, b].$$

而 $(x_i - \delta_i, x_i + \delta_i)$ 仅含 $\{a_n\}$ 的有限项. 从而 $\bigcup\limits_{i=1}^{n}(x_i - \delta_i, x_i + \delta_i)$ 也只含 $\{a_n\}$ 中的有限项. 故 $[a, b]$ 也只含有 $\{a_n\}$ 中的有限项. 这与 $\{a_n\} \subset [a, b]$ 矛盾. $\qquad\square$

(4) 单调有界定理蕴含闭区间套定理.

证 见等价证明的 A(2). $\qquad\square$

(5) 闭区间套定理蕴含柯西收敛原理.

证 令 $\varepsilon = \dfrac{1}{2}$. 由条件可知, 存在 $N_1 \in \mathbb{N}^+$, 取 $m = N_1$, 当 $n \geqslant N_1$ 时, $|a_n - a_{N_1}| \leqslant \dfrac{1}{2}$, 即 $\left[a_{N_1} - \dfrac{1}{2}, a_{N_1} + \dfrac{1}{2}\right]$ 内含有 $\{a_n\}$ 中除有限项外的所有项, 记

为 $[b_1, c_1]$. 令 $\varepsilon = \dfrac{1}{2^2}$. 则存在 $N_2 \in \mathbb{N}^+$ 且 $N_2 > N_1$. 取 $m = N_2$. 则当 $n \geqslant N_2$ 时, $|a_n - a_{N_2}| \leqslant \dfrac{1}{2^2}$, 即 $\left[a_{N_2} - \dfrac{1}{2^2}, a_{N_2} + \dfrac{1}{2^2}\right]$ 内含有 $\{a_n\}$ 中除有限项外的所有项, 记

$$[b_2, c_2] = \left[a_{N_2} - \frac{1}{2^2}, a_{N_2} + \frac{1}{2^2}\right] \cap [b_1, c_1].$$

则 $[b_2, c_2]$ 也含有 $\{a_n\}$ 中除有限项外的所有项且满足 $[b_2, c_2] \subset [b_1, c_1]$ 及 $c_2 - b_2 \leqslant \dfrac{1}{2}$. 依次进行下去, 可构造闭区间列 $\{[b_k, c_k]\}$ 满足

(i) 对任意的 $k \in \mathbb{N}^+$, $[b_{k+1}, c_{k+1}] \subset [b_k, c_k]$;

(ii) $c_k - b_k \leqslant \dfrac{1}{2^{k-1}}$;

(iii) 对任意的 $k \in \mathbb{N}^+$, $[b_k, c_k]$ 中均含有 $\{a_n\}$ 中除有限项外的所有项.

由闭区间套定理可知, 存在唯一的 ξ 满足对任意的 $k \in \mathbb{N}^+$, $\xi \in [b_k, c_k]$ 且 $\lim\limits_{k \to \infty} b_k = \lim\limits_{k \to \infty} c_k = \xi$. 从而对任意的 $\varepsilon > 0$, 存在 $K \in \mathbb{N}^+$, 当 $k > K$ 时, $[b_k, c_k] \subset (\xi - \varepsilon, \xi + \varepsilon)$. 故 $(\xi - \varepsilon, \xi + \varepsilon)$ 内含 $\{a_n\}$ 中除有限项外的所有项, 即 $\lim\limits_{n \to \infty} a_n = \xi$. □

(6) 柯西收敛原理蕴含致密性定理.

证　见等价证明的 B(4). □

F.

$$\text{定理 6} \overset{(1)}{\Longrightarrow} \text{定理 1} \overset{(2)}{\Longrightarrow} \text{定理 4}$$
$$_{(6)}\big\Uparrow \qquad\qquad\qquad\qquad \big\Downarrow_{(3)}$$
$$\text{定理 2} \overset{(5)}{\Longleftarrow} \text{定理 3} \overset{(4)}{\Longleftarrow} \text{定理 5}$$

(1) 有限覆盖定理蕴含确界定理.

证　见等价证明的 A(6). □

(2) 确界定理蕴含致密性定理.

证　设数列 $\{a_n\}$ 有界, 则 $\{a_n\}$ 有上界, 于是由确界原理可知, $\{a_n\}$ 有上确界 α. 从而对任意的 $\dfrac{1}{k}$, 存在 $n_k \in \mathbb{N}^+$, 使得 $a_{n_k} > \alpha - \dfrac{1}{k}$. 又由于 α 是 $\{a_n\}$ 的上界, 可得对任意的 $k, a_{n_k} \leqslant \alpha$. 故由夹逼准则可知, $\lim\limits_{k \to \infty} a_{n_k} = \alpha$, 即数列 $\{a_n\}$ 存在收敛子列 $\{a_{n_k}\}$.

(3) 致密性定理蕴含柯西收敛原理.

证　见等价证明的 A(4). □

(4) 柯西收敛原理蕴含闭区间套定理.

证 设闭区间列 $\{[a_n, b_n]\}$ 满足对任意的 $n \in \mathbb{N}^+$, $[a_{n+1}, b_{n+1}] \subset [a_n, b_n]$ 且 $\lim\limits_{n \to \infty} (b_n - a_n) = 0$. 则对任意的 $\varepsilon > 0$, 存在 $N \in \mathbb{N}^+$, $|b_N - a_N| < \varepsilon$, 且当 $n > m > N$ 时,

$$[a_n, b_n] \subset [a_m, b_m] \subset [a_N, b_N].$$

从而当 $n > m > N$ 时, $0 \leqslant a_n - a_m \leqslant b_N - a_N < \varepsilon$. 故由柯西收敛原理可知, $\lim\limits_{n \to \infty} a_n$ 存在, 同理可以证明 $\lim\limits_{n \to \infty} b_n$ 存在. 所以存在 ξ 满足 $\lim\limits_{n \to \infty} a_n = \lim\limits_{n \to \infty} b_n = \xi$. 由极限的保序性可知, 对任意 $n \in \mathbb{N}^+, a_n \leqslant \xi \leqslant b_n$. 故 ξ 是所有区间的公共点. 唯一性的证明与 A(2) 的证明相同. $\qquad\square$

(5) 闭区间套定理蕴含单调有界定理.

证 见等价证明 B(6). $\qquad\square$

(6) 单调有界定理蕴含有限覆盖定理.

证 若存在闭区间 $[a, b]$ 的开覆盖 $\mathcal{A}$ 无有限子覆盖. 将 $[a, b]$ 等分为两个闭子区间, 则至少存在一个闭区间不能被 $\mathcal{A}$ 中有限个开区间所覆盖, 取出这样的一个闭子区间, 记为 $[a_1, b_1]$. 再将 $[a_1, b_1]$ 等分为两个闭子区间, 则至少存在一个闭子区间不能被 $\mathcal{A}$ 中有限个开区间覆盖, 取出这样的一个闭子区间, 记为 $[a_2, b_2]$. 依次进行下去, 可构造出闭区间列 $\{[a_n, b_n]\}$ 满足

(i) 对任意的 $n \in \mathbb{N}^+$, $[a_{n+1}, b_{n+1}] \subset [a_n, b_n]$;

(ii) $\lim\limits_{n \to \infty} (b_n - a_n) = \lim\limits_{n \to \infty} \dfrac{b - a}{2^n} = 0$;

(iii) 对任意的 $n \in \mathbb{N}^+$, $[a_n, b_n]$ 都不能被 $\mathcal{A}$ 中的有限个开区间所覆盖.

因为 $\{a_n\}$ 单调递增有上界, $\{b_n\}$ 单调递减有下界, 故由单调有界定理知, $\lim\limits_{n \to \infty} a_n$ 与 $\lim\limits_{n \to \infty} b_n$ 存在. 由 (ii) 可知, $\lim\limits_{n \to \infty} a_n = \lim\limits_{n \to \infty} b_n = \xi$. 易证对任意的 $n \in \mathbb{N}^+$, $\xi \in [a_n, b_n] \subset [a, b]$. 因为 $\mathcal{A}$ 是 $[a, b]$ 的开覆盖且 $\xi \in [a, b]$, 故存在 $\mathcal{A}$ 中某个开区间 (α, β) 使得 $\xi \in (\alpha, \beta)$. 由于 $a_n \leqslant \xi \leqslant b_n$ 且 $\lim\limits_{n \to \infty} a_n = \xi = \lim\limits_{n \to \infty} b_n$, 故存在 $N \in \mathbb{N}^+$ 使得

$$\alpha < a_N \leqslant \xi \leqslant b_N < \beta,$$

即 $\mathcal{A}$ 中一个开区间 (α, β) 覆盖了闭区间 $[a_N, b_N]$. 这与 (iii) 产生矛盾. $\qquad\square$

例 1 设对任意的 $n \in \mathbb{N}^+$, $0 \leqslant x \leqslant 1$, 数列 $\{a_n\}$ 满足 $a_1 = \dfrac{x}{2}$, $a_n = \dfrac{x}{2} + \dfrac{a_{n-1}^2}{2}$. 利用单调有界定理证明: $\lim\limits_{n \to \infty} a_n$ 存在并求其值.

解 首先利用数学归纳法证明数列 $\{a_n\}$ 有界.

当 $n = 1$ 时, $a_1 = \dfrac{x}{2} \in \left[0, \dfrac{1}{2}\right]$, 所以 $0 \leqslant a_1 \leqslant 1$. 假设当 $n = k - 1$ 时, $0 \leqslant a_{k-1} \leqslant 1$. 则当 $n = k$ 时,

$$0 \leqslant a_k = \frac{x}{2} + \frac{a_{k-1}^2}{2} \leqslant \frac{1}{2} + \frac{1}{2} = 1.$$

下证对任意给定的 $x \in [0,1]$, 数列 $\{a_n\}$ 单调递增. 因为

$$a_{n+1} - a_n = \frac{a_n^2}{2} - \frac{a_{n-1}^2}{2} = \frac{1}{2}(a_n + a_{n-1})(a_n - a_{n-1}).$$

若 $x = 0$, 则 $a_n = 0$, 结论显然成立.

若 $x > 0$, 则 $a_n + a_{n-1} > 0$. 因此, $a_{n+1} - a_n$ 与 $a_n - a_{n-1}$ 同号. 而

$$a_2 - a_1 = \left(\frac{x}{2} + \frac{x^2}{8}\right) - \frac{x}{2} = \frac{x^2}{8} > 0.$$

所以 $a_{n+1} - a_n \geqslant 0$, 即 $\{a_n\}$ 单调递增. 故 $\{a_n\}$ 单调递增有上界. 因此由单调有界定理可知 $\lim\limits_{n \to \infty} a_n$ 存在. 不妨设 $\lim\limits_{n \to \infty} a_n = A$. 则 $\frac{A^2}{2} - A + \frac{x}{2} = 0$. 从而由 $x \in [0,1]$ 可得 $\lim\limits_{n \to \infty} a_n = A = 1 - \sqrt{1-x}$.

例 2　设 $\{a_n\}$ 与 $\{b_n\}$ 均为正整数数列且满足 $a_1 = b_1 = 1$, $a_n + \sqrt{3} b_n = (a_{n-1} + \sqrt{3} b_{n-1})^2$. 利用单调有界定理证明: $\left\{\dfrac{a_n}{b_n}\right\}$ 的极限存在并求其值.

证　因为 $a_n + \sqrt{3} b_n = (a_{n-1} + \sqrt{3} b_{n-1})^2 = a_{n-1}^2 + 3b_{n-1}^2 + 2\sqrt{3} a_{n-1} b_{n-1}$, 所以由 $\{a_n\}$ 和 $\{b_n\}$ 为正整数数列可知 $a_n = a_{n-1}^2 + 3b_{n-1}^2$, $b_n = 2a_{n-1} b_{n-1}$. 因此,

$$\frac{a_n}{b_n} = \frac{a_{n-1}^2 + 3b_{n-1}^2}{2a_{n-1} b_{n-1}} = \frac{\left(\dfrac{a_{n-1}}{b_{n-1}}\right)^2 + 3}{2\dfrac{a_{n-1}}{b_{n-1}}}.$$

令 $c_n = \dfrac{a_n}{b_n}$. 则

$$c_n = \frac{c_{n-1}^2 + 3}{2c_{n-1}} \geqslant \sqrt{3} \quad (n \geqslant 2).$$

注意到

$$c_n - c_{n-1} = \frac{c_{n-1}^2 + 3}{2c_{n-1}} - c_{n-1} = \frac{-c_{n-1}^2 + 3}{2c_{n-1}} \leqslant 0 \quad (n \geqslant 3),$$

故 $\{c_n\}(n \geqslant 3)$ 单调递减且有下界 $\sqrt{3}$. 从而由单调有界定理可知 $\lim\limits_{n \to \infty} c_n$ 存在. 不妨设 $\lim\limits_{n \to \infty} c_n = c$. 显然 $c > 0$. 令 $n \to \infty$ 可得 $c = \dfrac{c^2 + 3}{2c}$. 故 $c = \sqrt{3}$. 从而

$$\lim_{n \to \infty} \frac{a_n}{b_n} = \lim_{n \to \infty} c_n = \sqrt{3}. \qquad \Box$$

例 3[①] 设 $\delta > 0$. 证明:

(1) 若函数 $f(x)$ 在 $(x_0 - \delta, x_0)$ 内单调递增且有上界, 则 $\lim\limits_{x \to x_0^-} f(x)$ 存在;

(2) 若函数 $f(x)$ 在 $(x_0 - \delta, x_0)$ 内单调递减且有下界, 则 $\lim\limits_{x \to x_0^-} f(x)$ 存在;

(3) 若函数 $f(x)$ 在 $(x_0, x_0 + \delta)$ 内单调递增且有下界, 则 $\lim\limits_{x \to x_0^+} f(x)$ 存在;

(4) 若函数 $f(x)$ 在 $(x_0, x_0 + \delta)$ 内单调递减且有上界, 则 $\lim\limits_{x \to x_0^+} f(x)$ 存在;

(5) 若函数 $f(x)$ 在 $(x_0, +\infty)$ 内单调递增且有上界, 则 $\lim\limits_{x \to +\infty} f(x)$ 存在;

(6) 若函数 $f(x)$ 在 $(x_0, +\infty)$ 内单调递减且有下界, 则 $\lim\limits_{x \to +\infty} f(x)$ 存在;

(7) 若函数 $f(x)$ 在 $(-\infty, x_0)$ 内单调递增且有下界, 则 $\lim\limits_{x \to -\infty} f(x)$ 存在;

(8) 若函数 $f(x)$ 在 $(-\infty, x_0)$ 内单调递减且有上界, 则 $\lim\limits_{x \to -\infty} f(x)$ 存在.

证 仅证 (1), (3), (5) 与 (7) 四种情形, 其余情形类似可证.

(1) 令 $A = \{f(x) | x \in (x_0 - \delta, x_0)\}$. 则 A 有上界. 由确界定理可知, A 存在上确界 β. 则对任意的 $x \in (x_0 - \delta, x_0)$, $f(x) \leqslant \beta$ 且对任意的 $\varepsilon > 0$, 存在 $\widehat{x} \in (x_0 - \delta, x_0)$ 满足 $f(\widehat{x}) > \beta - \varepsilon$. 故由 $f(x)$ 单调递增可知, 当 $\widehat{x} < x < x_0$ 时, $\beta - f(x) < \varepsilon$. 取 $\overline{\delta} = \dfrac{x_0 - \widehat{x}}{2}$. 则当 $0 < x_0 - x < \overline{\delta}$ 时, $|f(x) - \beta| < \varepsilon$.

(3) 令 $A = \{f(x) | x \in (x_0, x_0 + \delta)\}$. 则 A 有下界. 由确界定理可知, A 存在下确界 α. 则对任意的 $x \in (x_0, x_0 + \delta)$, $f(x) \geqslant \alpha$ 且对任意的 $\varepsilon > 0$, 存在 $\widehat{x} \in (x_0, x_0 + \delta)$ 满足 $f(\widehat{x}) < \alpha + \varepsilon$. 故由 $f(x)$ 单调递增可知, 当 $x_0 < x < \widehat{x}$ 时, $f(x) - \alpha < \varepsilon$. 取 $\overline{\delta} = \dfrac{\widehat{x} - x_0}{2}$. 则当 $0 < x - x_0 < \overline{\delta}$ 时, $|f(x) - \alpha| < \varepsilon$.

(5) 令 $A = \{f(x) | x \in (x_0, +\infty)\}$. 则 A 有上界. 由确界定理可知, A 存在上确界 β. 则对任意的 $x \in (x_0, +\infty)$, $f(x) \leqslant \beta$ 且对任意的 $\varepsilon > 0$, 存在 $\widehat{x} \in (x_0, +\infty)$ 满足 $f(\widehat{x}) > \beta - \varepsilon$. 故由 $f(x)$ 单调递增可知, 当 $x > \widehat{x}$ 时, $\beta - f(x) < \varepsilon$. 取 $X = \max\{\widehat{x}, 1\}$. 则当 $x > X$ 时, $|f(x) - \alpha| < \varepsilon$.

(7) 令 $A = \{f(x) | x \in (-\infty, x_0)\}$. 则 A 有下界. 由确界定理可知, A 存在下确界 α. 则对任意的 $x \in (-\infty, x_0)$, $f(x) \geqslant \alpha$ 且对任意的 $\varepsilon > 0$, 存在 $\widehat{x} \in (-\infty, x_0)$ 满足 $f(\widehat{x}) < \alpha + \varepsilon$. 故由 $f(x)$ 单调递增可知, 当 $x < \widehat{x}$ 时, $f(x) - \alpha < \varepsilon$. 取 $X = \min\{\widehat{x}, -1\}$. 则当 $x < X$ 时, $|f(x) - \alpha| < \varepsilon$. □

例 4 设函数 $f(x)$ 单调有界且可取到 $f(a)$ 与 $f(b)$ 之间的一切值. 证明: $f(x)$ 在闭区间 $[a, b]$ 上连续.

[①] 例 3 称为一般函数情形的单调有界定理.

证　不妨设 $f(x)$ 在 $[a,b]$ 上单调递增. 任意取 $x_0 \in (a,b)$. 则由条件可知, 存在 $\delta > 0$ 使得 $f(x)$ 在 $(x_0 - \delta, x_0)$ 内单调递增有上界, 在 $(x_0, x_0 + \delta)$ 内单调递增有下界. 故由本节例 3 可知, $\lim\limits_{x \to x_0^-} f(x)$ 与 $\lim\limits_{x \to x_0^+} f(x)$ 存在. 从而对任意的 $x_0 \in (a,b)$,

$$f(a) \leqslant \lim_{x \to x_0^-} f(x) \leqslant f(x_0) \leqslant \lim_{x \to x_0^+} f(x) \leqslant f(b).$$

若 $\lim\limits_{x \to x_0^-} f(x) < f(x_0)$, 则由条件可知, 存在 $\overline{x} \in (a, x_0)$ 满足 $\lim\limits_{x \to x_0^-} f(x) < f(\overline{x}) < f(x_0)$. 因此, 存在 $\delta > 0$, 对任意的 $x \in (x_0 - \delta, x_0)$, $f(x) < f(\overline{x})$. 再由 $f(x)$ 的单调递增性可知, $\overline{x} \geqslant x_0$, 产生矛盾. 因此, $\lim\limits_{x \to x_0^-} f(x) = f(x_0)$. 同理可证 $\lim\limits_{x \to x_0^+} f(x) = f(x_0)$. 因此, $f(x)$ 在 $x = x_0$ 连续. 类似可以证明函数 $f(x)$ 在 $x = a$ 处右连续, 在 $x = b$ 处左连续. 从而函数 $f(x)$ 在闭区间 $[a,b]$ 上连续. □

例 5[①]　利用数列极限的柯西收敛原理证明:

(1) $\lim\limits_{x \to x_0} f(x)$ 存在 $\Longleftrightarrow$ 对任意的 $\varepsilon > 0$, 存在 $\delta > 0$, 当 $0 < |x' - x_0| < \delta$ 且 $0 < |x'' - x_0| < \delta$ 时, $|f(x') - f(x'')| < \varepsilon$;

(2) $\lim\limits_{x \to x_0^+} f(x)$ 存在 $\Longleftrightarrow$ 对任意的 $\varepsilon > 0$, 存在 $\delta > 0$, 当 $0 < x' - x_0 < \delta$ 且 $0 < x'' - x_0 < \delta$ 时, $|f(x') - f(x'')| < \varepsilon$;

(3) $\lim\limits_{x \to x_0^-} f(x)$ 存在 $\Longleftrightarrow$ 对任意的 $\varepsilon > 0$, 存在 $\delta > 0$, 当 $0 < x_0 - x' < \delta$ 且 $0 < x_0 - x'' < \delta$ 时, $|f(x') - f(x'')| < \varepsilon$;

(4) $\lim\limits_{x \to \infty} f(x)$ 存在 $\Longleftrightarrow$ 对任意的 $\varepsilon > 0$, 存在 $X > 0$, 当 $|x'| > X$ 且 $|x''| > X$ 时, $|f(x') - f(x'')| < \varepsilon$;

(5) $\lim\limits_{x \to +\infty} f(x)$ 存在 $\Longleftrightarrow$ 对任意的 $\varepsilon > 0$, 存在 $X > 0$, 当 $x' > X$ 且 $x'' > X$ 时, $|f(x') - f(x'')| < \varepsilon$;

(6) $\lim\limits_{x \to -\infty} f(x)$ 存在 $\Longleftrightarrow$ 对任意的 $\varepsilon > 0$, 存在 $X > 0$, 当 $x' < -X$ 且 $x'' < -X$ 时, $|f(x') - f(x'')| < \varepsilon$.

仅证明 (1) 和 (4), (2) 和 (3) 的证明思路与 (1) 类似, (5) 和 (6) 的证明思路与 (4) 类似.

证　(1) (必要性) 设 $\lim\limits_{x \to x_0} f(x) = A$. 则对任意的 $\varepsilon > 0$, 存在 $\delta > 0$, 当 $0 < |x - x_0| < \delta$ 时, $|f(x) - A| < \dfrac{\varepsilon}{2}$. 因此, 当 $0 < |x' - x_0| < \delta$ 时, $|f(x') - A| < \dfrac{\varepsilon}{2}$.

---

① 例 5 一般称为函数极限的柯西收敛原理.

当 $0 < |x'' - x_0| < \delta$ 时, $|f(x'') - A| < \dfrac{\varepsilon}{2}$. 故

$$|f(x') - f(x'')| \leqslant |f(x') - A| + |f(x'') - A| < \frac{\varepsilon}{2} + \frac{\varepsilon}{2} = \varepsilon.$$

从而当 $0 < |x' - x_0| < \delta$, $0 < |x'' - x_0| < \delta$ 时, $|f(x') - f(x'')| < \varepsilon$.

(充分性) 任取数列 $\{x_n\}$ 满足 $\lim\limits_{n \to \infty} x_n = x_0$ 且 $x_n \neq x_0$. 则对 $\delta > 0$, 存在 $N \in \mathbb{N}^+$, 当 $n > N$ 时, $0 < |x_n - x_0| < \delta$. 则当 $n, m > N$ 时, $0 < |x_n - x_0| < \delta$, $0 < |x_m - x_0| < \delta$. 因此, $|f(x_n) - f(x_m)| < \varepsilon$. 故由柯西收敛原理可知 $\lim\limits_{n \to \infty} f(x_n)$ 存在, 不妨设 $\lim\limits_{n \to \infty} f(x_n) = A$. 由归结原理可知 $\lim\limits_{x \to x_0} f(x) = A$, 即 $\lim\limits_{x \to x_0} f(x)$ 存在.

(4) (必要性) 设 $\lim\limits_{x \to \infty} f(x) = A$. 对任意的 $\varepsilon > 0$, 存在 $X > 0$, 当 $|x| > X$ 时, $|f(x) - A| < \dfrac{\varepsilon}{2}$. 当 $|x'| > X$ 时, $|f(x') - A| < \dfrac{\varepsilon}{2}$. 当 $|x''| > X$ 时, $|f(x'') - A| < \dfrac{\varepsilon}{2}$. 故

$$|f(x') - f(x'')| \leqslant |f(x') - A| + |f(x'') - A| < \frac{\varepsilon}{2} + \frac{\varepsilon}{2} = \varepsilon.$$

从而当 $|x'| > X$, $|x''| > X$ 时, $|f(x') - f(x'')| < \varepsilon$.

(充分性) 任取数列 $\{x_n\}$ 满足 $\lim\limits_{n \to \infty} x_n = \infty$. 则对 $X > 0$, 存在 $N \in \mathbb{N}^+$, 当 $n > N$ 时, $|x_n| > X$. 则当 $n, m > N$ 时, $|x_n| > X$, $|x_m| > X$. 从而当 $n, m > N$ 时, $|f(x_n) - f(x_m)| < \varepsilon$. 由柯西收敛原理可知 $\lim\limits_{n \to \infty} f(x_n)$ 存在, 不妨设 $\lim\limits_{n \to \infty} f(x_n) = A$. 由归结原理可知 $\lim\limits_{x \to \infty} f(x) = A$, 即 $\lim\limits_{x \to \infty} f(x)$ 存在.   □

注 3   利用函数极限的柯西收敛原理和其相应的否定形式可以证明某些类型函数的极限存在或者不存在. 函数极限的柯西收敛原理的否定形式包括:

(1) $\lim\limits_{x \to x_0} f(x)$ 不存在 $\Longleftrightarrow$ 存在 $\varepsilon_0 > 0$, 对任意的 $\delta > 0$, 存在 x', x'', 当 $0 < |x' - x_0| < \delta$ 且 $0 < |x'' - x_0| < \delta$ 时, $|f(x') - f(x'')| \geqslant \varepsilon_0$;

(2) $\lim\limits_{x \to x_0^+} f(x)$ 不存在 $\Longleftrightarrow$ 存在 $\varepsilon_0 > 0$, 对任意的 $\delta > 0$, 存在 x', x'', 当 $0 < x' - x_0 < \delta$ 且 $0 < x'' - x_0 < \delta$ 时, $|f(x') - f(x'')| \geqslant \varepsilon_0$;

(3) $\lim\limits_{x \to x_0^-} f(x)$ 不存在 $\Longleftrightarrow$ 存在 $\varepsilon_0 > 0$, 对任意的 $\delta > 0$, 存在 x', x'', 当 $0 < x_0 - x' < \delta$ 且 $0 < x_0 - x'' < \delta$ 时, $|f(x') - f(x'')| \geqslant \varepsilon_0$;

(4) $\lim\limits_{x \to \infty} f(x)$ 不存在 $\Longleftrightarrow$ 存在 $\varepsilon_0 > 0$, 对任意的 $X > 0$, 存在 x', x'', 当 $|x'| > X$ 且 $|x''| > X$ 时, $|f(x') - f(x'')| \geqslant \varepsilon_0$;

(5) $\lim\limits_{x \to +\infty} f(x)$ 不存在 $\Longleftrightarrow$ 存在 $\varepsilon_0 > 0$, 对任意的 $X > 0$, 存在 x', x'', 当 $x' > X$ 且 $x'' > X$ 时, $|f(x') - f(x'')| \geqslant \varepsilon_0$;

(6) $\lim\limits_{x\to-\infty} f(x)$ 不存在 $\Longleftrightarrow$ 存在 $\varepsilon_0 > 0$, 对任意的 $X > 0$, 存在 x', x'', 当 $x' < -X$ 且 $x'' < -X$ 时, $|f(x') - f(x'')| \geqslant \varepsilon_0$.

例 6　设函数 $f(x)$ 在有限开区间 (a,b) 内连续. 证明: $f(x)$ 在 (a,b) 内一致连续 $\Longleftrightarrow \lim\limits_{x\to a^+} f(x)$ 与 $\lim\limits_{x\to b^-} f(x)$ 存在.

证　(必要性) 由 $f(x)$ 在 (a,b) 内一致连续可知, 对任意的 $\varepsilon > 0$, 存在 $\delta > 0$, 对任意的 x', $x'' \in (a,b)$, 当 $|x' - x''| < \delta$ 时, $|f(x') - f(x'')| < \varepsilon$. 而对任意的 x', $x'' \in (a,b)$, 当 $a < x' < a + \delta$, $a < x'' < a + \delta$ 时, $|x' - x''| < \delta$. 因此,

$$|f(x') - f(x'')| < \varepsilon.$$

由函数极限的柯西收敛原理可知, $\lim\limits_{x\to a^+} f(x)$ 存在. 同理可证 $\lim\limits_{x\to b^-} f(x)$ 存在.

(充分性) 令

$$F(x) = \begin{cases} \lim\limits_{x\to a^+} f(x), & x = a, \\ f(x), & a < x < b, \\ \lim\limits_{x\to b^-} f(x), & x = b. \end{cases}$$

则 $F(x)$ 在 $[a,b]$ 上连续. 故由康托尔定理可知, $F(x)$ 在 $[a,b]$ 上一致连续. 从而 $f(x)$ 在 (a,b) 内一致连续. $\qquad\square$

例 7　设 $a < b, c < d$ 均为实数. 函数 $f(x)$ 在开区间 (a,b) 内单调连续且其值域为 (c,d). 证明: $f(x)$ 在 (a,b) 内一致连续.

证　由本节例 3 可知, $\lim\limits_{x\to a^+} f(x)$ 与 $\lim\limits_{x\to b^-} f(x)$ 存在. 再由本节例 6 可知, $f(x)$ 在 (a,b) 上一致连续. $\qquad\square$

例 8　设函数 $f(x)$ 在闭区间 $[a,b]$ 上连续, 数列 $\{x_n\} \subset [a,b]$ 且 $\lim\limits_{n\to\infty} f(x_n) = A$. 证明: 存在 $x_0 \in [a,b]$ 使得 $f(x_0) = A$.

证　由条件可知, 数列 $\{x_n\}$ 有界. 故由致密性定理可知, 存在收敛子列 $\{x_{n_k}\}$, 记为 $\lim\limits_{k\to\infty} x_{n_k} = x_0 \in [a,b]$. 由归结原理及函数的连续性可知, $A = \lim\limits_{k\to\infty} f(x_{n_k}) = f(x_0)$. $\qquad\square$

例 9　设函数 $f(x)$ 在闭区间 $[a,b]$ 上单调递增且满足 $f(a) \geqslant a$, $f(b) \leqslant b$. 证明: 存在 $x_0 \in [a,b]$ 使得 $f(x_0) = x_0$[①].

证　若 $f(a) = a$ 或 $f(b) = b$, 则结论显然成立. 因此, 不妨假设 $f(a) > a$ 且 $f(b) < b$. 令 $g(x) = f(x) - x$. 则有 $g(a) > 0$ 且 $g(b) < 0$. 将 $[a,b]$ 等分为两个闭子区间, 若 $g\left(\dfrac{a+b}{2}\right) = 0$, 则结论得证. 若不然, 则存在闭子区间 $[a_1,b_1]$ 使

---

① 一般情况下, 若存在 x_0 满足 $f(x_0) = x_0$, 则称 x_0 为函数 $f(x)$ 的一个不动点.

得 $g(a_1) > 0$ 且 $g(b_1) < 0$. 将 $[a_1, b_1]$ 等分为两个闭子区间, 若 $g(x)$ 在 $[a_1, b_1]$ 中点处的函数值为 0, 则结论得证. 若不然, 则存在闭子区间 $[a_2, b_2]$ 使得 $g(a_2) > 0$ 且 $g(b_2) < 0$. 依次进行下去, 可构造闭区间列 $\{[a_n, b_n]\}$ 满足

(i) 对任意的 $n \in \mathbb{N}^+$, $[a_n, b_n] \supset [a_{n+1}, b_{n+1}]$;

(ii) $\lim\limits_{n \to \infty} (b_n - a_n) = \lim\limits_{n \to \infty} \dfrac{b - a}{2^n} = 0$;

(iii) 对任意的 $n \in \mathbb{N}^+$, $g(a_n) > 0$ 且 $g(b_n) < 0$.

由闭区间套定理可知, 存在唯一的 x_0 满足对任意的 $n \in \mathbb{N}^+, x_0 \in [a_n, b_n]$ 且 $\lim\limits_{n \to \infty} a_n = \lim\limits_{n \to \infty} b_n = x_0$. 又由 $f(x)$ 在 $[a, b]$ 上单调递增和 (iii) 可得

$$a_n < f(a_n) \leqslant f(x_0) \leqslant f(b_n) < b_n.$$

从而由夹逼准则可得 $f(x_0) = x_0$. □

例 10   设存在常数 $0 < k < 1$ 满足对任意的 $x, y \in \mathbb{R}$, $|f(x) - f(y)| \leqslant k|x - y|$. 证明: 函数 $f(x)$ 在 $\mathbb{R}$ 上存在唯一的不动点.

证   对任意 $x_1 \in \mathbb{R}$, 令 $x_{n+1} = f(x_n)$. 则

$$|x_{n+1} - x_n| = |f(x_n) - f(x_{n-1})| \leqslant k|x_n - x_{n-1}| \leqslant \cdots \leqslant k^{n-1}|x_2 - x_1|.$$

从而

$$\begin{aligned}
|x_{n+p} - x_n| &\leqslant |x_{n+p} - x_{n+p-1}| + |x_{n+p-1} - x_{n+p-2}| + \cdots + |x_{n+1} - x_n| \\
&\leqslant (k^{n+p-2} + k^{n+p-3} + \cdots + k^{n-1})|x_2 - x_1| \\
&= \frac{k^{n-1}(1 - k^p)}{1 - k}|x_2 - x_1| < \frac{k^{n-1}}{1 - k}|x_2 - x_1|.
\end{aligned}$$

因为 $\lim\limits_{n \to \infty} \dfrac{k^{n-1}}{1 - k}|x_2 - x_1| = 0$, 所以对任意的 $\varepsilon > 0$, 存在 $N \in \mathbb{N}^+$, 当 $n > N$ 时, $\dfrac{k^{n-1}}{1 - k}|x_2 - x_1| < \varepsilon$. 从而当 $n > N$ 时, 对任意的 $p \in \mathbb{N}^+$, $|x_{n+p} - x_n| < \varepsilon$. 由柯西收敛原理可知数列 $\{x_n\}$ 收敛. 设 $\lim\limits_{n \to \infty} x_n = x_0$. 由条件 $|f(x) - f(y)| \leqslant k|x - y|$ 可知 $f(x)$ 连续. 故由 $x_{n+1} = f(x_n)$ 可得 $x_0 = f(x_0)$. 下证 x_0 的唯一性. 若存在 $\xi \neq x_0$ 使得 $f(\xi) = \xi$. 则 $|\xi - x_0| = |f(\xi) - f(x_0)| \leqslant k|\xi - x_0|$, 故 $\xi = x_0$. 唯一性得证. □

例 11   设函数 $f(x)$ 在区间 $[0, +\infty)$ 上一致连续且对任意的 $x > 0$, $\lim\limits_{n \to \infty} f(x + n) = 0$ $(n \in \mathbb{N})$. 证明: $\lim\limits_{x \to +\infty} f(x) = 0$.

证   由于 $f(x)$ 在 $[0, +\infty)$ 上一致连续, 故对任意的 $\varepsilon > 0$, 存在 $\delta > 0$, 对任意的 $x_1, x_2 \in [0, +\infty)$, 当 $|x_1 - x_2| < \delta$ 时, $|f(x_1) - f(x_2)| < \dfrac{\varepsilon}{2}$. 显然

$$[0,1] \subset \bigcup_{x \in [0,1]} (x - \delta, x + \delta).$$

由有限覆盖定理可知, 存在 $x_i \in [0,1]$ 使得 $[0,1] \subset \bigcup_{i=1}^{m} (x_i - \delta, x_i + \delta)$. 对任意的 $x > 0$, 存在 $n \in \mathbb{N}$ 及 $x_i(i = 1, 2, \cdots, m)$ 使得 $|x - x_i - n| < \delta$. 从而

$$|f(x) - f(x_i + n)| < \frac{\varepsilon}{2}.$$

由 $\lim_{n \to \infty} f(x + n) = 0$ 可知, 对任意的 $\varepsilon > 0$, 存在 $N \in \mathbb{N}^+$, 当 $n > N$ 时, $|f(x_i + n)| < \frac{\varepsilon}{2} (i = 1, 2, \cdots, m)$. 取 $X = N + 1$. 则当 $x > X$ 时, 必有 $n > N$. 从而当 $x > X$ 时,

$$|f(x)| = |f(x_i + n) + f(x) - f(x_i + n)|$$
$$\leqslant |f(x_i + n)| + |f(x) - f(x_i + n)| < \varepsilon.$$

故由函数极限的分析定义可知, $\lim_{x \to +\infty} f(x) = 0$. □

例 12 设开区间列 $I_n = (a_n, b_n)(n \in \mathbb{N}^+)$ 覆盖闭区间 $[0,1]$. 证明: 存在 $\delta > 0$ 使得对任意的 $x', x'' \in [0,1]$ 满足 $|x' - x''| < \delta$ 时, 存在 $k \in \mathbb{N}^+$ 使得 $x', x'' \in I_k = (a_k, b_k)$.

证 因为 $\{I_n\}$ 覆盖闭区间 $[0,1]$, 故由有限覆盖定理可知, 存在有限个开区间覆盖 $[0,1]$. 将这有限个开区间按从左至右的顺序排列, 重记为 $I_1, I_2, \cdots, I_m$. 显然 $I_{i-1} \cap I_i \neq \varnothing (i = 2, \cdots, m)$. 构造开区间

$$J_1 = (a_1, a_2), J_2 = (a_2, b_1), J_3 = (b_1, a_3), \cdots, J_s = (b_m - 1, b_m).$$

显然对任意的 $j \in \{1, 2, \cdots, s\}$, 必存在 $k \in \{1, 2, \cdots, m\}$ 满足 $J_j \subset I_k$. 令 $|I_i|(i = 1, 2, \cdots, m)$ 与 $|J_j|(j = 1, 2, \cdots, s)$ 为对应开区间的区间长度. 取

$$\delta = \min\{|I_1|, \cdots, |I_m|, |J_1|, \cdots, |J_s|\}.$$

则 $\delta > 0$. 从而对任意的 $x', x'' \in [0,1]$, 当 $|x' - x''| < \delta$ 时, 存在 $J_{\widehat{j}}$ 使得 $x', x'' \in J_{\widehat{j}}$. 因为存在 $\widehat{k} \in \{1, 2, \cdots, m\}$ 使得 $J_{\widehat{j}} \subset I_{\widehat{k}}$, 所以 $x', x'' \in I_{\widehat{k}}$. □

例 13 设函数 $f(x)$ 在闭区间 $[a, b]$ 上无界. 证明: 存在 $c \in [a, b]$ 使得对任意的 $\delta > 0$, $f(x)$ 在 $(c - \delta, c + \delta) \cap [a, b]$ 上无界.

证 将闭区间 $[a, b]$ 等分为两个闭子区间, 则至少存在一个闭子区间满足 $f(x)$ 无界, 将其记为 $[a_1, b_1]$. 同理, 等分 $[a_1, b_1]$, 将 $f(x)$ 无界的闭子区间记为 $[a_2, b_2]$. 依次进行下去, 可构造闭区间列 $\{[a_n, b_n]\}$ 满足

(i) 对任意的 $n \in \mathbb{N}^+$, $[a_{n+1}, b_{n+1}] \subset [a_n, b_n]$;

(ii) $\lim\limits_{n \to \infty} (a_n - b_n) = 0$;

(iii) 对任意的 $n \in \mathbb{N}^+$, $f(x)$ 在 $[a_n, b_n]$ 上无界.

由闭区间套定理可知, 存在 $c \in [a, b]$ 满足 $c = \lim\limits_{n \to \infty} a_n = \lim\limits_{n \to \infty} b_n$. 因此, 由 (ii) 可知, 对任意的 $\delta > 0$, 存在 $N \in \mathbb{N}^+$, 当 $n > N$ 时,

$$(c - \delta, c + \delta) \cap [a, b] \supset [a_n, b_n].$$

故由 (iii) 可知, $f(x)$ 在 $(c - \delta, c + \delta) \cap [a, b]$ 上无界. □

例 14　设函数 $f(x)$ 在有限开区间 (a, b) 内有定义. 证明: $f(x)$ 在 (a, b) 内一致连续 $\Longleftrightarrow$ 对 (a, b) 中的任意收敛数列 $\{x_n\}$, $\{f(x_n)\}$ 收敛.

证　(必要性) 由 $f(x)$ 在 (a, b) 内一致连续可知, 对任意的 $\varepsilon > 0$, 存在 $\delta > 0$, 对任意的 $x, y \in (a, b)$, 当 $|x - y| < \delta$ 时, $|f(x) - f(y)| < \varepsilon$. 若 $\{x_n\}$ 收敛, 由柯西收敛原理可知, 存在 $N \in \mathbb{N}^+$, 当 $m, n > N$ 时, $|x_m - x_n| < \delta$. 从而当 $m, n > N$ 时, $|f(x_m) - f(x_n)| < \varepsilon$. 由柯西收敛原理可知, 数列 $\{f(x_n)\}$ 收敛.

(充分性) 反设 $f(x)$ 在 (a, b) 内非一致连续. 则存在 $\varepsilon_0 > 0$, 对任意的 $\delta > 0$, 存在 $x_n, y_n \in (a, b)$, 当 $|x_n - y_n| < \dfrac{1}{n}$ 时, $|f(x_n) - f(y_n)| \geqslant \varepsilon_0$. 因数列 $\{x_n\}$ 有界, 故由致密性定理知, 存在收敛子列, 不妨记为 $\lim\limits_{k \to \infty} x_{n_k} = x_0$. 又因为对任意的 $k \in \mathbb{N}^+$, $|x_{n_k} - y_{n_k}| < \dfrac{1}{n_k}$, 故 $\lim\limits_{k \to \infty} y_{n_k} = x_0$. 从而可知, 数列 $\{x_{n_1}, y_{n_1}, x_{n_2}, y_{n_2}, \cdots, x_{n_k}, y_{n_k}, \cdots\}$ 收敛到 x_0. 然而数列 $\{f(x_{n_1}), f(y_{n_1}), f(x_{n_2}), f(y_{n_2}), \cdots, f(x_{n_k}), f(y_{n_k}), \cdots\}$ 不收敛. 这与假设矛盾. □

第二节　闭区间上连续函数的性质

连续函数是数学分析中十分重要而基础的一类函数. 本节主要利用上一节所介绍的实数的六个完备性定理给出闭区间上连续函数的有界性、最值存在性、介值性和一致连续性 (康托尔定理) 等性质的证明, 以及这些重要性质的一些应用.

性质 1 (有界性定理)　若函数 $f(x)$ 在闭区间 $[a, b]$ 上连续, 则必在 $[a, b]$ 上有界.

证一　(用确界定理) 令 $E = \{t \mid a < t \leqslant b, f(x)$ 在 $[a, t]$ 上有界$\}$. 因为 $f(x)$ 在 a 点右连续, 所以存在 δ 满足 $0 < \delta < b - a$ 使得 $f(x)$ 在 $[a, a + \delta]$ 上有上界. 从而 $a + \dfrac{\delta}{2} \in E$, 即 E 非空且有界. 由确界定理可知, 存在 $\xi \in \mathbb{R}$ 使得 $\sup E = \xi$. 显然, $\xi \in \left[a + \dfrac{\delta}{2}, b\right]$. 由 $f(x)$ 在 $x = \xi$ 连续可知, 存在 δ_1 满足 $0 < \delta_1 < \dfrac{\delta}{2}$ 使得 $f(x)$

在 $(\xi - \delta_1, \xi + \delta_1) \cap [a,b]$ 上有界. 由 $\sup E = \xi$ 可知, 对 $\delta_1 > 0$, 存在 $\bar{t} \in E$ 使得 $\bar{t} > \xi - \delta_1$. 因 $[a, \xi - \delta_1] \subset [a, \bar{t}]$, 故 $f(x)$ 在 $[a, \xi - \delta_1]$ 上有界. 易证, $\xi + \delta_1 > b$. 否则,

$$\xi + \frac{\delta_1}{2} < \xi + \delta_1 \leqslant b \text{ 且 } f(x) \text{ 在 } \left[a, \xi + \frac{\delta_1}{2}\right] = [a, \xi - \delta_1] \cup \left(\xi - \delta_1, \xi + \frac{\delta_1}{2}\right) \text{ 上有界.}$$

故 $\xi + \dfrac{\delta_1}{2} \in E$, 这与 $\xi = \sup E$ 矛盾. 从而 $f(x)$ 在 $[a, \xi - \delta_1]$, $(\xi - \delta_1, \xi + \delta_1) \cap [a,b]$ 上有界且

$$[a,b] = [a, \xi - \delta_1] \cup ((\xi - \delta_1, \xi + \delta_1) \cap [a,b]).$$

因此, $f(x)$ 在 $[a,b]$ 上有界.

证二 (用闭区间套定理) 反设函数 $f(x)$ 在闭区间 $[a,b]$ 上无界. 将 $[a,b]$ 等分为两个闭子区间, 则至少存在一个闭子区间满足 $f(x)$ 无界, 记为 $[a_1, b_1]$. 将 $[a_1, b_1]$ 等分为两个闭子区间, 则至少存在一个闭子区间满足 $f(x)$ 无界, 记为 $[a_2, b_2]$. 依次进行下去, 可构造闭区间列 $\{[a_n, b_n]\}$ 满足

(i) 对任意的 $n \in \mathbb{N}^+$, $[a_{n+1}, b_{n+1}] \subset [a_n, b_n]$;

(ii) $\lim\limits_{n \to \infty} (b_n - a_n) = 0$;

(iii) 对任意的 $n \in \mathbb{N}^+$, $f(x)$ 在 $[a_n, b_n]$ 上无界.

由闭区间套定理可知, 存在唯一的 $\xi \in [a_n, b_n](n \in \mathbb{N}^+)$ 且

$$\lim_{n \to \infty} a_n = \lim_{n \to \infty} b_n = \xi.$$

由 $f(x)$ 在 $x = \xi$ 处连续可知, 存在 $\delta > 0$, 当 $x \in [\xi - \delta, \xi + \delta]$ 时,

$$|f(x)| = |f(x) - f(\xi) + f(\xi)| < 1 + |f(\xi)|.$$

故存在 $N \in \mathbb{N}^+$, 当 $n > N$ 时, $[a_n, b_n] \subset (\xi - \delta, \xi + \delta)$. 这与 (iii) 矛盾.

证三 (用柯西收敛原理) 反设函数 $f(x)$ 在闭区间 $[a,b]$ 上无界. 利用证二的方法, 可构造闭区间列 $\{[a_n, b_n]\}$ 满足

(i) 对任意的 $n \in \mathbb{N}^+$, $[a_{n+1}, b_{n+1}] \subset [a_n, b_n]$;

(ii) $\lim\limits_{n \to \infty} (b_n - a_n) = 0$;

(iii) 对任意的 $n \in \mathbb{N}^+$, $f(x)$ 在 $[a_n, b_n]$ 上无界.

由 (ii) 可知, 对任意的 $\varepsilon > 0$, 存在 $N \in \mathbb{N}^+$, 当 $n > N$ 时, $|b_n - a_n| < \varepsilon$. 从而当 $m > n > N$ 时,

$$|a_m - a_n| = a_m - a_n < b_m - a_n < b_n - a_n < \varepsilon.$$

故由柯西收敛原理可知 $\lim\limits_{n \to \infty} a_n$ 存在. 不妨设 $\lim\limits_{n \to \infty} a_n = \xi$. 由 (ii) 可知 $\lim\limits_{n \to \infty} b_n = \lim\limits_{n \to \infty} a_n = \xi$. 余下的证明与证二的方法相同.

证四　(用有限覆盖定理) 因为函数 $f(x)$ 在闭区间 $[a,b]$ 上连续, 所以对任意的 $x \in [a,b]$, 存在 $\delta_x > 0$ 使得 $f(x)$ 在 $(x - \delta_x, x + \delta_x)$ 上有界, 记其上界为 M_x, 下界为 m_x. 显然有 $[a,b] \subset \bigcup\limits_{x \in [a,b]} (x - \delta_x, x + \delta_x)$. 由有限覆盖定理可知, 存在有限个开区间覆盖 $[a,b]$, 不妨设

$$\bigcup_{i=1}^{n} (x_i - \delta_i, x_i + \delta_i) \supset [a,b].$$

取 $M = \max\{M_1, M_2, \cdots, M_n\}$, $m = \min\{m_1, m_2, \cdots, m_n\}$. 则对任意 $x \in [a,b]$, $m \leqslant f(x) \leqslant M$, 即函数 $f(x)$ 在 $[a,b]$ 上有界.

证五　(用致密性定理) 反设 $f(x)$ 在 $[a,b]$ 上无界. 则对任意的 $n \in \mathbb{N}^+$, 存在 $x_n \in [a,b]$ 使得 $|f(x_n)| > n$. 从而可构造数列 $\{x_n\}$ 满足

(i) 对任意的 $n \in \mathbb{N}^+, x_n \in [a,b]$;

(ii) $\lim\limits_{n \to \infty} f(x_n) = \infty$.

由致密性定理可知, 数列 $\{x_n\}$ 存在收敛子列, 不妨记为 $\lim\limits_{k \to \infty} x_{n_k} = x_0 \in [a,b]$. 由 $f(x)$ 在 $x = x_0$ 处连续可知 $\lim\limits_{k \to \infty} f(x_{n_k}) = f(x_0)$. 这与 (ii) 矛盾.

证六　(用单调有界定理) 反设 $f(x)$ 在 $[a,b]$ 上无界. 利用证二的方法, 可构造闭区间列 $\{[a_n, b_n]\}$ 满足

(i) 对任意的 $n \in \mathbb{N}^+$, $[a_{n+1}, b_{n+1}] \subset [a_n, b_n]$;

(ii) $\lim\limits_{n \to \infty} (b_n - a_n) = 0$;

(iii) 对任意的 $n \in \mathbb{N}^+$, $f(x)$ 在 $[a_n, b_n]$ 上无界.

显然 $\{a_n\}$ 单调递增有上界. 故由单调有界定理可知, 存在 $\xi \in [a,b]$ 使得 $\lim\limits_{n \to \infty} a_n = \xi$. 由 (ii) 可知 $\lim\limits_{n \to \infty} b_n = \lim\limits_{n \to \infty} a_n = \xi$. 余下的证明与证二的方法相同. □

性质 2 (最值存在定理)　若函数 $f(x)$ 在闭区间 $[a,b]$ 上连续, 则它在 $[a,b]$ 上存在最大值与最小值, 即存在 $\xi_1, \xi_2 \in [a,b]$, 对任意的 $x \in [a,b]$, $f(\xi_1) \leqslant f(x) \leqslant f(\xi_2)$.

证一　(用有限覆盖定理) 仅证最大值的存在性, 最小值的情形类似可证. 假设 $f(x)$ 在 $[a,b]$ 上连续, 但 $f(x)$ 在 $[a,b]$ 上不存在最大值. 则对任意给定的 $\alpha \in [a,b]$, 存在 $x_\alpha \in [a,b]$ 使得 $f(\alpha) < f(x_\alpha)$. 由 $f(x)$ 在 $[a,b]$ 上连续可知, 存在 $\delta_\alpha > 0$, 对任意的 $x \in (\alpha - \delta_\alpha, \alpha + \delta_\alpha) \cap [a,b]$, $f(x) < f(x_\alpha)$. 显然, $\bigcup\limits_{\alpha \in [a,b]} (\alpha - \delta_\alpha, \alpha + \delta_\alpha) \supset [a,b]$. 由有限覆盖定理可知, 存在 $\alpha_i \in [a,b]$ 使得

$$\bigcup_{i=1}^{n} (\alpha_i - \delta_{\alpha_i}, \alpha_i + \delta_{\alpha_i}) \supset [a,b].$$

取 $\xi \in \{x_{\alpha_1}, x_{\alpha_2}, \cdots, x_{\alpha_n}\}$ 使得 $f(\xi) = \max\limits_{1 \leqslant i \leqslant n} f(x_{\alpha_i})$. 显然 $\xi \in [a, b]$ 且满足对任意的 $x \in [a, b]$, $f(x) \leqslant f(\xi)$, 即 $f(\xi)$ 为 $f(x)$ 在 $[a, b]$ 上的最大值. 这与假设矛盾.

证二 (用确界定理) 仅证最大值的存在性, 最小值的情形类似可证. 设对任意的 $x < a$, $f(x) = f(a)$; 对任意的 $x > b$, $f(x) = f(b)$. 令

$$E = \{t \leqslant b | \text{对任意的 } x \in [a, b], \text{ 存在 } x' \in [t, +\infty) \text{ 使得 } f(x) \leqslant f(x')\}.$$

显然, $a \in E$, 即 $E \neq \varnothing$ 且 E 有上界. 由确界定理可知, 存在 $\xi \in [a, b]$ 使得 $\sup E = \xi$. 因此, 对任意的 $n \in \mathbb{N}^+$, $\xi - \dfrac{1}{n} \in E$, $\xi + \dfrac{1}{n} \notin E$, 即对任意的 $x \in [a, b]$, 存在 $x' \in \left[\xi - \dfrac{1}{n}, +\infty\right) \ (n \in \mathbb{N}^+)$, $f(x) \leqslant f(x')$ 且存在 $x_0 \in [a, b]$, 对任意的 $x' \in \left[\xi + \dfrac{1}{n}, +\infty\right)$, $f(x_0) > f(x')$. 下证对任意的 $n \in \mathbb{N}^+$, $x \in [a, b]$, 存在 $x' \in \left[\xi - \dfrac{1}{n}, \xi + \dfrac{1}{n}\right]$ 使得 $f(x) \leqslant f(x')$. 若不然, 假定存在 $x_1 \in [a, b]$, 对任意的 $x' \in \left[\xi - \dfrac{1}{n}, \xi + \dfrac{1}{n}\right]$, $f(x_1) > f(x')$. 取 $f(\overline{x}) = \max\{f(x_0), f(x_1)\}$. 则对任意的 $x' \in \left[\xi - \dfrac{1}{n}, +\infty\right)$, $f(\overline{x}) > f(x')$, 产生矛盾. 因此, 由 n 的任意性可知, 对任意的 $x \in [a, b]$, 存在 $x_n \in \left[\xi - \dfrac{1}{n}, \xi + \dfrac{1}{n}\right]$ 使得 $f(x_n) \geqslant f(x) \ (n \in \mathbb{N}^+)$. 显然 $\lim\limits_{n \to \infty} x_n = \xi$. 由 $f(x)$ 在 $[a, b]$ 上连续可知

$$f(x) \leqslant \lim_{n \to \infty} f(x_n) = f\left(\lim_{n \to \infty} x_n\right) = f(\xi),$$

即 $f(\xi)$ 为 $f(x)$ 在 $[a, b]$ 上的最大值.

证三 (用单调有界定理) 仅证最大值的存在性, 最小值的情形类似可证. 显然, 闭区间 $[a, b]$ 满足对任意的 $x \in [a, b]$, 存在 $x' \in [a, b]$ 使得 $f(x) \leqslant f(x')$. 将 $[a, b]$ 等分为两个闭子区间, 则其中至少存在一个闭子区间, 记为 $[a_1, b_1]$ 且满足对任意的 $x \in [a, b]$, 存在 $x' \in [a_1, b_1]$ 使得 $f(x) \leqslant f(x')$. 若不然, 则存在 $x_0 \in [a, b]$, 对任意的 $x' \in \left[a, \dfrac{a+b}{2}\right]$ 使得 $f(x_0) > f(x')$ 且存在 $x_1 \in [a, b]$, 对任意的 $x' \in \left[\dfrac{a+b}{2}, b\right]$ 使得 $f(x_1) > f(x')$. 取

$$f(\overline{x}) = \max\{f(x_0,), f(x_1)\}.$$

则对任意的 $x' \in [a,b]$, $f(\overline{x}) > f(x')$, 产生矛盾. 将 $[a_1,b_1]$ 等分为两个闭子区间, 同理可证其中至少存在一个闭子区间, 记为 $[a_2,b_2]$ 且满足对任意的 $x \in [a,b]$, 存在 $x' \in [a_2,b_2]$ 使得 $f(x) \leqslant f(x')$. 依次进行下去, 可构造闭区间列 $\{[a_n,b_n]\}$ 满足

(i) 对任意的 $n \in \mathbb{N}^+$, $[a_{n+1},b_{n+1}] \subset [a_n,b_n]$;

(ii) $\lim\limits_{n\to\infty}(b_n - a_n) = 0$;

(iii) 对任意的 $n \in \mathbb{N}^+$, 对任意的 $x \in [a,b]$, 存在 $x' \in [a_n,b_n]$ 使得 $f(x) \leqslant f(x')$.

显然, 数列 $\{a_n\}$ 单调递增有上界. 故由单调有界定理可知, 存在 $\xi \in [a,b]$ 使得 $\lim\limits_{n\to\infty} a_n = \xi$. 由 (ii) 可知 $\lim\limits_{n\to\infty} b_n = \lim\limits_{n\to\infty} a_n = \xi$. 又由 (iii) 可知, 对任意的 $x \in [a,b]$, 存在 $x_n \in [a_n,b_n]$ 使得 $f(x) \leqslant f(x_n)$. 从而由 $f(x)$ 在 $x = \xi$ 连续可知

$$f(x) \leqslant \lim\limits_{n\to\infty} f(x_n) = f(\xi),$$

即 $f(\xi)$ 是函数 $f(x)$ 在闭区间 $[a,b]$ 上的最大值.

证四 (用柯西收敛原理) 仅证最大值的存在性, 最小值的情形类似可证. 利用证三的方法, 可构造闭区间列 $\{[a_n,b_n]\}$ 满足

(i) 对任意的 $n \in \mathbb{N}^+$, $[a_{n+1},b_{n+1}] \subset [a_n,b_n]$;

(ii) $\lim\limits_{n\to\infty}(b_n - a_n) = 0$;

(iii) 对任意的 $n \in \mathbb{N}^+$, 对任意的 $x \in [a,b]$, 存在 $x' \in [a_n,b_n]$ 使得 $f(x) \leqslant f(x')$.

由 (ii) 可知, 对任意的 $\varepsilon > 0$, 存在 $N \in \mathbb{N}^+$, 当 $n > N$ 时, $|b_n - a_n| < \varepsilon$. 则当 $m > n > N$ 时,

$$|a_m - a_n| = a_m - a_n < b_m - a_n < b_n - a_n < \varepsilon.$$

由柯西收敛原理可知 $\lim\limits_{n\to\infty} a_n$ 存在, 不妨设 $\lim\limits_{n\to\infty} a_n = \xi$. 由 (ii) 可知 $\lim\limits_{n\to\infty} b_n = \lim\limits_{n\to\infty} a_n = \xi \in [a,b]$. 余下的证明与证三的方法相同.

证五 (用闭区间套定理) 仅证最大值的存在性, 最小值的情形类似可证. 利用证三的方法, 可构造闭区间列 $\{[a_n,b_n]\}$ 满足

(i) 对任意的 $n \in \mathbb{N}^+$, $[a_{n+1},b_{n+1}] \subset [a_n,b_n]$;

(ii) $\lim\limits_{n\to\infty}(b_n - a_n) = 0$;

(iii) 对任意的 $n \in \mathbb{N}^+$, 对任意的 $x \in [a,b]$, 存在 $x' \in [a_n,b_n]$ 使得 $f(x) \leqslant f(x')$.

由闭区间套定理可知, 存在唯一的 $\xi \in [a,b]$ 使得 $\lim\limits_{n \to \infty} b_n = \lim\limits_{n \to \infty} a_n = \xi$. 余下的证明与证三的方法相同.

证六 (用致密性定理) 仅证最大值的存在性, 最小值的情形类似可证. 利用证三的方法, 可构造闭区间列 $\{[a_n, b_n]\}$ 满足

(i) 对任意的 $n \in \mathbb{N}^+$, $[a_{n+1}, b_{n+1}] \subset [a_n, b_n]$;

(ii) $\lim\limits_{n \to \infty} (b_n - a_n) = 0$;

(iii) 对任意的 $n \in \mathbb{N}^+$, 对任意的 $x \in [a,b]$, 存在 $x' \in [a_n, b_n]$ 使得 $f(x) \leqslant f(x')$.

显然数列 $\{a_n\}$ 有界. 故由致密性定理可知, 存在收敛子列, 不妨设

$$\lim\limits_{k \to \infty} a_{n_k} = \xi \in [a,b].$$

由 (ii) 可知 $\lim\limits_{k \to \infty} b_{n_k} = \lim\limits_{k \to \infty} a_{n_k} = \xi$. 由 (iii) 可知, 对任意的 $k \in \mathbb{N}^+$, 对任意的 $x \in [a,b]$, 存在 $x_{n_k} \in [a_{n_k}, b_{n_k}]$ 使得 $f(x) \leqslant f(x_{n_k})$. 由 $f(x)$ 在 ξ 连续可知

$$f(x) \leqslant \lim\limits_{k \to \infty} f(x_{n_k}) = f(\xi),$$

即 $f(\xi)$ 是函数 $f(x)$ 在闭区间 $[a,b]$ 上的最大值. □

性质 3 (介值定理)　若函数 $f(x)$ 在闭区间 $[a,b]$ 上连续, 则对任意的 $f(a) < c < f(b)$ 或 $f(a) > c > f(b)$, 存在 $\xi \in [a,b]$ 使得 $f(\xi) = c$.

证一　(用确界原理) 不妨设 $f(a) < c < f(b)$. 则存在 δ 满足 $0 < \delta < \dfrac{b-a}{2}$ 使得对任意的 $x \in [a, a+\delta]$, $f(x) < c$ 且对任意的 $x \in [b-\delta, b]$, $f(x) > c$. 令

$$E = \{y | f(x) < c, a \leqslant x \leqslant y\}.$$

则 $a + \delta \in E$ 且 $b - \delta$ 是 E 的上界. 由确界定理知, E 存在上确界, 设 $\sup E = \xi$. 则 $a < a + \delta \leqslant \xi \leqslant b - \delta < b$. 从而对任意的 $x \in [a, \xi)$, $f(x) \leqslant c$. 因此,

$$f(\xi) = \lim\limits_{x \to \xi^-} f(x) \leqslant c.$$

另一方面, 由 $\xi = \sup E < b$ 知, 存在 $N \in \mathbb{N}^+$, 当 $n > N$ 时, $a < x_n = \xi + \dfrac{1}{n} < b$ 且 $f(x_n) \geqslant c$. 于是有 $f(\xi) = \lim\limits_{n \to \infty} f(x_n) \geqslant c$. 因此, 存在 $\xi \in (a,b)$ 使得 $f(\xi) = c$.

证二　(用闭区间套定理) 将闭区间 $[a,b]$ 等分为两个闭子区间 $\left[a, \dfrac{a+b}{2}\right]$, $\left[\dfrac{a+b}{2}, b\right]$. 如果 $f\left(\dfrac{a+b}{2}\right) = c$, 则结论得证. 若 $f\left(\dfrac{a+b}{2}\right) > c$, 则记 $\left[a, \dfrac{a+b}{2}\right]$

为 $[a_1, b_1]$; 若 $f\left(\dfrac{a+b}{2}\right) < c$, 则记 $\left[\dfrac{a+b}{2}, b\right]$ 为 $[a_1, b_1]$. 显然, $[a_1, b_1] \subset [a, b]$ 且

$f(a_1) < c < f(b_1)$. 将 $[a_1, b_1]$ 等分为两个闭子区间 $\left[a_1, \dfrac{a_1+b_1}{2}\right]$, $\left[\dfrac{a_1+b_1}{2}, b_1\right]$,

若 $f\left(\dfrac{a_1+b_1}{2}\right) = c$, 则结论得证. 若 $f\left(\dfrac{a_1+b_1}{2}\right) > c$, 则记 $\left[a_1, \dfrac{a_1+b_1}{2}\right]$ 为

$[a_2, b_2]$; 若 $f\left(\dfrac{a_1+b_1}{2}\right) < c$, 则记 $\left[\dfrac{a_1+b_1}{2}, b_1\right]$ 为 $[a_2, b_2]$. 显然, $[a_2, b_2] \subset$

$[a_1, b_1]$, $f(a_2) < c < f(b_2)$. 依次进行下去, 要么结论得证, 要么可构造闭区间列 $\{[a_n, b_n]\}$ 满足

(i) 对任意的 $n \in \mathbb{N}^+$, $[a_{n+1}, b_{n+1}] \subset [a_n, b_n]$;

(ii) $\lim\limits_{n \to \infty} (b_n - a_n) = 0$;

(iii) 对任意的 $n \in \mathbb{N}^+$, $f(a_n) < c < f(b_n)$.

由闭区间套定理可知, 存在唯一的 $\xi \in [a, b]$ 使得 $\lim\limits_{n \to \infty} a_n = \lim\limits_{n \to \infty} b_n = \xi$. 由 $f(x)$ 在 $x = \xi$ 连续可知, $f(\xi) = \lim\limits_{n \to \infty} f(a_n) \leqslant c \leqslant \lim\limits_{n \to \infty} f(b_n) = f(\xi)$, 即 $f(\xi) = c$.

证三 (用单调有界定理) 由证二的方法可知, 要么结论得证, 要么可构造闭区间列 $\{[a_n, b_n]\}$ 满足

(i) 对任意的 $n \in \mathbb{N}^+$, $[a_{n+1}, b_{n+1}] \subset [a_n, b_n]$;

(ii) $\lim\limits_{n \to \infty} (b_n - a_n) = 0$;

(iii) 对任意的 $n \in \mathbb{N}^+$, $f(a_n) < c < f(b_n)$.

显然, 数列 $\{a_n\}$ 单调有界. 故由单调有界定理可知, 存在 $\xi \in [a, b]$ 使得 $\lim\limits_{n \to \infty} a_n = \xi$. 由 (ii) 得 $\lim\limits_{n \to \infty} b_n = \lim\limits_{n \to \infty} a_n = \xi$. 余下的证明与证二的方法相同.

证四 (用致密性定理) 由证二方法可知, 要么结论得证, 要么可以构造闭区间列 $\{[a_n, b_n]\}$ 满足

(i) 对任意的 $n \in \mathbb{N}^+$, $[a_{n+1}, b_{n+1}] \subset [a_n, b_n]$;

(ii) $\lim\limits_{n \to \infty} (b_n - a_n) = 0$;

(iii) 对任意的 $n \in \mathbb{N}^+$, $f(a_n) < c < f(b_n)$.

显然, 数列 $\{a_n\}$ 有界. 故由致密性定理可知, 存在收敛子列. 不妨设 $\lim\limits_{k \to \infty} a_{n_k} = \xi \in [a, b]$. 由 (ii) 可知对 $\lim\limits_{n \to \infty} (b_{n_k} - a_{n_k}) = 0$, 所以 $\lim\limits_{k \to \infty} b_{n_k} = \lim\limits_{k \to \infty} a_{n_k} = \xi$. 从而由 $f(x)$ 在 $x = \xi$ 连续可知

$$f(\xi) = \lim\limits_{k \to \infty} f(a_{n_k}) \leqslant c \leqslant \lim\limits_{k \to \infty} f(b_{n_k}) = f(\xi),$$

即存在 $\xi \in [a,b]$ 满足 $f(\xi) = c$.

证五 (用柯西收敛原理) 由证二知, 要么结论得证, 要么我们可以构造闭区间列 $\{[a_n, b_n]\}$ 满足

(i) 对任意的 $n \in \mathbb{N}^+$, $[a_{n+1}, b_{n+1}] \subset [a_n, b_n]$;

(ii) $\lim\limits_{n \to \infty} (b_n - a_n) = 0$;

(iii) 对任意的 $n \in \mathbb{N}^+$, $f(a_n) < c < f(b_n)$.

由 (ii) 可知, 对任意的 $\varepsilon > 0$, 存在 $N \in \mathbb{N}^+$, 当 $n > N$ 时, $|b_n - a_n| < \varepsilon$. 则当 $m > n > N$ 时,

$$|a_m - a_n| = a_m - a_n < b_m - a_n < b_n - a_n < \varepsilon.$$

由柯西收敛原理可知, $\lim\limits_{n \to \infty} a_n$ 存在. 不妨设 $\lim\limits_{n \to \infty} a_n = \xi$. 由 (ii) 可知 $\lim\limits_{n \to \infty} b_n = \lim\limits_{n \to \infty} a_n = \xi$. 余下的证明与证二的方法相同.

证六 (用有限覆盖定理) 不妨设 $f(a) < c < f(b)$. 若结论不成立, 则对任意的 $x \in (a,b), f(x) \neq c$. 因此, 对任意的 $\xi \in [a,b], f(\xi) \neq c$. 故 $f(\xi) > c$ 或 $f(\xi) < c$. 由 $f(x)$ 连续可知, 存在 δ_ξ, 对任意的 $x \in (\xi - \delta_\xi, \xi + \delta_\xi) \cap [a,b], f(x) > c$ 或 $f(x) < c$. 显然开区间集

$$H = \bigcup_{\xi \in [a,b]} (\xi - \delta_\xi, \xi + \delta_\xi)$$

覆盖闭区间 $[a,b]$. 故由有限覆盖定理可知, 存在 $\xi_i \in [a,b](i = 1, 2, \cdots, n)$ 满足 $\xi_1 < \xi_2 < \cdots < \xi_n$ 且

$$\bigcup_{i=1}^{n} (\xi_i - \delta_i, \xi_i + \delta_i) \supset [a,b].$$

显然, $a \in (\xi_1 - \delta_1, \xi_1 + \delta_1)$. 由 $f(a) < c$ 可知, 对任意的 $x \in (\xi_1 - \delta_1, \xi_1 + \delta_1)$, $f(x) < c$. 从而对任意的 $x \in (\xi_i - \delta_i, \xi_i + \delta_i)(i = 1, 2, \cdots, n)$, $f(x) < c$. 特别地, 对任意的 $x \in (\xi_n - \delta_n, \xi_n + \delta_n)$, $f(x) < c$. 这与 $b \in (\xi_n - \delta_n, \xi_n + \delta_n)$ 以及 $f(b) > c$ 矛盾. $\qquad\square$

注 1 由介值定理可知, 若函数 $f(x)$ 在区间 I 上连续, 则其值域 $f(I)$ 必是区间.

注 2 由介值定理可知, 若函数 $f(x)$ 在闭区间 $[a,b]$ 上连续且 $f(a) \cdot f(b) < 0$, 则必存在 $\xi \in (a,b)$ 使得 $f(\xi) = 0$. 这就是著名的零点存在定理.

性质 4 (康托尔定理) 若函数 $f(x)$ 在闭区间 $[a,b]$ 上连续, 则函数 $f(x)$ 在闭区间 $[a,b]$ 上一致连续.

证一 (有限覆盖定理) 任取 $x_0 \in [a,b]$. 由 $f(x)$ 在 $x = x_0$ 连续知, 对任意的 $\varepsilon > 0$, 存在 $\delta > 0$, 当 $|x' - x_0| < \dfrac{\delta}{2}$, $|x'' - x_0| < \dfrac{\delta}{2}$ 时,

$$|f(x') - f(x_0)| < \frac{\varepsilon}{2}, \quad |f(x'') - f(x_0)| < \frac{\varepsilon}{2}.$$

从而对任意的 $x', x'' \in \left(x_0 - \dfrac{\delta}{2}, x_0 + \dfrac{\delta}{2}\right)$,

$$|f(x'') - f(x')| \leqslant |f(x'') - f(x_0)| + |f(x') - f(x_0)| < \frac{\varepsilon}{2} + \frac{\varepsilon}{2} = \varepsilon.$$

显然, 开区间集 H 满足

$$H = \bigcup_{x \in [a,b]} \left(x - \frac{\delta_x}{4}, x + \frac{\delta_x}{4}\right) \supset [a,b].$$

由有限覆盖定理可知, H 中存在有限个开区间覆盖 $[a,b]$, 不妨设

$$\bigcup_{k=1}^{n} \left(x_k - \frac{\delta_k}{4}, x_k + \frac{\delta_k}{4}\right) \supset [a,b].$$

取 $\eta = \min\left\{\dfrac{\delta_1}{4}, \dfrac{\delta_2}{4}, \cdots, \dfrac{\delta_n}{4}\right\}$. 对任意的 $x', x'' \in [a,b]$, 当 $|x' - x''| < \eta$ 时, 存在 $1 \leqslant l \leqslant n$ 满足 $x' \in \left(x_l - \dfrac{\delta_l}{4}, x_l + \dfrac{\delta_l}{4}\right)$, 即 $|x' - x_l| < \dfrac{\delta_l}{4}$. 则

$$|x'' - x_l| \leqslant |x'' - x'| + |x' - x_l| < \eta + \frac{\delta_l}{4} \leqslant \frac{\delta_l}{2},$$

即 $x', x'' \in \left(x_l - \dfrac{\delta_l}{2}, x_l + \dfrac{\delta_l}{2}\right)$. 于是对任意的 $x', x'' \in [a,b]$, 当 $|x' - x''| < \eta$ 时, $|f(x'') - f(x')| < \varepsilon$. 所以 $f(x)$ 在 $[a,b]$ 上一致连续.

证二 (用闭区间套定理) 反设 $f(x)$ 在 $[a,b]$ 上非一致连续. 将 $[a,b]$ 等分为两个闭子区间, 则 $f(x)$ 至少在一个闭子区间上非一致连续, 记为 $[a_1, b_1]$. 再将 $[a_1, b_1]$ 等分为两个闭子区间, 则 $f(x)$ 至少在一个闭子区间上非一致连续, 记为 $[a_2, b_2]$. 依次进行下去, 可构造闭区间列 $\{[a_n, b_n]\}$ 满足

(i) 对任意的 $n \in \mathbb{N}^+$, $[a_n, b_n] \supset [a_{n+1}, b_{n+1}]$;

(ii) $\lim\limits_{n \to \infty} (b_n - a_n) = 0$;

(iii) 对任意的 $n \in \mathbb{N}^+$, $f(x)$ 在 $[a_n, b_n]$ 上非一致连续.

由闭区间套定理可知, 存在唯一的 $\xi \in [a,b]$, 使得 $\lim\limits_{n\to\infty} b_n = \lim\limits_{n\to\infty} a_n = \xi \in [a,b]$. 由函数 $f(x)$ 在 $x = \xi$ 处的连续性可知, 对任意的 $\varepsilon > 0$, 存在 $\delta > 0$ 使得对任意的 $x \in (\xi - \delta, \xi + \delta) \cap [a,b]$, $|f(x) - f(\xi)| < \dfrac{\varepsilon}{2}$. 故对任意的 $x', x'' \in (\xi - \delta, \xi + \delta) \cap [a,b]$,

$$|f(x') - f(x'')| \leqslant |f(x') - f(\xi)| + |f(x'') - f(\xi)| < \varepsilon.$$

故存在 $N \in \mathbb{N}^+$, 当 $n > N$ 时, $|a_n - b_n| < \delta$ 且 $[a_n, b_n] \subset (\xi - \delta, \xi + \delta) \cap [a,b]$. 从而对任意的 $x', x'' \in [a_n, b_n]$, $|x' - x''| < |a_n - b_n| < \delta$, $|f(x') - f(x'')| < \varepsilon$. 这与 (iii) 矛盾.

证三　(用致密性定理) 反设 $f(x)$ 在 $[a,b]$ 上非一致连续. 则存在数列 $x_n^{(1)}$, $x_n^{(2)} \in [a,b]$ 满足当 $|x_n^{(1)} - x_n^{(2)}| < \dfrac{1}{n}$ 时, $|f(x_n^{(1)}) - f(x_n^{(2)})| \geqslant \varepsilon_0$. 由 $\{x_n^{(1)}\}$ 与 $\{x_n^{(2)}\}$ 有界及致密性定理可知, $\{x_n^{(1)}\}$ 存在收敛子列, 不妨设 $\lim\limits_{k\to\infty} x_{n_k}^{(1)} = x_0 \in [a,b]$. 因为 $|x_{n_k}^{(1)} - x_{n_k}^{(2)}| < \dfrac{1}{n_k}$, 所以 $\lim\limits_{k\to\infty} x_{n_k}^{(2)} = x_0$. 由 $f(x)$ 在 $x = x_0$ 处连续可知 $\lim\limits_{x\to x_0} f(x) = f(x_0)$. 从而由函数极限的归结原理可得

$$\lim_{k\to\infty} f(x_{n_k}^{(1)}) = \lim_{k\to\infty} f(x_{n_k}^{(2)}) = f(x_0).$$

因此, $\lim\limits_{k\to\infty} (f(x_{n_k}^{(1)}) - f(x_{n_k}^{(2)})) = 0$. 产生矛盾.

证四　(用柯西收敛原理) 反设 $f(x)$ 在 $[a,b]$ 上非一致连续. 由证二, 可构造闭区间列 $\{[a_n, b_n]\}$ 满足

(i) 对任意的 $n \in \mathbb{N}^+$, $[a_n, b_n] \supset [a_{n+1}, b_{n+1}]$;

(ii) $\lim\limits_{n\to\infty} (b_n - a_n) = 0$;

(iii) 对任意的 $n \in \mathbb{N}^+$, $f(x)$ 在 $[a_n, b_n]$ 上非一致连续.

由 $\lim\limits_{n\to\infty} (b_n - a_n) = 0$ 可得, 对任意的 $\varepsilon > 0$, 存在 $N \in \mathbb{N}^+$, 当 $n > N$ 时, $|b_n - a_n| < \varepsilon$. 因此, 由 (iii) 可知, 存在 $\varepsilon_0 \geqslant 0$ 满足 $|f(b_n) - f(a_n)| \geqslant \varepsilon_0$. 进一步, 当 $m > n > N$ 时,

$$|a_m - a_n| = a_m - a_n < b_m - a_n < b_n - a_n < \varepsilon.$$

所以由柯西收敛原理可知, $\lim\limits_{n\to\infty} a_n$ 存在. 不妨设 $\lim\limits_{n\to\infty} a_n = \xi$, 由 (ii) 可知 $\lim\limits_{n\to\infty} b_n = \lim\limits_{n\to\infty} a_n = \xi$ 且 $\xi \in [a,b]$. 由 $f(x)$ 在 $x = \xi$ 连续及归结原理可知

$$\lim_{n\to\infty} f(a_n) = \lim_{n\to\infty} f(b_n) = f(\xi).$$

故 $\lim\limits_{n\to\infty}(f(b_n)-f(a_n))=0$. 这与 $|f(b_n)-f(a_n)|\geqslant\varepsilon_0$ 矛盾.

证五　(用单调有界定理) 反设 $f(x)$ 在 $[a,b]$ 上非一致连续. 由证二, 可构造闭区间列 $\{[a_n,b_n]\}$ 满足

(i) 对任意的 $n\in\mathbb{N}^+$, $[a_n,b_n]\supset[a_{n+1},b_{n+1}]$;

(ii) $\lim\limits_{n\to\infty}(b_n-a_n)=0$;

(iii) 对任意的 $n\in\mathbb{N}^+$, $f(x)$ 在 $[a_n,b_n]$ 上非一致连续.

因为数列 $\{a_n\}$, $\{b_n\}$ 单调有界, 所以由单调有界定理可得极限存在. 再由 (ii) 可知, 其极限相同, 不妨设 $\lim\limits_{n\to\infty}a_n=\lim\limits_{n\to\infty}b_n=\xi\in[a,b]$. 由 (ii) 可得 $\lim\limits_{n\to\infty}b_n=\xi$. 其余的证明与证法四相同.

证六　(用确界定理) 反设 $f(x)$ 在 $[a,b]$ 上连续, 但在 $[a,b]$ 上非一致连续. 于是存在 $\varepsilon_0>0$, 存在 $x_n,y_n\in[a,b]$ 满足 $|x_n-y_n|<\dfrac{1}{n}$ 且 $|f(x_n)-f(y_n)|\geqslant\varepsilon_0$. 令

$$E=\big\{t\,\big|\,[t,b]\text{中含有 }\{x_n\}\text{ 的无穷多项}\big\}.$$

由于 $a\in E$, 则 E 非空且有上界. 故由确界定理可知 E 有上确界. 设 $\sup E=\xi$. 则 $a\leqslant\xi\leqslant b$. 因为 $\xi-\dfrac{1}{k}\in E,\xi+\dfrac{1}{k}\notin E$, 所以 $\left[\xi-\dfrac{1}{k},\xi+\dfrac{1}{k}\right]$ 中含有数列 $\{x_n\}$ 的无穷多项. 从而存在子列 $\{x_{n_k}\}$ 满足 $\lim\limits_{k\to\infty}x_{n_k}=\xi$. 故 $\lim\limits_{k\to\infty}x_{n_k}=\lim\limits_{k\to\infty}y_{n_k}=\xi$. 因此, $\lim\limits_{k\to\infty}|x_{n_k}-y_{n_k}|=0$. 由 $f(x)$ 在 $x=\xi$ 连续可知

$$\lim_{k\to\infty}f(x_{n_k})=\lim_{k\to\infty}f(y_{n_k})=f(\xi).$$

这与 $|f(x_{n_k})-f(y_{n_k})|\geqslant\varepsilon_0$ 矛盾.　　　　□

例 1　设函数 $f(x)$ 在 $\mathbb{R}$ 上连续且 $\lim\limits_{x\to\infty}f(x)$ 存在. 证明: $f(x)$ 在 $\mathbb{R}$ 上有界.

证　设 $\lim\limits_{x\to\infty}f(x)=A$. 则对 $\varepsilon=1>0$, 存在 $X>0$, 当 $|x|>X$ 时, $A-1<f(x)<A+1$. 又因为 $f(x)$ 在 $\mathbb{R}$ 上连续, 所以在 $[-X,X]$ 上有界, 即存在 $M_0>0$, 对任意的 $x\in[-X,X]$, $|f(x)|\leqslant M_0$. 取 $M=\max\{M_0,|A+1|,|A-1|\}$. 则对任意的 $x\in\mathbb{R}$, $|f(x)|\leqslant M$, 即 $f(x)$ 在 $\mathbb{R}$ 上有界.　　　　□

例 2　设函数 $f(x)$ 在闭区间 $[\alpha,\beta]$ 上连续且满足 $f(\alpha)>f(\beta)$. 则存在 $c\in[\alpha,\beta]$ 使得 $r(c)=\lim\limits_{h\to0^+}\dfrac{f(c+h)-f(c-h)}{h}\leqslant0$.

证　取 $f(\beta)<m<f(\alpha)$. 令

$$A=\{x\,|\,x\in[\alpha,\beta],f(x)>m\}.$$

对任意的 $a \in (m, f(\alpha))$, 因 $f(x)$ 在 $[\alpha, \beta]$ 上连续, 故由介值定理可知, 存在 $\xi \in [\alpha, \beta]$ 使得 $f(\xi) = a > m$, 即 A 非空有上界. 由确界定理可知 $\sup A = c$. 显然, $\alpha \leqslant c \leqslant \beta$ 且存在 $a_n \in A$, $\lim\limits_{n \to \infty} a_n = c$. 令 $h_n = c - a_n$. 则 $h_n \to 0^+$ 及 $f(c - h_n) > m$. 故

$$f(c - h_n) > m \quad \text{且} \quad f(c + h_n) \leqslant m.$$

那么 $f(c + h_n) - f(c - h_n) < 0$. 所以 $r(c) \leqslant 0$. $\qquad\square$

例 3　设函数 $f(x)$ 在闭区间 $[a, b]$ 上连续且满足对任意的 $x \in [a, b]$, $a \leqslant f(x) \leqslant b$. 证明: 函数 $f(x)$ 在闭区间 $[a, b]$ 上存在不动点.

证　对任意的 $x \in [a, b]$, 令 $F(x) = f(x) - x$. 显然, $F(x)$ 在 $[a, b]$ 上连续且

$$F(a) = f(a) - a \geqslant 0, \quad F(b) = f(b) - b \leqslant 0.$$

所以由零点存在定理可知, 存在 $c \in [a, b]$ 使得 $F(c) = 0$, 即 $f(c) = c$. $\qquad\square$

例 4　设函数 $f(x)$ 在闭区间 $[0, 2\pi]$ 上连续且 $f(0) = f(2\pi)$. 证明: 存在 $x_0 \in [0, \pi]$ 使得 $f(x_0) = f(x_0 + \pi)$.

证　令 $F(\theta) = f(\theta + \pi) - f(\theta)$, $\theta \in [0, \pi]$. 因为函数 $f(x)$ 在闭区间 $[0, 2\pi]$ 上连续, 所以函数 $F(\theta)$ 在闭区间 $[0, \pi]$ 上连续.

取 $\theta = 0$. 则由 $f(0) = f(2\pi)$ 可得 $F(0) = f(\pi) - f(0) = f(\pi) - f(2\pi)$.

取 $\theta = \pi$. 则 $F(\pi) = f(2\pi) - f(\pi)$. 显然,

$$F(0) \cdot F(\pi) = [f(\pi) - f(2\pi)][f(2\pi) - f(\pi)] = -[f(\pi) - f(2\pi)]^2 \leqslant 0.$$

故由零点存在定理知, 存在 $x_0 \in [0, \pi]$ 满足 $F(x_0) = 0$, 即 $f(x_0) = f(x_0 + \pi)$. $\qquad\square$

例 5　设函数 $f(x)$ 在闭区间 $[a, b]$ 上连续, $f(a) = f(b) = A$ 且 $f'_+(a) f'_-(b) > 0$. 证明: 存在 $\xi \in (a, b)$ 使得 $f(\xi) = A$.

证　不妨设 $f'_+(a) > 0$ 且 $f'_-(b) > 0$. 由

$$f'_+(a) = \lim_{x \to a^+} \frac{f(x) - A}{x - a} > 0$$

可知, 存在 δ_1 满足 $0 < \delta_1 < b - a$, 对任意的 $x \in (a, a + \delta_1)$, $f(x) > A$. 由

$$f'_-(b) = \lim_{x \to b^-} \frac{f(x) - A}{x - b} > 0$$

可知, 存在 δ_2 满足 $0 < \delta_2 < b - a$, 对任意的 $x \in (b - \delta_2, b)$, $f(x) < A$. 令 $F(x) = f(x) - A$. 则由 $a + \dfrac{\delta_1}{2} \in (a, a + \delta_1)$ 和 $b - \dfrac{\delta_2}{2} \in (b - \delta_2, b)$ 可得

$F\left(a+\dfrac{\delta_1}{2}\right)F\left(b-\dfrac{\delta_2}{2}\right)<0.$ 因此, 由零点存在定理可知, 存在 $\xi\in(a,b)$ 使得 $F(\xi)=0$, 即 $f(\xi)=A.$ □

例 6　设函数 $f(x)$ 在开区间 $(0,+\infty)$ 内连续有界且对任意的 $x>0$, $f(x+1)\neq f(x)$. 证明: $\lim\limits_{n\to\infty}(f(n)-f(n-1))=0.$

证　对任意的 $x>0$, 令 $g(x)=f(x+1)-f(x)$. 易知 $g(x)$ 恒正 (或恒负). 若不然, 假设存在 $\alpha,\beta>0$ 满足 $g(\alpha)>0,g(\beta)<0$. 由零点存在定理可知, 存在 ξ 介于 α 与 β 之间使得 $g(\xi)=0$. 这与条件矛盾. 不妨设对任意的 $x>0,g(x)>0$. 则对任意的 $n\in\mathbb{N}^+$, $g(n)>0$, 即 $f(n+1)>f(n)$. 因此, 数列 $\{f(n)\}$ 单调递增. 又因为数列 $\{f(n)\}$ 有界, 所以由单调有界定理可知, $\lim\limits_{n\to\infty}f(n)$ 存在, 不妨设 $\lim\limits_{n\to\infty}f(n)=l.$ 从而

$$\lim_{n\to\infty}(f(n)-f(n-1))=\lim_{n\to\infty}f(n)-\lim_{n\to\infty}f(n-1)=l-l=0. \quad\square$$

例 7　设函数 $f(x)$ 在 $[0,+\infty)$ 内可导, $f(x)\geqslant 0$ 但不恒为零, $f(0)=0$ 且 $\lim\limits_{x\to+\infty}f(x)=0$. 证明: 存在直线 $y=b>0$ 与曲线 $y=f(x)$ 至少交于两点.

证　由条件可知, 存在 $\overline{x}>0$ 使得 $f(\overline{x})>0$. 令 $b=\dfrac{f(\overline{x})}{2}>0$. 则有

$$f(0)=0<\frac{f(\overline{x})}{2}=b<f(\overline{x}).$$

由函数 $f(x)$ 在 $[0,+\infty)$ 内可导知, $f(x)$ 在 $[0,\overline{x}]$ 上连续. 故由连续函数的介值定理可知, 存在 $x_1\in(0,\overline{x})$ 使得 $f(x_1)=\dfrac{f(\overline{x})}{2}=b.$

又因为 $\lim\limits_{x\to+\infty}f(x)=0$, 所以对 $\varepsilon=\dfrac{f(\overline{x})}{2}>0$, 存在 $X>0$, 当 $x'>X>\overline{x}$ 时,

$$f(x')<\frac{f(\overline{x})}{2}<f(\overline{x}).$$

再由连续函数的介值定理可知, 存在 $x_2\in(\overline{x},x')$ 使得 $f(x_2)=\dfrac{f(\overline{x})}{2}=b.$ 故存在 $b=\dfrac{f(\overline{x})}{2}>0$ 使得直线 $y=b$ 与曲线 $y=f(x)$ 至少有两个交点. □

例 8　设函数 $f(x)$ 在开区间 $(0,2)$ 内二阶可导且满足 $f''(1)>0$. 证明: 存在 $\xi,\eta\in(0,2)$ 使得 $f'(1)=\dfrac{f(\eta)-f(\xi)}{\eta-\xi}.$

证 情形 1: 若 $f'(1) = 0$. 因为 $f''(1) > 0$, 故 $x = 1$ 是函数 $f(x)$ 的严格极小值点, 即存在 $\delta > 0$, 对任意的 $x \in [1-\delta, 1+\delta] \subset (a,b)$, 当 $x \neq 1$ 时, $f(1) < f(x)$.

若 $f(1-\delta) = f(1+\delta)$, 取 $\xi = 1-\delta, \eta = 1+\delta$. 则结论显然成立.

若 $f(1-\delta) \neq f(1+\delta)$. 不妨设 $f(1-\delta) < f(1+\delta)$, 且令 $\xi = 1-\delta$. 则有

$$f(1) < f(\xi) = f(1-\delta) < f(1+\delta).$$

由连续函数的介值定理可知, 存在 $\eta \in (1, 1+\delta)$ 使得 $f(\eta) = f(\xi)$. 从而有

$$\frac{f(\eta) - f(\xi)}{\eta - \xi} = 0 = f'(1).$$

情形 2: 若 $f'(1) \neq 0$. 令 $g(x) = f(x) - f'(1)x$. 则 $g'(1) = 0$. 故由情形 1 可知, 存在 $\xi, \eta \in (a,b)$ 使得 $\dfrac{g(\eta) - g(\xi)}{\eta - \xi} = g'(1) = 0$, 即 $\dfrac{f(\eta) - f(\xi)}{\eta - \xi} = f'(1)$. □

例 9 设函数 $f(x)$ 与 $g(x)$ 在开区间 (a,b) 内可导且对任意的 $x \in (a,b)$, $F(x) = f'(x)g(x) - g'(x)f(x) > 0$. 证明:

(1) $f(x)$ 与 $g(x)$ 不可能有相同的零点;

(2) $f(x)$ 的相邻零点之间必存在 $g(x)$ 的零点.

证 (1) 假设 $f(x)$ 与 $g(x)$ 有相同的零点, 不妨设 $x_0 \in (a,b)$ 且 $f(x_0) = g(x_0) = 0$. 则 $F(x_0) = f'(x_0)g(x_0) - g'(x_0)f(x_0) = 0$. 这与条件矛盾.

(2) 设 x_1 与 x_2 为 $f(x)$ 的相邻两个零点且 $x_1 < x_2$. 则

$$F(x_1) = f'(x_1)g(x_1) > 0, \quad F(x_2) = f'(x_2)g(x_2) > 0.$$

下证 $f'(x_1)f'(x_2) < 0$. 反设 $f'(x_1)f'(x_2) > 0$. 不妨设 $f'(x_1) > 0$ 且 $f'(x_2) > 0$. 则

$$\lim_{x \to x_1^+} \frac{f(x) - f(x_1)}{x - x_1} > 0, \quad \lim_{x \to x_2^-} \frac{f(x) - f(x_2)}{x - x_2} > 0.$$

故存在 $\delta > 0$ 满足 $(x_1, x_1+\delta) \cap (x_2-\delta, x_2) = \varnothing$ 且存在 $x_1' \in (x_1, x_1+\delta), x_2' \in (x_2-\delta, x_2)$ 满足 $x_1 < x_1' < x_2' < x_2$ 且

$$f(x_1') > f(x_1) = 0, \quad f(x_2') < f(x_2) = 0.$$

由零点存在定理可知, 存在 $x_3 \in (x_1', x_2') \subset (x_1, x_2)$ 使得 $f(x_3) = 0$. 这与 x_1, x_2 是 $f(x)$ 的相邻两个零点矛盾. 故 $f'(x_1)f'(x_2) < 0$. 从而 $g(x_1)g(x_2) < 0$. 又因为 $g(x)$ 在 (a,b) 连续, 所以再由零点存在定理可知, 必存在 $x_4 \in (x_1, x_2)$ 满足 $g(x_4) = 0$. □

例 10　设函数 $f(x)$ 在 $[a,b]$ 上连续. 证明: $M(x) = \max\limits_{a \leqslant \xi \leqslant x} f(\xi)$ 在 $[a,b]$ 上连续.

证　显然, $M(x)$ 在 $[a,b]$ 上单调递增. 任取 $x_0 \in [a,b]$. 下证 $M(x)$ 在 $x = x_0$ 连续. 由 $M(x_0) = \max\limits_{a \leqslant \xi \leqslant x_0} f(\xi)$ 以及 $f(x)$ 的连续性可知, 存在 $\bar{x} \in [a,x_0]$ 使得 $M(x_0) = f(\bar{x})$.

若 $\bar{x} = x_0$, 即 $M(x_0) = f(x_0)$, 由 $f(x)$ 在 $x = x_0$ 连续可知, 对任意的 $\varepsilon > 0$, 存在 $\delta > 0$, 当 $x \in (x_0 - \delta, x_0)$ 时,

$$f(x) > f(x_0) - \varepsilon \Longrightarrow M(x) > f(x_0) - \varepsilon = M(x_0) - \varepsilon.$$

故当 $x \in (x_0 - \delta, x_0)$ 时, $M(x_0) - \varepsilon < M(x) \leqslant M(x_0)$, 即 $M(x)$ 在 $x = x_0$ 左连续.

若 $\bar{x} \neq x_0$, 则 $\bar{x} < x_0$. 故当 $x \in (\bar{x}, x_0]$ 时, $M(x) = f(\bar{x})$ 为常值函数, 即 $M(x)$ 在 $x = x_0$ 左连续. 因此, $M(x)$ 在 $x = x_0$ 左连续.

下证 $M(x)$ 在 $x = x_0$ 右连续. 因为 $f(x)$ 在 $x = x_0$ 连续, 所以对任意的 $\varepsilon > 0$, 存在 $\delta > 0$, 当 $x \in (x_0, x_0 + \delta)$ 时,

$$f(x) < f(x_0) + \varepsilon \leqslant M(x_0) + \varepsilon.$$

又因为 $M(x_0) < M(x_0) + \varepsilon$, 所以 $\max\limits_{a \leqslant \xi \leqslant x_0} f(\xi) \leqslant M(x_0) + \varepsilon$. 故当 $x \in (x_0, x_0 + \delta)$ 时,

$$M(x_0) \leqslant M(x) < M(x_0) + \varepsilon,$$

即 $M(x)$ 在 $x = x_0$ 右连续. 综上所述, $M(x)$ 在 $x = x_0$ 连续. 从而由 x_0 的任意性可知, 函数 $M(x)$ 在闭区间 $[a,b]$ 上连续.　　　　$\square$

习　题　二

1. 设 $1 < a_1 < 2$ 且 $0 < \alpha < 1$, 数列 $\{a_n\}$ 满足对任意的 $n \in \mathbb{N}^+$, $a_{n+1} = 2 - (2 - a_n)^\alpha$. 证明: $\lim\limits_{n \to \infty} a_n$ 存在并求其值.

2. 设函数 $f(x)$ 在闭区间 $[0,1]$ 上单调递增, $f(0) > 0$ 且 $f(1) < 1$. 证明: 存在 $x_0 \in (0,1)$ 使得 $f(x_0) = x_0^2$.
(提示: 可令 $F(x) = x^2 - f(x)$ 并利用闭区间套定理.)

3. 设函数 $f(x)$ 是开区间 $(0, +\infty)$ 内具有二阶连续导数的正函数且 $f'(x) \leqslant 0$, $f''(x)$ 有界. 证明: $\lim\limits_{x \to +\infty} f'(x) = 0$.
(提示: 易证 $\lim\limits_{x \to +\infty} f(x)$ 存在. 进而可利用函数极限的柯西收敛原理.)

4. 设函数 $f(x)$ 与 $g(x)$ 在有限开区间 (a,b) 内一致连续. 证明: 函数 $f(x)g(x)$ 在开区间 (a,b) 内一致连续.

5. 设函数 $f(x)$ 在 $[0,+\infty)$ 内连续, $f(0) < 0$ 且对任意的 $x > 0$, $f'(x) > 2$. 证明: 方程 $f(x) = 0$ 在开区间 $\left(0, \dfrac{|f(0)|}{2}\right)$ 中有且仅有一个实根.

6. 设函数 $f(x)$ 在闭区间 $[a,b]$ 上可导, $f(a) = f(b) = 0, f'_+(a) > 0$ 且 $f'_-(b) > 0$. 证明: 存在 $c \in (a,b)$ 使得 $f(c) = 0$ 且 $f'(c) \leqslant 0$.

(提示: 可利用函数极限的保号性质和连续函数的零点存在定理.)

7. 设函数 $f(x)$ 在闭区间 $[a,b]$ 上连续. 证明: $m(x) = \min\limits_{a \leqslant \xi \leqslant x} f(\xi)$ 在 $[a,b]$ 上连续.

第三章 上 (下) 极限与半连续性

第一节 数列的上 (下) 极限及其性质

由于存在许多的数列, 其极限不存在, 但也具有数列极限的某些重要性质, 因此有必要对这些数列进行深入研究. 数列的上 (下) 极限是对数列极限概念的重要推广. 本节主要介绍数列上 (下) 极限的分析定义以及数列上 (下) 极限的一些基本性质.

一、数列上 (下) 极限的定义

(1) $\varlimsup\limits_{n\to\infty} a_n = a \Longleftrightarrow \forall \varepsilon > 0, \exists K \in \mathbb{N}^+$, 当 $k > K$ 时, $\left| \sup\limits_{n>k}\{a_n\} - a \right| < \varepsilon$;

(2) $\varliminf\limits_{n\to\infty} a_n = a \Longleftrightarrow \forall \varepsilon > 0, \exists K \in \mathbb{N}^+$, 当 $k > K$ 时, $\left| \inf\limits_{n>k}\{a_n\} - a \right| < \varepsilon$;

(3) $\varlimsup\limits_{n\to\infty} a_n = -\infty \Longleftrightarrow \forall G > 0, \exists K \in \mathbb{N}^+$, 当 $k > K$ 时, $\sup\limits_{n>k}\{a_n\} < -G$;

(4) $\varliminf\limits_{n\to\infty} a_n = -\infty \Longleftrightarrow \forall G > 0, \exists K \in \mathbb{N}^+$, 当 $k > K$ 时, $\inf\limits_{n>k}\{a_n\} < -G$;

(5) $\varlimsup\limits_{n\to\infty} a_n = +\infty \Longleftrightarrow \forall G > 0, \exists K \in \mathbb{N}^+$, 当 $k > K$ 时, $\sup\limits_{n>k}\{a_n\} > G$;

(6) $\varliminf\limits_{n\to\infty} a_n = +\infty \Longleftrightarrow \forall G > 0, \exists K \in \mathbb{N}^+$, 当 $k > K$ 时, $\inf\limits_{n>k}\{a_n\} > G$.

注 1 由 ε 的任意性以及 K 的多值性可知, $\varlimsup\limits_{n\to\infty} a_n = a$ 也可表述为: 对任意的 $\varepsilon > 0$, 存在 $K \in \mathbb{N}^+$, 当 $k \geqslant K$ 时, $\left| \sup\limits_{n\geqslant k}\{a_n\} - a \right| \leqslant M\varepsilon$, 其中 M 为正常数. 其他类型的上 (下) 极限有类似的表述形式.

注 2 由数列上 (下) 极限的定义可知:

(1) 当 $\varlimsup\limits_{n\to\infty} a_n = a$ 且 a 为有限数时, 对任意的 $\varepsilon > 0$, 数列 $\{a_n\}$ 中有无穷多项属于邻域 $(a - \varepsilon, a + \varepsilon)$, 但在 $(a + \varepsilon, +\infty)$ 内至多只有有限项;

(2) 当 $\varliminf\limits_{n\to\infty} a_n = a$ 且 a 为有限数时, 对任意的 $\varepsilon > 0$, 数列 $\{a_n\}$ 中有无穷多项属于邻域 $(a - \varepsilon, a + \varepsilon)$, 但在 $(-\infty, a - \varepsilon)$ 内至多只有有限项;

(3) $\varlimsup\limits_{n\to\infty} a_n = -\infty \Longleftrightarrow \lim\limits_{n\to\infty} a_n = -\infty$;

(4) $\varliminf\limits_{n\to\infty} a_n = +\infty \Longleftrightarrow \lim\limits_{n\to\infty} a_n = +\infty$;

(5) $\varlimsup_{n\to\infty} a_n = +\infty \Longleftrightarrow$ 存在子列 $\{a_{n_k}\}$ 满足 $\lim_{k\to\infty} a_{n_k} = +\infty$;

(6) $\varliminf_{n\to\infty} a_n = -\infty \Longleftrightarrow$ 存在子列 $\{a_{n_k}\}$ 满足 $\lim_{k\to\infty} a_{n_k} = -\infty$.

注 3　本章仅考虑数列的上 (下) 极限为有限数的情形.

二、数列上 (下) 极限的基本性质

下面主要介绍数列上 (下) 极限的一些基本性质. 部分性质仅给出上极限情形的证明, 下极限情形类似可证或作为习题留给读者练习.

性质 1　(1) $\varlimsup_{n\to\infty} a_n = a \Longleftrightarrow$ 存在子列 $\{a_{n_k}\}$ 满足 $\lim_{k\to\infty} a_{n_k} = a$ 且 a 是数列 $\{a_n\}$ 的所有子列极限的最大值;

(2) $\varliminf_{n\to\infty} a_n = a \Longleftrightarrow$ 存在子列 $\{a_{n_k}\}$ 满足 $\lim_{k\to\infty} a_{n_k} = a$ 且 a 是数列 $\{a_n\}$ 的所有子列极限的最小值.

证　仅证上极限情形, 下极限情形类似可证. 由上极限定义知充分性显然成立. 下证必要性. 事实上, 由本节注 2(1) 知, 存在子列 $\{a_{n_k}\}$ 满足 $\lim_{k\to\infty} a_{n_k} = a$ 且对任意的 $\varepsilon > 0$, 仅存在数列 $\{a_n\}$ 的有限项大于 $a + \varepsilon$. 这表明 $\{a_n\}$ 的所有收敛子列的极限不大于 $a + \varepsilon$. 从而由 ε 的任意性可知, $\{a_n\}$ 的所有收敛子列的极限均不大于 a. □

性质 2　$\varlimsup_{n\to\infty} a_n = \varliminf_{n\to\infty} a_n = a \Longleftrightarrow \lim_{n\to\infty} a_n = a$.

证　由性质 1 可知, 结论显然成立. □

性质 3　有上 (下) 极限的数列必有上 (下) 界.

证　仅证上极限情形, 下极限情形类似可证. 设 $\varlimsup_{n\to\infty} a_n = a$. 则由上极限的定义可知, 存在 $K \in \mathbb{N}^+$, 当 $k > K$ 时, $\sup_{n>k}\{a_n\} < a + 1$. 取 $M = \max\{a_1, a_2, \cdots, a_K, a+1\}$. 则对任意的 $n \in \mathbb{N}^+$, $a_n \leqslant M$, 即数列 $\{a_n\}$ 存在上界. □

性质 4　(1) 若 $\varlimsup_{n\to\infty} a_n = a$, $\varliminf_{n\to\infty} b_n = b$ 且 $a < b$, 则存在 $N \in \mathbb{N}^+$, 当 $n > N$ 时, $a_n < b_n$;

(2) 若 $\varliminf_{n\to\infty} a_n = a$, $\varlimsup_{n\to\infty} b_n = b$ 且 $a > b$, 则存在 $N \in \mathbb{N}^+$, 当 $n > N$ 时, $a_n > b_n$.

证　仅证上极限情形, 下极限情形类似可证. 由上极限的定义可知, 存在 $K \in \mathbb{N}^+$, 当 $k > K$ 时, $\sup_{n>k}\{a_n\} < \inf_{n>k}\{b_n\}$. 从而当 $n > k > K$ 时,

$$a_n \leqslant \sup_{n>k}\{a_n\} < \inf_{n>k}\{b_n\} \leqslant b_n.$$

取 $N = K$. 则当 $n > N$ 时, $a_n < b_n$. □

性质 5　(1) 若 $\varlimsup\limits_{n \to \infty} a_n = a$ 且 $a < c$, 则存在 $N \in \mathbb{N}^+$, 当 $n > N$ 时, $a_n < c$;

(2) 若 $\varliminf\limits_{n \to \infty} a_n = a$ 且 $a > c$, 则存在 $N \in \mathbb{N}^+$, 当 $n > N$ 时, $a_n > c$.

证　仅证上极限情形, 下极限情形类似可证. 由 $\varlimsup\limits_{n \to \infty} a_n = \lim\limits_{k \to \infty} \sup\limits_{n > k}\{a_n\} = a < c$ 可知, 存在 $K \in \mathbb{N}^+$, 当 $k > K$ 时, $\sup\limits_{n > k}\{a_n\} < c$. 从而当 $n > k > K$ 时, $a_n \leqslant \sup\limits_{n > k}\{a_n\} < c$. 取 $N = K$. 则当 $n > N$ 时, 必有 $a_n < c$. □

注 4　性质 5 (1) 对于下极限情形可能不成立. 例如, 令 $a_n = (-1)^n$, $\varliminf\limits_{n \to \infty} a_n = -1 < 0$. 但不存在 $N \in \mathbb{N}^+$, 当 $n > N$ 时, $a_n < 0$.

性质 5 (2) 对于上极限情形可能不成立. 例如, 令 $a_n = (-1)^n$, $\varlimsup\limits_{n \to \infty} a_n = 1 > 0$. 但不存在 $N \in \mathbb{N}^+$, 当 $n > N$ 时, $a_n > 0$.

性质 6　若对任意的 $n \in \mathbb{N}^+$, $|a_n| \leqslant M$ 且 $\varlimsup\limits_{n \to \infty} a_n$ 存在, 则 $\varlimsup\limits_{n \to \infty} a_n \leqslant M$.

证　由性质 1(1) 可知, 结论显然成立. □

性质 7　若数列 $\{a_n\}$ 的上 (下) 极限存在, 则上 (下) 极限唯一.

证　由性质 1 可知, 结论显然成立. □

性质 8　(1) 若存在 $N \in \mathbb{N}^+$, 当 $n > N$ 时, $a_n \leqslant b_n \leqslant c_n$ 且满足 $\varlimsup\limits_{n \to \infty} a_n = \varlimsup\limits_{n \to \infty} c_n = a$, 则 $\varlimsup\limits_{n \to \infty} b_n = a$;

(2) 若存在 $N \in \mathbb{N}^+$, 当 $n > N$ 时, $a_n \leqslant b_n \leqslant c_n$ 且满足 $\varliminf\limits_{n \to \infty} a_n = \varliminf\limits_{n \to \infty} c_n = a$, 则 $\varliminf\limits_{n \to \infty} b_n = a$.

证　仅证上极限情形, 下极限情形类似可证. 由 $\varlimsup\limits_{n \to \infty} a_n = \varlimsup\limits_{n \to \infty} c_n = a$ 可知, 对任意的 $\varepsilon > 0$, 存在 $K \in \mathbb{N}^+$, 当 $k > K$ 时,

$$\left| \sup\limits_{n > k}\{a_n\} - a \right| < \varepsilon, \quad \left| \sup\limits_{n > k}\{c_n\} - a \right| < \varepsilon.$$

取 $K_0 = \max\{N, K\}$. 显然, 当 $k > K_0$ 时,

$$\sup\limits_{n > k}\{a_n\} \leqslant \sup\limits_{n > k}\{b_n\} \leqslant \sup\limits_{n > k}\{c_n\}.$$

因此, 当 $k > K_0$ 时,

$$\left| \sup\limits_{n > k}\{b_n\} - a \right| \leqslant \max\left\{ \left| \sup\limits_{n > k}\{a_n\} - a \right|, \left| \sup\limits_{n > k}\{c_n\} - a \right| \right\} < \varepsilon.$$

从而由上极限的定义可知, $\overline{\lim\limits_{n\to\infty}} b_n = \lim\limits_{k\to\infty} \sup\limits_{n>k}\{b_n\} = a$. □

性质 9 若数列 $\{a_n\}$ 有界, 则

(1) $\overline{\lim\limits_{n\to\infty}} (-a_n) = -\varliminf\limits_{n\to\infty} a_n$;

(2) $\varliminf\limits_{n\to\infty} (-a_n) = -\overline{\lim\limits_{n\to\infty}} a_n$.

证 仅证情形 (1), (2) 的证明与 (1) 类似. 事实上,

$$\overline{\lim\limits_{n\to\infty}} (-a_n) = \lim\limits_{k\to\infty} \sup\limits_{n>k}\{-a_n\} = \lim\limits_{k\to\infty} (-\inf\limits_{n>k}\{a_n\})$$

$$= -\lim\limits_{k\to\infty} \inf\limits_{n>k}\{a_n\} = -\varliminf\limits_{n\to\infty} a_n.$$ □

性质 10 若数列 $\{a_n\}$ 与 $\{b_n\}$ 有界, 则

(1) $\overline{\lim\limits_{n\to\infty}} (a_n + b_n) \leqslant \overline{\lim\limits_{n\to\infty}} a_n + \overline{\lim\limits_{n\to\infty}} b_n$;

(2) $\varliminf\limits_{n\to\infty} (a_n + b_n) \geqslant \varliminf\limits_{n\to\infty} a_n + \varliminf\limits_{n\to\infty} b_n$.

证 仅证上极限情形, 下极限情形类似可证. 设 $\overline{\lim\limits_{n\to\infty}} a_n = a$, $\overline{\lim\limits_{n\to\infty}} b_n = b$. 因当 $n > k$ 时,

$$a_n + b_n \leqslant \sup\limits_{n>k}\{a_n\} + \sup\limits_{n>k}\{b_n\},$$

所以 $\sup\limits_{n>k}\{a_n + b_n\} \leqslant \sup\limits_{n>k}\{a_n\} + \sup\limits_{n>k}\{b_n\}$. 从而

$$\overline{\lim\limits_{n\to\infty}} (a_n + b_n) = \lim\limits_{k\to\infty} \sup\limits_{n>k}\{a_n + b_n\} \leqslant \lim\limits_{k\to\infty} \sup\limits_{n>k}\{a_n\} + \lim\limits_{k\to\infty} \sup\limits_{n>k}\{b_n\}$$

$$= \overline{\lim\limits_{n\to\infty}} a_n + \overline{\lim\limits_{n\to\infty}} b_n.$$ □

性质 11 若 $\lim\limits_{n\to\infty} a_n$ 存在, 则

(1) $\overline{\lim\limits_{n\to\infty}} (a_n + b_n) = \lim\limits_{n\to\infty} a_n + \overline{\lim\limits_{n\to\infty}} b_n$;

(2) $\varliminf\limits_{n\to\infty} (a_n + b_n) = \lim\limits_{n\to\infty} a_n + \varliminf\limits_{n\to\infty} b_n$.

证 仅证上极限情形, 下极限情形的证明作为习题. 由 $\lim\limits_{n\to\infty} a_n$ 存在及性质 10(1) 得

$$\overline{\lim\limits_{n\to\infty}} (a_n + b_n) \leqslant \overline{\lim\limits_{n\to\infty}} a_n + \overline{\lim\limits_{n\to\infty}} b_n = \lim\limits_{n\to\infty} a_n + \overline{\lim\limits_{n\to\infty}} b_n.$$

下证 $\overline{\lim\limits_{n\to\infty}} (a_n + b_n) \geqslant \lim\limits_{n\to\infty} a_n + \overline{\lim\limits_{n\to\infty}} b_n$. 因为

$$\overline{\lim\limits_{n\to\infty}} b_n = \overline{\lim\limits_{n\to\infty}} (a_n + b_n - a_n) \leqslant \overline{\lim\limits_{n\to\infty}} (a_n + b_n) + \overline{\lim\limits_{n\to\infty}} (-a_n)$$

$$= \overline{\lim_{n\to\infty}} (a_n + b_n) - \lim_{n\to\infty} a_n,$$

所以 $\overline{\lim\limits_{n\to\infty}} (a_n + b_n) \geqslant \overline{\lim\limits_{n\to\infty}} b_n + \lim\limits_{n\to\infty} a_n$. 故 $\overline{\lim\limits_{n\to\infty}} (a_n + b_n) = \lim\limits_{n\to\infty} a_n + \overline{\lim\limits_{n\to\infty}} b_n$. $\square$

性质 12   若 $\lim\limits_{n\to\infty} a_n > 0$, 则

(1) $\overline{\lim\limits_{n\to\infty}} \dfrac{1}{a_n} = \dfrac{1}{\lim\limits_{n\to\infty} a_n}$;

(2) $\underline{\lim\limits_{n\to\infty}} \dfrac{1}{a_n} = \dfrac{1}{\overline{\lim\limits_{n\to\infty}} a_n}$.

证   仅证情形 (1), (2) 的证明与 (1) 类似. 事实上,

$$\overline{\lim_{n\to\infty}} \frac{1}{a_n} = \lim_{k\to\infty} \sup_{n>k}\left\{\frac{1}{a_n}\right\} = \lim_{k\to\infty} \frac{1}{\inf\limits_{n>k}\{a_n\}} = \frac{1}{\lim\limits_{k\to\infty} \inf\limits_{n>k}\{a_n\}} = \frac{1}{\lim\limits_{n\to\infty} a_n}. \qquad \square$$

性质 13   若数列 $\{a_n\}$ 与 $\{b_n\}$ 满足对任意的 $n \in \mathbb{N}^+$, $a_n \geqslant 0, b_n \geqslant 0$, 则

(1) $\overline{\lim\limits_{n\to\infty}} (a_n \cdot b_n) \leqslant \overline{\lim\limits_{n\to\infty}} a_n \cdot \overline{\lim\limits_{n\to\infty}} b_n$;

(2) $\underline{\lim\limits_{n\to\infty}} (a_n \cdot b_n) \geqslant \underline{\lim\limits_{n\to\infty}} a_n \cdot \underline{\lim\limits_{n\to\infty}} b_n$.

证   仅证上极限情形, 下极限情形的证明作为习题. 对任意的 $n > k$, 显然 $\sup\limits_{n>k}\{a_n\} \geqslant a_n, \sup\limits_{n>k}\{b_n\} \geqslant b_n$. 因为 $a_n \geqslant 0, b_n \geqslant 0$, 所以 $\sup\limits_{n>k}\{a_n\} \sup\limits_{n>k}\{b_n\} \geqslant a_n b_n$. 因此,

$$\sup_{n>k}\{a_n\} \sup_{n>k}\{b_n\} \geqslant \sup_{n>k}\{a_n b_n\}.$$

故 $\lim\limits_{k\to\infty} \sup\limits_{n>k}\{a_n\} \lim\limits_{k\to\infty} \sup\limits_{n>k}\{b_n\} \geqslant \lim\limits_{k\to\infty} \sup\limits_{n>k}\{a_n b_n\}$, 即

$$\overline{\lim_{n\to\infty}} (a_n \cdot b_n) \leqslant \overline{\lim_{n\to\infty}} a_n \cdot \overline{\lim_{n\to\infty}} b_n. \qquad \square$$

性质 14   若 $\{a_n\}, \{b_n\}$ 满足对任意的 $n \in \mathbb{N}^+$, $a_n \geqslant 0, b_n \geqslant 0$ 且 $\lim\limits_{n\to\infty} a_n > 0$, 则

(1) $\overline{\lim\limits_{n\to\infty}} (a_n \cdot b_n) = \lim\limits_{n\to\infty} a_n \cdot \overline{\lim\limits_{n\to\infty}} b_n$;

(2) $\underline{\lim\limits_{n\to\infty}} (a_n \cdot b_n) = \lim\limits_{n\to\infty} a_n \cdot \underline{\lim\limits_{n\to\infty}} b_n$.

证   仅证上极限情形, 下极限情形类似可证. 由性质 13(1) 可知

$$\overline{\lim_{n\to\infty}} (a_n \cdot b_n) \leqslant \overline{\lim_{n\to\infty}} a_n \cdot \overline{\lim_{n\to\infty}} b_n = \lim_{n\to\infty} a_n \cdot \overline{\lim_{n\to\infty}} b_n.$$

下证 $\varlimsup\limits_{n\to\infty}(a_n\cdot b_n)\geqslant\lim\limits_{n\to\infty}a_n\cdot\varlimsup\limits_{n\to\infty}b_n.$ 因为

$$\varlimsup_{n\to\infty}b_n=\varlimsup_{n\to\infty}\left((a_n\cdot b_n)\cdot\frac{1}{a_n}\right)\leqslant\varlimsup_{n\to\infty}(a_n\cdot b_n)\cdot\varlimsup_{n\to\infty}\frac{1}{a_n}$$

$$=\varlimsup_{n\to\infty}(a_n\cdot b_n)\cdot\frac{1}{\lim\limits_{n\to\infty}a_n},$$

所以 $\varlimsup\limits_{n\to\infty}(a_n\cdot b_n)\geqslant\lim\limits_{n\to\infty}a_n\cdot\varlimsup\limits_{n\to\infty}b_n.$ 故

$$\varlimsup_{n\to\infty}(a_n\cdot b_n)=\lim_{n\to\infty}a_n\cdot\varlimsup_{n\to\infty}b_n. \qquad\square$$

例 1 设数列 $\{a_n\}$ 满足对任意的 $n\in\mathbb{N}^+$, $|a_n|\leqslant n^{\sqrt{n}}$. 证明: $\varlimsup\limits_{n\to\infty}|a_n|^{\frac{1}{n}}\leqslant 1.$

证 由 $\varlimsup\limits_{n\to\infty}\left(n^{\sqrt{n}}\right)^{\frac{1}{n}}=\varlimsup\limits_{n\to\infty}e^{\frac{\ln n}{\sqrt{n}}}=1$ 可知, 对任意的 $\varepsilon>0$, 存在 $N\in\mathbb{N}^+$, 当 $n>N$ 时, $\left(n^{\sqrt{n}}\right)^{\frac{1}{n}}\leqslant 1+\varepsilon.$ 因为 $|a_n|\leqslant n^{\sqrt{n}}$, 所以当 $n>N$ 时,

$$|a_n|^{\frac{1}{n}}\leqslant\left(n^{\sqrt{n}}\right)^{\frac{1}{n}}\leqslant 1+\varepsilon.$$

从而由 ε 的任意性可知, 当 $n>N$ 时, $|a_n|^{\frac{1}{n}}\leqslant 1.$ 故 $\varlimsup\limits_{n\to\infty}|a_n|^{\frac{1}{n}}\leqslant 1.$ $\qquad\square$

例 2 设 $\{a_n\}$ 是正数列. 证明: 若 $\varlimsup\limits_{n\to\infty}\sqrt[n]{a_n}=1$, 则

$$\varlimsup_{n\to\infty}\sqrt[n]{a_1+a_2+\cdots+a_n}=1.$$

证 因为 $\varlimsup\limits_{n\to\infty}\sqrt[n]{a_n}=1$, 所以对任意的 $\varepsilon>0$, 存在 $N\in\mathbb{N}^+$, 当 $n>N$ 时, $\sqrt[n]{a_n}<1+\varepsilon$, 即当 $n>N$ 时, $a_n<(1+\varepsilon)^n.$ 若 $(1+\varepsilon)^n>a_k, k=1,2,\cdots,N$, 则

$$\sqrt[n]{a_1+a_2+\cdots+a_n}<\sqrt[n]{n(1+\varepsilon)^n}=\sqrt[n]{n}(1+\varepsilon).$$

由 ε 的任意性可知, 对任意的 $n\in\mathbb{N}^+$,

$$\sqrt[n]{a_n}\leqslant\sqrt[n]{a_1+a_2+\cdots+a_n}\leqslant\sqrt[n]{n}.$$

又因为 $\varlimsup\limits_{n\to\infty}\sqrt[n]{a_n}=1, \varlimsup\limits_{n\to\infty}\sqrt[n]{n}=1$, 所以由数列上极限的夹逼准则可得

$$\varlimsup_{n\to\infty}\sqrt[n]{a_1+a_2+\cdots+a_n}=1.$$

若存在 $k_0\in\{1,2,\cdots,N\}$ 使得 $(1+\varepsilon)^n\leqslant a_{k_0}.$ 令 $A=\max\{a_1,a_2,\cdots,a_N\}.$ 则 $(1+\varepsilon)^n\leqslant a_{k_0}\leqslant A.$ 从而

$$\sqrt[n]{a_n}\leqslant\sqrt[n]{a_1+a_2+\cdots+a_n}\leqslant\sqrt[n]{nA}.$$

又因为 $\varlimsup\limits_{n\to\infty} \sqrt[n]{a_n} = 1, \varlimsup\limits_{n\to\infty} \sqrt[n]{nA} = 1$, 所以

$$\lim_{n\to\infty} \sqrt[n]{a_1 + a_2 + \cdots + a_n} = 1. \qquad \square$$

例 3　设对任意的 $n \in \mathbb{N}^+, a_n > 0$. 证明: $\varlimsup\limits_{n\to\infty} \sqrt[n]{a_n} \leqslant \varlimsup\limits_{n\to\infty} \dfrac{a_{n+1}}{a_n}$.

证　令 $\alpha = \varlimsup\limits_{n\to\infty} \dfrac{a_{n+1}}{a_n}$. 当 $\alpha = +\infty$ 时结论显然成立. 下证 $0 \leqslant \alpha < +\infty$ 时结论成立. 由上极限的定义可知, 对任意的 $\varepsilon > 0$, 存在 $N \in \mathbb{N}^+$, 当 $n \geqslant N$ 时, $\dfrac{a_{n+1}}{a_n} < \alpha + \varepsilon$. 故当 $n \geqslant N$ 时,

$$\frac{a_{N+1}}{a_N} \cdot \frac{a_{N+2}}{a_{N+1}} \cdot \cdots \cdot \frac{a_{n-1}}{a_{n-2}} \cdot \frac{a_n}{a_{n-1}} < (\alpha + \varepsilon)^{n-N},$$

即当 $n \geqslant N$ 时,

$$a_n < a_N (\alpha + \varepsilon)^{-N} \cdot (\alpha + \varepsilon)^n = M(\alpha + \varepsilon)^n,$$

其中 $M = a_N(\alpha + \varepsilon)^{-N}$. 从而当 $n \geqslant N$ 时, $\sqrt[n]{a_n} < \sqrt[n]{M}(\alpha + \varepsilon)$. 因此,

$$\varlimsup_{n\to\infty} \sqrt[n]{a_n} \leqslant \varlimsup_{n\to\infty} \sqrt[n]{M}(\alpha + \varepsilon) = \alpha + \varepsilon.$$

从而由 ε 的任意性可知 $\varlimsup\limits_{n\to\infty} \sqrt[n]{a_n} \leqslant \alpha$. $\qquad \square$

第二节　函数的上 (下) 极限及其性质

函数的上 (下) 极限是对数列上 (下) 极限和函数极限概念的重要推广. 本节主要介绍函数上 (下) 极限的定义以及函数上 (下) 极限的一些基本性质.

一、函数上 (下) 极限的定义

下面仅给出函数 $f(x)$ 在 $x = x_0$ 处上 (下) 极限的定义, 其他类型上 (下) 极限类似可定义.

(1) $\varlimsup\limits_{x\to x_0} f(x) = A \iff \lim\limits_{\delta\to 0^+} \sup\limits_{0<|x-x_0|<\delta} f(x) = A$;

(2) $\varliminf\limits_{x\to x_0} f(x) = A \iff \lim\limits_{\delta\to 0^+} \inf\limits_{0<|x-x_0|<\delta} f(x) = A$.

注 1　由函数上 (下) 极限的定义可知:

(1) $\varlimsup\limits_{x\to x_0} f(x) = A$ 且 A 为有限数时, 对任意的 $\varepsilon > 0$, 存在 $\delta_1 > 0$, 当 $0 < \delta < \delta_1$ 时, $\sup\limits_{0<|x-x_0|<\delta} f(x) < A + \varepsilon$, 即当 $0 < |x - x_0| < \delta$ 时, $f(x) < A + \varepsilon$;

(2) $\varlimsup\limits_{x \to x_0} f(x) = A$ 且 A 为有限数时, 对任意的 $\varepsilon > 0$, 存在 $\delta_1 > 0$, 当 $0 < \delta < \delta_1$ 时, $\inf\limits_{0 < |x-x_0| < \delta} f(x) > A - \varepsilon$, 即当 $0 < |x - x_0| < \delta$ 时, $f(x) > A - \varepsilon$;

(3) $\varlimsup\limits_{x \to x_0} f(x) = -\infty \iff \lim\limits_{x \to x_0} f(x) = -\infty$;

(4) $\varliminf\limits_{x \to x_0} f(x) = +\infty \iff \lim\limits_{x \to x_0} f(x) = +\infty$;

(5) $\varlimsup\limits_{x \to x_0} f(x) = +\infty \iff f(x)$ 在 $x = x_0$ 的某去心邻域内无上界;

(6) $\varliminf\limits_{x \to x_0} f(x) = -\infty \iff f(x)$ 在 $x = x_0$ 的某去心邻域内无下界.

注 2   本章仅考虑函数的上 (下) 极限为有限数的情形.

二、 函数上 (下) 极限的基本性质

性质 1 $\varlimsup\limits_{x \to x_0} f(x) = \varliminf\limits_{x \to x_0} f(x) = A \iff \lim\limits_{x \to x_0} f(x) = A$.

证   充分性显然成立, 下证必要性. 由上极限和下极限的定义可知, 对任意的 $\varepsilon > 0$, 存在 $\delta_1 > 0$, 当 $0 < \delta < \delta_1$ 时,

$$\left| \inf_{0 < |x-x_0| < \delta} f(x) - A \right| < \varepsilon, \quad \left| \sup_{0 < |x-x_0| < \delta} f(x) - A \right| < \varepsilon,$$

取 $\overline{\delta} = \dfrac{\delta_1}{2}$. 则当 $0 < |x - x_0| < \overline{\delta}$ 时,

$$\inf_{0 < |x-x_0| < \overline{\delta}} f(x) \leqslant f(x) \leqslant \sup_{0 < |x-x_0| < \overline{\delta}} f(x).$$

从而当 $0 < |x - x_0| < \overline{\delta}$ 时,

$$|f(x) - A| \leqslant \max \left\{ \left| \sup_{0 < |x-x_0| < \overline{\delta}} f(x) - A \right|, \left| \inf_{0 < |x-x_0| < \overline{\delta}} f(x) - A \right| \right\} < \varepsilon.$$

故由函数极限的分析定义可知, $\lim\limits_{x \to x_0} f(x) = A$.   □

性质 2   (1) 若 $\varlimsup\limits_{x \to x_0} f(x)$ 存在, 则 $f(x)$ 在 $x = x_0$ 的某去心邻域内有上界.

(2) 若 $\varliminf\limits_{x \to x_0} f(x)$ 存在, 则 $f(x)$ 在 $x = x_0$ 的某去心邻域内有下界.

证   仅证上极限情形, 下极限情形类似可证. 设 $\varlimsup\limits_{x \to x_0} f(x) = A$. 则由上极限定义知, 存在 $\delta_1 > 0$, 当 $0 < \delta < \delta_1$ 时, $\left| \sup\limits_{0 < |x-x_0| < \delta} f(x) - A \right| < 1$. 取 $\overline{\delta} = \dfrac{\delta_1}{2}$. 则当 $0 < |x - x_0| < \overline{\delta}$ 时,

$$\sup_{0 < |x-x_0| < \overline{\delta}} f(x) < A + 1.$$

从而当 $0 < |x - x_0| < \overline{\delta}$ 时, $f(x) < A + 1$. 故结论成立. □

性质 3 若 $\overline{\lim\limits_{x \to x_0}} f(x) = A$, $\underline{\lim\limits_{x \to x_0}} g(x) = B$ 且 $A < B$, 则存在 $\delta > 0$, 当 $0 < |x - x_0| < \delta$ 时, $f(x) < g(x)$.

证 由上极限和下极限的定义可知, 对 $\varepsilon = \dfrac{B - A}{2}$, 存在 $\delta_1 > 0$, 当 $0 < \delta < \delta_1$ 时,

$$\sup_{0 < |x - x_0| < \delta} f(x) < A + \frac{B - A}{2} = \frac{A + B}{2} = B - \frac{B - A}{2} < \inf_{0 < |x - x_0| < \delta} g(x).$$

从而当 $0 < \delta < \delta_1$ 时,

$$\sup_{0 < |x - x_0| < \delta} f(x) < \inf_{0 < |x - x_0| < \delta} g(x).$$

取 $\delta = \dfrac{\delta_1}{2}$. 则当 $0 < |x - x_0| < \delta$ 时,

$$f(x) \leqslant \sup_{0 < |x - x_0| < \delta} f(x) < \inf_{0 < |x - x_0| < \delta} g(x) \leqslant g(x). \qquad \square$$

性质 4 (1) 若 $\overline{\lim\limits_{x \to x_0}} f(x) = A$ 且 $A < B$, 则存在 $\delta > 0$, 当 $0 < |x - x_0| < \delta$ 时, $f(x) < B$;

(2) 若 $\underline{\lim\limits_{x \to x_0}} f(x) = A$ 且 $A > B$, 则存在 $\delta > 0$, 当 $0 < |x - x_0| < \delta$ 时, $f(x) > B$.

证 仅证上极限情形, 下极限情形类似可证. 取 $g(x) = B$. 则 $\underline{\lim\limits_{x \to x_0}} g(x) = B$. 故由 $A < B$ 和性质 3 可知结论显然成立. □

性质 5 (1) $\overline{\lim\limits_{x \to x_0}} f(x) = A \iff$ 对任意的数列 $\{x_n\}$, $x_n \neq x_0$, 只要有 $\lim\limits_{n \to \infty} x_n = x_0$, 则有 $\overline{\lim\limits_{n \to \infty}} f(x_n) = A$.

(2) $\underline{\lim\limits_{x \to x_0}} f(x) = A \iff$ 对任意的数列 $\{x_n\}$, $x_n \neq x_0$, 只要有 $\lim\limits_{n \to \infty} x_n = x_0$, 则有 $\underline{\lim\limits_{n \to \infty}} f(x_n) = A$.

证 仅证上极限情形, 下极限情形类似可证. (必要性) 设 $\overline{\lim\limits_{x \to x_0}} f(x) = A$. 则由上极限的定义可知, 对任意的 $\varepsilon > 0$, 存在 $\overline{\delta} > 0$ 使得 $\left| \sup\limits_{0 < |x - x_0| < \overline{\delta}} f(x) - A \right| < \varepsilon$.

因为 $\lim\limits_{n \to \infty} x_n = x_0$ 且 $x_n \neq x_0$, 所以对 $\overline{\delta} > 0$, 存在 $N \in \mathbb{N}^+$, 当 $n > N$ 时, $0 < |x_n - x_0| < \overline{\delta}$. 从而当 $n > N$ 时, $\left| \sup\limits_{k > n} f(x_k) - A \right| < \varepsilon$, 即 $\overline{\lim\limits_{n \to \infty}} f(x_n) = A$.

(充分性) 反证法. 假设 $\overline{\lim\limits_{x \to x_0}} f(x) \neq A$. 则存在 $\varepsilon_0 > 0$, 对任意的 $\overline{\delta} > 0$, 存在 $\widehat{\delta} > 0$, 当 $0 < \widehat{\delta} < \overline{\delta}$ 时,

$$\left| \sup_{0 < |x - x_0| < \widehat{\delta}} f(x) - A \right| > \varepsilon_0.$$

则当 $0 < \widehat{\delta} < \overline{\delta}$ 时, $\sup\limits_{0 < |x-x_0| < \widehat{\delta}} f(x) - A > \varepsilon_0$ 或 $\sup\limits_{0 < |x-x_0| < \widehat{\delta}} f(x) - A < -\varepsilon_0$. 取 $\overline{\delta} = 1$, 则存在 x_1 满足 $0 < |x_1 - x_0| < 1$ 且 $f(x_1) - A \geqslant \varepsilon_0$ 或 $f(x_1) - A \leqslant -\varepsilon_0$. 取 $\overline{\delta} = \dfrac{1}{2}$ 时, 存在 x_2 满足 $0 < |x_2 - x_0| < \dfrac{1}{2}$ 且 $f(x_2) - A \geqslant \varepsilon_0$ 或 $f(x_2) - A \leqslant -\varepsilon_0$. 依次进行下去, 可构造数列 $\{x_n\}$ 满足对任意的 $n \in \mathbb{N}^+, 0 < |x_n - x_0| < \dfrac{1}{n}$ 且 $f(x_n) - A \geqslant \varepsilon_0$ 或 $f(x_n) - A \leqslant -\varepsilon_0$. 显然, $\lim\limits_{n \to \infty} x_n = x_0$ 且 $x_n \neq x_0$. 然而, 对任意的 $k \in \mathbb{N}^+$,

$$\left| \sup_{n > k} f(x_n) - A \right| \geqslant \varepsilon_0.$$

这与条件 $\overline{\lim\limits_{n \to \infty}} f(x_n) = A$ 矛盾. $\qquad\square$

性质 6 若函数的上 (下) 极限存在, 则必唯一.

证 仅证上极限情形, 下极限情形类似可证. 设 $\overline{\lim\limits_{x \to x_0}} f(x) = A, \overline{\lim\limits_{x \to x_0}} f(x) = B$ 且 $A \neq B$. 取数列 $\{x_n\}, x_n \neq x_0$ 且 $\lim\limits_{n \to \infty} x_n = x_0$. 则由本节性质 5 可知, $\overline{\lim\limits_{n \to \infty}} f(x_n) = A, \overline{\lim\limits_{n \to \infty}} f(x_n) = B$. 这与数列上极限的唯一性矛盾. $\qquad\square$

性质 7 (1) 若存在 $\delta_1 > 0$, 当 $0 < |x - x_0| < \delta_1$ 时, $f(x) \leqslant h(x) \leqslant g(x)$ 且 $\overline{\lim\limits_{x \to x_0}} f(x) = \overline{\lim\limits_{x \to x_0}} g(x) = A$, 则 $\overline{\lim\limits_{x \to x_0}} h(x) = A$.

(2) 若存在 $\delta_1 > 0$, 当 $0 < |x - x_0| < \delta_1$ 时, $f(x) \leqslant h(x) \leqslant g(x)$ 且 $\underline{\lim\limits_{x \to x_0}} f(x) = \underline{\lim\limits_{x \to x_0}} g(x) = A$, 则 $\underline{\lim\limits_{x \to x_0}} h(x) = A$.

证 仅证上极限情形, 下极限情形类似可证. 由上极限的定义可知, 对任意的 $\varepsilon > 0$, 存在 $\delta_2 > 0$, 当 $0 < \delta < \delta_2$ 时,

$$\left| \sup_{0 < |x-x_0| < \delta} f(x) - A \right| < \varepsilon, \qquad \left| \sup_{0 < |x-x_0| < \delta} g(x) - A \right| < \varepsilon.$$

而由条件可知

$$\sup_{0 < |x-x_0| < \delta_1} f(x) \leqslant \sup_{0 < |x-x_0| < \delta_1} h(x) \leqslant \sup_{0 < |x-x_0| < \delta_1} g(x).$$

取 $\delta_3 = \min\{\delta_1, \delta_2\}$. 则当 $0 < \delta < \delta_3$ 时,

$$\left| \sup_{0 < |x-x_0| < \delta} h(x) - A \right| \leqslant \max \left\{ \left| \sup_{0 < |x-x_0| < \delta} f(x) - A \right|, \left| \sup_{0 < |x-x_0| < \delta} g(x) - A \right| \right\} < \varepsilon.$$

故由上极限的定义可知, $\varliminf_{x \to x_0} h(x) = A$. □

性质 8 若函数 $f(x)$ 在 $x = x_0$ 的某去心邻域内有界, 则

(1) $\varlimsup_{x \to x_0} (-f(x)) = -\varliminf_{x \to x_0} f(x)$;

(2) $\varliminf_{x \to x_0} (-f(x)) = -\varlimsup_{x \to x_0} f(x)$.

证 仅证情形 (1), 情形 (2) 类似可证. 事实上,

$$\varlimsup_{x \to x_0} (-f(x)) = \lim_{\delta \to 0^+} \sup_{0 < |x-x_0| < \delta} (-f(x))$$

$$= -\lim_{\delta \to 0^+} \inf_{0 < |x-x_0| < \delta} f(x) = -\varliminf_{x \to x_0} f(x). \quad \square$$

性质 9 (1) $\varlimsup_{x \to x_0} (f(x) + g(x)) \leqslant \varlimsup_{x \to x_0} f(x) + \varlimsup_{x \to x_0} g(x)$;

(2) $\varliminf_{x \to x_0} (f(x) + g(x)) \geqslant \varliminf_{x \to x_0} f(x) + \varliminf_{x \to x_0} g(x)$.

证 仅证上极限情形, 下极限情形作为习题. 因对任意的 $\delta > 0$, 当 $0 < |x - x_0| < \delta$ 时,

$$f(x) + g(x) \leqslant \sup_{0 < |x-x_0| < \delta} f(x) + \sup_{0 < |x-x_0| < \delta} g(x).$$

从而 $\sup\limits_{0 < |x-x_0| < \delta} (f(x) + g(x)) \leqslant \sup\limits_{0 < |x-x_0| < \delta} f(x) + \sup\limits_{0 < |x-x_0| < \delta} g(x)$. 故

$$\lim_{\delta \to 0^+} \sup_{0 < |x-x_0| < \delta} (f(x) + g(x)) \leqslant \lim_{\delta \to 0^+} \sup_{0 < |x-x_0| < \delta} f(x) + \lim_{\delta \to 0^+} \sup_{0 < |x-x_0| < \delta} g(x),$$

即 $\varlimsup_{x \to x_0} (f(x) + g(x)) \leqslant \varlimsup_{x \to x_0} f(x) + \varlimsup_{x \to x_0} g(x)$. □

性质 10 若 $\lim\limits_{x \to x_0} f(x)$ 存在, 则

(1) $\varlimsup_{x \to x_0} (f(x) + g(x)) = \lim_{x \to x_0} f(x) + \varlimsup_{x \to x_0} g(x)$;

(2) $\varliminf_{x \to x_0} (f(x) + g(x)) = \lim_{x \to x_0} f(x) + \varliminf_{x \to x_0} g(x)$.

证 仅证上极限情形, 下极限情形作为习题. 一方面, 由本节性质 9(1) 可知

$$\varlimsup_{x \to x_0} (f(x) + g(x)) \leqslant \varlimsup_{x \to x_0} f(x) + \varlimsup_{x \to x_0} g(x) = \lim_{x \to x_0} f(x) + \varlimsup_{x \to x_0} g(x).$$

另一方面, 因为

$$\varlimsup_{x \to x_0} g(x) = \varlimsup_{x \to x_0} (f(x) + g(x) - f(x))$$

$$\leqslant \varlimsup_{x \to x_0} (f(x) + g(x)) + \varlimsup_{x \to x_0} (-f(x))$$

$$= \varlimsup_{x \to x_0} (f(x) + g(x)) - \varliminf_{x \to x_0} f(x),$$

所以 $\varlimsup\limits_{x \to x_0} (f(x) + g(x)) \geqslant \varliminf\limits_{x \to x_0} f(x) + \varlimsup\limits_{x \to x_0} g(x)$. 故结论得证. □

性质 11 若 $\varliminf\limits_{x \to x_0} f(x) > 0$, 则

(1) $\varlimsup\limits_{x \to x_0} \dfrac{1}{f(x)} = \dfrac{1}{\varliminf\limits_{x \to x_0} f(x)}$;

(2) $\varliminf\limits_{x \to x_0} \dfrac{1}{f(x)} = \dfrac{1}{\varlimsup\limits_{x \to x_0} f(x)}$.

证 仅证情形 (1), 情形 (2) 类似可证. 事实上,

$$\varlimsup_{x \to x_0} \frac{1}{f(x)} = \lim_{\delta \to 0^+} \sup_{0 < |x - x_0| < \delta} \frac{1}{f(x)} = \frac{1}{\lim\limits_{\delta \to 0^+} \inf\limits_{0 < |x - x_0| < \delta} f(x)} = \frac{1}{\varliminf\limits_{x \to x_0} f(x)}. \quad \square$$

性质 12 若 $f(x)$ 与 $g(x)$ 在 $x = x_0$ 的某去心邻域内满足 $f(x) \geqslant 0, g(x) \geqslant 0$, 则

(1) $\varlimsup\limits_{x \to x_0} (f(x) \cdot g(x)) \leqslant \varlimsup\limits_{x \to x_0} f(x) \cdot \varlimsup\limits_{x \to x_0} g(x)$;

(2) $\varliminf\limits_{x \to x_0} (f(x) \cdot g(x)) \geqslant \varliminf\limits_{x \to x_0} f(x) \cdot \varliminf\limits_{x \to x_0} g(x)$.

证 仅证上极限情形, 下极限情形的证明作为习题. 由条件可知, 对任意的 $\delta > 0$, 当 $0 < |x - x_0| < \delta$ 时,

$$f(x) \cdot g(x) \leqslant \sup_{0 < |x - x_0| < \delta} f(x) \cdot \sup_{0 < |x - x_0| < \delta} g(x).$$

从而 $\sup\limits_{0 < |x - x_0| < \delta} (f(x) \cdot g(x)) \leqslant \sup\limits_{0 < |x - x_0| < \delta} f(x) \cdot \sup\limits_{0 < |x - x_0| < \delta} g(x)$. 故

$$\lim_{\delta \to 0^+} \sup_{0 < |x - x_0| < \delta} (f(x) \cdot g(x)) \leqslant \lim_{\delta \to 0^+} \sup_{0 < |x - x_0| < \delta} f(x) \cdot \lim_{\delta \to 0^+} \sup_{0 < |x - x_0| < \delta} g(x),$$

即 $\varlimsup\limits_{x \to x_0} (f(x) \cdot g(x)) \leqslant \varlimsup\limits_{x \to x_0} f(x) \cdot \varlimsup\limits_{x \to x_0} g(x)$. □

性质 13　若函数 $f(x)$ 与函数 $g(x)$ 在 $x = x_0$ 的某去心邻域内满足 $f(x) \geqslant 0$, $g(x) \geqslant 0$ 且 $\lim\limits_{x \to x_0} f(x) > 0$, 则

(1) $\overline{\lim\limits_{x \to x_0}} (f(x) \cdot g(x)) = \lim\limits_{x \to x_0} f(x) \cdot \overline{\lim\limits_{x \to x_0}} g(x)$;

(2) $\underline{\lim\limits_{x \to x_0}} (f(x) \cdot g(x)) = \lim\limits_{x \to x_0} f(x) \cdot \underline{\lim\limits_{x \to x_0}} g(x)$.

证　仅证上极限情形, 下极限情形的证明作为习题. 一方面, 由性质 12(1) 可知

$$\overline{\lim\limits_{x \to x_0}} (f(x) \cdot g(x)) \leqslant \overline{\lim\limits_{x \to x_0}} f(x) \cdot \overline{\lim\limits_{x \to x_0}} g(x) = \lim\limits_{x \to x_0} f(x) \cdot \overline{\lim\limits_{x \to x_0}} g(x).$$

另一方面, 因为

$$\overline{\lim\limits_{x \to x_0}} g(x) = \overline{\lim\limits_{x \to x_0}} \left((f(x) \cdot g(x)) \cdot \frac{1}{f(x)} \right)$$

$$\leqslant \overline{\lim\limits_{x \to x_0}} (f(x) \cdot g(x)) \cdot \overline{\lim\limits_{x \to x_0}} \frac{1}{f(x)}$$

$$= \overline{\lim\limits_{x \to x_0}} (f(x) \cdot g(x)) \cdot \frac{1}{\lim\limits_{x \to x_0} f(x)},$$

且 $\lim\limits_{x \to x_0} f(x) > 0$, 所以 $\overline{\lim\limits_{x \to x_0}} (f(x) \cdot g(x)) \geqslant \lim\limits_{x \to x_0} f(x) \cdot \overline{\lim\limits_{x \to x_0}} g(x)$. 故结论得证. □

例 1　设 $\lim\limits_{x \to 0} f(x) = 0$ 且 $\lim\limits_{x \to 0} \dfrac{f(x) - f\left(\frac{x}{2}\right)}{x} = 0$. 证明: $\lim\limits_{x \to 0} \dfrac{f(x)}{x} = 0$.

证　一方面, 因为

$$\overline{\lim\limits_{x \to 0}} \frac{f(x)}{x} = \overline{\lim\limits_{x \to 0}} \left(\frac{f(x) - f\left(\frac{x}{2}\right)}{x} + \frac{f\left(\frac{x}{2}\right)}{x} \right)$$

$$\leqslant \overline{\lim\limits_{x \to 0}} \frac{f(x) - f\left(\frac{x}{2}\right)}{x} + \overline{\lim\limits_{x \to 0}} \frac{f\left(\frac{x}{2}\right)}{x} = \frac{1}{2} \overline{\lim\limits_{x \to 0}} \frac{f(x)}{x},$$

所以 $\overline{\lim\limits_{x \to 0}} \dfrac{f(x)}{x} \leqslant 0$. 另一方面, 因为

$$\underline{\lim\limits_{x \to 0}} \frac{f(x)}{x} = \underline{\lim\limits_{x \to 0}} \left(\frac{f(x) - f\left(\frac{x}{2}\right)}{x} + \frac{f\left(\frac{x}{2}\right)}{x} \right)$$

$$\geqslant \underline{\lim\limits_{x \to 0}} \frac{f(x) - f\left(\frac{x}{2}\right)}{x} + \underline{\lim\limits_{x \to 0}} \frac{f\left(\frac{x}{2}\right)}{x} = \frac{1}{2} \underline{\lim\limits_{x \to 0}} \frac{f(x)}{x},$$

所以 $\varliminf\limits_{x\to 0}\dfrac{f(x)}{x}\geqslant 0$. 从而 $\lim\limits_{x\to 0}\dfrac{f(x)}{x}=0$.   □

例 2   设函数 $f(x)$ 在开区间 (a,b) 内连续且对任意的 $x\in (a,b)$,

$$\varliminf_{h\to 0^+}\frac{f(x+h)-f(x-h)}{h}\geqslant 0.$$

证明: $f(x)$ 在 (a,b) 内单调不减.

证   令

$$Df(x)=\varliminf_{h\to 0^+}\frac{f(x+h)-f(x-h)}{h}.$$

若函数 $f(x)$ 在 (a,b) 内可导, 则 $Df(x)=2f'(x)$. 令 $g(x)=f(x)+\varepsilon x$, 其中 $\varepsilon >0$. 则由条件可知 $Dg(x)=Df(x)+2\varepsilon \geqslant 2\varepsilon >0$. 从而 $g(x)$ 在 (a,b) 内单调不减. 若不然, 设 $g(x)$ 在 (a,b) 内非单调不减, 则存在 $a<\alpha <\beta <b$ 满足 $g(\alpha)>g(\beta)$. 由第二章第二节的例 2 可知, 存在 $c\in (\alpha,\beta)$, 使得 $Dg(c)\leqslant 0$ 这与对任意的 $x\in (a,b)$ 满足 $Dg(x)\geqslant 2\varepsilon >0$ 矛盾. 因此 $g(x)$ 在 (a,b) 内单调不减. 对任意的 $x_1,x_2\in (a,b)$, 不妨设 $x_1<x_2$. 则

$$g(x_1)\leqslant g(x_2),\quad f(x_1)+\varepsilon x_1\leqslant f(x_2)+\varepsilon x_2.$$

从而由 ε 的任意性可知, $f(x_1)\leqslant f(x_2)$, 即 $f(x)$ 在 (a,b) 内单调不减.   □

第三节   函数的上 (下) 半连续性及其性质

函数的上 (下) 半连续性是对函数连续性概念的重要推广. 本节主要介绍函数上 (下) 半连续的定义以及上 (下) 半连续函数的一些基本性质. 特别地, 证明闭区间上的上半连续函数必存在最大值、闭区间上的下半连续函数必存在最小值.

一、 函数上 (下) 半连续的定义

定义 1   设函数 $f(x)$ 在 $x=x_0$ 的某邻域内有定义. 若对任意的 $\varepsilon >0$, 存在 $\delta >0$, 当 $|x-x_0|<\delta$ 时, $f(x)<f(x_0)+\varepsilon$, 则称 $f(x)$ 在 $x=x_0$ 处上半连续, 记为 $\varlimsup\limits_{x\to x_0}f(x)=f(x_0)$.

定义 2   设函数 $f(x)$ 在 $x=x_0$ 的某邻域内有定义. 若对任意的 $\varepsilon >0$, 存在 $\delta >0$, 当 $|x-x_0|<\delta$ 时, $f(x)>f(x_0)-\varepsilon$, 则称 $f(x)$ 在 $x=x_0$ 处下半连续, 记为 $\varliminf\limits_{x\to x_0}f(x)=f(x_0)$.

二、上 (下) 半连续函数的性质

性质 1 若函数 $f(x)$ 与 $g(x)$ 在闭区间 $[a,b]$ 上是上 (下) 半连续的, 则函数 $f(x)+g(x)$ 在 $[a,b]$ 上也上 (下) 半连续.

证 仅证上半连续的情形, 下半连续情形类似可证. 因为 $f(x)$, $g(x)$ 在 $[a,b]$ 上是上半连续的, 所以对任意的 $\varepsilon > 0$, 存在 $\delta > 0$, 当 $x \in [a,b]$, $|x-x_0| < \delta$ 时,

$$f(x) < f(x_0) + \frac{\varepsilon}{2}, \quad g(x) < g(x_0) + \frac{\varepsilon}{2}.$$

所以当 $|x-x_0| < \delta$ 时, $f(x)+g(x) < f(x_0)+g(x_0)+\varepsilon$. 故函数 $f(x)+g(x)$ 在 $[a,b]$ 上是上半连续的. $\qquad\square$

性质 2 若函数 $f(x)$ 在闭区间 $[a,b]$ 上是上 (下) 半连续的, 则 $-f(x)$ 在 $[a,b]$ 上是下 (上) 半连续的.

证 由函数上 (下) 半连续性的定义, 结论显然成立. $\qquad\square$

性质 3 (1) 若函数 $f(x)$, $g(x)$ 在闭区间 $[a,b]$ 上均上半连续且满足对任意的 $x \in [a,b]$, $f(x) > 0, g(x) > 0$, 则 $f(x)g(x)$ 在 $[a,b]$ 上是上半连续的;

(2) 若函数 $f(x)$, $g(x)$ 在闭区间 $[a,b]$ 上均下半连续且满足对任意的 $x \in [a,b]$, $f(x) < 0, g(x) < 0$, 则 $f(x)g(x)$ 在 $[a,b]$ 上是上半连续的;

(3) 若函数 $f(x)$, $g(x)$ 在闭区间 $[a,b]$ 上满足对任意的 $x \in [a,b]$, $f(x) > 0, g(x) < 0$ 且 $f(x)$ 上半连续, $g(x)$ 下半连续, 则 $f(x)g(x)$ 在 $[a,b]$ 上是下半连续的.

证 仅证情形 (1), 情形 (2) 与 (3) 类似可证. 由 $f(x)$, $g(x)$ 在 $[a,b]$ 上均上半连续可知, 对任意的 $\varepsilon > 0$, 存在 $\delta > 0$, 当 $|x-x_0| < \delta$ 时, $f(x) < f(x_0)+\varepsilon$ 且 $g(x) < g(x_0)+\varepsilon$. 从而当 $|x-x_0| < \delta$ 时,

$$f(x) \cdot g(x) < f(x_0) \cdot g(x_0) + \varepsilon \cdot g(x_0) + \varepsilon \cdot f(x_0) + \varepsilon \cdot \varepsilon,$$

即函数 $f(x)g(x)$ 在 $[a,b]$ 上是上半连续的. $\qquad\square$

性质 4 若函数 $f(x)$ 在闭区间 $[a,b]$ 上是上 (下) 半连续的且 $f(x) > 0$, 则 $\dfrac{1}{f(x)}$ 在 $[a,b]$ 上是下 (上) 半连续的.

证 仅证 $f(x)$ 为上半连续情形, 下半连续情形类似可证. 因为 $f(x)$ 在 $[a,b]$ 上是上半连续的, 所以对任意的 $\varepsilon > 0$, 存在 $\delta > 0$, 当 $|x-x_0| < \delta$ 时, $f(x) < f(x_0)+\varepsilon$. 因此, 当 $|x-x_0| < \delta$ 时,

$$\frac{1}{f(x)} > \frac{1}{f(x_0)+\varepsilon} = \frac{f(x_0)-\varepsilon}{f^2(x_0)-\varepsilon^2} > \frac{1}{f(x_0)} - \varepsilon',$$

其中 $\varepsilon' = \dfrac{\varepsilon}{f^2(x_0) - \varepsilon^2}$. 从而当 $|x - x_0| < \delta$ 时, $\dfrac{1}{f(x)} > \dfrac{1}{f(x_0)} - \varepsilon'$, 即函数 $\dfrac{1}{f(x)}$ 在闭区间 $[a, b]$ 上是下半连续的. □

性质 5　(1) 若函数 $f(x)$ 在闭区间 $[a, b]$ 上是上半连续的, 则 $f(x)$ 在 $[a, b]$ 上必存在最大值.

(2) 若函数 $f(x)$ 在闭区间 $[a, b]$ 上是下半连续的, 则 $f(x)$ 在 $[a, b]$ 上必存在最小值.

证　仅证情形 (1), 情形 (2) 的证明留作习题. 对任意的 $x_0 \in [a, b]$, 由 $f(x)$ 在 $x = x_0$ 处上半连续可知, 存在 $\delta_{x_0} > 0$, 对任意的 $x \in (x_0 - \delta_{x_0}, x_0 + \delta_{x_0})$, $f(x) < f(x_0) + 1$, 即 $f(x)$ 在 $(x_0 - \delta_{x_0}, x_0 + \delta_{x_0})$ 内有上界 $M_{x_0} = f(x_0) + 1$. 由 $x_0 \in [a, b]$ 的任意性可知, 可以构造闭区间 $[a, b]$ 的开覆盖且满足

$$[a, b] \subset \bigcup_{x \in [a,b]} (x - \delta_x, x + \delta_x).$$

由有限覆盖定理可知, 必存在有限个开区间也覆盖 $[a, b]$, 即

$$[a, b] \subset \bigcup_{i=1}^{k} (x_i - \delta_{x_i}, x_i + \delta_{x_i}).$$

令 $M = \max\limits_{1 \leqslant i \leqslant k} \{M_i\}$. 则对任意的 $x \in [a, b]$, $f(x) < M$. 进一步, 由 $f(x)$ 在 $[a, b]$ 上有上界以及确界定理可知, $f(x)$ 在 $[a, b]$ 上必存在上确界. 令 $\sup\limits_{x \in [a,b]} = \overline{M}$. 显然, 对任意的 $x \in [a, b]$, $f(x) \leqslant \overline{M}$. 若对任意的 $x \in [a, b]$, $f(x) < \overline{M}$, 即 $\overline{M} - f(x) > 0$. 所以由本节性质 2 及性质 4 可知, $\dfrac{1}{\overline{M} - f(x)}$ 在 $[a, b]$ 上是上半连续的. 从而存在 $\widehat{M} > 0$, 对任意的 $x \in [a, b]$, $\dfrac{1}{\overline{M} - f(x)} < \widehat{M}$, 即 $f(x) < \overline{M} - \dfrac{1}{\widehat{M}}$. 这与 $\overline{M}$ 为上确界矛盾, 即存在 $\xi \in [a, b]$ 使得 $f(\xi) = \overline{M}$. □

习　题　三

1. 设数列 $\{a_n\}$ 与 $\{b_n\}$ 有界. 证明: $\varliminf\limits_{n \to \infty} (a_n + b_n) \geqslant \varliminf\limits_{n \to \infty} a_n + \varliminf\limits_{n \to \infty} b_n$.

2. 设 $\lim\limits_{n \to \infty} a_n$ 存在. 证明: $\varliminf\limits_{n \to \infty} (a_n + b_n) = \lim\limits_{n \to \infty} a_n + \varliminf\limits_{n \to \infty} b_n$.

3. 设数列 $\{a_n\}$ 与 $\{b_n\}$ 满足 $a_n \geqslant 0, b_n \geqslant 0$. 证明: $\varliminf\limits_{n \to \infty} (a_n \cdot b_n) \geqslant \varliminf\limits_{n \to \infty} a_n \cdot \varliminf\limits_{n \to \infty} b_n$.

4. 设对任意的 $n \in \mathbb{N}^+$, $a_n > 0$ 且 $\varlimsup\limits_{n \to \infty} a_n \cdot \varlimsup\limits_{n \to \infty} \dfrac{1}{a_n} = 1$. 证明: 数列 $\{a_n\}$ 收敛.

5. 设 $f(x) = \dfrac{x^2 \sin x - 1}{x^2 - \sin x} \sin x$. 求 $\varlimsup\limits_{x \to +\infty} f(x)$ 和 $\varliminf\limits_{x \to +\infty} f(x)$.

6. 利用上 (下) 极限的定义证明:

$$\varlimsup_{x \to x_0} f(x) = \inf_{\delta > 0} \sup_{0 < |x - x_0| < \delta} f(x), \qquad \varliminf_{x \to x_0} f(x) = \sup_{\delta > 0} \inf_{0 < |x - x_0| < \delta} f(x).$$

7. 证明: $\varliminf\limits_{x \to x_0} (f(x) + g(x)) \geqslant \varliminf\limits_{x \to x_0} f(x) + \varliminf\limits_{x \to x_0} g(x)$.

8. 设 $\lim\limits_{x \to x_0} f(x)$ 存在. 证明: $\varliminf\limits_{x \to x_0} (f(x) + g(x)) = \lim\limits_{x \to x_0} f(x) + \varliminf\limits_{x \to x_0} g(x)$.

9. 函数 $f(x)$ 与 $g(x)$ 在 $x = x_0$ 的某去心邻域内满足 $f(x) \geqslant 0, g(x) \geqslant 0$. 证明:

$$\varliminf_{x \to x_0} (f(x) \cdot g(x)) \geqslant \varliminf_{x \to x_0} f(x) \cdot \varliminf_{x \to x_0} g(x).$$

10. 设函数 $f(x)$ 与函数 $g(x)$ 在 $x = x_0$ 的某去心邻域内满足 $f(x) \geqslant 0$, $g(x) \geqslant 0$ 且 $\lim\limits_{x \to x_0} f(x) > 0$. 证明: $\varliminf\limits_{x \to x_0} (f(x) \cdot g(x)) = \lim\limits_{x \to x_0} f(x) \cdot \varliminf\limits_{x \to x_0} g(x)$.

11. 证明: 闭区间上的下半连续函数 $f(x)$ 必存在最小值.

第四章 微分与广义微分中值定理

第一节 微分中值定理

微分中值定理是研究可微函数性态十分重要的工具, 在微分学理论中扮演了十分重要的作用. 本节主要介绍泰勒中值定理、柯西中值定理, 包括其特殊情形拉格朗日中值定理和罗尔中值定理, 以及这些微分中值定理的一些应用.

引理 1 (费马定理) 设对任意的 $x \in (x_0 - \delta, x_0 + \delta)$, $f(x) \leqslant f(x_0)$(或 $f(x) \geqslant f(x_0)$). 若函数 $f(x)$ 在 $x = x_0$ 可导, 则 $f'(x_0) = 0$.

引理 2 (导函数介值定理) 若函数 $f(x)$ 在闭区间 $[a,b]$ 上可导, 则对于 $f'(a)$ 和 $f'(b)$ 之间的任一实数 μ, 必存在 $c \in (a,b)$ 使得 $f'(c) = \mu$.

证 不妨设 $f'(a) < \mu < f'(b)$. 对任意的 $x \in [a,b]$, 令 $g(x) = f(x) - \mu x$. 因为 $g(x)$ 在 $[a,b]$ 上可导, 所以 $g(x)$ 在 $[a,b]$ 上连续. 由闭区间上连续函数的最值存在定理可知, $g(x)$ 在 $[a,b]$ 上存在最小值点 $c \in [a,b]$.

若 $c \in (a,b)$, 则由费马定理可知, $g'(c) = 0$, 即 $f'(c) = \mu$.

若 $c = a$, 则对任意的 $x \in [a,b]$, $g(x) \geqslant g(a)$. 从而

$$\lim_{x \to a^+} \frac{g(x) - g(a)}{x - a} = g'_+(a) \geqslant 0.$$

这与 $g'_+(a) = f'_+(a) - \mu < 0$ 矛盾. 故 $c \neq a$. 同理可证 $c \neq b$. □

下面给出导函数介值定理的等价形式.

引理 3 若函数 $f(x)$ 在闭区间 $[a,b]$ 上可导且 $f'(x) \neq 0$, 则导函数 $f'(x)$ 在 $[a,b]$ 上恒大于 0 或恒小于 0.

证 (引理 2 $\Longrightarrow$ 引理 3) 设对任意的 $x \in [a,b]$, $f'(x) \neq 0$ 且存在 $x_0, x_1 \in [a,b]$ 使得 $f'(x_0)$ 与 $f'(x_1)$ 异号. 则由引理 2 可知, 存在 $c \in (a,b)$ 使得 $f'(c) = 0$. 这与条件矛盾.

(引理 3 $\Longrightarrow$ 引理 2) 不妨设 $f'(a) < \mu < f'(b)$. 对任意的 $x \in [a,b]$, 令 $g(x) = f(x) - \mu x$. 则 $g'(x) = f'(x) - \mu$ 且 $g'(a) < 0, g'(b) > 0$. 若引理 2 的结论不成立, 则对任意的 $x \in (a,b), g'(x) \neq 0$. 由引理 3 可得, $g'(x)$ 在 $[a,b]$ 上恒大于 0 或恒小于 0. 这与 $g'(a) < 0, g'(b) > 0$ 矛盾. 因此, 存在 $c \in (a,b)$ 使得 $g'(c) = 0$, 即 $f'(c) = \mu$. □

定理 1 (柯西中值定理)　若函数 $f(x), g(x)$ 在闭区间 $[a,b]$ 上连续, 在开区间 (a,b) 内可导且对任意的 $x \in (a,b)$, $g'(x) \neq 0$, 则存在 $\xi \in (a,b)$ 使得

$$\frac{f(b) - f(a)}{g(b) - g(a)} = \frac{f'(\xi)}{g'(\xi)}.$$

证　因为对任意的 $x \in (a,b)$, $g'(x) \neq 0$, 所以由引理 3 可知, $g'(x)$ 恒大于 0 或恒小于 0. 从而 $g(a) \neq g(b)$. 对任意的 $x \in [a,b]$, 令

$$\varphi(x) = f(x) - \frac{f(b) - f(a)}{g(b) - g(a)}(g(x) - g(a)).$$

显然, $\varphi(a) = \varphi(b)$. 因为 $f(x)$ 和 $g(x)$ 在 $[a,b]$ 上连续, 所以 $\varphi(x)$ 在 $[a,b]$ 上连续. 由闭区间上连续函数的最值存在定理可知, $\varphi(x)$ 在 $[a,b]$ 上存在最大值 M 和最小值 m. 不妨设 $\varphi(\xi) = M$, $\varphi(\eta) = m$.

(1) 若 $M = m$, 则对任意的 $x \in [a,b]$, $\varphi'(x) = 0$, 结论得证.

(2) 若 $M > m$, 则由 $\varphi(a) = \varphi(b)$ 可知, ξ 与 η 至少有一个属于 (a,b). 从而由引理 1 可知结论成立.　　　　　　　　　　　　　　　　　　　　　　　　□

推论 1 (拉格朗日中值定理)　若函数 $f(x)$ 在闭区间 $[a,b]$ 上连续, 在开区间 (a,b) 内可导, 则存在 $\xi \in (a,b)$ 使得

$$f'(\xi) = \frac{f(b) - f(a)}{b - a}.$$

证　在定理 1 中取 $g(x) = x$. 结论立即得证.　　　　　　　　　　　□

推论 2 (罗尔中值定理)　若函数 $f(x)$ 在闭区间 $[a,b]$ 上连续, 在开区间 (a,b) 内可导且 $f(a) = f(b)$, 则存在 $\xi \in (a,b)$ 使得 $f'(\xi) = 0$.

证　由推论 1 可知结论显然成立.　　　　　　　　　　　　　　　　□

定理 2 (泰勒中值定理)　若函数 $f(x)$ 在 $x = x_0$ 的某个邻域内存在直到 $n+1$ 阶连续导数, 则在此邻域内有

$$f(x) = f(x_0) + \frac{f'(x_0)}{1!}(x - x_0) + \cdots + \frac{f^{(n)}(x_0)}{n!}(x - x_0)^n + R_n(x),$$

其中 $R_n(x) = \dfrac{f^{(n+1)}(\xi)}{(n+1)!}(x - x_0)^{n+1}$ 且 ξ 介于 x_0 与 x 之间.

证一　令

$$P_n(x) = f(x_0) + f'(x_0)(x - x_0) + \cdots + \frac{f^{(n)}(x_0)}{n!}(x - x_0)^n, \quad Q_n(x) = (x - x_0)^{n+1}.$$

显然 $R_n(x) = f(x) - P_n(x)$. 由条件可知, $R_n(x)$ 和 $Q_n(x)$ 在 $x = x_0$ 的某邻域内具有直到 $n+1$ 阶的连续导数且

$$R_n(x_0) = \cdots = R_n^{(n)}(x_0) = 0, \quad Q_n(x_0) = \cdots = Q_n^{(n)}(x_0) = 0.$$

对该邻域内的任意 x, 不妨设 $x_0 < x$, 由柯西中值定理可得

$$\frac{R_n(x)}{Q_n(x)} = \frac{R_n(x) - R_n(x_0)}{Q_n(x) - Q_n(x_0)} = \frac{R_n'(\xi_1)}{Q_n'(\xi_1)}$$

$$= \frac{R_n'(\xi_1) - R_n'(x_0)}{Q_n'(\xi_1) - Q_n'(x_0)} = \cdots = \frac{R_n^{(n+1)}(\xi)}{Q_n^{(n+1)}(\xi)},$$

其中 $\xi \in (x_0, x)$. 由 $R_n^{(n+1)}(\xi) = f^{(n+1)}(\xi), Q_n^{(n+1)}(\xi) = (n+1)!$ 可得

$$R_n(x) = \frac{f^{(n+1)}(\xi)}{(n+1)!} Q_n(x) = \frac{f^{(n+1)}(\xi)}{(n+1)!} (x - x_0)^{n+1}. \qquad \square$$

证二[①] 在 $x = x_0$ 的邻域内任取 x, 不妨设 $x_0 < x$. 令

$$\alpha = \frac{f(x) - f(x_0) - f'(x_0)(x - x_0) - \cdots - \dfrac{f^{(n)}(x_0)}{n!}(x - x_0)^n}{(x - x_0)^{n+1}}(n+1)!,$$

$$g(x) = f(x) - f(x_0) - f'(x_0)(x - x_0) - \cdots$$
$$- \frac{f^{(n)}(x_0)}{n!}(x - x_0)^n - \frac{\alpha}{(n+1)!}(x - x_0)^{n+1}.$$

因为 $f(x), f'(x), \cdots, f^{(n)}(x)$ 在 $x = x_0$ 的某邻域内连续, 所以 $g(x), g'(x), \cdots,$ $g^{(n)}(x)$ 也连续. 显然, $g(x_0) = g'(x_0) = \cdots = g^{(n)}(x_0) = 0$. 对 $g(x)$ 在闭区间 $[x_0, x]$ 上应用罗尔中值定理可得, 存在 $\xi_1 \in (x_0, x)$ 使得 $g'(\xi_1) = 0$. 对 $g'(x)$ 在闭区间 $[x_0, \xi_1]$ 上应用罗尔中值定理可得, 存在 $\xi_2 \in (x_0, \xi_1)$ 使得 $g''(\xi_2) = 0$. 依次进行下去, 则存在 $\xi_{n+1} \in (x_0, \xi_n) \subset (x_0, \xi_{n-1}) \subset \cdots \subset (x_0, x)$ 使得 $g^{(n+1)}(\xi_{n+1}) = 0$. 令 $\xi_{n+1} = \xi$. 则 $g^{(n+1)}(\xi) = 0$, 即

$$g^{(n+1)}(\xi) = f^{(n+1)}(\xi) - \alpha = 0.$$

从而

$$f(x) = f(x_0) + \frac{f'(x_0)}{1!}(x - x_0) + \cdots + \frac{f^{(n)}(x_0)}{n!}(x - x_0)^n$$

① 证二源自 (徐凤生. 泰勒定理的新证明及其推广. 德州师专学报, 1998, 14(2): 4-5).

$$+\frac{f^{(n+1)}(\xi)}{(n+1)!}(x-x_0)^{n+1}. \qquad\qquad \square$$

注 1　若函数 $f(x)$ 在 $x=x_0$ 的某邻域内能展开为 $n+1$ 阶的泰勒展式, 则 $f(x)$ 在 $x=x_0$ 的 $n+1$ 阶导数必存在. 反之不一定成立. 例如, 取

$$f(x)=\begin{cases} \mathrm{e}^{-\frac{1}{x^2}}, & x\neq 0, \\ 0, & x=0. \end{cases}$$

则 $f(x)$ 在 $x=0$ 的任意阶导数均存在, 但 $f(x)$ 在 $x=0$ 处不能泰勒展开.

一些常见的函数在 $x=0$ 的某邻域内的泰勒展式如下:

(1) $\dfrac{1}{1-x}=1+x+x^2+\cdots+x^n+o(x^n);$

(2) $\mathrm{e}^x=1+x+\dfrac{x^2}{2!}+\cdots+\dfrac{x^n}{n!}+o(x^n);$

(3) $\sin x=x-\dfrac{x^3}{3!}+\dfrac{x^5}{5!}+\cdots+(-1)^n\dfrac{x^{2n+1}}{(2n+1)!}+o(x^{2n+1});$

(4) $\cos x=1-\dfrac{x^2}{2!}+\dfrac{x^4}{4!}+\cdots+(-1)^n\dfrac{x^{2n}}{(2n)!}+o(x^{2n});$

(5) $\ln(1+x)=x-\dfrac{x^2}{2}+\dfrac{x^3}{3}+\cdots+(-1)^{n-1}\dfrac{x^n}{n}+o(x^n);$

(6) $(1+x)^\alpha=1+\alpha x+\dfrac{\alpha(\alpha-1)}{2!}x^2+\cdots+\dfrac{\alpha(\alpha-1)\cdots(\alpha-n+1)}{n!}x^n+o(x^n).$

例 1　设函数 $f(x)$ 在闭区间 $[0,1]$ 上可导, $f(0)=0$ 且对任意的 $x\in(0,1)$, $f(x)\neq 0$. 证明: 对任意的 $m,\ n\in\mathbb{N}^+$, 存在 $\xi\in(0,1)$ 使得

$$n\frac{f'(\xi)}{f(\xi)}=m\frac{f'(1-\xi)}{f(1-\xi)}.$$

证　对任意的 $x\in[0,1]$, 令 $F(x)=f^n(x)f^m(1-x)$, 其中 $n,\ m\in\mathbb{N}^+$. 因为 $f(0)=0$, 所以 $F(0)=F(1)=0$. 故由罗尔中值定理可知, 存在 $\xi\in(0,1)$ 使得 $F'(\xi)=0$, 即

$$F'(\xi)=nf^{n-1}(\xi)f^m(1-\xi)f'(\xi)-mf^n(\xi)f^{m-1}(1-\xi)f'(1-\xi)=0.$$

又因为对任意的 $x\in(0,1), f(x)\neq 0$, 所以 $f(\xi)\neq 0, f(1-\xi)\neq 0$. 从而

$$n\frac{f'(\xi)}{f(\xi)}=m\frac{f'(1-\xi)}{f(1-\xi)}. \qquad\qquad \square$$

例 2　设函数 $f(x)$ 在闭区间 $[0,1]$ 上连续, 在开区间 $(0,1)$ 内可导且 $f(0) = f(1) = 0, f\left(\dfrac{1}{2}\right) = 1$. 证明: 存在 ξ 与 η 满足 $0 < \xi < \eta < 1$, $f(\eta) = \eta$ 且 $f'(\xi) = 1$.

证　对任意的 $x \in [0,1]$, 令 $F(x) = f(x) - x$. 显然, $F(x)$ 在 $[0,1]$ 上连续, 在 $(0,1)$ 内可导且

$$F\left(\frac{1}{2}\right) = f\left(\frac{1}{2}\right) - \frac{1}{2} = \frac{1}{2} > 0, \quad F(1) = f(1) - 1 = -1 < 0.$$

由闭区间上连续函数的零点存在定理可知, 存在 $\eta \in \left(\dfrac{1}{2}, 1\right)$ 使得 $F(\eta) = 0$, 即 $f(\eta) = \eta$. 对 $f(x)$ 在 $[0, \eta]$ 上应用拉格朗日中值定理可知, 存在 $\xi \in (0, \eta)$ 使得

$$\frac{f(\eta) - f(0)}{\eta - 0} = f'(\xi) = 1. \qquad \Box$$

例 3　设 $0 < a < b$, 函数 $f(x)$ 在闭区间 $[a,b]$ 上连续, 在开区间 (a,b) 内可导. 证明: 存在 $\xi_1, \xi_2, \xi_3 \in (a,b)$ 使得

$$f'(\xi_1) = (a + b)\frac{f'(\xi_2)}{2\xi_2} = (a^2 + ab + b^2)\frac{f'(\xi_3)}{3\xi_3^2}.$$

证　因为 $f(x)$ 在 $[a,b]$ 上连续, 在 (a,b) 内可导, 所以由拉格朗日中值定理可知, 存在 $\xi_1 \in (a,b)$ 使得 $f(a) - f(b) = (a - b)f'(\xi_1)$. 对任意的 $x \in [a,b]$, 令 $g(x) = x^2$. 则对任意的 $x \in [a,b]$, $g'(x) \neq 0$. 从而由柯西中值定理可知, 存在 $\xi_2 \in (a,b)$ 使得

$$\frac{f(a) - f(b)}{g(a) - g(b)} = \frac{f'(\xi_2)}{g'(\xi_2)},$$

即

$$f'(\xi_1) = \frac{f'(\xi_2)}{g'(\xi_2)}\frac{a^2 - b^2}{a - b} = (a + b)\frac{f'(\xi_2)}{2\xi_2}.$$

对任意的 $x \in [a,b]$, 令 $h(x) = x^3$. 则对任意的 $x \in [a,b]$, $h'(x) \neq 0$. 从而由柯西中值定理可知, 存在 $\xi_3 \in (a,b)$ 使得

$$\frac{f(a) - f(b)}{h(a) - h(b)} = \frac{f'(\xi_3)}{h'(\xi_3)},$$

即

$$f'(\xi_1) = (a^2 + ab + b^2)\frac{f'(\xi_3)}{3\xi_3^2}. \qquad \Box$$

例 4　设函数 $f(x)$ 在区间 $[a,+\infty)$ 内可导且导函数 $f'(x)$ 有界, 函数 $g(x)$ 在 $[a,+\infty)$ 内连续且 $\lim\limits_{x\to+\infty} x(f(x)-g(x))=2016$. 证明: $g(x)$ 在 $[a,+\infty)$ 内一致连续.

证　由 $f'(x)$ 有界可知, 存在 $M>0$, 对任意的 $x\in[a,+\infty)$, $|f'(x)|\leqslant M$. 对任意的 $\varepsilon>0$, 取 $\delta=\dfrac{\varepsilon}{M}$. 则对任意的 $x',x''\in[a,+\infty)$, 当 $|x'-x''|<\delta$ 时, 由拉格朗日中值可知, 存在介于 x',x'' 之间的 ξ 使得

$$|f(x')-f(x'')|=|f'(\xi)||x'-x''|\leqslant M|x'-x''|<\varepsilon,$$

即函数 $f(x)$ 在区间 $[a,+\infty)$ 内一致连续.

对任意的 $x\in[a,+\infty)$, 令 $F(x)=f(x)-g(x)$. 由 $f(x)$ 与 $g(x)$ 在 $[a,+\infty)$ 内连续可知, $F(x)$ 在 $[a,+\infty)$ 内连续. 因为 $\lim\limits_{x\to+\infty} x(f(x)-g(x))=2016$, 所以 $\lim\limits_{x\to+\infty} F(x)=0$. 由第一章第四节的例 9 可知, $F(x)$ 在 $[a,+\infty)$ 内一致连续. 又因为 $g(x)=f(x)-F(x)$, 所以 $g(x)$ 在 $[a,+\infty)$ 内一致连续.　　□

例 5　设函数 $f(x)$ 在闭区间 $[a,b]$ 上可导. 证明: $f'(x)$ 在 $[a,b]$ 上连续 $\iff$ 对任意的 $\varepsilon>0$, 存在 $\delta>0$, 当 $0<|h|<\delta$ 时, 对任意的 $x\in[a,b]$,

$$\left|\frac{f(x+h)-f(x)}{h}-f'(x)\right|<\varepsilon.$$

证　(必要性) 由 $f'(x)$ 在 $[a,b]$ 上连续可知, $f'(x)$ 在 $[a,b]$ 上一致连续. 故对任意 $\varepsilon>0$, 存在 $\delta>0$, 对任意的 $x',x''\in[a,b]$, 当 $|x'-x''|<\delta$ 时, $|f'(x')-f'(x'')|<\varepsilon$. 从而对任意的 $x\in[a,b]$, 当 $0<|h|<\delta$ 时, 由拉格朗日中值定理可知, 存在 $\xi\in(x,x+h)$ 使得

$$\left|\frac{f(x+h)-f(x)}{h}-f'(x)\right|=|f'(\xi)-f'(x)|<\varepsilon.$$

(充分性) 对任意的 $x_0\in[a,b]$, 当 $0<|h|<\delta$ 且 $x_0+h\in[a,b]$ 时,

$$|f'(x_0+h)-f'(x_0)|$$
$$=\left|f'(x_0+h)-\frac{f(x_0+h)-f(x_0)}{h}+\frac{f(x_0+h)-f(x_0)}{h}-f'(x_0)\right|$$
$$\leqslant\left|f'(x_0+h)-\frac{f(x_0+h-h)-f(x_0+h)}{-h}\right|$$
$$+\left|\frac{f(x_0+h)-f(x_0)}{h}-f'(x_0)\right|<2\varepsilon,$$

即 $f'(x)$ 在 $x=x_0$ 处连续. 再由 x_0 的任意性可知, $f'(x)$ 在 $[a,b]$ 上连续.　　□

例 6　设函数 $f(x)$ 在 $(a, +\infty)$ 内可导且 $\lim\limits_{x \to +\infty} f'(x) = A$. 证明: $\lim\limits_{x \to +\infty} \dfrac{f(x)}{x} = A$.

证　当 $A > 0$ 时, 由 $\lim\limits_{x \to +\infty} f'(x) = A$ 可知, 存在 $X > 0$, 当 $x > X + 1$ 时, $f'(x) > \dfrac{A}{2} > 0$. 由拉格朗日中值定理可知, 存在 $\xi \in (X + 1, x)$ 使得

$$f(x) = f(X + 1) + f'(\xi)(x - X - 1) > f(X + 1) + \frac{A}{2}(x - X - 1),$$

即 $\lim\limits_{x \to +\infty} f(x) = +\infty$. 从而由洛必达法则可知, $\lim\limits_{x \to +\infty} \dfrac{f(x)}{x} = \lim\limits_{x \to +\infty} f'(x) = A$.

当 $A < 0$ 时, 由 $\lim\limits_{x \to +\infty} f'(x) = A$ 可知, 存在 $X > 0$, 当 $x > X + 1$ 时, $f'(x) < \dfrac{A}{2} < 0$. 由拉格朗日中值定理可知, 存在 $\xi \in (X + 1, x)$ 使得

$$f(x) = f(X + 1) + f'(\xi)(x - X - 1)$$
$$< f(X + 1) + \frac{A}{2}(x - X - 1),$$

即 $\lim\limits_{x \to +\infty} f(x) = -\infty$. 从而由洛必达法则可知, $\lim\limits_{x \to +\infty} \dfrac{f(x)}{x} = \lim\limits_{x \to +\infty} f'(x) = A$.

当 $A = 0$ 时, 由 $\lim\limits_{x \to +\infty} f'(x) = 0$ 可知, 对任意的 $\varepsilon > 0$, 存在 $X_0 > 0$, 当 $x > X_0 + 1$ 时, $|f'(x)| < \dfrac{\varepsilon}{2}$. 由拉格朗日中值定理可知, 存在 $\xi \in (X_0 + 1, x)$ 使得

$$|f(x)| = |f(X_0 + 1) + f'(\xi)(x - X_0 - 1)|$$
$$< |f(X_0 + 1)| + \frac{\varepsilon}{2}|(x - X_0 - 1)|.$$

从而

$$\left| \frac{f(x)}{x} \right| < \frac{|f(X_0 + 1)|}{|x|} + \frac{(x - X_0 - 1)\varepsilon}{2|x|}.$$

由 $\lim\limits_{x \to +\infty} \dfrac{|f(X_0 + 1)|}{|x|} = 0$ 可知, 对任意的 $\varepsilon > 0$, 存在 $X_1 > 0$, 当 $x > X_1$ 时,

$$\frac{|f(X_0 + 1)|}{|x|} < \frac{\varepsilon}{2}.$$

取 $X = \max\{X_0, X_1\}$. 则当 $x > X$ 时,

$$\left|\frac{f(x)}{x}\right| < \frac{|f(X_0 + 1)|}{|x|} + \frac{(x - X_0 - 1)\varepsilon}{2|x|} < \frac{\varepsilon}{2} + \frac{\varepsilon}{2} = \varepsilon.$$

故由函数极限的分析定义可知, $\lim\limits_{x \to +\infty} \dfrac{f(x)}{x} = 0$. □

例 7　设函数 $f(x)$ 在闭区间 $[0,1]$ 上可导且 $f(0) = 0$, 对任意的 $x \in [0,1]$, $|f'(x)| \leqslant |f(x)|$. 证明: 对任意的 $x \in [0,1]$, $f(x) = 0$.

证　显然, 函数 $f(x)$ 在 $[0,1]$ 上有界. 故存在 $M > 0$, 对任意的 $x \in [0,1]$, $|f(x)| \leqslant M$. 对任意的 $x \in (0,1)$, 对 $f(x)$ 在 $[0,x]$ 上应用拉格朗日中值定理可知, 存在 $\xi_1 \in (0, x)$ 使得

$$|f(x)| = |f'(\xi_1)(x - 0)| = |f'(\xi_1)|x \leqslant |f(\xi_1)|x,$$

对 $f(x)$ 在 $[0, \xi_1]$ 上应用拉格朗日中值定理可知, 存在 $\xi_2 \in (0, \xi_1)$ 使得

$$|f(\xi_1)| = |f(\xi_1) - f(0)| = |f'(\xi_2)|\xi_1 \leqslant |f(\xi_2)|x.$$

依次进行下去可得

$$|f(x)| \leqslant |f(\xi_n)|x^n \leqslant Mx^n, \quad 0 < \xi_n < \xi_{n-1} < \cdots < \xi_1 < x.$$

因为 $x \in (0,1)$, 所以 $\lim\limits_{n \to \infty} x^n = 0$. 故 $f(x) = 0$. 又由 $f(x)$ 在 $[0,1]$ 上连续可知, $\lim\limits_{x \to 1^-} f(x) = f(1) = 0$. 因此, 对任意的 $x \in [0,1]$, $f(x) = 0$. □

例 8　设实值函数 $f(x)$ 在 $\mathbb{R}$ 上二阶可导且对任意的 $x \in \mathbb{R}$, $|f(x)| \leqslant 1$, $(f(0))^2 + (f'(0))^2 = 4$. 证明: 存在 $x_0 \in \mathbb{R}$ 满足 $f(x_0) + f''(x_0) = 0$.

证　对 $f(x)$ 在 $[-2, 0]$ 和 $[0, 2]$ 上应用拉格朗日中值可知, 存在 $\xi_1 \in (-2, 0)$, $\xi_2 \in (0, 2)$ 使得

$$|f'(\xi_1)| = \left|\frac{f(0) - f(-2)}{2}\right| \leqslant 1$$

$$|f'(\xi_2)| = \left|\frac{f(2) - f(0)}{2}\right| \leqslant 1.$$

对任意的 $x \in \mathbb{R}$, 令

$$F(x) = (f(x))^2 + (f'(x))^2.$$

显然, $F(x)$ 在 $\mathbb{R}$ 上连续且 $F(0) = 4$, $F(\xi_1) \leqslant 2$, $F(\xi_2) \leqslant 2$. 因此, $F(x)$ 在 $[\xi_1, \xi_2]$ 上有最大值. 故存在 $x_0 \in (\xi_1, \xi_2)$ 使得 $F'(x_0) = 0$, 即 $2f'(x_0)(f(x_0) + f''(x_0)) =$

0. 若 $f'(x_0) = 0$, 则 $F(x_0) = (f(x_0))^2 \leqslant 1$. 这与 $F(x_0) \geqslant 4$ 矛盾. 因此, $f(x_0) + f''(x_0) = 0$. □

例 9　设函数 $f(x)$ 在闭区间 $[a,b]$ 上三阶可导, $f'(a) = f'(b) = 0$ 且存在 $c \in (a,b)$ 使得 $f(c) = \max\limits_{a \leqslant x \leqslant b} f(x)$. 证明: 存在 $\xi \in (a,b)$ 满足 $f'''(\xi) = 0$.

证　因为 $f(c) = \max\limits_{a \leqslant x \leqslant b} f(x)$ 且 $c \in (a,b)$, 所以由费马定理可知, $f'(c) = 0$. 对 $f'(x)$ 在 $[a,c]$ 和 $[c,b]$ 上应用罗尔中值定理可知, 存在 $\xi_1 \in (a,c)$ 与 $\xi_2 \in (c,b)$ 使得

$$f''(\xi_1) = f''(\xi_2) = 0.$$

对 $f''(x)$ 在 $[\xi_1, \xi_2]$ 上应用罗尔中值定理可知, 存在 $\xi \in (\xi_1, \xi_2) \subset (a,b)$ 使得 $f'''(\xi) = 0$. □

例 10　设函数 $f(x)$ 在闭区间 $[0,1]$ 上二阶可导, 对任意的 $x \in [0,1]$, $|f''(x)| \leqslant 1$ 且 $f(x)$ 在开区间 $(0,1)$ 内取得极值 $\dfrac{1}{4}$. 证明: $|f(0)| + |f(1)| \leqslant 1$.

证　不妨设 $x_0 \in (0,1)$ 为 $f(x)$ 在 $[0,1]$ 上的极大值点. 则 $f(x_0) = \dfrac{1}{4}$ 且 $f'(x_0) = 0$. 由泰勒中值定理可知

$$f(0) = f(x_0) + f'(x_0)(0 - x_0) + \frac{f''(\xi)(0 - x_0)^2}{2}$$
$$= \frac{1}{4} + \frac{f''(\xi)x_0^2}{2}, \quad \xi \in (0, x_0),$$

$$f(1) = f(x_0) + f'(x_0)(1 - x_0) + \frac{f''(\eta)(1 - x_0)^2}{2}$$
$$= \frac{1}{4} + \frac{f''(\eta)(1 - x_0)^2}{2}, \quad \eta \in (x_0, 1).$$

从而

$$|f(0)| + |f(1)| \leqslant \frac{1}{2} + \frac{x_0^2 + (1 - x_0)^2}{2} \leqslant \frac{1}{2} + \frac{1}{2} = 1. \qquad \square$$

例 11　设函数 $f(x)$ 在 $(a, +\infty)$ 内二阶可导且 $|f(x)|$ 与 $|f''(x)|$ 在 $(a, +\infty)$ 内分别存在有限的上确界 M_0, M_2. 证明: $|f'(x)|$ 在 $(a, +\infty)$ 内有界且其上确界 M_1 满足 $M_1^2 \leqslant 4M_0M_2$.

证　若 $M_2 = 0$, 则对任意的 $x \in (a, +\infty)$, $f''(x) = 0$. 则 $f'(x) = C_0$, 其中 C_0 为常数. 由 $f(x)$ 有界可知, $f(x) = C_1$, 其中 C_1 为常数. 故 $M_1 = 0$. 结论成立.

若 $M_2 > 0$, 对任意的 $x \in (a, +\infty)$, 由泰勒中值定理可得

$$f(x+h) = f(x) + hf'(x) + \frac{f''(\xi)h^2}{2}, \quad \xi \in (x, x+h) \ (h > 0),$$

则对任意的 $h > 0$,

$$|f'(x)| = \frac{1}{h}\left| f(x+h) - f(x) - \frac{f''(\xi)h^2}{2} \right| \leqslant \frac{2M_0}{h} + \frac{M_2 h}{2}.$$

令 $g(h) = \dfrac{2M_0}{h} + \dfrac{M_2 h}{2}$. 显然, $g(h)$ 在 $h = 2\sqrt{\dfrac{M_0}{M_2}}$ 处取得最小值 $2\sqrt{M_0 M_2}$. 因此, 对任意的 $x > a$, $|f'(x)| \leqslant 2\sqrt{M_0 M_2}$. 故 $M_1^2 \leqslant 4M_0 M_2$. □

例 12　设函数 $f(x)$ 在闭区间 $[0,2]$ 上二阶可导且 $|f(x)| \leqslant 1, |f''(x)| \leqslant 1$. 证明: 对任意的 $x \in [0,2]$, $|f'(x)| \leqslant 2$.

证　因为 $f(x)$ 在 $[0,2]$ 上二阶可导, 所以对任意的 $x \in [0,2]$, 由泰勒中值定理可知

$$f(0) = f(x) + f'(x)(-x) + \frac{f''(\eta)(-x)^2}{2}, \quad \eta \in (0, x),$$

$$f(2) = f(x) + f'(x)(2-x) + \frac{f''(\xi)(2-x)^2}{2}, \quad \xi \in (x, 2).$$

故 $f(2) - f(0) = 2f'(x) + \dfrac{f''(\xi)(2-x)^2}{2} - \dfrac{f''(\eta)x^2}{2}$. 因此,

$$|f'(x)| \leqslant \frac{1}{2}\left(|f(2)| + |f(0)| + \frac{(2-x)^2}{2} + \frac{x^2}{2} \right)$$

$$\leqslant \frac{1}{2}\left(1 + 1 + \frac{(2-x)^2}{2} + \frac{x^2}{2} \right)$$

$$\leqslant 1 + \frac{(x-1)^2 + 1}{2} \leqslant 1 + \frac{1}{2}(1+1) = 2.$$ □

例 13　设函数 $f(x)$ 在闭区间 $[a,b]$ 上连续, 在开区间 (a,b) 内二阶可导. 证明: 存在 $\xi \in (a,b)$ 使得

$$f(b) - 2f\left(\frac{a+b}{2} \right) + f(a) = \frac{(b-a)^2}{4} f''(\xi).$$

证　令 $c = \dfrac{a+b}{2}$. 则由泰勒中值定理可知

$$f(a) = f(c) + f'(c)(a-c) + \frac{(a-c)^2 f''(\xi_1)}{2}, \quad \xi_1 \in (a, c),$$

$$f(b) = f(c) + f'(c)(b-c) + \frac{(b-c)^2 f''(\xi_2)}{2}, \quad \xi_2 \in (c,b).$$

因为 $a - c = -(b-c) = -\dfrac{b-a}{2}$, 所以将上两式相加可得

$$f(a) + f(b) = 2f(c) + \frac{(b-a)^2}{4}\left(\frac{f''(\xi_1) + f''(\xi_2)}{2}\right).$$

由导函数介值定理知, 存在 $\xi \in (\xi_1, \xi_2) \subset (a,b)$ 使得 $f''(\xi) = \dfrac{f''(\xi_1) + f''(\xi_2)}{2}$. 从而

$$f(b) - 2f\left(\frac{a+b}{2}\right) + f(a) = \frac{(b-a)^2}{4}f''(\xi). \qquad \square$$

例 14　设函数 $f(x)$ 在 $\mathbb{R}$ 上二阶可导且有界. 证明: 存在 $x_0 \in \mathbb{R}$ 使得 $f''(x_0) = 0$.

证　若 $f''(x)$ 在 $\mathbb{R}$ 上异号, 由导函数的介值定理可知, 存在 $x_0 \in \mathbb{R}$ 使得 $f''(x_0) = 0$. 若 $f''(x)$ 在 $\mathbb{R}$ 上同号, 不妨设对任意的 $x \in \mathbb{R}$, $f''(x) > 0$. 则 $f'(x)$ 在 $\mathbb{R}$ 上严格单调递增且存在 $\overline{x} \in \mathbb{R}$ 使得 $f'(\overline{x}) \neq 0$.

当 $f'(\overline{x}) > 0$ 时, 对任意的 $x > \overline{x}$, 对 $f(x)$ 在 $[\overline{x}, x]$ 上应用拉格朗日中值定理可知, 存在 $\xi \in (\overline{x}, x)$ 使得

$$f(x) = f(\overline{x}) + f'(\xi)(x - \overline{x}) > f(\overline{x}) + f'(\overline{x})(x - \overline{x}).$$

当 $x \to +\infty$ 时, $f(x) \to -\infty$. 这与 $f(x)$ 有界矛盾.

当 $f'(\overline{x}) < 0$ 时, 对任意的 $x < \overline{x}$, 对 $f(x)$ 在 $[x, \overline{x}]$ 上应用拉格朗日中值定理可知, 存在 $\xi \in (x, \overline{x})$ 使得

$$f(x) = f(\overline{x}) + f'(\xi)(x - \overline{x}) > f(\overline{x}) + f'(\overline{x})(x - \overline{x}).$$

当 $x \to -\infty$ 时, $f(x) \to -\infty$. 这与 $f(x)$ 有界矛盾.

故对任意的 $x \in \mathbb{R}$, $f''(x) > 0$ 不成立. 同理, 对任意的 $x \in \mathbb{R}$, $f''(x) < 0$ 也不成立. 因此, $f''(x)$ 在 $\mathbb{R}$ 上异号, 从而结论得证. $\qquad \square$

例 15　设有界函数 $f(x)$ 在开区间 $(0,1)$ 内可导且 $\lim\limits_{x \to 0^+} f(x)$ 不存在. 证明: 存在数列 $\{a_n\}$ 满足 $\lim\limits_{n \to \infty} a_n = 0$ 且 $f'(a_n) = 0$.

证　对任意的 $n \in \mathbb{N}^+$, 首先证明 $f'(x)$ 在 $\left(0, \dfrac{1}{n}\right)$ 内有零点. 若不然, 假设存在 $n_0 \in \mathbb{N}^+$ 满足 $f'(x)$ 在 $\left(0, \dfrac{1}{n_0}\right)$ 内无零点. 则由导函数介值定理可知, $f'(x)$ 在

$\left(0, \dfrac{1}{n_0}\right)$ 内不变号. 从而 $f(x)$ 在 $\left(0, \dfrac{1}{n_0}\right)$ 内单调. 又因为 $f(x)$ 有界, 所以由第二章第一节的例 3 可知, $\lim\limits_{x\to 0^+} f(x)$ 存在, 这与 $\lim\limits_{x\to 0^+} f(x)$ 不存在矛盾. 故导函数 $f'(x)$ 在 $\left(0, \dfrac{1}{n}\right)$ 内必有零点, 不妨记为 a_n. 则显然有 $\lim\limits_{n\to\infty} a_n = 0$ 且 $f'(a_n) = 0$. □

第二节　广义微分中值定理

经典的微分中值定理一般要求函数在有限闭区间上连续, 在有限开区间内可导. 因此, 对经典微分中值定理进行拓展可以从两个方面进行, 包括将函数的可导性要求拓展为单侧可导, 将有限闭区间拓展为有限开区间或无限区间等. 本节主要介绍经典微分中值定理的一些推广形式. 首先介绍单侧导数意义下的广义微分中值定理.

定理 1 (广义罗尔中值定理)　若函数 $f(x)$ 在闭区间 $[a,b]$ 上连续, 在开区间 (a,b) 内存在连续左导数 (右导数) 且 $f(a) = f(b)$, 则存在 $\xi \in (a,b)$ 使得 $f'_-(\xi) = 0$ $(f'_+(\xi) = 0)$.

证　仅证左导数情形. 由 $f(x)$ 在 $[a,b]$ 上连续可知, $f(x)$ 在 $[a,b]$ 上存在最大值和最小值. 因为 $f(a) = f(b)$, 所以最大值和最小值中至少有一个在内部达到, 不妨设 $\alpha \in (a,b)$ 是 $f(x)$ 的最小值点. 则

$$f'_-(\alpha) = \lim_{x\to\alpha^-} \frac{f(x) - f(\alpha)}{x - \alpha} \leqslant 0.$$

任取 $c \in (a,b)$ 且 $c \neq \alpha$. 因为 $f(x)$ 在 $[c,\alpha]$ 上连续, 所以 $f(x)$ 在 $[c,\alpha]$ 上必存在最大值 $f(\beta)$. 于是

$$f'_-(\beta) = \lim_{x\to\beta^-} \frac{f(x) - f(\beta)}{x - \beta} \geqslant 0.$$

若 $\beta < \alpha$, 则由 $f'_-(x)$ 的连续性以及连续函数的介值定理可知, 必存在 $\xi \in [\beta, \alpha]$ 使得 $f'_-(\xi) = 0$.

若 $\beta = \alpha$, 则由 α 是 $f(x)$ 在 (a,b) 内的最小值点, β 是 $f(x)$ 在 $[c,\alpha] \subset (a,b)$ 上的最大值点可知, $f(x)$ 在 $[c,\alpha]$ 上为常值函数. 故对任意的 $\xi \in (c,\alpha)$ 有 $f'_-(\xi) = 0$. □

定理 2 (广义拉格朗日中值定理)　若函数 $f(x)$ 在闭区间 $[a,b]$ 上连续, 在开区间 (a,b) 内存在连续的左导数 (右导数), 则存在 $\xi \in (a,b)$ 使得

$$f'_-(\xi) = \frac{f(b) - f(a)}{b - a} \quad \left(f'_+(\xi) = \frac{f(b) - f(a)}{b - a}\right).$$

证 仅证左导数情形. 若 $f(a) = f(b)$, 则由本节定理 1 可知, 结论显然成立. 若 $f(a) \neq f(b)$, 则对任意的 $x \in [a, b]$, 令

$$\varphi(x) = f(x) - \frac{f(b) - f(a)}{b - a} x.$$

$\varphi(x)$ 在 $[a, b]$ 上连续且在 (a, b) 内有连续的左导数. 又 $\varphi(b) = \dfrac{bf(a) - af(b)}{b - a} = \varphi(a)$, 所以由本节定理 1 可知, 存在 $\xi \in (a, b)$ 使得 $\varphi'_-(\xi) = 0$, 即 $f'_-(\xi) = \dfrac{f(b) - f(a)}{b - a}$. $\square$

定理 3 (广义柯西中值定理) 若函数 $f(x)$ 与函数 $g(x)$ 在闭区间 $[a, b]$ 上连续, 在开区间 (a, b) 内存在连续的左导数 (右导数) 且对任意的 $x \in (a, b), g'_-(x) \neq 0(g'_+(x) \neq 0)$, 则存在 $\xi \in (a, b)$ 使得

$$\frac{f(b) - f(a)}{g(b) - g(a)} = \frac{f'_-(\xi)}{g'_-(\xi)} \quad \left(\frac{f(b) - f(a)}{g(b) - g(a)} = \frac{f'_+(\xi)}{g'_+(\xi)} \right).$$

证 仅证左导数情形, 右导数情形类似可证. 因为对任意的 $x \in (a, b), g'_-(x) \neq 0$, 所以 $g(a) \neq g(b)$. 若不然, 设 $g(a) = g(b)$. 则由本节定理 1 可知, 存在 $\xi \in (a, b)$ 使得 $g'_-(\xi) = 0$. 这与条件矛盾. 对任意的 $x \in [a, b]$, 令

$$F(x) = f(x) - \frac{f(b) - f(a)}{g(b) - g(a)} (g(x) - g(a)).$$

则 $F(a) = F(b)$. 从而再由本节定理 1 可知, 存在 $\xi \in (a, b)$ 使得 $F'_-(\xi) = 0$, 即

$$\frac{f(b) - f(a)}{g(b) - g(a)} = \frac{f'_-(\xi)}{g'_-(\xi)}. \qquad \square$$

罗尔中值定理也可以拓展到有限开区间和无限区间的情形. 下面的定理首先将罗尔中值定理拓展到有限开区间情形.

定理 4 (广义罗尔中值定理) 若函数 $f(x)$ 在有限开区间 (a, b) 内可导且 $\lim\limits_{x \to a^+} f(x) = \lim\limits_{x \to b^-} f(x) = A$, 其中 A 为有限数或 $+\infty$ 或 $-\infty$, 则存在 $\xi \in (a, b)$ 使得 $f'(\xi) = 0$.

证 当 A 为有限数时, 若对任意的 $x \in (a, b)$, $f(x) = A$, 即 $f(x)$ 为常值函数时, 结论显然成立. 若存在 $x_0 \in (a, b)$ 使得 $f(x) \neq A$, 不妨设 $f(x_0) < A$. 因为 $\lim\limits_{x \to a^+} f(x) = \lim\limits_{x \to b^-} f(x) = A$, 所以对 $0 < \varepsilon_0 < A - f(x_0)$, 存在 $\delta > 0$, 当 $x \in (a, a + \delta)$ 时,

$$f(x_0) < A - \varepsilon_0 < f(x).$$

当 $x \in (b-\delta, b)$ 时, $f(x_0) < A - \varepsilon_0 < f(x)$. 取 $x_1 \in (a, a+\delta)$ 且 $x_1 < x_0$ 使得 $f(x_0) < A - \varepsilon_0 < f(x_1)$. 取 $x_2 \in (b-\delta, b)$ 且 $x_2 > x_0$ 使得 $f(x_0) < A - \varepsilon_0 < f(x_2)$. 由连续函数的介值定理可知, 存在 $\xi_1 \in (x_1, x_0), \xi_2 \in (x_0, x_2)$ 使得 $f(\xi_1) = A - \varepsilon_0 = f(\xi_2)$. 显然, $f(x)$ 在闭区间 $[\xi_1, \xi_2]$ 上连续, 在开区间 (ξ_1, ξ_2) 内可导. 故由罗尔中值定理可知, 存在 $\xi \in (\xi_1, \xi_2) \subset (a, b)$ 使得 $f'(\xi) = 0$.

当 $A = +\infty$ 时, 任取 $x_0 \in (a, b)$. 因为 $\lim\limits_{x \to a^+} f(x) = \lim\limits_{x \to b^-} f(x) = +\infty$, 所以对 $G > \max\{0, f(x_0)\}$, 存在 $\delta > 0$, 存在 $x_1 \in (a, a+\delta) \subset (a, x_0)$, $x_2 \in (b-\delta, b) \subset (x_0, b)$ 使得 $f(x_1) \geqslant G, f(x_2) \geqslant G$. 因为 $f(x)$ 在 $[x_1, x_2] \subset (a, b)$ 上连续, 故存在最小值点 $\xi \in [x_1, x_2]$. 显然, $x_0 \in (x_1, x_2)$ 且

$$f(x_0) < G \leqslant f(x_1), \quad f(x_0) < G \leqslant f(x_2).$$

故 $\xi \neq x_1$ 且 $\xi \neq x_2$, 即 $\xi \in (x_1, x_2)$. 故由费马定理可知 $f'(\xi) = 0$.

当 $A = -\infty$ 时, 任取 $x_0 \in (a, b)$. 因为 $\lim\limits_{x \to a^+} f(x) = \lim\limits_{x \to b^-} f(x) = -\infty$, 所以对 $G > \max\{0, -f(x_0)\}$, 存在 $\delta > 0$, 存在 $x_1 \in (a, a+\delta)$, $x_2 \in (b-\delta, b) \subset (x_0, b)$ 使得 $f(x_1) \leqslant -G, f(x_2) \leqslant -G$. 因为 $f(x)$ 在 $[x_1, x_2] \subset (a, b)$ 上连续, 故存在最大值点 $\xi \in [x_1, x_2]$. 显然, $x_0 \in (x_1, x_2)$ 且

$$f(x_1) \leqslant -G < f(x_0), \quad f(x_2) \leqslant -G < f(x_0).$$

故 $\xi \neq x_1$ 且 $\xi \neq x_2$, 即 $\xi \in (x_1, x_2)$. 故由费马定理可知 $f'(\xi) = 0$. $\qquad\square$

下面的定理将罗尔中值定理拓展到了无限区间的情形.

定理 5 (广义罗尔中值定理)　(1) 若函数 $f(x)$ 在开区间 $(-\infty, +\infty)$ 内可导且 $\lim\limits_{x \to +\infty} f(x) = \lim\limits_{x \to -\infty} f(x) = A$, 其中 A 为有限数或 $+\infty$ 或 $-\infty$, 则存在 $\xi \in (-\infty, +\infty)$ 使得 $f'(\xi) = 0$;

(2) 若函数 $f(x)$ 在开区间 $(a, +\infty)$ 内可导且 $\lim\limits_{x \to a^+} f(x) = \lim\limits_{x \to +\infty} f(x) = A$, 其中 A 为有限数或 $+\infty$ 或 $-\infty$, 则存在 $\xi \in (a, +\infty)$ 使得 $f'(\xi) = 0$;

(3) 若函数 $f(x)$ 在开区间 $(-\infty, b)$ 内可导且 $\lim\limits_{x \to -\infty} f(x) = \lim\limits_{x \to b^-} f(x) = A$, 其中 A 为有限数或 $+\infty$ 或 $-\infty$, 则存在 $\xi \in (-\infty, b)$ 使得 $f'(\xi) = 0$.

证　仅证情形 (1). 当 A 为有限数时, 若对任意的 $x \in (-\infty, +\infty)$, $f(x) = A$, 即 $f(x)$ 为常值函数, 则结论显然成立. 若存在 $x_0 \in (-\infty, +\infty)$ 使得 $f(x) \neq A$, 不妨设 $f(x_0) < A$. 因为 $\lim\limits_{x \to +\infty} f(x) = \lim\limits_{x \to -\infty} f(x) = A$, 所以对 $0 < \varepsilon_0 < A - f(x_0)$, 存在 $X > 0$, 当 $x < -X$ 时,

$$f(x_0) < A - \varepsilon_0 < f(x).$$

当 $x > X$ 时, $f(x_0) < A - \varepsilon_0 < f(x)$. 取 $x_1 \in (-\infty, -X)$ 且 $x_1 < x_0$ 使得 $f(x_0) < A - \varepsilon_0 < f(x_1)$. 取 $x_2 \in (X, +\infty)$ 且 $x_2 > x_0$ 使得 $f(x_0) < A - \varepsilon_0 < f(x_2)$. 由连续函数的介值定理可知, 存在 $\xi_1 \in (x_1, x_0)$, $\xi_2 \in (x_0, x_2)$ 使得 $f(\xi_1) = A - \varepsilon_0 = f(\xi_2)$. 显然, $f(x)$ 在闭区间 $[\xi_1, \xi_2]$ 上连续, 在开区间 (ξ_1, ξ_2) 内可导. 故由罗尔中值定理可知, 存在 $\xi \in (\xi_1, \xi_2) \subset (a, b)$ 使得 $f'(\xi) = 0$.

当 $A = +\infty$ 时. 任取 $x_0 \in (-\infty, +\infty)$. 因为 $\lim\limits_{x \to +\infty} f(x) = \lim\limits_{x \to -\infty} f(x) = +\infty$, 所以对 $G > \max\{0, f(x_0)\}$, 存在 $X > 0$, 存在 $x_1 \in (-\infty, -X)$ 且 $x_1 < x_0$ 和 $x_2 \in (X, +\infty)$ 且 $x_2 > x_0$ 使得 $f(x_1) \geqslant G$, $f(x_2) \geqslant G$. 因为 $f(x)$ 在 $[x_1, x_2] \subset (-\infty, +\infty)$ 上连续, 所以必存在最小值点 $\xi \in [x_1, x_2]$. 显然, $x_0 \in (x_1, x_2)$, $f(x_0) < G \leqslant f(x_1)$ 且 $f(x_0) < G \leqslant f(x_2)$. 故 $\xi \neq x_1$ 且 $\xi \neq x_2$, 即 $\xi \in (x_1, x_2)$. 故由费马定理可知 $f'(\xi) = 0$.

当 $A = -\infty$ 时, 任取 $x_0 \in (-\infty, +\infty)$. 因为 $\lim\limits_{x \to +\infty} f(x) = \lim\limits_{x \to -\infty} f(x) = -\infty$, 所以对 $G > \max\{0, -f(x_0)\}$, 存在 $X > 0$, 存在 $x_1 \in (-\infty, -X)$ 且 $x_1 < x_0$ 和 $x_2 \in (X, +\infty)$ 且 $x_2 > x_0$ 使得 $f(x_1) \leqslant -G$, $f(x_2) \leqslant -G$. 因为 $f(x)$ 在 $[x_1, x_2] \subset (-\infty, +\infty)$ 上连续, 所以必存在最大值点 $\xi \in [x_1, x_2]$. 显然, $x_0 \in (x_1, x_2)$, $f(x_1) \leqslant -G < f(x_0)$ 且 $f(x_2) \leqslant -G < f(x_0)$. 故 $\xi \neq x_1$ 且 $\xi \neq x_2$, 即 $\xi \in (x_1, x_2)$. 故由费马定理可知 $f'(\xi) = 0$. □

下面的定理将拉格朗日中值定理拓展到了函数在开区间内仅含有有限个不可导点的情形.

定理 6 (广义拉格朗日中值定理)　若函数 $f(x)$ 在闭区间 $[a, b]$ 上连续, 在开区间 (a, b) 内除 k 个点外可导. 证明: 存在 $k + 1$ 个点满足 $a < \eta_1 < \eta_2 < \cdots < \eta_{k+1} < b$ 和 $k + 1$ 个正数 $\mu_1, \mu_1, \cdots, \mu_{k+1}$ 满足 $\sum\limits_{i=1}^{k+1} \mu_i = 1$ 且 $f(b) - f(a) = \sum\limits_{i=1}^{k+1} \mu_i f'(\eta_i)(b - a)$.

证　设 $f(x)$ 在 (a, b) 内的不可导点为 $a < c_1 < c_2 < \cdots < c_k < b$. 分别在区间 $[a, c_1], [c_1, c_2], \cdots, [c_{k-1}, c_k], [c_k, b]$ 上应用拉格朗日中值定理可得

$$f(c_1) - f(a) = f'(\eta_1)(c_1 - a),$$

$$f(c_2) - f(c_1) = f'(\eta_2)(c_2 - c_1),$$

$$\cdots\cdots$$

$$f(c_k) - f(c_{k-1}) = f'(\eta_k)(c_k - c_{k-1}),$$

$$f(b) - f(c_k) = f'(\eta_{k+1})(b - c_k).$$

取

$$\mu_1 = \frac{c_1 - a}{b - a}, \mu_2 = \frac{c_2 - c_1}{b - a}, \cdots, \mu_{k+1} = \frac{b - c_k}{b - a}.$$

则对任意的 $i \in \{1, 2, \cdots, k+1\}, \mu_i > 0, \sum_{i=1}^{k+1} \mu_i = 1$ 且

$$f(b) - f(a) = \sum_{i=1}^{k+1} \mu_i f'(\eta_i)(b - a). \qquad \square$$

定理 7 (广义柯西中值定理)　若函数 $f(x)$ 和函数 $g(x)$ 在闭区间 $[a, b]$ 上连续, 在开区间 (a, b) 内可导, 则存在 $\xi \in (a, b)$ 使得 $(f(b) - f(a))g'(\xi) = (g(b) - g(a))f'(\xi)$.

证　对任意的 $x \in [a, b]$, 令 $F(x) = f(x)(g(b) - g(a)) - g(x)(f(b) - f(a))$. 显然, $F(x)$ 在 $[a, b]$ 上连续, 在 (a, b) 内可导且

$$F(a) = f(a)g(b) - f(a)g(a) - g(a)f(b) + g(a)f(a)$$

$$= f(a)g(b) - g(a)f(b),$$

$$F(b) = f(b)g(b) - f(b)g(a) - g(b)f(b) + g(b)f(a)$$

$$= f(a)g(b) - g(a)f(b),$$

即 $F(a) = F(b)$. 故由罗尔中值定理可知, 存在 $\xi \in (a, b)$ 使得 $F'(\xi) = 0$, 即

$$(f(b) - f(a))g'(\xi) = (g(b) - g(a))f'(\xi). \qquad \square$$

例 1　设函数 $f(x)$ 在 $(0, +\infty)$ 上可导. 证明:

(1) 若 $0 \leqslant f(x) \leqslant \dfrac{x^n}{e^x}$, 则存在 $\xi > 0$ 使得 $f'(\xi) = \dfrac{\xi^{n-1}(n - \xi)}{e^\xi}$;

(2) 若 $0 \leqslant f(x) \leqslant \ln \dfrac{2x + 1}{x + \sqrt{1 + x^2}}$, 则存在 $\xi > 0$ 使得 $f'(\xi) = \dfrac{2}{2\xi + 1} - \dfrac{1}{\sqrt{1 + \xi^2}}$.

证　(1) 对任意的 $x \in (0, +\infty)$, 令 $F(x) = f(x) - \dfrac{x^n}{e^x}$. 因为 $f(x)$ 在 $(0, +\infty)$ 内可导, 所以 $F(x)$ 在 $(0, +\infty)$ 内可导. 由 $0 \leqslant f(x) \leqslant \dfrac{x^n}{e^x}$ 可知

$$\lim_{x \to 0^+} F(x) = \lim_{x \to 0^+} f(x) = 0 = \lim_{x \to +\infty} f(x) = \lim_{x \to +\infty} F(x).$$

由广义罗尔中值定理可知, 存在 $\xi \in (0, +\infty)$ 使得

$$F'(\xi) = f'(\xi) - \frac{\xi^{n-1}(n-\xi)}{\mathrm{e}^{\xi}} = 0,$$

即 $f'(\xi) = \dfrac{\xi^{n-1}(n-\xi)}{\mathrm{e}^{\xi}}$.

(2) 对任意的 $x \in (0, +\infty)$, 令 $F(x) = f(x) - \ln \dfrac{2x+1}{x+\sqrt{1+x^2}}$. 因为 $f(x)$ 在 $(0, +\infty)$ 内可导, 所以 $F(x)$ 在 $(0, +\infty)$ 内可导. 由 $0 \leqslant f(x) \leqslant \ln \dfrac{2x+1}{x+\sqrt{1+x^2}}$ 可得

$$\lim_{x \to 0^+} F(x) = \lim_{x \to 0^+} f(x) = 0 = \lim_{x \to +\infty} f(x) = \lim_{x \to +\infty} F(x).$$

所以由广义罗尔中值定理可知, 存在 $\xi \in (0, +\infty)$ 使得

$$F'(\xi) = f'(\xi) - \frac{2}{2\xi+1} + \frac{1}{\sqrt{1+\xi^2}} = 0,$$

即 $f'(\xi) = \dfrac{2}{2\xi+1} - \dfrac{1}{\sqrt{1+\xi^2}}$. □

例 2 设函数 $f(x)$ 在开区间 $(a, +\infty)$ 内二阶可导, $\lim\limits_{x \to a^+} f(x) = \lim\limits_{x \to +\infty} f(x)$ 存在且其极限值为有限数. 证明: 存在 $\xi \in (a, +\infty)$ 使得 $f''(\xi) = 0$.

证 反证法. 假设对任意的 $\xi \in (a, +\infty)$, $f''(\xi) \neq 0$. 由条件以及广义罗尔中值定理可知, 存在 $x_1 \in (a, +\infty)$ 使得 $f'(x_1) = 0$. 从而 $\lim\limits_{x \to x_1} f'(x) = f'(x_1) = 0$.

若存在 $x_1, x_2 \in (a, +\infty)$ 满足 $f''(x_1)f''(x_2) < 0$, 则由导函数的介值定理可知, 必存在 ξ' 介于 x_1 与 x_2 之间使得 $f''(\xi') = 0$. 这与假设矛盾.

若对任意的 $x \in (a, +\infty)$, $f''(x) < 0$. 则 $f'(x)$ 在 $(a, +\infty)$ 内严格单调递减. 因为 $\lim\limits_{x \to +\infty} f(x)$ 存在且其值有限, 所以由拉格朗日中值定理知, 存在 $x < \eta < 2x$ 使得

$$\lim_{x \to +\infty} f'(\eta) = \lim_{x \to +\infty} \frac{f(2x) - f(x)}{x} = 0.$$

由 $f'(x)$ 严格单调递减可知, 对任意的 $x > a$, $f'(x) > f'(\eta) > f'(2x)$, 故

$$\lim_{x \to +\infty} f'(x) \geqslant \lim_{x \to +\infty} f'(\eta) = 0 \geqslant \lim_{x \to +\infty} f'(2x).$$

所以由夹逼准则可知, $\lim\limits_{x \to +\infty} f'(x) = 0$. 进而再由广义罗尔中值定理可知, 存在 $\xi'' \in (x_1, +\infty)$ 使得 $f''(\xi'') = 0$. 这与假设矛盾.

同理可证, 若对任意的 $x \in (a, +\infty)$, $f''(x) > 0$, 也与假设矛盾. □

习 题 四

1. 设函数 $f(x)$ 在闭区间 $[a,b]$ 上连续, 在开区间 (a,b) 内可导且 $f(a) = f(b) = 0$. 证明: 对任意实数 λ, 存在 $\xi \in (a,b)$ 使得 $f'(\xi) = \lambda f(\xi)$.

2. 设函数 $f(x)$ 在闭区间 $[a,b]$ 上三阶可导. 证明: 存在 $\xi \in (a,b)$ 使得

$$f(b) = f(a) + \frac{(b-a)(f'(a) + f'(b))}{2} - \frac{(b-a)^3 f'''(\xi)}{12}.$$

3. 设函数 $f(x)$ 在有限开区间 (a,b) 内可导且无界. 证明: 导函数 $f'(x)$ 在开区间 (a,b) 内也无界.

4. 设函数 $f(x)$ 在闭区间 $[0,1]$ 上二阶可导且 $f(0) = f(1) = 0$. 证明: 存在 $\xi \in (0,1)$ 使得 $f'(\xi) \cos \xi + f''(\xi) \sin \xi = 0$.

5. 设函数 $f(x)$ 在闭区间 $[a,b]$ 上连续, 在开区间 (a,b) 内可导且 $f(a) = f(b) = 1$. 证明: 存在 $\xi, \eta \in (a,b)$ 使得 $e^{\xi-\eta} \left(f^2(\xi) + 2f(\xi)f'(\xi) \right) = 1$.

(提示: 令 $F(x) = e^x f^2(x), G(x) = e^x$. 分别对函数 $F(x)$ 和 $G(x)$ 在闭区间 $[a,b]$ 上分别应用拉格朗日中值定理.)

6. 设函数 $f(x)$ 在开区间 $(0,1)$ 内可导且存在常数 M 满足对任意的 $x \in (0,1), |f'(x)| \leqslant M$. 证明: $F(x) = f(\sin x)$ 在 $\left(0, \frac{\pi}{2} \right)$ 内一致连续.

7. 设函数 $f(x)$ 在区间 $(-\infty, a]$ 内可导, $f(a)f'_-(a) < 0$ 且 $\lim\limits_{x \to -\infty} f(x) = 0$. 证明: 存在 $\xi \in (-\infty, a)$ 使得 $f'(\xi) = 0$.

(提示: 可利用函数极限的保号性质、连续函数的介值定理和罗尔中值定理.)

8. 设函数 $f(x)$ 在闭区间 $[a,b]$ 上可导且 $f(a) = f(b) = 0$, $f'_+(a)f'_-(b) > 0$. 证明: 存在 $\xi, \eta \in (a,b)$ 满足 $\xi \neq \eta$ 且 $f'(\xi) = f'(\eta) = 0$.

9. 设函数 $f(x)$ 在 $\mathbb{R}$ 上三阶连续可导且对任意的 $h > 0$,

$$\frac{f(x+h) - f(x)}{h} = f'\left(x + \frac{h}{2} \right).$$

证明: 对任意的 $x \in \mathbb{R}$, $f'''(x) = 0$.

$\left(\text{提示: 可利用函数 } f(x+h) \text{ 和 } f'\left(x + \frac{h}{2} \right) \text{ 在 } x \text{ 处的三阶泰勒展式.}\right)$

10. 设函数 $f(x)$ 在 $\mathbb{R}$ 上可导, 存在常数 $k_1, k_2, b_1, b_2 \ (k_1 < k_2)$ 使得 $\lim\limits_{x \to -\infty} (f(x) - (k_1 x + b_1))$ 与 $\lim\limits_{x \to +\infty} (f(x) - (k_2 x + b_2))$ 均存在. 证明: 对任意的 $k \in (k_1, k_2)$, 存在 $\xi \in \mathbb{R}$ 使得 $f'(\xi) = k$.

(提示: 可利用拉格朗日中值定理和导函数的介值定理.)

11. 设函数 $f(x)$ 在闭区间 $[0,1]$ 上二阶连续可导, 对任意的 $x \in [0,1], |f''(x)| \leqslant 1$ 且 $f(0) = f(1)$. 证明: 对任意的 $x \in (0,1), |f'(x)| \leqslant \frac{1}{2}$.

(提示: 可利用 $f(0)$ 与 $f(1)$ 在 x 处的二阶泰勒展式.)

12. 设函数 $f(x)$ 在闭区间 $[a,b]$ 上非负且三阶可导, 方程 $f(x) = 0$ 在 (a,b) 内有两个不同实根. 证明: 存在 $\xi \in (a,b)$ 使得 $f'''(\xi) = 0$.

(提示: 可用反证法并结合罗尔中值定理与费马定理.)

13. 设 $a \in (0,1)$, 函数 $f(x)$ 在闭区间 $[0,a]$ 上连续, 在开区间 $(0,a)$ 内可导且存在最值. 若 $f(0) = 0$ 且 $f(a) = a$. 证明: 存在 $\xi \in (0,a)$ 使得 $f'(\xi) = a$.

(提示: 令 $g(x) = f(x) - ax$, 则 $g(x)$ 在 $(0,a)$ 内取得最值, 进而利用费马定理、连续函数的介值定理和罗尔中值定理可证.)

14. 设函数 $f(x)$ 在区间 $[0,+\infty)$ 内可导且 $0 \leqslant f(x) \leqslant \dfrac{x}{1+x^2}$. 证明: 存在 $\xi > 0$ 使得 $f'(\xi) = \dfrac{1-\xi^2}{(1+\xi^2)^2}$.

第五章 积分理论与方法

第一节 定积分的存在条件

定积分的基本理论与方法是数学分析中单变量函数积分学的重要内容. 本节主要介绍定积分的定义、判断函数可积的一些充要条件, 以及一些常见的可积函数类.

一、定积分的定义

定义 1 设函数 $f(x)$ 在闭区间 $[a,b]$ 上有定义. 若对 $[a,b]$ 的任意分法

$$a = x_0 < x_1 < x_2 < \cdots < x_n = b,$$

对任意的 $\xi_i \in [x_{i-1}, x_i]$, $f(x)$ 在 $[a,b]$ 上的黎曼和的极限 $\lim\limits_{\lambda \to 0} \sum\limits_{i=1}^{n} f(\xi_i)\Delta x_i$ 均存在且相等, 其中 $\lambda = \max\limits_{1 \leqslant i \leqslant n}\{\Delta x_i\}$, 则称 $f(x)$ 在 $[a,b]$ 上可积, 记为

$$\int_a^b f(x)\mathrm{d}x = \lim_{\lambda \to 0} \sum_{i=1}^{n} f(\xi_i)\Delta x_i.$$

注 1 (1) 由定积分的定义可知, 定积分的存在性仅与被积函数 $f(x)$ 及其积分区间有关, 与区间的分割方法以及 ξ 的取法是无关的.

(2) 由定积分的定义可知, 若函数 $f(x)$ 在闭区间 $[a,b]$ 上可积, 则 $f(x)$ 在 $[a,b]$ 上有界, 反之不一定成立. 例如: 取函数 $f(x)$ 满足当 $x \in \mathbb{Q}$ 时, $f(x) = 1$, 当 $x \in \mathbb{Q}^c$ 时, $f(x) = 0$. 显然, $f(x)$ 在 $[0,1]$ 上有界, 但不可积.

二、定积分存在的充要条件

设函数 $f(x)$ 在闭区间 $[a,b]$ 上有界. 对 $[a,b]$ 的任意分法

$$a = x_0 < x_1 < x_2 < \cdots < x_n = b,$$

令 $M_i = \sup\limits_{x \in [x_{i-1}, x_i]} f(x)$, $m_i = \inf\limits_{x \in [x_{i-1}, x_i]} f(x)$ 且

$$\overline{S} = \sum_{i=1}^{n} M_i \Delta x_i, \quad \underline{S} = \sum_{i=1}^{n} m_i \Delta x_i.$$

则分别称 $\overline{S}$ 与 $\underline{S}$ 为 $f(x)$ 在 $[a,b]$ 上对应于上述分法的上和与下和.

由于上和集 $\{\overline{S}\}$ 有下界 $m(b-a)$, 下和集 $\{\underline{S}\}$ 有上界 $M(b-a)$, 故由确界定理可知, 上和集 $\{\overline{S}\}$ 存在下确界, 记为 L, 下和集 $\{\underline{S}\}$ 存在上确界, 记为 l. 可以证明 $\lim\limits_{\lambda\to 0}\overline{S}=L$, 且 $\lim\limits_{\lambda\to 0}\underline{S}=l$, 这就是著名的达布定理.

令 $\omega_i=M_i-m_i$ 表示 $f(x)$ 在第 i 个区间 $[x_{i-1},x_i]$ 上的振幅. 易证

$$\omega_i=\sup\{|f(x')-f(x'')||x',x''\in[x_{i-1},x_i]\}.$$

下面给出定积分存在的几个充要条件.

1. 定积分存在的第一充要条件

有界函数 $f(x)$ 在闭区间 $[a,b]$ 上可积 $\iff \lim\limits_{\lambda\to 0}\overline{S}=\lim\limits_{\lambda\to 0}\underline{S}$.

2. 定积分存在的第二充要条件

有界函数 $f(x)$ 在闭区间 $[a,b]$ 上可积 $\iff \lim\limits_{\lambda\to 0}\sum\limits_{i=1}^{n}\omega_i\Delta x_i=0$.

定积分存在的第二充要条件也可等价地表述为

有界函数 $f(x)$ 在闭区间 $[a,b]$ 上可积 $\iff$ 对任意的 $\varepsilon>0$, 存在 $\delta>0$, 对 $[a,b]$ 的任意分法, 当 $\lambda<\delta$ 时, $0\leqslant\sum\limits_{i=1}^{n}\omega_i\Delta x_i<\varepsilon$.

3. 定积分存在的第三充要条件

有界函数 $f(x)$ 在闭区间 $[a,b]$ 上可积 $\iff$ 对任意的 $\varepsilon>0,\eta>0$, 存在 $\delta>0$, 对 $[a,b]$ 的任意分法, 当 $\lambda<\delta$ 时, $\omega_k\geqslant\eta$ 所对应区间的总长度满足 $\sum\limits_{k}\Delta x_k<\varepsilon$.

三、 可积函数类

1. 连续函数的可积性

若函数 $f(x)$ 在闭区间 $[a,b]$ 上连续, 则 $f(x)$ 在 $[a,b]$ 上可积.

2. 有界间断函数的可积性

若有界函数 $f(x)$ 在闭区间 $[a,b]$ 上仅有有限个间断点, 则 $f(x)$ 在 $[a,b]$ 上可积.

3. 单调有界函数的可积性

若函数 $f(x)$ 在闭区间 $[a,b]$ 上单调有界, 则 $f(x)$ 在 $[a,b]$ 上可积.

4. 绝对值函数的可积性

若函数 $f(x)$ 在闭区间 $[a,b]$ 上可积, 则 $|f(x)|$ 在 $[a,b]$ 上可积.

注 2　函数 $|f(x)|$ 在闭区间 $[a,b]$ 上可积, 但 $f(x)$ 在 $[a,b]$ 上不一定可积. 例如, 取

$$f(x) = \begin{cases} 1, & x \in \mathbb{Q}, \\ -1, & x \in \mathbb{Q}^{c}. \end{cases}$$

显然, 函数 $|f(x)|$ 在闭区间 $[0,1]$ 上可积, 但由定积分存在的第二充要条件易知, 函数 $f(x)$ 在闭区间 $[0,1]$ 上不可积.

注 3　函数是否可积与函数的原函数是否存在无必然联系[①]. 事实上, 取

$$f(x) = \begin{cases} 0, & x \neq 0, \\ -1, & x = 0. \end{cases}$$

因为函数 $f(x)$ 在闭区间 $[-1,1]$ 上有界且仅有一个间断点, 所以 $f(x)$ 在 $[-1,1]$ 上可积. 然而 $f(x)$ 在 $[-1,1]$ 上的原函数不存在. 又取

$$f(x) = \begin{cases} 2x\sin\dfrac{1}{x^2} + \dfrac{2}{x}\cos\dfrac{1}{x^2}, & x \neq 0, \\ 0, & x = 0. \end{cases}$$

显然, $f(x)$ 在闭区间 $[-1,1]$ 上存在原函数 $F(x)$ 且

$$F(x) = \begin{cases} x^2\sin\dfrac{1}{x^2}, & x \neq 0, \\ 0, & x = 0. \end{cases}$$

然而由于 $f(x)$ 在 $[-1,1]$ 上无界, 故 $f(x)$ 在 $[-1,1]$ 上不可积.

例 1　设函数 $f(x)$ 在闭区间 $[a,b]$ 上可积. 若在 $[a,b]$ 上的有限个点处改变 $f(x)$ 的值, 改变函数值后的新函数记为 $g(x)$. 证明: $g(x)$ 在 $[a,b]$ 上可积且积分值不变.

证　显然, $g(x)$ 在 $[a,b]$ 上至多只有有限个间断点, 所以 $g(x)$ 在 $[a,b]$ 上可积. 对 $[a,b]$ 的任意分法 $a = x_0 < x_1 < x_2 < \cdots < x_n = b$, 因为 $f(x)$ 与 $g(x)$ 只在

---

① 函数的可积性与原函数的存在性的讨论可参考 (马保国, 王延军. 分段函数、函数的可积性与原函数的存在性. 大学数学, 2009, 25(2): 200-203).

有限个点处的函数值不同, 故对任意的 $i \in \{1, 2, \cdots, n\}$, 存在 $\xi_i \in [x_{i-1}, x_i]$ 使得 $f(\xi_i) = g(\xi_i)$. 进而 $\lim\limits_{\lambda \to 0} \sum\limits_{i=1}^{n} f(\xi_i) \Delta x_i = \lim\limits_{\lambda \to 0} \sum\limits_{i=1}^{n} g(\xi_i) \Delta x_i$, 即

$$\int_a^b f(x)\mathrm{d}x = \int_a^b g(x)\mathrm{d}x. \qquad \square$$

例 2　设函数 $f(x)$, $g(x)$ 在闭区间 $[a, b]$ 上可积. 证明: 对 $[a, b]$ 的任意分法 $a = x_0 < x_1 < x_2 < \cdots < x_n = b$, 对任意的 $\xi_i, \eta_i \in [x_i, x_{i+1}](i = 0, 1, 2, \cdots, n-1)$,

$$\lim_{\lambda \to 0} \sum_{i=0}^{n-1} f(\xi_i)g(\eta_i)\Delta x_i = \int_a^b f(x)g(x)\mathrm{d}x.$$

证　因为 $g(x)$ 在 $[a, b]$ 上可积, 故 $g(x)$ 在 $[a, b]$ 上有界, 即存在 $M > 0$ 满足 $|g(x)| \leqslant M$. 又因为 $f(x)$ 在 $[a, b]$ 上可积, 所以对任意的 $\varepsilon > 0$, 存在 $[a, b]$ 的分法

$$a = x_0 < x_1 < x_2 < \cdots < x_n = b,$$

满足 $\sum\limits_{i=0}^{n-1} \omega_i \Delta x_i < \dfrac{\varepsilon}{M}$. 对任意的 $\xi_i, \eta_i \in [x_i, x_{i+1}]$,

$$\sum_{i=0}^{n-1} |f(\xi_i)g(\eta_i) - f(\eta_i)g(\eta_i)|\Delta x_i$$

$$\leqslant \sum_{i=0}^{n-1} |f(\xi_i) - f(\eta_i)||g(\eta_i)|\Delta x_i$$

$$\leqslant M \sum_{i=0}^{n-1} |f(\xi_i) - f(\eta_i)|\Delta x_i < M\frac{\varepsilon}{M} = \varepsilon.$$

故 $\lim\limits_{\lambda \to 0} \sum\limits_{i=0}^{n-1} (f(\xi_i)g(\eta_i) - f(\eta_i)g(\eta_i))\Delta x_i = 0$, 即

$$\lim_{\lambda \to 0} \sum_{i=0}^{n-1} f(\xi_i)g(\eta_i)\Delta x_i = \int_a^b f(x)g(x)\mathrm{d}x. \qquad \square$$

例 3　证明: 黎曼函数 $f(x)$ 在闭区间 $[0, 1]$ 上可积, 其中

$$f(x) = \begin{cases} \dfrac{1}{q}, & x = \dfrac{p}{q}, \\ 0, & x \in \mathbb{Q}^c, \end{cases}$$

$q > 0$ 且 p 与 q 为互质的整数.

证　对任意的 $\varepsilon > 0$, 当 $f(x) \geqslant \dfrac{\varepsilon}{2}$ 时, $q \leqslant \dfrac{2}{\varepsilon}$. 因此 $f(x) \geqslant \dfrac{\varepsilon}{2}$ 的点 $x = \dfrac{p}{q}\left(0 \leqslant p \leqslant q \leqslant \dfrac{2}{\varepsilon}\right)$ 至多只有有限个, 不妨设为 k 个. 对 $[0,1]$ 的任意分法 $a = x_0 < x_1 < x_2 < \cdots < x_n = b$, 显然,

$$\sum_{i=1}^{n} \omega_i \Delta x_i = \sum_{i'} \omega_{i'} \Delta x_{i'} + \sum_{i''} \omega_{i''} \Delta x_{i''},$$

其中 $\omega_{i'}$ 表示 $f(x) \geqslant \dfrac{\varepsilon}{2}$ 的点所对应区间上函数的振幅, $\omega_{i''}$ 表示 $f(x) < \dfrac{\varepsilon}{2}$ 的点所对应区间上函数的振幅且 $\omega_{i''} < \dfrac{\varepsilon}{2}$. 因此

$$\sum_{i''} \omega_{i''} \Delta x_{i''} < \frac{\varepsilon}{2} \sum_{i''} \Delta x_{i''} \leqslant \frac{\varepsilon}{2}.$$

因为 $f(x) \geqslant \dfrac{\varepsilon}{2}$ 的点所对应区间至多只有 $2k$ 个且 $\omega_{i'} \leqslant 1$, 所以

$$\sum_{i'} \omega_{i'} \Delta x_{i'} \leqslant \sum_{i'} \Delta x_{i'} \leqslant 2k\lambda.$$

取 $\delta = \dfrac{\varepsilon}{4k}$. 则当 $\lambda < \delta$ 时,

$$\sum_{i=1}^{n} \omega_i \Delta x_i = \sum_{i'} \omega_{i'} \Delta x_{i'} + \sum_{i''} \omega_{i''} \Delta x_{i''} < \frac{\varepsilon}{2} + \frac{\varepsilon}{2} = \varepsilon. \qquad \square$$

注 4　由于例 3 中的函数 $f(x)$ 在闭区间 $[0,1]$ 上不连续, 因此例 3 也表明存在可积但不连续的函数.

第二节　定积分的基本性质

本节主要介绍定积分的一些基本性质, 包括定积分的运算性质、变限函数的连续性与可导性、常见的积分不等式和积分中值定理等, 以及这些性质的一些应用.

性质 1　若函数 $f(x)$ 在闭区间 $[a,b]$ 上可积, $k \in \mathbb{R}$, 则 $kf(x)$ 在 $[a,b]$ 上也可积且 $\displaystyle\int_a^b kf(x)\mathrm{d}x = k\int_a^b f(x)\mathrm{d}x.$

性质 2　若函数 $f(x)$ 与 $g(x)$ 在闭区间 $[a,b]$ 上均可积, 则 $f(x) \pm g(x)$ 在 $[a,b]$ 上也可积且 $\int_a^b (f(x) \pm g(x))\mathrm{d}x = \int_a^b f(x)\mathrm{d}x \pm \int_a^b g(x)\mathrm{d}x.$

性质 3　若函数 $f(x), g(x)$ 在闭区间 $[a,b]$ 上可积, 则 $f(x)g(x)$ 在 $[a,b]$ 上也可积.

注 1　由性质 3 可知, 若函数 $f(x)$ 在闭区间 $[a,b]$ 上可积, 则 $f^2(x)$ 在 $[a,b]$ 上可积, 反之不一定成立. 例如: 取本章第一节注 2 中的 $f(x)$. 显然 $f^2(x) = 1$ 在任何闭区间上可积, 但 $f(x)$ 在任何闭区间上均不可积.

性质 4　若函数 $f(x)$ 在闭区间 $[a,b]$ 上可积且 $F(x) = \int_a^x f(t)\mathrm{d}t(a \leqslant x \leqslant b)$, 则 $F(x)$ 在 $[a,b]$ 上连续.

性质 5　若函数 $f(x)$ 在闭区间 $[a,b]$ 上连续, 则 $F(x) = \int_a^x f(t)\mathrm{d}t$ $(a \leqslant x \leqslant b)$ 可导且 $F'(x) = f(x)$.

性质 6　若函数 $f(x)$ 在闭区间 $[a,b]$ 上连续, $g(x)$ 在 $[a,b]$ 上不变号且可积, 则存在 $\xi \in [a,b]$ 使得 $\int_a^b f(x)g(x)\mathrm{d}x = f(\xi)\int_a^b g(x)\mathrm{d}x.$

注 2　如果去掉 "$g(x)$ 在 $[a,b]$ 上不变号" 这个条件, 性质 6 的结论不一定成立. 例如: 取 $f(x) = x + 2$, $g(x) = x$, $[a,b] = [-1,1]$, 则

$$\int_a^b f(x)g(x)\mathrm{d}x = \int_{-1}^1 x(x+2)\mathrm{d}x = \frac{2}{3}.$$

又因为 $\int_{-1}^1 x\mathrm{d}x = 0$, 所以不存在 $\xi \in [-1,1]$ 使得 $\int_{-1}^1 x(x+2)\mathrm{d}x = f(\xi)\int_{-1}^1 x\mathrm{d}x.$

性质 7　若非负函数 $f(x)$ 在闭区间 $[a,b]$ 上可积, 则 $\int_a^b f(x)\mathrm{d}x \geqslant 0.$

性质 8　若函数 $f(x)$ 在闭区间 $[a,b]$ 上可积, 则 $\left| \int_a^b f(x)\mathrm{d}x \right| \leqslant \int_a^b |f(x)|\mathrm{d}x.$

性质 9[①]　若函数 $f(x)$ 与 $g(x)$ 在闭区间 $[a,b]$ 上可积, 则

$$\left(\int_a^b f(x)g(x)\mathrm{d}x \right)^2 \leqslant \int_a^b f^2(x)\mathrm{d}x \int_a^b g^2(x)\mathrm{d}x.$$

证　对任意的 $h \in \mathbb{R}$, 因为

$$(hf(x) - g(x))^2 = h^2 f^2(x) - 2hf(x)g(x) + g^2(x) \geqslant 0,$$

---

① 性质 9 一般称为积分形式的柯西-施瓦茨不等式.

所以 $\int_a^b (h^2 f^2(x) - 2hf(x)g(x) + g^2(x))\mathrm{d}x \geqslant 0$, 即

$$h^2 \int_a^b f^2(x)\mathrm{d}x - 2h \int_a^b f(x)g(x)\mathrm{d}x + \int_a^b g^2(x)\mathrm{d}x \geqslant 0.$$

从而

$$\left(2\int_a^b f(x)g(x)\mathrm{d}x \right)^2 - 4\int_a^b f^2(x)\mathrm{d}x \cdot \int_a^b g^2(x)\mathrm{d}x \leqslant 0,$$

即

$$\left(\int_a^b f(x)g(x)\mathrm{d}x \right)^2 \leqslant \int_a^b f^2(x)\mathrm{d}x \cdot \int_a^b g^2(x)\mathrm{d}x. \qquad \square$$

性质 10　设函数 $f(x)$ 与 $g(x)$ 在闭区间 $[a,b]$ 上连续且 $f(x) \geqslant 0, g(x) > 0$. 若 $M = \max\limits_{x \in [a,b]} f(x)$, 则 $M = \lim\limits_{n \to \infty} \left(\int_a^b g(x)f^n(x)\mathrm{d}x \right)^{\frac{1}{n}}$.

证　由 $f(x)$ 在 $[a,b]$ 上连续可知, 存在 $x_0 \in [a,b]$ 使得 $f(x_0) = M$. 不妨设 $x_0 \in (a,b)$. 从而对任意的 $\varepsilon > 0$, 存在正数 δ 满足

$$0 < \delta < \min\left\{ \frac{x_0 - a}{2}, \frac{b - x_0}{2} \right\},$$

且当 $|x - x_0| < \delta$ 时, $f(x) > M - \varepsilon$. 故当 $|x - x_0| < \delta$ 时,

$$\left(\int_a^b g(x)f^n(x)\mathrm{d}x \right)^{\frac{1}{n}} \geqslant \left(\int_{x_0-\delta}^{x_0+\delta} g(x)f^n(x)\mathrm{d}x \right)^{\frac{1}{n}} \geqslant (M - \varepsilon)\left(\int_{x_0-\delta}^{x_0+\delta} g(x)\mathrm{d}x \right)^{\frac{1}{n}}.$$

又因为 $\left(\int_a^b g(x)f^n(x)\mathrm{d}x \right)^{\frac{1}{n}} \leqslant M \left(\int_a^b g(x)\mathrm{d}x \right)^{\frac{1}{n}}$ 且

$$\lim\limits_{n \to \infty} \left(\int_{x_0-\delta}^{x_0+\delta} g(x)\mathrm{d}x \right)^{\frac{1}{n}} = 1, \quad \lim\limits_{n \to \infty} \left(\int_a^b g(x)\mathrm{d}x \right)^{\frac{1}{n}} = 1,$$

所以由夹逼准则可知, $\lim\limits_{n \to \infty} \left(\int_a^b g(x)f^n(x)\mathrm{d}x \right)^{\frac{1}{n}} = M$. 同理可证当 $x_0 = a$ 或 $x_0 = b$ 时, 性质的结论也成立. $\qquad \square$

性质 11　若函数 $f(x)$ 在闭区间 $[a,b]$ 上连续可导, 则

$$\int_a^b |f(x)|\mathrm{d}x \leqslant \max\left\{ (b - a)\int_a^b |f'(x)|\mathrm{d}x, \left| \int_a^b f(x)\mathrm{d}x \right| \right\}.$$

证　若 $\displaystyle\int_a^b |f(x)|\mathrm{d}x = \left|\int_a^b f(x)\mathrm{d}x\right|$, 则显然结论成立.

若 $\displaystyle\int_a^b |f(x)|\mathrm{d}x > \left|\int_a^b f(x)\mathrm{d}x\right|$, 则 $f(x)$ 在 $[a,b]$ 上异号. 从而由零点存在定理可知, 存在 $\xi \in [a,b]$ 使得 $f(\xi) = 0$. 故对任意的 $x \in [a,b]$,

$$|f(x)| = |f(x) - f(\xi)| = \left|\int_\xi^x f'(t)\mathrm{d}t\right| \leqslant \int_a^b |f'(t)|\mathrm{d}t.$$

两端同时关于 x 在 $[a,b]$ 上积分可得

$$\int_a^b |f(x)|\mathrm{d}x \leqslant \int_a^b \left(\int_a^b |f'(t)|\mathrm{d}t\right)\mathrm{d}x = (b-a)\int_a^b |f'(x)|\mathrm{d}x.$$

故有

$$\int_a^b |f(x)|\mathrm{d}x \leqslant \max\left\{(b-a)\int_a^b |f'(x)|\mathrm{d}x, \left|\int_a^b f(x)\mathrm{d}x\right|\right\}. \qquad \square$$

性质 12[①]　若 $a < c < b$, 函数 $f(x)$ 在闭区间 $[a,c]$ 与 $[c,b]$ 上可积, 则 $f(x)$ 在 $[a,b]$ 上也可积且 $\displaystyle\int_a^c f(x)\mathrm{d}x + \int_c^b f(x)\mathrm{d}x = \int_a^b f(x)\mathrm{d}x$. 反之, 若 $f(x)$ 在 $[a,b]$ 上可积, 则 $f(x)$ 在 $[a,c]$ 与 $[c,b]$ 上也可积.

证　对 $[a,b]$ 的任意分法 $a = x_0 < x_1 < \cdots < x_n = b$, 若 c 是分点, 不妨设 c 为第 k 个分点. 则

$$\sum_{i=1}^n f(\xi_i)\Delta x_i = \sum_{i=1}^k f(\xi_i)\Delta x_i + \sum_{i=k+1}^n f(\xi_i)\Delta x_i.$$

两边同时取 $\lambda \to 0$ 的极限可得 $\displaystyle\int_a^b f(x)\mathrm{d}x = \int_a^c f(x)\mathrm{d}x + \int_c^b f(x)\mathrm{d}x$.

若 c 不是分点, 不妨设 $c \in (x_{k-1}, x_k)$. 因为 $f(x)$ 有界, 所以存在 $M > 0$, 对任意的 $x \in [a,b]$, $|f(x)| \leqslant M$. 对任意的 $\varepsilon > 0$, 存在 $\delta > 0$ 满足 $M\delta < \varepsilon$. 当 $\lambda < \dfrac{\delta}{2}$ 时, 对任意的 $\xi_k \in (x_{k-1}, x_k)$, $\xi_k' \in (x_{k-1}, c)$, $\xi_k'' \in (c, x_k)$,

$$|f(\xi_k)\Delta x_k - f(\xi_k')(c - x_{k-1}) - f(\xi_k'')(x_k - c)|$$
$$\leqslant M\Delta x_k + M(c - x_{k-1}) + M(x_k - c) < M\delta < \varepsilon.$$

---

① 性质 12 一般称为定积分对区间的有限可加性.

令

$$\sum_{i=1}^{k-1} f(\xi_i)\Delta x_i + f(\xi_k')(c - x_{k-1}) = A,$$

$$\sum_{i=k+1}^{n} f(\xi_i)\Delta x_i + f(\xi_k'')(x_k - c) = B.$$

则 $\lim\limits_{\lambda \to 0}\left(\sum\limits_{i=1}^{n} f(\xi_i)\Delta x_i - A - B\right) = 0$, 即

$$\int_a^b f(x)\mathrm{d}x = \int_a^c f(x)\mathrm{d}x + \int_c^b f(x)\mathrm{d}x.$$

反之, 对 $[a,c]$ 的任意分法 $a = x_0 < x_1 < \cdots < x_{n_1} = c$, 以及对 $[c,b]$ 的任意分法 $c = x_{n_1} < x_{n_1+1} < \cdots < x_n = b$, 因为 $f(x)$ 在 $[a,c]$ 与 $[c,b]$ 上可积, 所以

$$\lim_{\lambda \to 0}\sum_{i=1}^{n_1} \omega_i \Delta x_i + \lim_{\lambda \to 0}\sum_{i=n_1+1}^{n} \omega_i \Delta x_i = \lim_{\lambda \to 0}\sum_{i=1}^{n} \omega_i \Delta x_i = 0,$$

即 $f(x)$ 在 $[a,b]$ 上可积. 又因为

$$\int_a^c f(x)\mathrm{d}x + \int_c^b f(x)\mathrm{d}x = \lim_{\lambda \to 0}\sum_{i=1}^{n_1} f(\xi_i)\Delta x_i + \lim_{\lambda \to 0}\sum_{i=n_1+1}^{n} f(\xi_i)\Delta x_i$$

$$= \lim_{\lambda \to 0}\sum_{i=1}^{n} f(\xi_i)\Delta x_i = \int_a^b f(x)\mathrm{d}x.$$

从而 $\int_a^b f(x)\mathrm{d}x = \int_a^c f(x)\mathrm{d}x + \int_c^b f(x)\mathrm{d}x.$ $\qquad\qquad\square$

注 3 若 a, b, c 为函数 $f(x)$ 在可积区间内的任意三点, 则

$$\int_a^b f(x)\mathrm{d}x = \int_a^c f(x)\mathrm{d}x + \int_c^b f(x)\mathrm{d}x.$$

事实上, 不妨设 $c < a < b$. 则由本节性质 12 知, $\int_c^b f(x)\mathrm{d}x = \int_c^a f(x)\mathrm{d}x + \int_a^b f(x)\mathrm{d}x$. 故

$$\int_a^b f(x)\mathrm{d}x = -\int_c^a f(x)\mathrm{d}x + \int_c^b f(x)\mathrm{d}x = \int_a^c f(x)\mathrm{d}x + \int_c^b f(x)\mathrm{d}x.$$

性质 13　设函数 $y = f(u)$ 在闭区间 $[A, B]$ 上连续, $u = \varphi(x)$ 在闭区间 $[a, b]$ 上可积且对任意的 $x \in [a, b]$, $A \leqslant \varphi(x) \leqslant B$, 则 $F(x) = f(\varphi(x))$ 在 $[a, b]$ 上可积.

证　因为 $f(u)$ 在 $[A, B]$ 上连续, 所以在 $[A, B]$ 上一致连续. 故由一致连续的定义可知, 对任意的 $\varepsilon > 0$, 存在 $\delta > 0$, 对任意的 $u', u'' \in [A, B]$, 当 $|u' - u''| < \delta$ 时, $|f(u') - f(u'')| < \dfrac{\varepsilon}{2}$. 对 $[a, b]$ 的任意分法 $a = x_0 < x_1 < \cdots < x_n = b$, 对任意的 $x', x'' \in [x_{i-1}, x_i]$, 令 $u' = \varphi(x')$, $u'' = \varphi(x'')$. 则 $|u' - u''| = |\varphi(x') - \varphi(x'')| \leqslant \omega_i^{\varphi}$, 其中 ω_i^{φ} 是 $\varphi(x)$ 在 $[x_{i-1}, x_i]$ 上的振幅. 从而当 $\omega_i^{\varphi} < \delta$ 时,

$$|F(x') - F(x'')| = |f(u') - f(u'')| < \frac{\varepsilon}{2}.$$

不妨设 $F(x) = f(\varphi(x))$ 在 $[x_{i-1}, x_i]$ 上的振幅为 ω_i^F. 则当 $\omega_i^{\varphi} < \delta$ 时,

$$\omega_i^F = \sup_{x', x'' \in [x_{i-1}, x_i]} |F(x') - F(x'')| \leqslant \frac{\varepsilon}{2} < \varepsilon.$$

因此, $\displaystyle\sum_{\omega_i^F \geqslant \varepsilon} \Delta x_i \leqslant \sum_{\omega_i^{\varphi} \geqslant \delta} \Delta x_i$. 因为 $\varphi(x)$ 在 $[a, b]$ 上可积, 所以对任意的 $\sigma > 0$, 对 $[a, b]$ 的任意分法, 当 $\lambda < \delta$ 时, $\displaystyle\sum_{\omega_i^{\varphi} \geqslant \delta} \Delta x_i < \sigma$. 故当 $\lambda < \delta$ 时, $\displaystyle\sum_{\omega_i^F \geqslant \varepsilon} \Delta x_i \leqslant \sum_{\omega_i^{\varphi} \geqslant \delta} \Delta x_i < \sigma$, 故由定积分存在的第三充要条件可知, 函数 $F(x)$ 在闭区间 $[a, b]$ 上可积. □

例 1　设函数 $f(x)$ 在 $\mathbb{R}$ 上连续且函数 $g(x) = f(x) \displaystyle\int_0^x f(t)\mathrm{d}t$ 在 $\mathbb{R}$ 上单调递减. 证明: 对任意的 $x \in \mathbb{R}$, $f(x) = 0$.

证　对任意的 $x \in \mathbb{R}$, 令 $F(x) = \dfrac{1}{2} \left(\displaystyle\int_0^x f(t)\mathrm{d}t \right)^2$. 显然 $F'(x) = g(x)$. 若 $g(x)$ 在 $(0, +\infty)$ 内不恒为零, 则由 $g(0) = 0$ 和 $g(x)$ 在 $(0, +\infty)$ 内单调递减可知, 存在 $x_0 > 0$ 使得 $g(x_0) < 0$. 从而 $F(x_0) = \displaystyle\int_0^{x_0} g(t)\mathrm{d}t < 0$. 这与 $F(x_0) = \dfrac{1}{2} \left(\displaystyle\int_0^{x_0} f(t)\mathrm{d}t \right)^2 \geqslant 0$ 矛盾. 故对任意的 $x > 0$, $g(x) = 0$. 同理可证, 当 $x \leqslant 0$ 时, $g(x) = 0$. 从而对任意的 $x \in \mathbb{R}$, $g(x) = F'(x) = 0$. 因此 $\displaystyle\int_0^x f(t)\mathrm{d}t = C$, 其中 C 为常数. 故对任意的 $x \in \mathbb{R}$, $f(x) = 0$. □

例 2   设函数 $f(x)$ 在 $x=0$ 的某邻域内连续且 $f(0)\neq 0$. 求

$$I=\lim_{x\to 0}\frac{\ln(1+x)\displaystyle\int_0^x f(x-t)\mathrm{d}t}{\displaystyle\int_0^x (\sin x-t)f(t)\mathrm{d}t}.$$

解   由函数 $f(x)$ 在 $x=0$ 的某邻域内连续且 $f(0)\neq 0$ 可知

$$\lim_{x\to 0}\frac{f(x)\sin x-xf(x)}{xf(0)}=0,$$

$$\lim_{x\to 0}\frac{\displaystyle\int_0^x f(t)\mathrm{d}t}{x}=\lim_{x\to 0}\frac{\displaystyle\int_0^x f(x-t)\mathrm{d}t}{x}=f(0).$$

故由洛必达法则可得

$$I=\lim_{x\to 0}\frac{x\displaystyle\int_0^x f(x-t)\mathrm{d}t}{\displaystyle\int_0^x (\sin x-t)f(t)\mathrm{d}t}=\lim_{x\to 0}\frac{\displaystyle\int_0^x f(x-t)\mathrm{d}t+xf(0)}{\cos x\displaystyle\int_0^x f(t)\mathrm{d}t+\sin xf(x)-xf(x)}$$

$$=\lim_{x\to 0}\frac{\dfrac{1}{f(0)}\cdot\dfrac{1}{x}\displaystyle\int_0^x f(x-t)\mathrm{d}t+1}{\dfrac{1}{f(0)}\cos x\cdot\dfrac{1}{x}\displaystyle\int_0^x f(t)\mathrm{d}t+\dfrac{f(x)\sin x-xf(x)}{xf(0)}}=2.$$

例 3   设函数 $f(x)$ 在闭区间 $[a,b]$ 上二阶可导且 $f\left(\dfrac{a+b}{2}\right)=0$. 证明: 若 $M=\max\limits_{a\leqslant x\leqslant b}|f''(x)|$, 则 $\left|\displaystyle\int_a^b f(x)\mathrm{d}x\right|\leqslant\dfrac{M(b-a)^3}{24}$.

证   因为函数 $f(x)$ 在 $x=\dfrac{a+b}{2}$ 处可泰勒展开为

$$f(x)=f'\left(\frac{a+b}{2}\right)\left(x-\frac{a+b}{2}\right)+\frac{1}{2!}f''(\xi)\left(x-\frac{a+b}{2}\right)^2,$$

其中 ξ 介于 x 与 $\dfrac{a+b}{2}$ 之间, 所以

$$\left|\int_a^b f(x)\mathrm{d}x\right|=\left|\int_a^b f'\left(\frac{a+b}{2}\right)\left(x-\frac{a+b}{2}\right)\mathrm{d}x+\frac{1}{2!}\int_a^b f''(\xi)\left(x-\frac{a+b}{2}\right)^2\mathrm{d}x\right|$$

$$\leqslant \left| f'\left(\frac{a+b}{2}\right)\frac{1}{2}\left(x - \frac{a+b}{2}\right)^2\Big|_a^b\right| + \frac{1}{6}M\left|\left(x - \frac{a+b}{2}\right)^3\Big|_a^b\right|$$

$$= \frac{M(b-a)^3}{24}. \qquad \qquad \square$$

例 4 设函数 $f(x)$ 在闭区间 $[-1,1]$ 上有界且不连续点是 $\frac{1}{n}(n\in\mathbb{N}^+)$. 证明: 函数 $f(x)$ 在闭区间 $[-1,1]$ 上可积.

证 由 $f(x)$ 在 $[-1,1]$ 上有界知, 存在 $M>0$, 对任意的 $x\in[-1,1]$, $|f(x)|\leqslant M$. 从而 $f(x)$ 在 $[-1,1]$ 上的振幅 $\omega\leqslant 2M$. 对任意的 $\varepsilon>0$, 取 $N = \left[\frac{2M}{\varepsilon}\right]+1$. 显然, $f(x)$ 在 $\left[\frac{1}{N},1\right]$ 上仅有有限个不连续点. 从而 $f(x)$ 在 $\left[\frac{1}{N},1\right]$ 上可积. 对 $\left[0,\frac{1}{N}\right]$ 的任意分法 $0 = x_0 < x_1 < x_2 < \cdots < x_n = \frac{1}{N}$, 显然, $\omega_i \leqslant \omega \leqslant 2M$. 则

$$\sum_{i=1}^{n}\omega_i\Delta x_i \leqslant 2M\cdot\sum_{i=1}^{n}\Delta x_i < 2M\cdot\frac{\varepsilon}{2M} = \varepsilon.$$

故 $f(x)$ 在 $\left[0,\frac{1}{N}\right]$ 上可积. 因为 $f(x)$ 在 $[-1,0]$ 上连续, 所以 $f(x)$ 在 $[-1,0]$ 上可积. 由本节性质 12 可知, $f(x)$ 在 $[-1,1]$ 上可积. $\qquad\square$

例 5 设函数 $f(x)$ 在任何有限闭区间上可积且满足 $\lim\limits_{x\to+\infty}f(x) = l$. 证明:

$$\lim_{x\to+\infty}\frac{1}{x}\int_0^x f(t)\mathrm{d}t = l.$$

证 由 $\lim\limits_{x\to+\infty}f(x) = l$ 可知, 对任意的 $\varepsilon>0$, 存在 $X>0$, 当 $x>X$ 时, $|f(x)-l| < \frac{\varepsilon}{2}$. 从而当 $x>X$ 时,

$$\left|\frac{1}{x}\int_0^x f(t)\mathrm{d}t - l\right| = \left|\frac{1}{x}\int_0^x f(t)\mathrm{d}t - \frac{1}{x}\int_0^x l\mathrm{d}t\right|$$

$$= \frac{1}{x}\left|\int_0^{X+1}(f(t)-l)\mathrm{d}t + \int_{X+1}^x(f(t)-l)\mathrm{d}t\right|$$

$$\leqslant \frac{1}{x}\left(\left|\int_0^{X+1}(f(t)-l)\mathrm{d}t\right| + \int_{X+1}^x|f(t)-l|\mathrm{d}t\right)$$

$$< \frac{1}{x}\left(\left|\int_0^{X+1}(f(t)-l)\mathrm{d}t\right| + \int_{X+1}^x \frac{\varepsilon}{2}\mathrm{d}t\right)$$

$$= \frac{\varepsilon}{2} + \frac{1}{x}\left(\left|\int_0^{X+1}(f(t)-l)\mathrm{d}t\right| - \frac{X+1}{2}\varepsilon\right).$$

因为 $f(x)$ 在任何有限闭区间上可积, 所以

$$\lim_{x\to+\infty}\frac{1}{x}\left(\left|\int_0^{X+1}(f(t)-l)\mathrm{d}t\right| - \frac{X+1}{2}\varepsilon\right) = 0.$$

故对 $\varepsilon > 0$, 存在 $X_1 > 0$, 当 $x > X_1$ 时,

$$\frac{1}{x}\left(\left|\int_0^{X+1}(f(t)-l)\mathrm{d}t\right| - \frac{X+1}{2}\varepsilon\right) < \frac{\varepsilon}{2}.$$

取 $X' = \max\{X, X_1\}$. 则当 $x > X'$ 时, $\left|\frac{1}{x}\int_0^x f(t)\mathrm{d}t - l\right| < \frac{\varepsilon}{2} + \frac{\varepsilon}{2} = \varepsilon$. 因此, 由

函数极限的分析定义可知, $\lim\limits_{x\to+\infty}\frac{1}{x}\int_0^x f(t)\mathrm{d}t = l$. 　　　　□

例 6　设函数 $f(x)$ 在闭区间 $[0,1]$ 上可积且在 $x=1$ 连续. 证明:

$$\lim_{n\to\infty} n\int_0^1 x^n f(x)\mathrm{d}x = f(1).$$

证　因为 $\lim\limits_{n\to\infty} n\int_0^1 x^n\mathrm{d}x = 1$, 所以 $f(1) = \lim\limits_{n\to\infty}\int_0^1 nx^n f(1)\mathrm{d}x$. 故只需证明

$$\lim_{n\to\infty} n\int_0^1 x^n(f(x)-f(1))\mathrm{d}x = 0.$$

由 $f(x)$ 在 $x=1$ 连续可知, 对任意的 $\varepsilon > 0$, 存在 $0 < \delta < 1$, 当 $0 < 1-\delta < x < 1$ 时, $|f(x)-f(1)| < \frac{\varepsilon}{2}$. 又因为 $f(x)$ 在 $[0,1]$ 上可积, 所以 $f(x)$ 在 $[0,1]$ 上有界, 即存在 $M > 0$, 对任意的 $x\in[0,1]$, $|f(x)| \leqslant M$. 故

$$\left|n\int_0^1 x^n(f(x)-f(1))\mathrm{d}x\right|$$

$$= \left|\int_0^{1-\delta} nx^n(f(x)-f(1))\mathrm{d}x + \int_{1-\delta}^1 nx^n(f(x)-f(1))\mathrm{d}x\right|$$

$$\leqslant \int_0^{1-\delta} nx^n(|f(x)|+|f(1)|)\mathrm{d}x + \int_{1-\delta}^1 nx^n|f(x)-f(1)|\mathrm{d}x$$

$$\leqslant 2M \int_0^{1-\delta} nx^n \mathrm{d}x + \frac{\varepsilon}{2} \int_{1-\delta}^1 nx^n \mathrm{d}x$$

$$< 2M \frac{n}{n+1} (1-\delta)^{n+1} + \frac{\varepsilon}{2}.$$

从而存在 $N \in \mathbb{N}^+$, 当 $n > N$ 时, $\left| n \int_0^1 x^n (f(x) - f(1)) \mathrm{d}x \right| < \frac{\varepsilon}{2} + \frac{\varepsilon}{2} = \varepsilon$, 即

$$\lim_{n \to \infty} n \int_0^1 x^n f(x) \mathrm{d}x = \lim_{n \to \infty} n \int_0^1 x^n f(1) \mathrm{d}x = f(1). \qquad \square$$

例 7　设函数 $f(x)$ 在 $\mathbb{R}$ 上具有二阶连续导数, $f(0) = f(1) = 0$ 且对任意的 $x \in (0,1)$, $f(x) > 0$. 证明: $\int_0^1 \left| \frac{f''(x)}{f(x)} \right| \mathrm{d}x > 4$.

证　由条件可知, 存在 $c \in (0,1)$ 使得 $f(c) = \max\limits_{0 \leqslant x \leqslant 1} f(x) > 0$. 由拉格朗日中值定理可知, 存在 $\xi_1 \in (0,c)$, $\xi_2 \in (c,1)$ 使得

$$f'(\xi_1) = \frac{f(c) - f(0)}{c - 0} = \frac{f(c)}{c}, \quad f'(\xi_2) = \frac{f(1) - f(c)}{1 - c} = \frac{-f(c)}{1 - c}.$$

又因为 $f'(c) = 0$, 再由拉格朗日中值定理可知, 存在 $\overline{\xi} \in (\xi_1, c)$ 使得

$$f''(\overline{\xi}) = \frac{\frac{f(c)}{c} - f'(c)}{\xi_1 - c} = \frac{f(c)}{c(\xi_1 - c)} \neq 0.$$

(1) 当 $c \neq \frac{1}{2}$ 时,

$$\int_0^1 \left| \frac{f''(x)}{f(x)} \right| \mathrm{d}x \geqslant \frac{1}{f(c)} \int_0^1 |f''(x)| \mathrm{d}x \geqslant \frac{1}{f(c)} \int_{\xi_1}^{\xi_2} |f''(x)| \mathrm{d}x$$

$$\geqslant \frac{1}{f(c)} \left| \int_{\xi_1}^{\xi_2} f''(x) \mathrm{d}x \right| = \frac{1}{f(c)} |f'(\xi_2) - f'(\xi_1)|$$

$$= \frac{1}{f(c)} \left| \frac{-f(c)}{1-c} - \frac{f(c)}{c} \right| = \frac{1}{c(1-c)} > 4.$$

(2) 当 $c = \frac{1}{2}$ 时, 若存在 $x_0 \in \left(0, \frac{1}{2}\right)$ 使得 $f(x_0) = f\left(\frac{1}{2}\right)$. 则取 $c = x_0$. 由 (1) 可知结论成立. 若对任意的 $x \in \left(0, \frac{1}{2}\right)$, $f(x) < f\left(\frac{1}{2}\right)$, 则 $f(\overline{\xi}) < f\left(\frac{1}{2}\right)$.

从而

$$\left| \frac{f''(\bar{\xi})}{f(\bar{\xi})} \right| > \left| \frac{f''(\bar{\xi})}{f\left(\frac{1}{2}\right)} \right|.$$

因此, $\displaystyle\int_0^1 \left| \frac{f''(x)}{f(x)} \right| \mathrm{d}x > \frac{1}{f(c)} \int_0^1 |f''(x)| \mathrm{d}x \geqslant \frac{1}{c(1-c)} = 4.$ □

例 8 设函数 $f(x)$ 在闭区间 $[0,1]$ 上二阶连续可导. 证明:

$$\max_{x \in [0,1]} |f'(x)| \leqslant |f(1) - f(0)| + \int_0^1 |f''(x)| \mathrm{d}x.$$

证 不妨设 $|f'(\xi)| = \max\limits_{x \in [0,1]} |f'(x)|$, 其中 $\xi \in [0,1]$. 由拉格朗日中值定理可知, 存在 $\mu \in (0,1)$ 使得 $|f(1) - f(0)| = |f'(\mu)|$. 又因为

$$\int_0^1 |f''(x)| \mathrm{d}x \geqslant \left| \int_\xi^\mu |f''(x)| \mathrm{d}x \right| \geqslant \left| \int_\xi^\mu f''(x) \mathrm{d}x \right| = |f'(\xi) - f'(\mu)|,$$

所以 $|f(1) - f(0)| + \displaystyle\int_0^1 |f''(x)| \mathrm{d}x \geqslant |f'(\mu)| + |f'(\xi) - f'(\mu)| \geqslant |f'(\xi)| = \max\limits_{x \in [0,1]} |f'(x)|.$ □

例 9 设函数 $f(x)$ 在闭区间 $[0,1]$ 上连续可导且 $f(0) = f(1) = 0$. 证明:

$$\int_0^1 f^2(x) \mathrm{d}x \leqslant \frac{1}{4} \int_0^1 |f'(x)|^2 \mathrm{d}x.$$

证 由条件可知, 对任意的 $x \in [0,1]$,

$$f(x) = f(x) - f(0) = \int_0^x f'(t) \mathrm{d}t,$$

$$f(x) = -f(1) + f(x) = -\int_x^1 f'(t) \mathrm{d}t.$$

因此, 由本节性质 9 可得

$$|f(x)| = \left| \int_0^x f'(t) \mathrm{d}t \right| \leqslant \int_0^x (1 \cdot |f'(t)|) \mathrm{d}t$$

$$\leqslant \left(\int_0^x 1 \mathrm{d}t \cdot \int_0^x |f'(t)|^2 \mathrm{d}t \right)^{\frac{1}{2}} = x^{\frac{1}{2}} \left(\int_0^x |f'(t)|^2 \mathrm{d}t \right)^{\frac{1}{2}},$$

$$|f(x)| = \left| \int_x^1 f'(t)\mathrm{d}t \right| \leqslant \int_x^1 1 \cdot |f'(t)|\mathrm{d}t$$

$$\leqslant \left(\int_x^1 1\mathrm{d}t \cdot \int_x^1 |f'(t)|^2\mathrm{d}t \right)^{\frac{1}{2}} = (1-x)^{\frac{1}{2}} \left(\int_x^1 |f'(t)|^2\mathrm{d}t \right)^{\frac{1}{2}}.$$

因此, $|f(x)|^2 \leqslant x \int_0^x |f'(t)|^2\mathrm{d}t \leqslant x \int_0^1 |f'(t)|^2\mathrm{d}t$ 且

$$|f(x)|^2 \leqslant (1-x) \int_x^1 |f'(t)|^2\mathrm{d}t \leqslant (1-x) \int_0^1 |f'(t)|^2\mathrm{d}t.$$

从而有

$$\int_0^{\frac{1}{2}} |f(x)|^2\mathrm{d}x \leqslant \int_0^{\frac{1}{2}} \left(x \int_0^1 |f'(t)|^2\mathrm{d}t \right) \mathrm{d}x = \frac{1}{2} \left(\frac{1}{2} \right)^2 \int_0^1 |f'(x)|^2\mathrm{d}x,$$

$$\int_{\frac{1}{2}}^1 |f(x)|^2\mathrm{d}x \leqslant \int_{\frac{1}{2}}^1 \left((1-x) \int_0^1 |f'(t)|^2\mathrm{d}t \right) \mathrm{d}x = \frac{1}{2} \left(\frac{1}{2} \right)^2 \int_0^1 |f'(x)|^2\mathrm{d}x.$$

故 $\displaystyle\int_0^1 |f(x)|^2\mathrm{d}x = \int_0^{\frac{1}{2}} |f(x)|^2\mathrm{d}x + \int_{\frac{1}{2}}^1 |f(x)|^2\mathrm{d}x \leqslant \frac{1}{4} \int_0^1 |f'(x)|^2\mathrm{d}x.$ □

例 10　设函数 $f(x)$ 在闭区间 $[0,1]$ 上可导且存在 $M > 0$, 对任意的 $x \in [0,1], |f'(x)| \leqslant M$. 证明: 对任意的 $n \in \mathbb{N}^+, \left| \int_0^1 f(x)\mathrm{d}x - \frac{1}{n} \sum_{i=1}^n f\left(\frac{i}{n} \right) \right| \leqslant \frac{M}{n}.$

证　由本节性质 6 和性质 12 可知

$$\int_0^1 f(x)\mathrm{d}x = \sum_{i=1}^n \int_{\frac{i-1}{n}}^{\frac{i}{n}} f(x)\mathrm{d}x = \sum_{i=1}^n f(\xi_i) \left(\frac{i}{n} - \frac{i-1}{n} \right) = \frac{1}{n} \sum_{i=1}^n f(\xi_i),$$

其中 $\xi_i \in \left[\dfrac{i-1}{n}, \dfrac{i}{n} \right]$. 当 $\xi_i = \dfrac{i}{n}$ 时, 结论显然成立. 当 $\xi_i \neq \dfrac{i}{n}$ 时, 由拉格朗日中值定理可知, 存在 $\eta_i \in \left(\xi_i, \dfrac{i}{n} \right)$ 使得 $f\left(\dfrac{i}{n} \right) - f(\xi_i) = f'(\eta_i) \left(\dfrac{i}{n} - \xi_i \right)$. 故

$$\left| \int_0^1 f(x)\mathrm{d}x - \frac{1}{n} \sum_{i=1}^n f\left(\frac{i}{n} \right) \right|$$

$$= \left| \frac{1}{n} \sum_{i=1}^n f(\xi_i) - \frac{1}{n} \sum_{i=1}^n f\left(\frac{i}{n} \right) \right|$$

$$= \frac{1}{n} \left| \sum_{i=1}^{n} \left(f(\xi_i) - f\left(\frac{i}{n}\right) \right) \right| = \frac{1}{n} \left| \sum_{i=1}^{n} f'(\eta_i) \left(\xi_i - \frac{i}{n} \right) \right|$$

$$\leqslant \frac{1}{n} \sum_{i=1}^{n} |f'(\eta_i)| \left(\frac{i}{n} - \xi_i \right) \leqslant \frac{1}{n} \left(\sum_{i=1}^{n} M \frac{1}{n} \right) = \frac{M}{n}. \qquad \Box$$

例 11　设函数 $f(x)$ 在闭区间 $[0,1]$ 上连续且对任意的 $x \in [0,1]$, $\int_0^x f(u)\mathrm{d}u \geqslant f(x) \geqslant 0$. 证明: 对任意的 $x \in [0,1]$, $f(x) = 0$.

证　显然, $f(0) = 0$ 且 $f(x)$ 在 $[0,1]$ 上存在最大值 M. 对任意的 $x_0 \in (0,1)$, 存在 $0 \leqslant \xi_1 \leqslant x_0$ 使得 $0 \leqslant f(x_0) \leqslant \int_0^{x_0} f(u)\mathrm{d}u = f(\xi_1)x_0$. 进一步, 存在 $0 \leqslant \xi_2 \leqslant \xi_1$ 使得

$$0 \leqslant f(\xi_1) \leqslant \int_0^{\xi_1} f(u)\mathrm{d}u = f(\xi_2)\xi_1.$$

故 $0 \leqslant f(x_0) \leqslant f(\xi_2)\xi_1 x_0 \leqslant f(\xi_2)x_0^2$. 依次进行下去, 存在 $\xi_n \in [0, x_0]$ 使得

$$0 \leqslant f(x_0) \leqslant f(\xi_n)x_0^n \leqslant Mx_0^n.$$

因为 $\lim\limits_{n\to\infty} Mx_0^n = 0$, 所以 $f(x_0) = 0$. 又因为 $f(x)$ 连续, 所以 $f(1) = \lim\limits_{x\to 1^-} f(x) = 0$. 故对任意的 $x \in [0,1]$, $f(x) = 0$. $\qquad \Box$

例 12　设函数 $f(x)$ 在闭区间 $[0,1]$ 上连续可导且 $f(1) = f(0) = 0$. 证明:

$$\left| \int_0^1 f(x)\mathrm{d}x \right| \leqslant \frac{1}{4} \max_{0 \leqslant x \leqslant 1} |f'(x)|.$$

证　利用定积分的分部积分法并结合条件可知

$$\int_0^1 f(x)\mathrm{d}x = \int_0^1 f(x)\mathrm{d}\left(x - \frac{1}{2} \right) = -\int_0^1 \left(x - \frac{1}{2} \right) f'(x)\mathrm{d}x.$$

所以由本节性质 6 和性质 8 可知, 存在 $\xi \in [0,1]$ 满足

$$\left| \int_0^1 f(x)\mathrm{d}x \right| \leqslant \int_0^1 \left| \left(x - \frac{1}{2} \right) f'(x) \right| \mathrm{d}x = \int_0^1 |f'(x)| \left| x - \frac{1}{2} \right| \mathrm{d}x$$

$$= |f'(\xi)| \int_0^1 \left| x - \frac{1}{2} \right| \mathrm{d}x.$$

又因为 $\displaystyle\int_0^1 \left| x - \frac{1}{2}\right| \mathrm{d}x = \int_0^{\frac{1}{2}}\left(\frac{1}{2}-x\right)\mathrm{d}x + \int_{\frac{1}{2}}^1\left(-\frac{1}{2}+x\right)\mathrm{d}x = \frac{1}{4}$, 所以

$$\left|\int_0^1 f(x)\mathrm{d}x\right| \leqslant \frac{1}{4}|f'(\xi)| \leqslant \frac{1}{4}\max_{0\leqslant x\leqslant 1}|f'(x)|. \qquad \square$$

例 13 设 $a>0$ 且函数 $f(x)$ 在闭区间 $[0,a]$ 上连续可导. 证明:

$$|f(0)| \leqslant \frac{1}{a}\int_0^a |f(x)|\mathrm{d}x + \int_0^a |f'(x)|\mathrm{d}x.$$

证 因为 $f(x)$ 在 $[0,a]$ 上连续, 所以由本节性质 6 可知, 存在 $\xi\in[0,a]$ 使得 $\displaystyle\int_0^a f(x)\mathrm{d}x = f(\xi)a$. 又因为 $f(\xi)-f(0)=\displaystyle\int_0^\xi f'(x)\mathrm{d}x$, 所以

$$|f(0)| = \left| f(\xi) - \int_0^\xi f'(x)\mathrm{d}x\right| \leqslant \left| f(\xi)\right| + \left|\int_0^\xi f'(x)\mathrm{d}x\right|$$

$$\leqslant \left|\frac{1}{a}\int_0^a f(x)\mathrm{d}x\right| + \left|\int_0^\xi f'(x)\mathrm{d}x\right| \leqslant \left|\frac{1}{a}\int_0^a f(x)\mathrm{d}x\right| + \int_0^\xi |f'(x)|\,\mathrm{d}x$$

$$\leqslant \frac{1}{a}\int_0^a |f(x)|\mathrm{d}x + \int_0^a |f'(x)|\mathrm{d}x. \qquad \square$$

例 14 设函数 $f(x)=\displaystyle\int_x^{x^2}\left(1+\frac{1}{2t}\right)^t \sin\frac{1}{\sqrt{t}}\mathrm{d}t$. 求 $\displaystyle\lim_{n\to\infty}f(n)\sin\frac{1}{n}$.

解 由本节性质 6 可得 $f(x)=(x^2-x)\left(1+\dfrac{1}{2c}\right)^c \sin\dfrac{1}{\sqrt{c}}$, 其中 c 介于 x 与 x^2 之间. 又因为

$$\lim_{c\to+\infty}\left(1+\frac{1}{2c}\right)^c = \mathrm{e}^{\frac{1}{2}}, \quad \lim_{x\to+\infty}(x^2-x)\sin\frac{1}{\sqrt{c}}=+\infty,$$

所以有 $\displaystyle\lim_{x\to+\infty}f(x)=+\infty$. 故由洛必达法则可知

$$\lim_{x\to+\infty}f(x)\sin\frac{1}{x} = \lim_{x\to+\infty}\frac{\displaystyle\int_x^{x^2}\left(1+\frac{1}{2t}\right)^t \sin\frac{1}{\sqrt{t}}\mathrm{d}t}{\dfrac{1}{\sin\dfrac{1}{x}}}$$

$$= \lim_{x \to +\infty} \frac{\left(1 + \dfrac{1}{2x^2}\right)^{x^2} \cdot \sin \dfrac{1}{x} \cdot 2x - \left(1 + \dfrac{1}{2x}\right)^{x} \cdot \sin \dfrac{1}{\sqrt{x}} \cdot 1}{\dfrac{1}{x^2} \cdot \dfrac{\cos \dfrac{1}{x}}{\sin^2 \dfrac{1}{x}}} = 2\sqrt{e}.$$

故 $\lim\limits_{n \to \infty} f(n) \sin \dfrac{1}{n} = 2\sqrt{e}.$

第三节　定积分的计算方法和几类特殊函数的定积分计算

本节主要介绍定积分计算的一些常见方法, 包括牛顿-莱布尼茨 (Newton-Leibniz) 公式、各种类型的换元积分公式等, 以及一些特殊函数的定积分计算方法, 包括被积函数为周期函数、对称区间上的奇 (偶) 函数或绝对值函数, 以及具有某种对称性的函数的定积分计算等.

一、定积分的计算方法

1. 利用定积分的定义

设函数 $f(x)$ 在闭区间 $[a,b]$ 上可积. 若取闭区间 $[a,b]$ 的某种特殊分法 $a = x_0 < x_1 < \cdots < x_{n-1} < x_n = b$, 取特殊的 $\xi \in [x_{i-1}, x_i]$, 则 $I = \lim\limits_{\lambda \to 0} \sum\limits_{i=1}^{n} f(\xi_i) \Delta x_i = \int_a^b f(x)\mathrm{d}x.$

注 1　利用定义计算定积分的关键在于, 如何对闭区间 $[a,b]$ 进行特殊的分割以及如何取特殊的 ξ_i, 从而将定积分的计算问题转化为某种类型的极限计算问题进行求解.

2. 利用牛顿-莱布尼茨公式

设函数 $f(x)$ 在闭区间 $[a,b]$ 上连续, $F(x)$ 是 $f(x)$ 的一个原函数. 则

$$\int_a^b f(x)\mathrm{d}x = F(x)\Big|_a^b = F(b) - F(a).$$

注 2　利用牛顿-莱布尼茨公式计算定积分的关键在于, 如何利用凑微分法、变量代换法、分部积分法等求解不定积分的常见方法求出被积函数的某个原函数.

3. 利用换元法

若函数 $f(x)$ 在闭区间 $[a,b]$ 上连续, 作代换 $x = \varphi(t)$, 其中 $\varphi(t)$ 在 $[\alpha, \beta]$ 上

有连续导数 $\varphi'(t)$, 当 $\alpha \leqslant t \leqslant \beta$ 时, $a \leqslant \varphi(t) \leqslant b$ 且 $\varphi(\alpha) = a$, $\varphi(\beta) = b$, 则

$$\int_a^b f(x)\mathrm{d}x = \int_\alpha^\beta f(\varphi(t))\varphi'(t)\mathrm{d}t.$$

注 3　在计算定积分时, 常见的换元技巧包括:

(1) 三角代换　令 $x = \sin t$, $x = \cos t$, $x = \tan t$, $x = \cot t$ 等;

(2) 倒数代换　令 $x = \dfrac{1}{t}$;

(3) 无理代换　令 $x = \sqrt[n]{\dfrac{at+b}{ct+d}}$;

(4) 万能代换　令 $\tan \dfrac{\theta}{2} = x$. 则 $\sin \theta = \dfrac{2x}{1+x^2}$, $\cos \theta = \dfrac{1-x^2}{1+x^2}$, $\mathrm{d}\theta = \dfrac{2\mathrm{d}x}{1+x^2}$;

(5) 平移代换　令 $x = \pi \pm t$, $x = \dfrac{\pi}{2} \pm t$, $x = 2\pi \pm t$ 等.

4. 利用分部积分法

若 $u'(x), v'(x)$ 在闭区间 $[a,b]$ 上连续, 则 $\int_a^b uv'\mathrm{d}x = (uv)\Big|_a^b - \int_a^b u'v\mathrm{d}x$.

二、 几类特殊函数的定积分计算

1. 利用定积分对区间的有限可加性

若 $a < c < b$, 函数 $f(x)$ 在闭区间 $[a,c]$ 与闭区间 $[c,b]$ 上可积, 则 $f(x)$ 在 $[a,b]$ 上也可积且 $\int_a^b f(x)\mathrm{d}x = \int_a^c f(x)\mathrm{d}x + \int_c^b f(x)\mathrm{d}x$.

通常情况下, 利用定积分对区间的有限可加性可以计算被积函数为分段函数或者含有绝对值函数的定积分.

2. 奇、偶函数的定积分计算

设函数 $f(x)$ 在闭区间 $[-a,a]$ 上连续.

(1) 若 $f(x)$ 为 $[-a,a]$ 上的奇函数, 则 $\int_{-a}^a f(x)\mathrm{d}x = 0$. 事实上,

$$\int_{-a}^a f(x)\mathrm{d}x = \int_{-a}^0 f(x)\mathrm{d}x + \int_0^a f(x)\mathrm{d}x.$$

令 $x = -t$, 则

$$\int_{-a}^0 f(x)\mathrm{d}x = \int_0^a f(-t)\mathrm{d}t = -\int_0^a f(x)\mathrm{d}x.$$

从而 $\displaystyle\int_{-a}^{a} f(x)\mathrm{d}x = 0$.

(2) 若 $f(x)$ 为 $[-a, a]$ 上的偶函数, 则 $\displaystyle\int_{-a}^{a} f(x)\mathrm{d}x = 2\int_{0}^{a} f(x)\mathrm{d}x$.

(3) 若 $f(x)$ 在 $[-a, a]$ 上不具有奇偶性, 则

$$\int_{-a}^{a} f(x)\mathrm{d}x = \int_{0}^{a} (f(x) + f(-x))\mathrm{d}x.$$

事实上, 由本章第二节性质 8 可得

$$\int_{-a}^{a} f(x)\mathrm{d}x = \int_{-a}^{0} f(x)\mathrm{d}x + \int_{0}^{a} f(x)\mathrm{d}x = \int_{0}^{a} f(-x)\mathrm{d}x + \int_{0}^{a} f(x)\mathrm{d}x$$

$$= \int_{0}^{a} (f(x) + f(-x))\mathrm{d}x.$$

3. 轴对称函数的定积分计算

若函数 $f(x)$ 关于 $x = T$ 对称且 $a < T < b$, 则

$$\int_{a}^{b} f(x)\mathrm{d}x = 2\int_{T}^{b} f(x)\mathrm{d}x + \int_{a}^{2T-b} f(x)\mathrm{d}x.$$

事实上, 因为 $\displaystyle\int_{a}^{b} f(x)\mathrm{d}x = \int_{a}^{2T-b} f(x)\mathrm{d}x + \int_{2T-b}^{T} f(x)\mathrm{d}x + \int_{T}^{b} f(x)\mathrm{d}x$. 令 $x = 2T - t$. 则

$$\int_{2T-b}^{T} f(x)\mathrm{d}x = -\int_{b}^{T} f(2T-t)\mathrm{d}t = \int_{T}^{b} f(t)\mathrm{d}t.$$

从而有

$$\int_{a}^{b} f(x)\mathrm{d}x = 2\int_{T}^{b} f(x)\mathrm{d}x + \int_{a}^{2T-b} f(x)\mathrm{d}x.$$

4. 中心对称函数的定积分计算

若函数 $f(x)$ 在闭区间 $[a, b]$ 上连续且关于 $\left(\dfrac{a+b}{2}, f\left(\dfrac{a+b}{2}\right)\right)$ 中心对称,

即对任意的 $x \in [a, b]$, $f(x) = 2f\left(\dfrac{a+b}{2}\right) - f(a+b-x)$, 则

$$\int_{a}^{b} f(x)\mathrm{d}x = (b-a)f\left(\frac{a+b}{2}\right).$$

事实上, 由 $f(x)$ 满足中心对称可知, 对任意的 $x \in \left[-\dfrac{b-a}{2}, \dfrac{b-a}{2}\right]$,

$$f\left(\frac{a+b}{2} - x\right) + f\left(\frac{a+b}{2} + x\right) = 2f\left(\frac{a+b}{2}\right).$$

对任意的 $t \in \left[-\dfrac{b-a}{2}, \dfrac{b-a}{2}\right]$, 令

$$F(t) = f\left(\frac{a+b}{2} + t\right) - f\left(\frac{a+b}{2}\right).$$

显然, $F(t) = -F(-t)$, 即 $F(t)$ 在 $t \in \left[-\dfrac{b-a}{2}, \dfrac{b-a}{2}\right]$ 上为奇函数. 故

$$\begin{aligned}
\int_a^b f(x)\mathrm{d}x &= \int_{-\frac{b-a}{2}}^{\frac{b-a}{2}} f\left(\frac{a+b}{2} + t\right)\mathrm{d}t \\
&= \int_{-\frac{b-a}{2}}^{\frac{b-a}{2}} F(t)\mathrm{d}t + \int_{-\frac{b-a}{2}}^{\frac{b-a}{2}} f\left(\frac{a+b}{2}\right)\mathrm{d}t \\
&= \int_{-\frac{b-a}{2}}^{\frac{b-a}{2}} f\left(\frac{a+b}{2}\right)\mathrm{d}t,
\end{aligned}$$

即 $\displaystyle\int_a^b f(x)\mathrm{d}x = (b-a)f\left(\frac{a+b}{2}\right).$

5. 周期函数的定积分计算

当被积函数是周期函数时, 应特别注意将积分区间进行巧妙的分段, 并进行适当的换元, 以达到简化定积分计算的目的.

若函数 $f(x)$ 在开区间 $(-\infty, \infty)$ 内可积且以 T 为周期, 则

$$\int_a^{a+nT} f(x)\mathrm{d}x = n\int_0^T f(x)\mathrm{d}x, \quad n \in \mathbb{N}^+.$$

事实上, 由定积分对区间的有限可加性可得

$$\int_a^{a+nT} f(x)\mathrm{d}x = \int_a^0 f(x)\mathrm{d}x + \int_0^T f(x)\mathrm{d}x + \cdots + \int_{(n-1)T}^{nT} f(x)\mathrm{d}x + \int_{nT}^{a+nT} f(x)\mathrm{d}x.$$

令 $x - nT = t$. 则 $\displaystyle\int_{nT}^{a+nT} f(x)\mathrm{d}x = \int_0^a f(t)\mathrm{d}t.$ 对 $2 \leqslant i < n$, 令 $x - (i-1)T = t$.

则

$$\int_{(i-1)T}^{iT} f(x)\mathrm{d}x = \int_0^T f(t+(i-1)T)\mathrm{d}t = \int_0^T f(t)\mathrm{d}t.$$

从而 $\displaystyle\int_a^{a+nT} f(x)\mathrm{d}x = n\int_0^T f(x)\mathrm{d}x.$

注 4 由上面关于周期函数的定积分计算公式易知

(1) $\displaystyle\int_a^{a+T} f(x)\mathrm{d}x = \int_0^T f(x)\mathrm{d}x;$

(2) $\displaystyle\int_0^{nT} f(x)\mathrm{d}x = n\int_0^T f(x)\mathrm{d}x, \, n \in \mathbb{N}^+.$

6. 有理分式函数的定积分计算

若被积函数为有理分式函数

$$f(x) = \frac{b_m x^m + b_{m-1} x^{m-1} + \cdots + b_0}{a_n x^n + a_{n-1} x^{n-1} + \cdots + a_0},$$

一般可将其分解为多项式函数与一些简单形式的有理分式函数之和的定积分进行处理. 其关键在于如何将被积函数的分母进行因式分解.

例 1 利用定义计算定积分 $\displaystyle\int_0^1 \cos x \mathrm{d}x.$

解 因为 $f(x) = \cos x$ 在 $[0,1]$ 上连续, 所以定积分 $\displaystyle\int_0^1 \cos x \mathrm{d}x$ 存在. 对 $[0,1]$ 的分割 $0 < \dfrac{1}{n} < \dfrac{2}{n} < \cdots < \dfrac{n}{n} = 1$, 取 $\xi_i = \dfrac{i}{n} \in \left[\dfrac{i-1}{n}, \dfrac{i}{n}\right]$. 显然 $\lambda = \dfrac{1}{n}$. 因此,

$$\int_0^1 \cos x \mathrm{d}x = \lim_{n\to\infty} \sum_{i=1}^n \cos\frac{i}{n} \cdot \frac{1}{n} = \lim_{n\to\infty} \frac{1}{n}\left(\cos\frac{1}{n} + \cdots + \cos\frac{n}{n}\right)$$

$$= \lim_{n\to\infty} \frac{1}{n}\left(\frac{2\sin\dfrac{1}{2n}\left(\cos\dfrac{1}{n} + \cdots + \cos\dfrac{n}{n}\right)}{2\sin\dfrac{1}{2n}}\right)$$

$$= \lim_{n\to\infty} \frac{1}{2n} \frac{\sin\dfrac{2n+1}{2n} - \sin\dfrac{1}{2n}}{\sin\dfrac{1}{2n}} = \sin 1.$$

例 2 设 $x \geqslant -1$. 求定积分 $I = \int_{-1}^{x}(1-|t|)\mathrm{d}t$.

解 当 $-1 \leqslant x < 0$ 时, $I = \int_{-1}^{x}(1+t)\mathrm{d}t = \dfrac{1}{2}(1+x)^2$.

当 $x \geqslant 0$ 时, $I = \int_{-1}^{0}(1+t)\mathrm{d}t + \int_{0}^{x}(1-t)\mathrm{d}t = \dfrac{1}{2} + x - \dfrac{x^2}{2}$.

从而

$$I = \begin{cases} \dfrac{1}{2}(1+x)^2, & -1 \leqslant x < 0, \\ \dfrac{1}{2} + x - \dfrac{x^2}{2}, & x \geqslant 0. \end{cases}$$

例 3 设 $f(\pi) = 2$ 且 $\int_{0}^{\pi}(f(x)+f''(x))\sin x\,\mathrm{d}x = 5$. 求 $f(0)$ 的值.

解 因为 $\int_{0}^{\pi}(f(x)+f''(x))\sin x\,\mathrm{d}x = \int_{0}^{\pi}f(x)\sin x\,\mathrm{d}x + \int_{0}^{\pi}f''(x)\sin x\,\mathrm{d}x$,

其中

$$\int_{0}^{\pi}f''(x)\sin x\,\mathrm{d}x = \int_{0}^{\pi}\sin x\,\mathrm{d}(f'(x)) = f'(x)\sin x\Big|_{0}^{\pi} - \int_{0}^{\pi}f'(x)\cos x\,\mathrm{d}x$$

$$= -\int_{0}^{\pi}\cos x\,\mathrm{d}(f(x)) = -\left(f(x)\cos x\Big|_{0}^{\pi} + \int_{0}^{\pi}f(x)\sin x\,\mathrm{d}x\right)$$

$$= -f(x)\cos x\Big|_{0}^{\pi} - \int_{0}^{\pi}f(x)\sin x\,\mathrm{d}x,$$

所以 $\int_{0}^{\pi}(f(x)+f''(x))\sin x\,\mathrm{d}x = -f(x)\cos x\Big|_{0}^{\pi} = 5$. 从而可得 $f(0) = 3$.

例 4 计算定积分 $I = \int_{-2}^{2}\min\{-x^5+1, \ -x^4+1, 0\}\mathrm{d}x$.

解 对任意的 $x \in [-2, 2]$, 令 $g(x) = \min\{-x^5+1, \ -x^4+1, 0\}$, 即

$$g(x) = \begin{cases} -x^5+1, & x > 1, \\ 0, & -1 \leqslant x \leqslant 1, \\ -x^4+1, & x < -1. \end{cases}$$

因此, $I = \int_{-2}^{-1}(-x^4+1)\mathrm{d}x + \int_{-1}^{1}0\,\mathrm{d}x + \int_{1}^{2}(-x^5+1)\mathrm{d}x = -\dfrac{147}{10}$.

例 5 计算定积分 $I = \int_{0}^{\frac{\pi}{2}}\dfrac{\mathrm{d}x}{1+(\tan x)^{\pi}}$.

解　令 $f(x) = \dfrac{1}{1+(\tan x)^\pi}$. 显然, $f\left(\dfrac{\pi}{4}\right) = \dfrac{1}{2}$. 对任意的 $x \in \left(0, \dfrac{\pi}{4}\right)$, 因为

$$f\left(\frac{\pi}{4} - x\right) + f\left(\frac{\pi}{4} + x\right)$$

$$= \frac{1}{1 + \left(\tan\left(\frac{\pi}{4} - x\right)\right)^\pi} + \frac{1}{1 + \left(\tan\left(\frac{\pi}{4} + x\right)\right)^\pi}$$

$$= \frac{1}{1 + \left(\tan\left(\frac{\pi}{4} - x\right)\right)^\pi} + \frac{1}{1 + \left(\cot\left(\frac{\pi}{4} - x\right)\right)^\pi}$$

$$= \frac{1}{1 + \left(\tan\left(\frac{\pi}{4} - x\right)\right)^\pi} + \frac{\left[\tan\left(\frac{\pi}{4} - x\right)\right]^\pi}{1 + \left(\tan\left(\frac{\pi}{4} - x\right)\right)^\pi} = 2f\left(\frac{\pi}{4}\right),$$

所以 $f(x)$ 在 $\left[0, \dfrac{\pi}{2}\right]$ 上关于 $\left(\dfrac{\pi}{4}, f\left(\dfrac{\pi}{4}\right)\right)$ 中心对称. 故 $I = \left(\dfrac{\pi}{2} - 0\right) f\left(\dfrac{\pi}{4}\right) = \dfrac{\pi}{4}$.

例 6　计算定积分 $I = \displaystyle\int_0^{n\pi} x|\sin x|\mathrm{d}x$.

解　由定积分对区间的有限可加性可得

$$I = \int_0^\pi x|\sin x|\mathrm{d}x + \int_\pi^{2\pi} x|\sin x|\mathrm{d}x + \cdots + \int_{(n-1)\pi}^{n\pi} x|\sin x|\mathrm{d}x$$

$$= \int_0^\pi x\sin x\mathrm{d}x - \int_\pi^{2\pi} x\sin x\mathrm{d}x + \cdots + (-1)^{n-1}\int_{(n-1)\pi}^{n\pi} x\sin x\mathrm{d}x$$

$$= (-x\cos x + \sin x)\Big|_0^\pi + \cdots + (-1)^{n-1}(-x\cos x + \sin x)\Big|_{(n-1)\pi}^{n\pi}$$

$$= \pi + (2\pi + \pi) + \cdots + (n\pi + (n-1)\pi) = n^2\pi.$$

例 7　计算定积分 $I = \displaystyle\int_{-\frac{\pi}{4}}^{\frac{\pi}{4}} \frac{1}{1+\sin x}\mathrm{d}x$.

解　$I = \displaystyle\int_0^{\frac{\pi}{4}} \left(\frac{1}{1+\sin x} + \frac{1}{1+\sin(-x)}\right)\mathrm{d}x = 2\int_0^{\frac{\pi}{4}} \frac{1}{\cos^2 x}\mathrm{d}x = 2$.

例 8　计算定积分 $I = \displaystyle\int_0^{\frac{\pi}{2}} \frac{\sin x\cos x}{\sin x + \cos x}\mathrm{d}x$.

解　利用三角公式的变形可得

$$I = \int_0^{\frac{\pi}{2}} \frac{\sin^2\left(x + \frac{\pi}{4}\right) - \frac{1}{2}}{\sqrt{2}\sin\left(x + \frac{\pi}{4}\right)}\mathrm{d}x$$

$$= \frac{\sqrt{2}}{2} \int_0^{\frac{\pi}{2}} \sin\left(x+\frac{\pi}{4}\right) dx - \frac{1}{2\sqrt{2}} \int_0^{\frac{\pi}{2}} \frac{dx}{\sin\left(x+\frac{\pi}{4}\right)}$$

$$= -\frac{\sqrt{2}}{2} \cos\left(x+\frac{\pi}{4}\right)\Big|_0^{\frac{\pi}{2}} - \frac{1}{2\sqrt{2}} \int_0^{\frac{\pi}{2}} \frac{d\left(\tan\left(\frac{x}{2}+\frac{\pi}{8}\right)\right)}{\tan\left(\frac{x}{2}+\frac{\pi}{8}\right)}$$

$$= 1 - \frac{\sqrt{2}}{4}\left(\ln\tan\left(\frac{3\pi}{8}\right) - \ln\left(\tan\frac{\pi}{8}\right)\right).$$

例 9　计算定积分 $I = \int_0^{\frac{1}{2}} \frac{x^3 \arccos x}{\sqrt{1-x^2}} dx$.

解　由定积分的分部积分法可得

$$I = -x^2\sqrt{1-x^2}\arccos x\Big|_0^{\frac{1}{2}} + 2\int_0^{\frac{1}{2}} x\sqrt{1-x^2}\arccos x dx - \int_0^{\frac{1}{2}} x^2 dx$$

$$= -\frac{\sqrt{3}\pi}{24} - \frac{1}{24} - \frac{2}{3}(1-x^2)^{\frac{3}{2}}\arccos x\Big|_0^{\frac{1}{2}} - \frac{2}{3}\int_0^{\frac{1}{2}}(1-x^2)dx$$

$$= -\frac{(3\sqrt{3}-8)\pi}{24} - \frac{25}{72}.$$

例 10　计算定积分 $I = \int_0^1 x \arctan x \ln(1+x^2) dx$.

解　因为 $\int x\ln(1+x^2)dx = \frac{1}{2}(1+x^2)\ln(1+x^2) - \frac{x^2}{2} + C$, 所以

$$I = \int_0^1 \arctan x d\left(\frac{1}{2}(1+x^2)\ln(1+x^2) - \frac{x^2}{2}\right)$$

$$= \left(\frac{1}{2}(1+x^2)\arctan x\ln(1+x^2) - \frac{x^2}{2}\arctan x\right)\Big|_0^1$$

$$- \frac{1}{2}\int_0^1 \ln(1+x^2)dx + \frac{1}{2}\int_0^1 \frac{x^2}{1+x^2}dx$$

$$= \frac{3-\pi}{2} + \frac{(\pi-2)\ln 2}{4}.$$

例 11　设 $a>0$, 函数 $f(x)$ 在闭区间 $[-a,a]$ 上连续且为偶函数. 证明:

$$\int_{-a}^a \frac{f(x)}{1+e^x}dx = \int_0^a f(x)dx.$$

证　对任意的 $x \in [-a, a]$, 令 $F(x) = \dfrac{f(x)}{1 + \mathrm{e}^x}$. 显然,

$$F(x) + F(-x) = \frac{f(x)}{1 + \mathrm{e}^x} + \frac{f(x)}{1 + \mathrm{e}^{-x}} = f(x).$$

因为 $F(x) + F(-x)$ 在 $[-a, a]$ 上为偶函数, 所以

$$\int_0^a f(x)\mathrm{d}x = \int_0^a (F(x) + F(-x))\mathrm{d}x = \frac{1}{2}\int_{-a}^a (F(x) + F(-x))\mathrm{d}x$$

$$= \int_{-a}^a F(x)\mathrm{d}x = \int_{-a}^a \frac{f(x)}{1 + \mathrm{e}^x}\mathrm{d}x. \qquad\square$$

例 12　设函数 $f(x)$ 在闭区间 $[0, 1]$ 上连续. 证明: $\displaystyle\int_0^{2\pi} f(|\cos x|)\mathrm{d}x = 4\int_0^{\frac{\pi}{2}} f(\cos x)\mathrm{d}x.$

证　令 $x = 2\pi - t$. 则

$$\int_{\frac{3\pi}{2}}^{2\pi} f(|\cos x|)\mathrm{d}x = \int_0^{\frac{\pi}{2}} f(|\cos t|)\mathrm{d}t = \int_0^{\frac{\pi}{2}} f(\cos x)\mathrm{d}x.$$

令 $x = \pi - t$. 则

$$\int_{\frac{\pi}{2}}^{\pi} f(|\cos x|)\mathrm{d}x + \int_{\pi}^{\frac{3\pi}{2}} f(|\cos x|)\mathrm{d}x = \int_0^{\frac{\pi}{2}} f(|\cos t|)\mathrm{d}t + \int_0^{\frac{\pi}{2}} f(|\cos t|)\mathrm{d}t$$

$$= 2\int_0^{\frac{\pi}{2}} f(\cos x)\mathrm{d}x.$$

从而 $\displaystyle\int_0^{2\pi} f(|\cos x|)\mathrm{d}x = 4\int_0^{\frac{\pi}{2}} f(\cos x)\mathrm{d}x.$ $\qquad\square$

第四节　含参变量积分的性质

本节主要介绍含参变量积分的定义与基本性质, 包括含参变量积分的连续性、可微性和积分顺序的可交换性, 以及这些基本性质的应用.

一、含参变量积分的定义

定义 1　称积分 $I(y) = \displaystyle\int_a^b f(x, y)\mathrm{d}x$ 是以 y 为参变量的含参变量积分; 称积分 $I(x) = \displaystyle\int_c^d f(x, y)\mathrm{d}y$ 是以 x 为参变量的含参变量积分.

二、 含参变量积分的基本性质

性质 1 若函数 $f(x,y)$ 在 $[a,b] \times [c,d]$ 上连续, 则 $I(y) = \int_a^b f(x,y)\mathrm{d}x$ 在闭区间 $[c,d]$ 上连续.

性质 2 若函数 $f(x,y)$ 及 $f_y(x,y)$ 在 $[a,b] \times [c,d]$ 上连续, 则

$$I'(y) = \frac{\mathrm{d}}{\mathrm{d}y} \int_a^b f(x,y)\mathrm{d}x = \int_a^b f_y(x,y)\mathrm{d}x = \int_a^b \frac{\partial}{\partial y} f(x,y)\mathrm{d}x.$$

下面给出含参变量积分 $I(y) = \int_{a(y)}^{b(y)} f(x,y)\mathrm{d}x$ 的基本性质.

性质 3 若函数 $f(x,y)$ 在 $[a,b] \times [c,d]$ 上连续, 函数 $a(y)$ 与 $b(y)$ 在 $[c,d]$ 上连续且 $a \leqslant a(y) \leqslant b$, $a \leqslant b(y) \leqslant b(c \leqslant y \leqslant d)$. 则含参变量积分 $I(y) = \int_{a(y)}^{b(y)} f(x,y)\mathrm{d}x$ 在闭区间 $[c,d]$ 上连续.

性质 4 若函数 $f(x,y)$ 及 $f_y(x,y)$ 在 $[a,b] \times [c,d]$ 上连续, $a(y)$ 与 $b(y)$ 在闭区间 $[c,d]$ 上可导且 $a \leqslant a(y) \leqslant b$, $a \leqslant b(y) \leqslant b(c \leqslant y \leqslant d)$, 则

$$I'(y) = \frac{\mathrm{d}}{\mathrm{d}y} \int_{a(y)}^{b(y)} f(x,y)\mathrm{d}x$$

$$= \int_{a(y)}^{b(y)} f_y(x,y)\mathrm{d}x + f(b(y),y)b'(y) - f(a(y),y)a'(y).$$

性质 5 若函数 $f(x,y)$ 在 $[a,b] \times [c,d]$ 上连续, 则

$$\int_c^d \mathrm{d}y \int_a^b f(x,y)\mathrm{d}x = \int_a^b \mathrm{d}x \int_c^d f(x,y)\mathrm{d}y.$$

例 1 设函数 $f(t) = \left(\int_0^t \mathrm{e}^{-x^2}\mathrm{d}x \right)^2$, $g(t) = \int_0^1 \frac{\mathrm{e}^{-t^2(1+x^2)}}{1+x^2}\mathrm{d}x$. 证明: $f(t) + g(t) = \frac{\pi}{4}$.

证 由变限积分的性质和含参变量积分的性质可得

$$f'(t) = 2\mathrm{e}^{-t^2} \int_0^t \mathrm{e}^{-x^2}\mathrm{d}x = 2 \int_0^t \mathrm{e}^{-(t^2+x^2)}\mathrm{d}x,$$

$$g'(t) = -2 \int_0^1 \mathrm{e}^{-(1+x^2)t^2} t\mathrm{d}x.$$

令 $xt = y$. 则 $g'(t) = -2\displaystyle\int_0^t \mathrm{e}^{-(t^2+y^2)}\mathrm{d}y = -f'(t)$. 故 $f'(t) + g'(t) = 0$, 即 $\displaystyle\int_0^t (f'(u) + g'(u))\mathrm{d}u = 0$. 故 $f(t) + g(t) - (f(0) + g(0)) = 0$, 即

$$f(t) + g(t) = f(0) + g(0) = \int_0^1 \frac{1}{1+x^2}\mathrm{d}x = \arctan x \Big|_0^1 = \frac{\pi}{4}. \qquad \square$$

例 2　利用含参变量积分的性质计算定积分 $I = \displaystyle\int_0^1 \frac{\ln(1+x)}{1+x^2}\mathrm{d}x$.

解　令 $I(\alpha) = \displaystyle\int_0^1 \frac{\ln(1+\alpha x)}{1+x^2}\mathrm{d}x, f(x,\alpha) = \dfrac{\ln(1+\alpha x)}{1+x^2}$. 则 $I(1) = I$, $I(0) = 0$ 且 $f_\alpha(x,\alpha) = \dfrac{x}{(1+x^2)(1+\alpha x)}$ 在 $[0,1] \times [0,1]$ 上连续. 故由本节性质 2 可得

$$I'(\alpha) = \int_0^1 \frac{x}{(1+x^2)(1+\alpha x)}\mathrm{d}x = \frac{1}{1+\alpha^2}\left(-\ln(1+\alpha) + \frac{1}{2}\ln 2 + \frac{\pi\alpha}{4}\right).$$

因此,

$$\int_0^1 I'(\alpha)\mathrm{d}\alpha = -\int_0^1 \frac{\ln(1+\alpha)}{1+\alpha^2}\mathrm{d}\alpha + \frac{1}{2}\ln 2 \cdot \arctan \alpha \Big|_0^1 + \frac{\pi}{8}\ln(1+\alpha^2)\Big|_0^1$$

$$= \frac{\pi}{4}\ln 2 - I(1).$$

从而 $I(1) - I(0) = \dfrac{\pi}{4}\ln 2 - I(1)$, 即 $I = I(1) = \dfrac{\pi}{8}\ln 2$.

例 3　计算含参变量积分 $I(x) = \displaystyle\int_0^{\frac{\pi}{2}} \ln(1 - x^2\cos^2\theta)\mathrm{d}\theta (|x| < 1)$.

解　令 $f(x,\theta) = \ln(1 - x^2\cos^2\theta)$, 其中 $(x,\theta) \in (-1,1) \times \left[0, \dfrac{\pi}{2}\right]$. 则 $f_x(x,\theta) = \dfrac{-2x\cos^2\theta}{1 - x^2\cos^2\theta}$. 因为 $f(x,\theta), f_x(x,\theta)$ 在 $(-1,1) \times \left[0, \dfrac{\pi}{2}\right]$ 上连续, 所以由本节性质 2 可知

$$I'(x) = \int_0^{\frac{\pi}{2}} f_x(x,\theta)\mathrm{d}\theta = \int_0^{\frac{\pi}{2}}\left(\frac{2}{x} - \frac{1}{x}\left(\frac{1}{1+x\cos\theta} + \frac{1}{1-x\cos\theta}\right)\right)\mathrm{d}\theta$$

$$= \frac{\pi}{x} - \frac{1}{x}\int_0^{\frac{\pi}{2}}\left(\frac{1}{1+x\cos\theta} + \frac{1}{1-x\cos\theta}\right)\mathrm{d}\theta.$$

令 $t = \tan\dfrac{\theta}{2}$. 则由万能公式可得

$$\int_0^{\frac{\pi}{2}} \left(\frac{1}{1 + x\cos\theta} + \frac{1}{1 - x\cos\theta} \right) \mathrm{d}\theta$$

$$= \int_0^1 \left(\frac{1}{1 + x \cdot \dfrac{1 - t^2}{1 + t^2}} + \frac{1}{1 - x \cdot \dfrac{1 - t^2}{1 + t^2}} \right) \frac{2\mathrm{d}t}{1 + t^2}$$

$$= \int_0^1 \frac{2\mathrm{d}t}{(1 + x) + (1 - x)t^2} + \int_0^1 \frac{2\mathrm{d}t}{(1 - x) + (1 + x)t^2}$$

$$= \frac{2}{\sqrt{1 - x^2}} \left(\arctan\sqrt{\frac{1 - x}{1 + x}} + \arctan\sqrt{\frac{1 + x}{1 - x}} \right)$$

$$= \frac{\pi}{\sqrt{1 - x^2}}.$$

故 $I'(x) = \dfrac{\pi}{x}\left(1 - \dfrac{1}{\sqrt{1 - x^2}} \right)$. 又因为 $I(0) = 0$, 所以对任意的 $x \in (-1, 1)$,

$$I(x) = \pi\ln\frac{1 + \sqrt{1 - x^2}}{2}.$$

例 4 对任意的 $0 < a \leqslant b$, 计算含参变量积分 $I(b) = \displaystyle\int_0^1 \sin\left(\ln\frac{1}{x} \right) \frac{x^b - x^a}{\ln x}\mathrm{d}x$.

解 由本节性质 2 可得

$$I'(b) = \int_0^1 \sin\left(\ln\frac{1}{x} \right) x^b\mathrm{d}x = \int_0^1 \sin\left(\ln\frac{1}{x} \right) \mathrm{d}\left(\frac{x^{b+1}}{b+1} \right)$$

$$= \frac{x^{b+1}}{b+1} \sin\left(\ln\frac{1}{x} \right) \bigg|_0^1 + \frac{1}{b+1} \int_0^1 \cos\left(\ln\frac{1}{x} \right) x^b\mathrm{d}x$$

$$= \frac{1}{(b+1)^2} \int_0^1 \cos\left(\ln\frac{1}{x} \right) \mathrm{d}(x^{b+1})$$

$$= \frac{1}{(b+1)^2} \left(x^{b+1}\cos\left(\ln\frac{1}{x} \right) \bigg|_0^1 - \int_0^1 \sin\left(\ln\frac{1}{x} \right) x^b\mathrm{d}x \right)$$

$$= \frac{1}{(b+1)^2} - \frac{1}{(b+1)^2}I'(b),$$

所以 $I'(b) = \dfrac{1}{(b+1)^2+1}$，即 $I(b) = \displaystyle\int \dfrac{1}{(b+1)^2+1}\mathrm{d}b = \arctan(b+1) + C.$ 令 $b = a.$ 则 $C = -\arctan(a+1),$ 即 $I(b) = \arctan(b+1) - \arctan(a+1).$

例 5　设 $a < b,\, I(y) = \displaystyle\int_a^b f(x)|y-x|\mathrm{d}x,$ 其中 $y \in (a, +\infty)$ 且 $f(x)$ 在闭区间 $[a,b]$ 上可导. 求 $I'(y)$ 的表达式.

解　当 $y \in (a,b)$ 时，$I(y) = \displaystyle\int_a^y f(x)(y-x)\mathrm{d}x + \int_y^b f(x)(x-y)\mathrm{d}x.$ 则

$$I'(y) = \int_a^y f(x)\mathrm{d}x + f(y)(y-y) - \int_y^b f(x)\mathrm{d}x - f(y)(y-y)$$

$$= \int_a^y f(x)\mathrm{d}x - \int_y^b f(x)\mathrm{d}x.$$

当 $y > b$ 时，$I(y) = \displaystyle\int_a^b f(x)(y-x)\mathrm{d}x,\ I'(y) = \int_a^b f(x)\mathrm{d}x.$

当 $y = b$ 时，若 $\Delta y > 0,$ 则

$$\frac{I(b+\Delta y) - I(b)}{\Delta y} = \frac{\displaystyle\int_a^b f(x)(b+\Delta y - x)\mathrm{d}x - \int_a^b f(x)(b-x)\mathrm{d}x}{\Delta y} = \int_a^b f(x)\mathrm{d}x.$$

若 $\Delta y < 0,$ 则存在 $\xi \in (b+\Delta y, b)$ 使得

$$\frac{I(b+\Delta y) - I(b)}{\Delta y}$$

$$= \frac{\displaystyle\int_a^{b+\Delta y} f(x)(b+\Delta y - x)\mathrm{d}x + \int_{b+\Delta y}^b f(x)(x-b-\Delta y)\mathrm{d}x - \int_a^b f(x)(b-x)\mathrm{d}x}{\Delta y}$$

$$= \int_a^{b+\Delta y} f(x)\mathrm{d}x - \int_{b+\Delta y}^b f(x)\mathrm{d}x + \frac{2\displaystyle\int_{b+\Delta y}^b f(x)(x-b)\mathrm{d}x}{\Delta y}$$

$$= \int_a^{b+\Delta y} f(x)\mathrm{d}x - \int_{b+\Delta y}^b f(x)\mathrm{d}x - 2f(\xi)(\xi - b).$$

因此，$I'(b) = \displaystyle\lim_{\Delta y \to 0^-} \frac{I(b+\Delta y) - I(b)}{\Delta y} = \int_a^b f(x)\mathrm{d}x.$

第五节　二重积分的计算方法

本节主要介绍计算二重积分的一些常用方法, 以及这些方法在二重积分计算中的一些应用, 具体包括化二重积分为二次积分法、极坐标变换法、一般变量替换法, 以及基于被积函数和积分区域的某种对称性的一些特殊二重积分的计算方法等.

一、化二重积分为二次积分

若积分区域 D 由两条连续曲线 $y = y_1(x)$ 和 $y = y_2(x)$ 以及直线 $x = a$ 与 $x = b$ 所围成, 则当函数 $f(x,y)$ 在区域 D 上连续时,

$$\iint\limits_{D} f(x,y)\mathrm{d}x\mathrm{d}y = \int_a^b \mathrm{d}x \int_{y_1(x)}^{y_2(x)} f(x,y)\mathrm{d}y.$$

若积分区域 D 由两条连续曲线 $x = x_1(y)$ 和 $x = x_2(y)$ 以及直线 $y = c$, $y = d$ 所围成, 则当函数 $f(x,y)$ 在区域 D 上连续时,

$$\iint\limits_{D} f(x,y)\mathrm{d}x\mathrm{d}y = \int_c^d \mathrm{d}y \int_{x_1(y)}^{x_2(y)} f(x,y)\mathrm{d}x.$$

二、极坐标计算二重积分

若函数 $f(x,y)$ 在区域 D 上连续且 D 的边界曲线方程为

$$r = r_1(\theta) \text{ 和 } r = r_2(\theta) \quad (\alpha \leqslant \theta \leqslant \beta),$$

其中 $r = r_1(\theta)$, $r = r_2(\theta)$ 在闭区间 $[\alpha, \beta]$ 上连续, 则

$$\iint\limits_{D} f(x,y)\mathrm{d}x\mathrm{d}y = \iint\limits_{D} f(r\cos\theta, r\sin\theta)r\mathrm{d}r\mathrm{d}\theta$$

$$= \int_\alpha^\beta \mathrm{d}\theta \int_{r_1(\theta)}^{r_2(\theta)} f(r\cos\theta, r\sin\theta)r\mathrm{d}r.$$

若积分区域 D 的边界曲线方程为 $\theta = \varphi_1(r)$ 和 $\theta = \varphi_2(r)(a \leqslant r \leqslant b)$, 其中 $\varphi_1(r), \varphi_2(r)$ 在闭区间 $[a,b]$ 上连续, 则

$$\iint\limits_{D} f(x,y)\mathrm{d}x\mathrm{d}y = \iint\limits_{D} f(r\cos\theta, r\sin\theta)r\mathrm{d}\theta\mathrm{d}r$$

$$= \int_a^b \mathrm{d}r \int_{\varphi_1(r)}^{\varphi_2(r)} f(r\cos\theta, r\sin\theta)r\mathrm{d}\theta.$$

三、 一般变量替换计算二重积分

设函数 $f(x,y)$ 在闭区域 D 上连续. 若变换 $u=u(x,y), v=v(x,y)$ 在 D 上关于 x 和 y 具有连续偏导数且将 D 变换为 D', $J=\dfrac{\partial(u,v)}{\partial(x,y)}\neq 0$, 则

$$\iint\limits_{D} f(x,y)\mathrm{d}x\mathrm{d}y = \iint\limits_{D'} f(x(u,v),y(u,v))\left|\frac{\partial(x,y)}{\partial(u,v)}\right|\mathrm{d}u\mathrm{d}v.$$

四、 利用对称性计算二重积分

设 D 是有界闭区域且函数 $f(x,y)$ 在 D 上可积.

(1) 若 $D=D_1+D_2$ 且 D_1 与 D_2 关于 x 轴对称, 则

$$\iint\limits_{D} f(x,y)\mathrm{d}x\mathrm{d}y = \begin{cases} 2\iint\limits_{D_1} f(x,y)\mathrm{d}x\mathrm{d}y, & f(x,-y)=f(x,y), \\ 0, & f(x,-y)=-f(x,y). \end{cases}$$

证 不妨设 D_1 表示 $y\geqslant 0$ 的部分. 则

$$\iint\limits_{D} f(x,y)\mathrm{d}x\mathrm{d}y = \iint\limits_{D_1} f(x,y)\mathrm{d}x\mathrm{d}y + \iint\limits_{D_2} f(x,y)\mathrm{d}x\mathrm{d}y.$$

令 $x=u,\ y=-v,\ (u,v)\in D_1$, 则 $\iint\limits_{D_2} f(x,y)\mathrm{d}x\mathrm{d}y = \iint\limits_{D_1} f(u,-v)\mathrm{d}u\mathrm{d}v.$

若 $f(x,-y)=f(x,y)$, 则

$$\iint\limits_{D_2} f(x,y)\mathrm{d}x\mathrm{d}y = \iint\limits_{D_1} f(u,v)\mathrm{d}u\mathrm{d}v.$$

从而

$$\iint\limits_{D} f(x,y)\mathrm{d}x\mathrm{d}y = 2\iint\limits_{D_1} f(x,y)\mathrm{d}x\mathrm{d}y.$$

若 $f(x,-y)=-f(x,y)$, 则 $\iint\limits_{D_2} f(x,y)\mathrm{d}x\mathrm{d}y = -\iint\limits_{D_1} f(u,v)\mathrm{d}u\mathrm{d}v.$ 从而

$$\iint\limits_{D} f(x,y)\mathrm{d}x\mathrm{d}y = 0. \qquad \square$$

(2) 若 $D = D_1 + D_2$ 且 D_1 与 D_2 关于 y 轴对称, 则

$$\iint\limits_{D} f(x,y)\mathrm{d}x\mathrm{d}y = \begin{cases} 2\iint\limits_{D_1} f(x,y)\mathrm{d}x\mathrm{d}y, & f(-x,y) = f(x,y), \\ 0, & f(-x,y) = -f(x,y). \end{cases}$$

证　类似于 (1) 的证明可知, 结论显然成立. □

(3) 若 $D = D_1 + D_2$ 且 D_1 与 D_2 关于原点对称, 则

$$\iint\limits_{D} f(x,y)\mathrm{d}x\mathrm{d}y = \begin{cases} 2\iint\limits_{D_1} f(x,y)\mathrm{d}x\mathrm{d}y, & f(-x,-y) = f(x,y), \\ 0, & f(-x,-y) = -f(x,y). \end{cases}$$

证　不妨设 D_1 表示 $x \geqslant 0$ 且 $y \geqslant 0$ 的部分.

$$\iint\limits_{D} f(x,y)\mathrm{d}x\mathrm{d}y = \iint\limits_{D_1} f(x,y)\mathrm{d}x\mathrm{d}y + \iint\limits_{D_2} f(x,y)\mathrm{d}x\mathrm{d}y.$$

令 $x = -u$, $y = -v$, $(u,v) \in D_1$, 则 $\iint\limits_{D_2} f(x,y)\mathrm{d}x\mathrm{d}y = \iint\limits_{D_1} f(-u,-v)\mathrm{d}u\mathrm{d}v.$

若对任意的 $(x,y) \in D$, $f(-x,-y) = f(x,y)$, 则

$$\iint\limits_{D_2} f(x,y)\mathrm{d}x\mathrm{d}y = \iint\limits_{D_1} f(u,v)\mathrm{d}u\mathrm{d}v.$$

从而 $\iint\limits_{D} f(x,y)\mathrm{d}x\mathrm{d}y = 2\iint\limits_{D_1} f(x,y)\mathrm{d}x\mathrm{d}y.$

若对任意的 $(x,y) \in D$, $f(-x,-y) = -f(x,y)$, 则

$$\iint\limits_{D_2} f(x,y)\mathrm{d}x\mathrm{d}y = -\iint\limits_{D_1} f(u,v)\mathrm{d}u\mathrm{d}v.$$

从而 $\iint\limits_{D} f(x,y)\mathrm{d}x\mathrm{d}y = 0.$ □

(4) 若 D 关于直线 $y = x$ 对称, 则 $\iint\limits_{D} f(x,y)\mathrm{d}x\mathrm{d}y = \iint\limits_{D} f(y,x)\mathrm{d}x\mathrm{d}y.$

证　因为区域 D 关于直线 $y = x$ 对称, 所以对任意的 $(x,y) \in D$, 令 $x = y$, $y = x$, 则有 $|J| = 1$. 从而 $\iint\limits_{D} f(x,y)\mathrm{d}x\mathrm{d}y = \iint\limits_{D} f(y,x)\mathrm{d}x\mathrm{d}y.$ □

例 1　计算二重积分 $I = \iint\limits_{[0,1]\times[0,1]} (x+y)\mathrm{sgn}(x-y)\mathrm{d}x\mathrm{d}y.$

解一　如图 5-1 所示, $[0,1]\times[0,1] = D_1 + D_2.$ 则

$$I = \iint\limits_{D_1} (x+y)\mathrm{sgn}(x-y)\mathrm{d}x\mathrm{d}y + \iint\limits_{D_2} (x+y)\mathrm{sgn}(x-y)\mathrm{d}x\mathrm{d}y$$

$$= \iint\limits_{D_1} (x+y)\mathrm{d}x\mathrm{d}y - \iint\limits_{D_2} (x+y)\mathrm{d}x\mathrm{d}y$$

$$= \int_0^1 \mathrm{d}x \int_0^x (x+y)\mathrm{d}y - \int_0^1 \mathrm{d}y \int_0^y (x+y)\mathrm{d}x = 0.$$

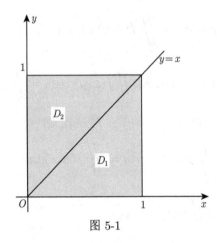

图 5-1

解二　因为积分区域 D_1 与 D_2 关于直线 $y = x$ 对称, 所以

$$I = \iint\limits_{[0,1]\times[0,1]} (x+y)\mathrm{sgn}(y-x)\mathrm{d}x\mathrm{d}y.$$

从而可得

$$I = \frac{1}{2}\left(\iint\limits_{[0,1]\times[0,1]} (x+y)\mathrm{sgn}(y-x)\mathrm{d}x\mathrm{d}y + \iint\limits_{[0,1]\times[0,1]} (x+y)\mathrm{sgn}(x-y)\mathrm{d}x\mathrm{d}y \right)$$

$$= \frac{1}{2} \iint\limits_{[0,1]\times[0,1]} 0 \ \mathrm{d}x\mathrm{d}y = 0.$$

例 2 计算二重积分 $I = \iint\limits_{D} (x^3 y + y^3 \sqrt{x^2+y^2} + x\sqrt{x^2+y^2})\mathrm{d}x\mathrm{d}y$, 其中 $a > 0$, $D = \{(x,y) \mid x^2+y^2 \leqslant ax\}$.

解 因为积分区域 D 关于 x 轴对称且函数 $x^3 y$ 与 $y^3\sqrt{x^2+y^2}$ 关于 y 为奇函数, 所以 $I = \iint\limits_{D} x\sqrt{x^2+y^2}\mathrm{d}x\mathrm{d}y$. 令 $x = r\cos\theta$, $y = r\sin\theta$. 则

$$I = \int_{-\frac{\pi}{2}}^{\frac{\pi}{2}} \mathrm{d}\theta \int_0^{a\cos\theta} r^3 \cos\theta \mathrm{d}r$$

$$= \frac{a^4}{4} \int_{-\frac{\pi}{2}}^{\frac{\pi}{2}} \cos^5\theta \mathrm{d}\theta = \frac{a^4}{2} \int_0^1 (1 - 2u^2 + u^4)\mathrm{d}u = \frac{4a^4}{15}.$$

例 3 计算二重积分 $I = \iint\limits_{[0,2]\times[-1,1]} \sqrt{|x-|y||}\mathrm{d}x\mathrm{d}y$.

解 如图 5-2 所示, $[0,2] \times [-1,1] = D_1 + D_2$.

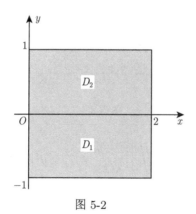

图 5-2

显然 D_1 与 D_2 关于 x 轴对称. 因此, $I = 2\iint\limits_{D_2} \sqrt{|x-y|}\mathrm{d}x\mathrm{d}y$. 从而

$$I = 2\int_0^1 \mathrm{d}y \int_0^2 \sqrt{|x-y|}\mathrm{d}x$$

$$= 2\int_0^1 \mathrm{d}y \int_y^2 \sqrt{x-y}\mathrm{d}x + 2\int_0^1 \mathrm{d}y \int_0^y \sqrt{y-x}\mathrm{d}x = \frac{32\sqrt{2}}{15}.$$

例 4 计算 $I = \iint\limits_{D} |\cos(x+y)|\mathrm{d}x\mathrm{d}y$, 其中 D 由 $y = 0$, $x = \dfrac{\pi}{2}$ 与 $y = x$ 所围成.

解 如图 5-3 所示, 则

$$I = \iint\limits_{D_1} |\cos(x+y)| \mathrm{d}x\mathrm{d}y + \iint\limits_{D_2} |\cos(x+y)| \mathrm{d}x\mathrm{d}y$$

$$= \int_0^{\frac{\pi}{4}} \mathrm{d}y \int_y^{\frac{\pi}{2}-y} \cos(x+y)\mathrm{d}x + \int_{\frac{\pi}{4}}^{\frac{\pi}{2}} \mathrm{d}x \int_{\frac{\pi}{2}-x}^{x} -\cos(x+y)\mathrm{d}y$$

$$= \int_0^{\frac{\pi}{4}} (1-\sin 2y)\mathrm{d}y + \int_{\frac{\pi}{4}}^{\frac{\pi}{2}} (1-\sin 2x)\mathrm{d}x = \frac{\pi}{2}-1.$$

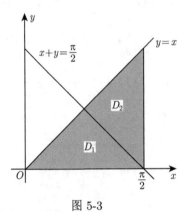

图 5-3

例 5 计算二重积分 $I = \iint\limits_{D} \left| \dfrac{x+y}{\sqrt{2}} - x^2 - y^2 \right| \mathrm{d}x\mathrm{d}y$, 其中 $D = \{(x,y)|x^2 + y^2 \leqslant 1\}$.

解 令 $f(x,y) = \dfrac{x+y}{\sqrt{2}} - x^2 - y^2$. 显然,

$$f(x,y) = \frac{1}{4} - \left(x - \frac{1}{2\sqrt{2}}\right)^2 - \left(y - \frac{1}{2\sqrt{2}}\right)^2.$$

将 $D = \{(x,y)|x^2 + y^2 \leqslant 1\}$ 分割为 $D_1 = \{(x,y)|f(x,y) \geqslant 0\}, D_2 = D\backslash D_1$. 因此,

$$I = \iint\limits_{D} |f(x,y)|\mathrm{d}x\mathrm{d}y = \iint\limits_{D_1} |f(x,y)|\mathrm{d}x\mathrm{d}y + \iint\limits_{D_2} |f(x,y)|\mathrm{d}x\mathrm{d}y,$$

$$= \iint\limits_{D_1} f(x,y)\mathrm{d}x\mathrm{d}y - \iint\limits_{D_2} f(x,y)\mathrm{d}x\mathrm{d}y$$

$$= 2 \iint\limits_{D_1} f(x,y)\mathrm{d}x\mathrm{d}y - \iint\limits_{D} f(x,y)\mathrm{d}x\mathrm{d}y = 2I_1 - I_2.$$

对于 I_1, 令 $x - \dfrac{1}{2\sqrt{2}} = r\cos\theta$, $y - \dfrac{1}{2\sqrt{2}} = r\sin\theta$. 则

$$I_1 = \int_0^{2\pi} \mathrm{d}\theta \int_0^{\frac{1}{2}} \left(\frac{1}{4} - r^2 \right) r\mathrm{d}r = \frac{\pi}{32}.$$

对于 I_2, 由积分区域 D 关于原点对称可知

$$\iint\limits_{D} \frac{x+y}{\sqrt{2}}\mathrm{d}x\mathrm{d}y = \iint\limits_{x^2+y^2\leqslant 1} \frac{x+y}{\sqrt{2}}\mathrm{d}x\mathrm{d}y = 0.$$

而 $\iint\limits_{D} (x^2+y^2)\mathrm{d}x\mathrm{d}y = \iint\limits_{x^2+y^2\leqslant 1} (x^2+y^2)\mathrm{d}x\mathrm{d}y = \dfrac{\pi}{2}$. 故 $I_2 = -\dfrac{\pi}{2}$. 从而 $I = \dfrac{9\pi}{16}$.

例 6　设 $D = \{(x,y)|x^2+y^2 \leqslant \sqrt{3}, x \geqslant 0, y \geqslant 0\}$. 计算二重积分

$$I = \iint\limits_{D} xy\left(1 + (x^2+y^2)\right)\mathrm{d}x\mathrm{d}y.$$

解　由条件以及极坐标变换公式可得

$$I = \iint\limits_{\substack{0\leqslant x^2+y^2<1 \\ x\geqslant 0, y\geqslant 0}} xy\mathrm{d}x\mathrm{d}y + 2\iint\limits_{\substack{1\leqslant x^2+y^2\leqslant\sqrt{3} \\ x\geqslant 0, y\geqslant 0}} xy\mathrm{d}x\mathrm{d}y$$

$$= \int_0^1 \mathrm{d}r \int_0^{\frac{\pi}{2}} r^3\cos\theta\sin\theta\mathrm{d}\theta + 2\int_1^{\sqrt[4]{3}} \mathrm{d}r \int_0^{\frac{\pi}{2}} r^3\cos\theta\sin\theta\mathrm{d}\theta = \frac{5}{8}.$$

例 7　求极限 $I = \lim\limits_{n\to\infty} \sum\limits_{j=1}^{2n} \sum\limits_{i=1}^{n} \dfrac{2}{n^2}\left[\dfrac{2i+j}{n} \right]$.

解　如图 5-4 所示, 在 D_1, D_2, D_3, D_4 的内部, $[2(x+y)]$ 分别为 0, 1, 2, 3. 所以

$$I = \lim_{n\to\infty} \sum_{j=1}^{2n} \sum_{i=1}^{n} \frac{2}{n^2}\left[\frac{2i}{n} + 2\frac{j}{2n} \right] = \lim_{n\to\infty} \sum_{j=1}^{2n} \sum_{i=1}^{n} 4\left[2\frac{i}{n} + 2\frac{j}{2n} \right]\frac{1}{2n}\frac{1}{n}$$

$$= 4 \iint\limits_{[0,1]\times[0,1]} [2x + 2y]\mathrm{d}x\mathrm{d}y = 4 \left(\iint\limits_{D_2} \mathrm{d}x\mathrm{d}y + \iint\limits_{D_3} 2\mathrm{d}x\mathrm{d}y + \iint\limits_{D_4} 3\mathrm{d}x\mathrm{d}y \right) = 6.$$

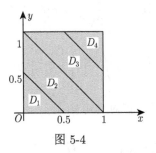

图 5-4

例 8 设函数 $f(x,y) = \begin{cases} x^2, & |x| + |y| \leqslant 1, \\ \dfrac{1}{\sqrt{x^2 + y^2}}, & 1 < |x| + |y| \leqslant 2. \end{cases}$ 计算二重积分

$\iint\limits_D f(x,y)\mathrm{d}x\mathrm{d}y$, 其中 $D = \{(x,y) | |x| + |y| \leqslant 2\}$.

解 如图 5-5 所示, 令 $D_1 = D_{11} + D_{12}$, 其

$$D_{11} = \{(x,y) | 0 \leqslant y \leqslant 1 - x, 0 \leqslant x \leqslant 1\},$$

$$D_{12} = \{(x,y) | 1 < x + y \leqslant 2\}.$$

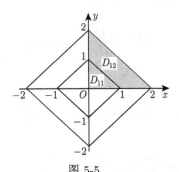

图 5-5

由积分区域 D 的对称性可知, $\iint\limits_D f(x,y)\mathrm{d}x\mathrm{d}y = 4\iint\limits_{D_1} f(x,y)\mathrm{d}x\mathrm{d}y$. 因为

$$\iint\limits_{D_{11}} f(x,y)\mathrm{d}x\mathrm{d}y = \int_0^1 \mathrm{d}x \int_0^{1-x} x^2\mathrm{d}y = \int_0^1 x^2(1-x)\mathrm{d}x = \frac{1}{12},$$

$$\iint\limits_{D_{12}} f(x,y)\mathrm{d}x\mathrm{d}y = \int_0^{\frac{\pi}{2}} \mathrm{d}\theta \int_{\frac{1}{\cos\theta+\sin\theta}}^{\frac{2}{\cos\theta+\sin\theta}} \mathrm{d}r = \int_0^{\frac{\pi}{2}} \frac{1}{\cos\theta+\sin\theta}\mathrm{d}\theta = \sqrt{2}\ln(\sqrt{2}+1),$$

所以 $\displaystyle\iint\limits_{D} f(x,y)\mathrm{d}x\mathrm{d}y = \frac{1}{3} + 4\sqrt{2}\ln(\sqrt{2}+1)$.

例 9　计算二重积分 $I = \displaystyle\iint\limits_{D} x(1 + yf(x^2+y^2))\mathrm{d}x\mathrm{d}y$, 其中 D 是由曲线 $y = x^3, y = 1, x = -1$ 所围成的平面区域, 函数 $f(x)$ 在 $\mathbb{R}$ 上连续.

解　将二重积分转化为二次积分并整理可得

$$I = \iint\limits_{D} x(1 + yf(x^2+y^2))\mathrm{d}x\mathrm{d}y = \int_{-1}^{1} \mathrm{d}x \int_{x^3}^{1} x(1 + yf(x^2+y^2))\mathrm{d}y$$

$$= \int_{-1}^{1} \left(x(1-x^3) + x\int_{x^3}^{1} yf(x^2+y^2)\mathrm{d}y \right) \mathrm{d}x$$

$$= \int_{-1}^{1} x(1-x^3)\mathrm{d}x + \int_{-1}^{1} \left(x\int_{x^3}^{1} yf(x^2+y^2)\mathrm{d}y \right) \mathrm{d}x.$$

对任意的 $x \in [-1,1]$, 令

$$F(x) = x\int_{x^3}^{1} yf(x^2+y^2)\mathrm{d}y.$$

下证函数 $F(x)$ 为闭区间 $[-1,1]$ 上的奇函数. 因为

$$F(x) + F(-x) = x\int_{x^3}^{1} yf(x^2+y^2)\mathrm{d}y - x\int_{-x^3}^{1} yf(x^2+y^2)\mathrm{d}y$$

$$= x\left(\int_{x^3}^{1} yf(x^2+y^2)\mathrm{d}y + \int_{1}^{-x^3} yf(x^2+y^2)\mathrm{d}y \right)$$

$$= x\int_{x^3}^{-x^3} yf(x^2+y^2)\mathrm{d}y,$$

且 $yf(x^2+y^2)$ 关于 y 为奇函数, 所以 $x\displaystyle\int_{x^3}^{-x^3} yf(x^2+y^2)\mathrm{d}y = 0$, 即 $F(x) + F(-x) = 0$. 从而 $F(x)$ 在 $[-1,1]$ 上为奇函数, 因此, $\displaystyle\int_{-1}^{1} F(x)\mathrm{d}x = 0$. 故

$$I = \int_{-1}^{1} x(1-x^3)\mathrm{d}x + \int_{-1}^{1} \left(x \int_{x^3}^{1} yf(x^2+y^2)\mathrm{d}y \right) \mathrm{d}x = -\frac{2}{5}.$$

例 10 设函数 $f(t)$ 在 $[0,+\infty)$ 上连续且满足

$$f(t) = \mathrm{e}^{4\pi t^2} + \iint\limits_{x^2+y^2 \leqslant 4t^2} f\left(\frac{1}{2}\sqrt{x^2+y^2} \right) \mathrm{d}x\mathrm{d}y.$$

求函数 $f(t)$ 的表达式.

解 因为

$$\iint\limits_{x^2+y^2 \leqslant 4t^2} f\left(\frac{1}{2}\sqrt{x^2+y^2} \right) \mathrm{d}x\mathrm{d}y = \int_{0}^{2\pi} \mathrm{d}\theta \int_{0}^{2t} f\left(\frac{r}{2} \right) r\mathrm{d}r = 2\pi \int_{0}^{2t} f\left(\frac{r}{2} \right) r\mathrm{d}r,$$

所以 $f(t) = \mathrm{e}^{4\pi t^2} + 2\pi \int_{0}^{2t} f\left(\frac{r}{2} \right) r\mathrm{d}r$. 故 $f'(t) = 8\pi t\mathrm{e}^{4\pi t^2} + 8\pi tf(t)$. 从而

$$f(t) = \left(\int 8\pi t\mathrm{e}^{4\pi t^2}\mathrm{e}^{-\int 8\pi t\mathrm{d}t}\mathrm{d}t + C \right) \mathrm{e}^{\int 8\pi t\mathrm{d}t}.$$

由 $f(t)$ 的表达式易知 $f(0) = 1$. 故 $C = 1$. 因此, $f(t) = (4\pi t^2 + 1)\mathrm{e}^{4\pi t^2}$.

第六节 三重积分的计算方法

本节主要介绍计算三重积分的一些常用方法及其应用, 具体包括化三重积分为三次积分法、一般变量替换法、球面坐标变换法、柱面坐标变换法, 以及基于被积函数和积分区域的某种对称性的一些特殊三重积分的计算方法等.

一、化三重积分为三次积分

若函数 $f(x,y,z)$ 在 Ω 上连续, 积分区域 Ω 的边界曲面方程为 $z = z_1(x,y)$ 及 $z = z_2(x,y)$ 且 Ω 在平面 xOy 上的投影为 σ_{xy}, 则

$$\iiint\limits_{\Omega} f(x,y,z)\mathrm{d}x\mathrm{d}y\mathrm{d}z = \iint\limits_{\sigma_{xy}} \mathrm{d}x\mathrm{d}y \int_{z_1(x,y)}^{z_2(x,y)} f(x,y,z)\mathrm{d}z.$$

进一步, 若 σ_{xy} 由曲线 $y = y_1(x)$ 与 $y = y_2(x)(a \leqslant x \leqslant b)$ 围成, 则

$$\iiint\limits_{\Omega} f(x,y,z)\mathrm{d}x\mathrm{d}y\mathrm{d}z = \int_{a}^{b} \mathrm{d}x \int_{y_1(x)}^{y_2(x)} \mathrm{d}y \int_{z_1(x,y)}^{z_2(x,y)} f(x,y,z)\mathrm{d}z.$$

用类似的方法也可将三重积分转化为下面的三次积分.

$$\iiint\limits_{\Omega} f(x,y,z)\mathrm{d}x\mathrm{d}y\mathrm{d}z = \int_c^d \mathrm{d}y \int_{x_1(y)}^{x_2(y)} \mathrm{d}x \int_{z_1(x,y)}^{z_2(x,y)} f(x,y,z)\mathrm{d}z,$$

$$\iiint\limits_{\Omega} f(x,y,z)\mathrm{d}x\mathrm{d}y\mathrm{d}z = \int_c^d \mathrm{d}y \int_{z_1(y)}^{z_2(y)} \mathrm{d}z \int_{x_1(y,z)}^{x_2(y,z)} f(x,y,z)\mathrm{d}x,$$

$$\iiint\limits_{\Omega} f(x,y,z)\mathrm{d}x\mathrm{d}y\mathrm{d}z = \int_e^f \mathrm{d}z \int_{y_1(z)}^{y_2(z)} \mathrm{d}y \int_{x_1(y,z)}^{x_2(y,z)} f(x,y,z)\mathrm{d}x,$$

$$\iiint\limits_{\Omega} f(x,y,z)\mathrm{d}x\mathrm{d}y\mathrm{d}z = \int_a^b \mathrm{d}x \int_{z_1(x)}^{z_2(x)} \mathrm{d}z \int_{y_1(x,z)}^{y_2(x,z)} f(x,y,z)\mathrm{d}y,$$

$$\iiint\limits_{\Omega} f(x,y,z)\mathrm{d}x\mathrm{d}y\mathrm{d}z = \int_e^f \mathrm{d}z \int_{x_1(z)}^{x_2(z)} \mathrm{d}x \int_{y_1(x,z)}^{y_2(x,z)} f(x,y,z)\mathrm{d}y.$$

二、 利用变量替换计算三重积分

设 Ω 为可求体积的空间区域, 其边界曲面与任何平行于坐标轴的直线至多相交于两点且 $f(x,y,z)$ 在 Ω 上连续. 令 $x = x(u,v,w)$, $y = y(u,v,w)$, $z = z(u,v,w)$, 且 $J = \dfrac{\partial(x,y,z)}{\partial(u,v,w)} \neq 0$. 若上述变换建立了 Ω 与 Ω' 之间的一一对应关系且上述变换具有关于 x, y 与 z 的连续偏导数, 则

$$\iiint\limits_{\Omega} f(x,y,z)\mathrm{d}x\mathrm{d}y\mathrm{d}z = \iiint\limits_{\Omega'} f\left(x(u,v,w),y(u,v,w),z(u,v,w)\right)|J|\mathrm{d}u\mathrm{d}v\mathrm{d}w.$$

令

$$\begin{cases} x = r\cos\theta, & 0 \leqslant \theta \leqslant 2\pi, \\ y = r\sin\theta, & 0 \leqslant r < \infty, \\ z = z, & -\infty < z < +\infty. \end{cases}$$

显然, $|J| = r$. 记 Ω 在 (r,θ) 平面上的投影为 $\sigma_{r\theta}$. 则

$$\iiint\limits_{\Omega} f(x,y,z)\mathrm{d}x\mathrm{d}y\mathrm{d}z = \iiint\limits_{\Omega} f(r\cos\theta, r\sin\theta, z)r\mathrm{d}r\mathrm{d}\theta\mathrm{d}z$$

$$= \iint\limits_{\sigma_{r\theta}} r \mathrm{d}r \mathrm{d}\theta \int_{z_1(r,\theta)}^{z_2(r,\theta)} f(r\cos\theta, r\sin\theta, z)\mathrm{d}z.$$

这就是三重积分的柱面坐标计算公式.

令

$$\begin{cases} x = \rho \sin\varphi \cos\theta, & 0 \leqslant \theta \leqslant 2\pi, \\ y = \rho \sin\varphi \sin\theta, & 0 \leqslant \varphi \leqslant \pi, \\ z = \rho \cos\varphi, & \rho \geqslant 0. \end{cases}$$

显然, $|J| = \rho^2 \sin\varphi$. 则

$$\iiint\limits_{\Omega} f(x, y, z)\mathrm{d}x\mathrm{d}y\mathrm{d}z = \iiint\limits_{\Omega} f(\rho\sin\varphi\cos\theta, \rho\sin\varphi\sin\theta, \rho\cos\varphi)\rho^2 \sin\varphi \mathrm{d}\rho \mathrm{d}\varphi \mathrm{d}\theta.$$

这就是三重积分的球面坐标计算公式.

三、 利用对称性计算三重积分

设 Ω 是有界闭区域, 函数 $f(x, y, z)$ 在 Ω 上可积.

(1) 若 $\Omega = \Omega_1 + \Omega_2$ 且 Ω_1 与 Ω_2 关于平面 xOy 对称, 则

$$\iiint\limits_{\Omega} f(x, y, z)\mathrm{d}x\mathrm{d}y\mathrm{d}z = \begin{cases} 2\iiint\limits_{\Omega_1} f(x, y, z)\mathrm{d}x\mathrm{d}y\mathrm{d}z, & f(x, y, -z) = f(x, y, z), \\ 0, & f(x, y, -z) = -f(x, y, z). \end{cases}$$

证 不妨设 Ω_1 与 Ω_2 分别表示闭区域上 $z \geqslant 0$ 与 $z \leqslant 0$ 所对应的部分. 则

$$\iiint\limits_{\Omega} f(x, y, z)\mathrm{d}x\mathrm{d}y\mathrm{d}z = \iiint\limits_{\Omega_1} f(x, y, z)\mathrm{d}x\mathrm{d}y\mathrm{d}z + \iiint\limits_{\Omega_2} f(x, y, z)\mathrm{d}x\mathrm{d}y\mathrm{d}z.$$

令 $x = u$, $y = v$, $z = -w$, $(u, v, w) \in \Omega_1$. 则

$$\iiint\limits_{\Omega_2} f(x, y, z)\mathrm{d}x\mathrm{d}y\mathrm{d}z = \iiint\limits_{\Omega_1} f(u, v, -w)\mathrm{d}u\mathrm{d}v\mathrm{d}w.$$

若 $f(x, y, -z) = f(x, y, z)$, 则 $\displaystyle\iiint\limits_{\Omega_2} f(x, y, z)\mathrm{d}x\mathrm{d}y\mathrm{d}z = \iiint\limits_{\Omega_1} f(u, v, w)\mathrm{d}u\mathrm{d}v\mathrm{d}w.$ 从

而

$$\iiint\limits_{\Omega} f(x,y,z)\mathrm{d}x\mathrm{d}y\mathrm{d}z = 2\iiint\limits_{\Omega_1} f(x,y,z)\mathrm{d}x\mathrm{d}y\mathrm{d}z.$$

若 $f(x,y,-z)=-f(x,y,z)$, 则 $\displaystyle\iiint\limits_{\Omega_2} f(x,y,z)\mathrm{d}x\mathrm{d}y\mathrm{d}z = -\iiint\limits_{\Omega_1} f(u,v,w)\mathrm{d}u\mathrm{d}v\mathrm{d}w.$

从而可得 $\displaystyle\iiint\limits_{\Omega} f(x,y,z)\mathrm{d}x\mathrm{d}y\mathrm{d}z = 0.$　　　　　　　　　　　□

　　类似于 (1) 的证明, 可得到当积分区域 Ω_1 与 Ω_2 关于平面 yOz 与平面 xOz 对称时的三重积分计算公式.

　　(2) 若 $\Omega = \Omega_1 + \Omega_2$ 且 Ω_1 与 Ω_2 关于平面 yOz 对称, 则

$$\iiint\limits_{\Omega} f(x,y,z)\mathrm{d}x\mathrm{d}y\mathrm{d}z = \begin{cases} 2\displaystyle\iiint\limits_{\Omega_1} f(x,y,z)\mathrm{d}x\mathrm{d}y\mathrm{d}z, & f(-x,y,z) = f(x,y,z), \\ 0, & f(-x,y,z) = -f(x,y,z). \end{cases}$$

　　(3) 若 $\Omega = \Omega_1 + \Omega_2$ 且 Ω_1 与 Ω_2 关于平面 xOz 对称, 则

$$\iiint\limits_{\Omega} f(x,y,z)\mathrm{d}x\mathrm{d}y\mathrm{d}z = \begin{cases} 2\displaystyle\iiint\limits_{\Omega_1} f(x,y,z)\mathrm{d}x\mathrm{d}y\mathrm{d}z, & f(x,-y,z) = f(x,y,z), \\ 0, & f(x,-y,z) = -f(x,y,z). \end{cases}$$

　　(4) 若 $\Omega = \Omega_1 + \Omega_2$ 且 Ω_1 与 Ω_2 关于 x 轴对称, 则

$$\iiint\limits_{\Omega} f(x,y,z)\mathrm{d}x\mathrm{d}y\mathrm{d}z = \begin{cases} 2\displaystyle\iiint\limits_{\Omega_1} f(x,y,z)\mathrm{d}x\mathrm{d}y\mathrm{d}z, & f(x,-y,-z) = f(x,y,z), \\ 0, & f(x,-y,-z) = -f(x,y,z). \end{cases}$$

　　证　不妨设 Ω_1 表示积分区域内对应于 $y \geqslant 0$ 且 $z \geqslant 0$ 的部分. 则

$$\iiint\limits_{\Omega} f(x,y,z)\mathrm{d}x\mathrm{d}y\mathrm{d}z = \iiint\limits_{\Omega_1} f(x,y,z)\mathrm{d}x\mathrm{d}y\mathrm{d}z + \iiint\limits_{\Omega_2} f(x,y,z)\mathrm{d}x\mathrm{d}y\mathrm{d}z.$$

令 $x = u$, $y = -v$, $z = -w$, $(u,v,w) \in \Omega_1$. 则

$$\iiint\limits_{\Omega_2} f(x,y,z)\mathrm{d}x\mathrm{d}y\mathrm{d}z = \iiint\limits_{\Omega_1} f(u,-v,-w)\mathrm{d}u\mathrm{d}v\mathrm{d}w.$$

若 $f(x, -y, -z) = f(x, y, z)$, 则

$$\iiint\limits_{\Omega_2} f(x, y, z)\mathrm{d}x\mathrm{d}y\mathrm{d}z = \iiint\limits_{\Omega_1} f(u, v, w)\mathrm{d}u\mathrm{d}v\mathrm{d}w.$$

故

$$\iiint\limits_{\Omega} f(x, y, z)\mathrm{d}x\mathrm{d}y\mathrm{d}z = 2\iiint\limits_{\Omega_1} f(x, y, z)\mathrm{d}x\mathrm{d}y\mathrm{d}z.$$

若 $f(x, -y, -z) = -f(x, y, z)$, 则

$$\iiint\limits_{\Omega_2} f(x, y, z)\mathrm{d}x\mathrm{d}y\mathrm{d}z = -\iiint\limits_{\Omega_1} f(u, v, w)\mathrm{d}u\mathrm{d}v\mathrm{d}w.$$

从而 $\iiint\limits_{\Omega} f(x, y, z)\mathrm{d}x\mathrm{d}y\mathrm{d}z = 0.$ □

类似于 (4) 的证明方法可得当积分区域 Ω_1 与 Ω_2 关于 y 轴和 z 轴对称时的三重积分计算公式.

(5) 若 $\Omega = \Omega_1 + \Omega_2$ 且 Ω_1 与 Ω_2 关于 y 轴对称, 则

$$\iiint\limits_{\Omega} f(x, y, z)\mathrm{d}x\mathrm{d}y\mathrm{d}z = \begin{cases} 2\iiint\limits_{\Omega_1} f(x, y, z)\mathrm{d}x\mathrm{d}y\mathrm{d}z, & f(-x, y, -z) = f(x, y, z), \\ 0, & f(-x, y, -z) = -f(x, y, z). \end{cases}$$

(6) 若 $\Omega = \Omega_1 + \Omega_2$ 且 Ω_1 与 Ω_2 关于 z 轴对称, 则

$$\iiint\limits_{\Omega} f(x, y, z)\mathrm{d}x\mathrm{d}y\mathrm{d}z = \begin{cases} 2\iiint\limits_{\Omega_1} f(x, y, z)\mathrm{d}x\mathrm{d}y\mathrm{d}z, & f(-x, -y, z) = f(x, y, z), \\ 0, & f(-x, -y, z) = -f(x, y, z). \end{cases}$$

(7) 若 $\Omega = \Omega_1 + \Omega_2$ 且 Ω_1 与 Ω_2 关于原点对称, 则

$$\iiint\limits_{\Omega} f(x, y, z)\mathrm{d}x\mathrm{d}y\mathrm{d}z = \begin{cases} 2\iiint\limits_{\Omega_1} f(x, y, z)\mathrm{d}x\mathrm{d}y\mathrm{d}z, & f(-x, -y, -z) = f(x, y, z), \\ 0, & f(-x, -y, -z) = -f(x, y, z). \end{cases}$$

证 不妨设 Ω_1 表示 $x \geqslant 0$, $y \geqslant 0$ 且 $z \geqslant 0$ 的部分. 则

$$\iiint\limits_{\Omega} f(x, y, z)\mathrm{d}x\mathrm{d}y\mathrm{d}z = \iiint\limits_{\Omega_1} f(x, y, z)\mathrm{d}x\mathrm{d}y\mathrm{d}z + \iiint\limits_{\Omega_2} f(x, y, z)\mathrm{d}x\mathrm{d}y\mathrm{d}z.$$

令 $x = -u, \; y = -v, \; z = -w, \; (u, v, w) \in \Omega_1$. 则

$$\iiint\limits_{\Omega_2} f(x, y, z)\mathrm{d}x\mathrm{d}y\mathrm{d}z = \iiint\limits_{\Omega_1} f(-u, -v, -w)\mathrm{d}u\mathrm{d}v\mathrm{d}w.$$

若 $f(-x, -y, -z) = f(x, y, z)$, 则

$$\iiint\limits_{\Omega_2} f(x, y, z)\mathrm{d}x\mathrm{d}y\mathrm{d}z = \iiint\limits_{\Omega_1} f(u, v, w)\mathrm{d}u\mathrm{d}v\mathrm{d}w.$$

于是

$$\iiint\limits_{\Omega} f(x, y, z)\mathrm{d}x\mathrm{d}y\mathrm{d}z = 2\iiint\limits_{\Omega_1} f(x, y, z)\mathrm{d}x\mathrm{d}y\mathrm{d}z.$$

若 $f(-x, -y, -z) = -f(x, y, z)$, 则

$$\iiint\limits_{\Omega_2} f(x, y, z)\mathrm{d}x\mathrm{d}y\mathrm{d}z = -\iiint\limits_{\Omega_1} f(u, v, w)\mathrm{d}u\mathrm{d}v\mathrm{d}w.$$

从而 $\displaystyle\iiint\limits_{\Omega} f(x, y, z)\mathrm{d}x\mathrm{d}y\mathrm{d}z = 0.$ □

注 1　二重积分与三重积分的计算一般需要结合被积函数以及积分区域的某些具体特点, 如被积函数的奇偶性、周期性、某种对称性以及积分区域的某种对称性等, 选择恰当的方法能达到简化积分计算的目的.

例 1　求极限 $I = \displaystyle\lim_{t \to 0^+} \frac{1}{t^4} \iiint\limits_{x^2 + y^2 + z^2 \leqslant t^2} f(\sqrt{x^2 + y^2 + z^2})\mathrm{d}x\mathrm{d}y\mathrm{d}z$, 其中函数 $f(x)$ 在闭区间 $[0, 1]$ 上连续且 $f(0) = 0, \; f'(0) = 1$.

解　令 $x = r\sin\varphi\cos\theta, y = r\sin\varphi\sin\theta, z = r\cos\varphi$, 其中 $0 \leqslant \theta \leqslant 2\pi, 0 \leqslant \varphi \leqslant \pi, 0 \leqslant r \leqslant t$. 则由球面坐标变换可得

$$\iiint\limits_{x^2 + y^2 + z^2 \leqslant t^2} f(\sqrt{x^2 + y^2 + z^2})\mathrm{d}x\mathrm{d}y\mathrm{d}z = \int_0^{2\pi} \mathrm{d}\theta \int_0^{\pi} \sin\varphi\mathrm{d}\varphi \int_0^t r^2 f(r)\mathrm{d}r$$

$$= 4\pi \int_0^t r^2 f(r)\mathrm{d}r.$$

因此, 由洛必达法则可得 $I = 4\pi\displaystyle\lim_{t \to 0^+} \frac{\displaystyle\int_0^t r^2 f(r)\mathrm{d}r}{t^4} = \pi\lim_{t \to 0^+} \frac{f(t)}{t} = \pi f'(0) = \pi.$

例 2 求由 $(x^2+y^2)^2+z^4=y$ 所围成立体的体积 V.

解 显然, 所求空间几何体关于平面 xOy 与平面 yOz 对称. 不妨记该几何体在第一卦限的部分为 Ω. 则由对称性可得 $V=4\iiint\limits_{\Omega}\mathrm{d}x\mathrm{d}y\mathrm{d}z$. 令

$$\begin{cases} x=\sqrt{r\sin\varphi}\cos\theta, & 0\leqslant\theta\leqslant\dfrac{\pi}{2},\\ y=\sqrt{r\sin\varphi}\sin\theta, & 0\leqslant\varphi\leqslant\dfrac{\pi}{2},\\ z=\sqrt{r\cos\varphi}, & 0\leqslant r\leqslant\sqrt[3]{\sin\varphi\sin^2\theta}. \end{cases}$$

则 $|J|=\left|\dfrac{\partial(x,y,z)}{\partial(r,\theta,\varphi)}\right|=\dfrac{1}{4}\sqrt{\dfrac{r}{\cos\varphi}}$. 因此,

$$V=4\cdot\dfrac{1}{4}\int_0^{\frac{\pi}{2}}\mathrm{d}\theta\int_0^{\frac{\pi}{2}}\dfrac{\mathrm{d}\varphi}{\sqrt{\cos\varphi}}\int_0^{\sqrt[3]{\sin\varphi\sin^2\theta}}\sqrt{r}\mathrm{d}r=\dfrac{2}{3}\int_0^{\frac{\pi}{2}}\sqrt{\tan\varphi}\mathrm{d}\varphi=\dfrac{\sqrt{2}\pi}{3}.$$

例 3 计算三重积分 $I=\iiint\limits_{\Omega}xyz\mathrm{d}x\mathrm{d}y\mathrm{d}z$, 其中积分区域 Ω 是由曲面 $z=(x^2+y^2)$, $z=2(x^2+y^2)$, $xy=1$, $xy=2$, $y=x$, $y=2x$ 所围成的区域.

解 令 $u=\dfrac{z}{x^2+y^2}$, $v=xy$, $w=\dfrac{y}{x}$. 则

$$\begin{cases} x=\sqrt{\dfrac{v}{w}}, & 1\leqslant u\leqslant 2,\\ y=\sqrt{vw}, & 1\leqslant v\leqslant 2,\\ z=u\left(\dfrac{v}{w}+vw\right), & 1\leqslant w\leqslant 2, \end{cases}$$

且 $|J|=\dfrac{v}{2w}\left(\dfrac{1}{w}+w\right)$. 从而

$$I=\int_1^2\int_1^2\int_1^2 uv^2\cdot\left(\dfrac{1}{w}+w\right)\dfrac{v}{2w}\left(\dfrac{1}{w}+w\right)\mathrm{d}u\mathrm{d}v\mathrm{d}w=\dfrac{675+720\ln 2}{128}.$$

例 4 计算三重积分 $I=\iiint\limits_{\Omega}x^2\sqrt{x^2+y^2}\mathrm{d}x\mathrm{d}y\mathrm{d}z$, 其中 Ω 是由曲面 $z=\sqrt{x^2+y^2}$ 与 $z=x^2+y^2$ 所围成的区域.

解 曲面 $z=\sqrt{x^2+y^2}$ 与 $z=x^2+y^2$ 的交线方程为 $z=1$ 与 $x^2+y^2=1$. 令 $D=\{(x,y)|x^2+y^2\leqslant 1\}$. 则

$$I = \iint\limits_{D} \mathrm{d}x\mathrm{d}y \int_{x^2+y^2}^{\sqrt{x^2+y^2}} x^2\sqrt{x^2+y^2}\mathrm{d}z$$

$$= \iint\limits_{D} x^2\sqrt{x^2+y^2}(\sqrt{x^2+y^2} - (x^2+y^2))\mathrm{d}x\mathrm{d}y.$$

从而由积分区域 D 关于直线 $y=x$ 的对称性可知

$$I = \frac{1}{2}\iint\limits_{D} (x^2+y^2)\sqrt{x^2+y^2}(\sqrt{x^2+y^2} - (x^2+y^2))\mathrm{d}x\mathrm{d}y$$

$$= \frac{1}{2}\iint\limits_{D} ((x^2+y^2)^2 - (x^2+y^2)^{\frac{5}{2}})\mathrm{d}x\mathrm{d}y$$

$$= \frac{1}{2}\int_0^{2\pi} \mathrm{d}\theta \int_0^1 r(r^4 - r^5)\mathrm{d}r = \frac{\pi}{42}.$$

例 5 设函数 $f(x,y,z)$ 在 $\mathbb{R}^3$ 上具有关于 x, y 和 z 的连续偏导数且对任意的 $(x,y,z) \in \mathbb{R}^3$, $f(x+1,y,z) = f(x,y+1,z) = f(x,y,z+1) = f(x,y,z)$. 证明: 对任意的 α, β, $\gamma \in \mathbb{R}$, $\iiint\limits_{\Omega} \left(\alpha\dfrac{\partial f}{\partial x} + \beta\dfrac{\partial f}{\partial y} + \gamma\dfrac{\partial f}{\partial z}\right) \mathrm{d}x\mathrm{d}y\mathrm{d}z = 0$, 其中 $\Omega = [0,1] \times [0,1] \times [0,1]$.

证 由条件可知

$$\iiint\limits_{\Omega} \alpha\frac{\partial f}{\partial x}\mathrm{d}x\mathrm{d}y\mathrm{d}z = \alpha\iint\limits_{\sigma_{yz}} (f(1,y,z) - f(0,y,z))\mathrm{d}y\mathrm{d}z = 0,$$

$$\iiint\limits_{\Omega} \beta\frac{\partial f}{\partial y}\mathrm{d}x\mathrm{d}y\mathrm{d}z = \beta\iint\limits_{\sigma_{xz}} (f(x,1,z) - f(x,0,z))\mathrm{d}x\mathrm{d}z = 0,$$

$$\iiint\limits_{\Omega} \gamma\frac{\partial f}{\partial z}\mathrm{d}x\mathrm{d}y\mathrm{d}z = \gamma\iint\limits_{\sigma_{xy}} (f(x,y,1) - f(x,y,0))\mathrm{d}y\mathrm{d}x = 0.$$

故 $\iiint\limits_{\Omega} \left(\alpha\dfrac{\partial f}{\partial x} + \beta\dfrac{\partial f}{\partial y} + \gamma\dfrac{\partial f}{\partial z}\right) \mathrm{d}x\mathrm{d}y\mathrm{d}z = 0.$ $\square$

例 6 计算三重积分 $I = \iiint\limits_{\Omega} (x^2+y^2)\,\mathrm{d}x\mathrm{d}y\mathrm{d}z$, 其中 Ω 是由曲面 $x^2+y^2+(z-2)^2 \geqslant 4$, $x^2+y^2+(z-1)^2 \leqslant 9$ 与 $z \geqslant 0$ 所围成的几何体.

解　如图 5-6 所示, 显然, $\Omega = \Omega_1 - \Omega_2 - \Omega_3, I = I_1 - I_2 - I_3.$

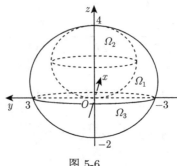

图 5-6

对于 I_1, 令 $x = r\sin\varphi\cos\theta, y = r\sin\varphi\sin\theta, z - 1 = r\cos\varphi.$ 则 $|J| = r^2\sin\varphi$ 且 $\Omega_1 = \{(r, \varphi, \theta)|0 \leqslant r \leqslant 3, 0 \leqslant \varphi \leqslant \pi, 0 \leqslant \theta \leqslant 2\pi\}.$ 因此,

$$I_1 = \iiint\limits_{\Omega_1} \left(x^2 + y^2\right) \mathrm{d}x\mathrm{d}y\mathrm{d}z = \int_0^{2\pi} \mathrm{d}\theta \int_0^{\pi} \mathrm{d}\varphi \int_0^3 r^2\sin^2\varphi \cdot r^2\sin\varphi\mathrm{d}r = \frac{648\pi}{5}.$$

对于 I_2, 令 $x = r\sin\varphi\cos\theta, y = r\sin\varphi\sin\theta, z - 2 = r\cos\varphi.$ 则 $|J| = r^2\sin\varphi.$ 从而

$$\iiint\limits_{\Omega_2} \left(x^2 + y^2\right) \mathrm{d}x\mathrm{d}y\mathrm{d}z = \int_0^{2\pi} \mathrm{d}\theta \int_0^{\pi} \mathrm{d}\varphi \int_0^2 r^4\sin^3\varphi\mathrm{d}r = \frac{256\pi}{15}.$$

对于 I_3, 记 Ω_3 在平面 xOy 上的投影为 $\sigma_{xy}.$ 则

$$I_3 = \iiint\limits_{\Omega_3} \left(x^2 + y^2\right) \mathrm{d}x\mathrm{d}y\mathrm{d}z = \iint\limits_{\sigma_{xy}} r\mathrm{d}r\mathrm{d}\theta \int_{1-\sqrt{9-r^2}}^0 r^2\mathrm{d}z = \frac{136\pi}{5}.$$

因此, $I = I_1 - I_2 - I_3 = \dfrac{256\pi}{3}.$

例 7　计算三重积分 $I = \iiint\limits_{\Omega} \dfrac{2z}{\sqrt{x^2 + y^2}}\mathrm{d}x\mathrm{d}y\mathrm{d}z$, 其中 Ω 是由平面区域 $D = \{(x, y, z)|x = 0, y \geqslant 0, z \geqslant 0, y^2 + z^2 \leqslant 1, 2y - z \leqslant 1\}$ 绕 z 轴旋转一周所生成的几何体.

解　如图 5-7 所示, 令 Ω 表示旋转后生成的几何体. 易知

$$\Omega = \left\{(x, y, z)\middle|0 \leqslant z \leqslant \frac{3}{5}, x^2 + y^2 \leqslant \left(\frac{z+1}{2}\right)^2\right\}$$

$$+\left\{(x,y,z)\left|\frac{3}{5}\leqslant z\leqslant 1, x^2+y^2\leqslant 1-z^2\right.\right\}.$$

则所求三重积分可表示为

$$I=2\int_0^{\frac{3}{5}}z\mathrm{d}z\iint\limits_{x^2+y^2\leqslant(\frac{z+1}{2})^2}\frac{1}{\sqrt{x^2+y^2}}\mathrm{d}x\mathrm{d}y+2\int_{\frac{3}{5}}^1 z\mathrm{d}z\iint\limits_{x^2+y^2\leqslant 1-z^2}\frac{1}{\sqrt{x^2+y^2}}\mathrm{d}x\mathrm{d}y.$$

令 $x=r\cos\theta, y=r\sin\theta. \ 0\leqslant r\leqslant\dfrac{z+1}{2}, 0\leqslant\theta\leqslant 2\pi.$ 则

$$\iint\limits_{x^2+y^2\leqslant(\frac{z+1}{2})^2}\frac{1}{\sqrt{x^2+y^2}}\mathrm{d}x\mathrm{d}y=\int_0^{2\pi}\int_0^{\frac{z+1}{2}}\frac{1}{r}\cdot r\mathrm{d}r\mathrm{d}\theta=\pi(z+1).$$

令 $x=r\cos\theta, y=r\sin\theta, 0\leqslant r\leqslant\sqrt{1-z^2}, 0\leqslant\theta\leqslant 2\pi.$ 则

$$\iint\limits_{x^2+y^2\leqslant 1-z^2}\frac{1}{\sqrt{x^2+y^2}}\mathrm{d}x\mathrm{d}y=\int_0^{2\pi}\int_0^{\sqrt{1-z^2}}\frac{1}{r}\cdot r\mathrm{d}r\mathrm{d}\theta=2\pi\sqrt{1-z^2}.$$

因此, $I=2\pi\displaystyle\int_0^{\frac{3}{5}}z(z+1)\mathrm{d}z+4\pi\int_{\frac{3}{5}}^1 z\sqrt{1-z^2}\mathrm{d}z=\dfrac{89\pi}{75}.$

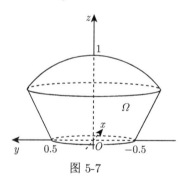

图 5-7

例 8 设 $f(x)$ 是正值连续函数且

$$f(t)=\frac{\displaystyle\iiint\limits_{x^2+y^2+z^2\leqslant t^2}f(x^2+y^2+z^2)\mathrm{d}x\mathrm{d}y\mathrm{d}z}{\displaystyle\iint\limits_{x^2+y^2\leqslant t^2}(x^2+y^2)f(x^2+y^2)\mathrm{d}x\mathrm{d}y}.$$

证明: 函数 $f(t)$ 在开区间 $(0,+\infty)$ 内严格单调递减.

证　对于 $I_1 = \iiint\limits_{x^2+y^2+z^2 \leqslant t^2} f(x^2+y^2+z^2)\mathrm{d}x\mathrm{d}y\mathrm{d}z$, 利用球面坐标变换可得

$$I_1 = \int_0^{2\pi} \mathrm{d}\theta \int_0^{\pi} \mathrm{d}\varphi \int_0^t f(r^2)r^2 \sin\varphi \mathrm{d}r = 4\pi \int_0^t f(r^2)r^2\mathrm{d}r.$$

对于 $I_2 = \iint\limits_{x^2+y^2 \leqslant t^2} (x^2+y^2)f(x^2+y^2)\mathrm{d}x\mathrm{d}y$, 利用极坐标变换可得

$$I_2 = \int_0^{2\pi} \mathrm{d}\theta \int_0^t f(r^2)r^3\mathrm{d}r = 2\pi \int_0^t r^3 f(r^2)\mathrm{d}r.$$

因此,

$$
\begin{aligned}
f'(t) &= 2\left(\frac{\int_0^t r^2 f(r^2)\mathrm{d}r}{\int_0^t r^3 f(r^2)\mathrm{d}r} \right)' \\
&= 2 \cdot \frac{t^2 f(t^2) \int_0^t r^3 f(r^2)\mathrm{d}r - t^3 f(t^2) \int_0^t r^2 f(r^2)\mathrm{d}r}{\left(\int_0^t r^3 f(r^2)\mathrm{d}r \right)^2} \\
&= 2 \cdot \frac{t^2 f(t^2) \int_0^t r^2(r-t) f(r^2)\mathrm{d}r}{\left(\int_0^t r^3 f(r^2)\mathrm{d}r \right)^2} < 0,
\end{aligned}
$$

即函数 $f(t)$ 在开区间 $(0, +\infty)$ 内严格单调递减.　　　　　　　　□

第七节　曲线积分的计算方法

　　本节主要介绍计算第一类曲线积分与第二类曲线积分的一些常见方法及其应用, 具体包括化两类曲线积分为定积分、利用格林公式化第二类曲线积分为二重积分, 以及利用被积函数与积分曲线的某些特殊性质等计算曲线积分.

一、化第一类曲线积分为定积分

　　若函数 $f(x, y, z)$ 在光滑曲线 L 上连续且 L 的方程为

$$\begin{cases} x = x(t), \\ y = y(t), \quad (t_0 \leqslant t \leqslant T), \\ z = z(t) \end{cases}$$

则

$$\int_L f(x,y,z)\mathrm{d}s = \int_{t_0}^{T} f\left(x(t),y(t),z(t)\right) \sqrt{x_t'^2 + y_t'^2 + z_t'^2}\mathrm{d}t.$$

特别地, 如果 L 的方程为 $y = \varphi(x)(a \leqslant x \leqslant b)$, 则

$$\int_L f(x,y)\mathrm{d}s = \int_a^b f\left(x,\varphi(x)\right) \sqrt{1 + \left(\varphi'(x)\right)^2}\mathrm{d}x.$$

二、 化第二类曲线积分为定积分

设有向曲线 L 自身不相交, 其参数方程为 $x = x(t)$, $y = y(t)$, $z = z(t)(t_0 \leqslant t \leqslant T)$, $x(t)$, $y(t)$, $z(t)$ 在 $[t_0,T]$ 上连续可导. 当 t 从 t_0 变动到 T 时, 曲线从点 A 按一定方向连续变动到点 B. 设 $F(x,y,z) = P(x,y,z)\boldsymbol{i}+Q(x,y,z)\boldsymbol{j}+R(x,y,z)\boldsymbol{k}$ 定义在 L 上且 P, Q, R 连续. 则

$$\int_L F(x,y,z)\mathrm{d}s = \int_L P(x,y,z)\mathrm{d}x + Q(x,y,z)\mathrm{d}y + R(x,y,z)\mathrm{d}z$$

$$= \int_{t_0}^{T} \left(P\left(x(t),y(t),z(t)\right) x'(t) + Q\left(x(t),y(t),z(t)\right) y'(t)\right.$$

$$\left. + R\left(x(t),y(t),z(t)\right) z'(t)\right)\mathrm{d}t.$$

注 1 在第二类曲线积分的计算公式中, 定积分的下限与上限必须分别与曲线积分所沿曲线路径的起点与终点对应.

三、 利用格林公式计算第二类曲线积分

若 D 是以光滑曲线 L 为边界的平面单连通区域且函数 $P(x,y)$ 和 $Q(x,y)$ 在 D 及 L 上连续并具有对 x 和 y 的连续偏导数, 则

$$\oint_L P\mathrm{d}x + Q\mathrm{d}y = \iint\limits_D \left(\frac{\partial Q}{\partial x} - \frac{\partial P}{\partial y}\right)\mathrm{d}x\mathrm{d}y,$$

其中左端积分路径的方向为沿曲线 L 运动时区域 D 恒在其左侧的方向.

注 2　若 D 是复连通区域, 它的边界由两条曲线 L 和 l 组成, 用曲线 c 将区域 D 的边界曲线 L 和 l 连接, 则可将复连通区域 D 转化为以 L, l 及 c 为边界的单连通区域. 从而有

$$\iint\limits_{D} \left(\frac{\partial Q}{\partial x} - \frac{\partial P}{\partial y} \right) \mathrm{d}x\mathrm{d}y = \oint_{L} P\mathrm{d}x + Q\mathrm{d}y + \oint_{l} P\mathrm{d}x + Q\mathrm{d}y,$$

其中 L 和 l 的方向取沿转化后的单连通区域的边界移动时, 该区域恒在其左侧的方向.

进一步, 若 $\dfrac{\partial Q}{\partial x} = \dfrac{\partial P}{\partial y}$ 且闭曲线 L 内部有 n 条互不相交的闭曲线 l_i, 则

$$\oint_{L} P\mathrm{d}x + Q\mathrm{d}y = \oint_{l_1} P\mathrm{d}x + Q\mathrm{d}y + \oint_{l_2} P\mathrm{d}x + Q\mathrm{d}y + \cdots + \oint_{l_n} P\mathrm{d}x + Q\mathrm{d}y,$$

其中 $L, l_i\ (i = 1, 2, \cdots, n)$ 同时取顺时针或逆时针方向.

四、利用对称性计算曲线积分

1. 利用对称性计算第一类曲线积分

(1) 若光滑曲线 $L = L_1 + L_2$ 且曲线 L_1 与 L_2 关于 x 轴对称, 函数 $f(x,y)$ 在曲线 L 上连续, 则

$$\int_{L} f(x,y)\mathrm{d}s = \begin{cases} 2\displaystyle\int_{L_1} f(x,y)\mathrm{d}s, & f(x,-y) = f(x,y), \\ 0, & f(x,-y) = -f(x,y). \end{cases}$$

证　不妨设曲线上对应于 $y \geqslant 0$ 的部分为 L_1, $y \leqslant 0$ 对应的部分为 L_2 且 L_1 的方程为 $y = y(x)$, 则 L_2 的方程为 $y = -y(x)$, 其中 $a \leqslant x \leqslant b$. 则

$$\int_{L} f(x,y)\mathrm{d}s = \int_{L_1} f(x,y)\mathrm{d}s + \int_{L_2} f(x,y)\mathrm{d}s$$

$$= \int_{a}^{b} f(x,y(x))\sqrt{1 + (y'(x))^2}\mathrm{d}x + \int_{a}^{b} f(x,-y(x))\sqrt{1 + (y'(x))^2}\mathrm{d}x.$$

若 $f(x,-y) = f(x,y)$, 则

$$\int_{L} f(x,y)\mathrm{d}s = 2\int_{a}^{b} f(x,y(x))\sqrt{1 + (y'(x))^2}\mathrm{d}x = 2\int_{L_1} f(x,y)\mathrm{d}s.$$

若 $f(x, -y) = -f(x, y)$, 则 $\displaystyle\int_L f(x, y)\mathrm{d}s = 0$. □

类似于 (1) 的证明, 可得当 L_1 与 L_2 关于 y 轴对称时的第一类曲线积分计算公式.

(2) 若光滑曲线 $L = L_1 + L_2$ 且 L 关于 y 轴对称, 记 L_1, L_2 分别表示曲线 L 在 $y \geqslant 0$ 与 $y \leqslant 0$ 所对应的部分. 若函数 $f(x, y)$ 在 L 上连续, 则

$$\int_L f(x, y)\mathrm{d}s = \begin{cases} 2\displaystyle\int_{L_1} f(x, y)\mathrm{d}s, & f(-x, y) = f(x, y), \\ 0, & f(-x, y) = -f(x, y). \end{cases}$$

(3) 若光滑曲线 $L = L_1 + L_2$ 且 L 关于原点对称, 记 L_1, L_2 分别表示曲线 L 在 $x \geqslant 0$ 与 $x \leqslant 0$ 所对应的部分. 若函数 $f(x, y)$ 在 L 上连续, 则

$$\int_L f(x, y)\mathrm{d}s = \begin{cases} 2\displaystyle\int_{L_1} f(x, y)\mathrm{d}s, & f(-x, -y) = f(x, y), \\ 0, & f(-x, -y) = -f(x, y). \end{cases}$$

证 不妨设曲线 L 的方程为 $y = y(x)$, $x \in [-a, a]$. 显然, $y(-x) = -y(x)$ 且 $y'(-x) = y'(x)$. 从而

$$\int_L f(x, y)\mathrm{d}s = \int_{L_1} f(x, y)\mathrm{d}s + \int_{L_2} f(x, y)\mathrm{d}s$$

$$= \int_0^a f(x, y(x))\sqrt{1 + (y'(x))^2}\mathrm{d}x + \int_{-a}^0 f(x, y(x))\sqrt{1 + (y'(x))^2}\mathrm{d}x.$$

令 $x = -t$, 则

$$\int_{-a}^0 f(x, y(x))\sqrt{1 + (y'(x))^2}\mathrm{d}x = \int_0^a f(-t, y(-t))\sqrt{1 + (y'(t))^2}\mathrm{d}t.$$

若 $f(-x, -y) = f(x, y)$, 则

$$\int_L f(x, y)\mathrm{d}s = 2\int_0^a f(x, y(x))\sqrt{1 + (y'(x))^2}\mathrm{d}x = 2\int_{L_1} f(x, y)\mathrm{d}s.$$

若 $f(-x, -y) = -f(x, y)$, 则 $\displaystyle\int_L f(x, y)\mathrm{d}s = 0$. □

2. 利用对称性计算第二类曲线积分

(1) 若有向光滑曲线 L 关于 x 轴对称, L_1 与 L_2 分别表示曲线上对应于 $y \geqslant 0$ 与 $y \leqslant 0$ 的部分, L_1, L_2 分别在 x 轴上的投影方向相反且函数 $P(x, y)$ 与 $Q(x, y)$ 在曲线 L 上连续, 则

$$\int_L P(x, y)\mathrm{d}x = \begin{cases} 2\displaystyle\int_{L_1} P(x, y)\mathrm{d}x, & P(x, -y) = -P(x, y), \\ 0, & P(x, -y) = P(x, y); \end{cases}$$

$$\int_L Q(x, y)\mathrm{d}y = \begin{cases} 2\displaystyle\int_{L_1} Q(x, y)\mathrm{d}y, & Q(x, -y) = Q(x, y), \\ 0, & Q(x, -y) = -Q(x, y). \end{cases}$$

证 不妨设 L_1 的方程为 $y = y(x)$, $a \leqslant x \leqslant b$. 则 L_2 的方程为 $y = -y(x)$, 其中 x 从 b 变动到 a. 故

$$\begin{aligned} \int_L P(x, y)dx &= \int_{L_1} P(x, y)\mathrm{d}x + \int_{L_2} P(x, y)\mathrm{d}x \\ &= \int_a^b P(x, y(x))\mathrm{d}x + \int_b^a P(x, -y(x))\mathrm{d}x \\ &= \int_a^b (P(x, y(x)) - P(x, -y(x)))\mathrm{d}x. \end{aligned}$$

若 $P(x, -y) = -P(x, y)$, 则 $\displaystyle\int_L P(x, y)\mathrm{d}x = 2\int_{L_1} P(x, y)\mathrm{d}x$; 若 $P(x, -y) = P(x, y)$, 则 $\displaystyle\int_L P(x, y)\mathrm{d}x = 0$. 对于 $\displaystyle\int_L Q(x, y)\mathrm{d}y$ 的情形类似可证. □

类似于 (1) 的证明, 可得当曲线 L 关于 y 轴对称时的第二类曲线积分计算公式.

(2) 若有向光滑曲线 L 关于 y 轴对称, L_1 与 L_2 分别表示曲线上对应于 $x \geqslant 0$ 与 $x \leqslant 0$ 的部分, L_1 与 L_2 分别在 x 轴上的投影方向相同且函数 $P(x, y)$ 与 $Q(x, y)$ 在 L 上连续, 则

$$\int_L P(x, y)\mathrm{d}x = \begin{cases} 2\displaystyle\int_{L_1} P(x, y)\mathrm{d}x, & P(-x, y) = P(x, y), \\ 0, & P(-x, y) = -P(x, y); \end{cases}$$

$$\int_L Q(x, y)\mathrm{d}y = \begin{cases} 2\displaystyle\int_{L_1} Q(x, y)\mathrm{d}y, & Q(-x, y) = -Q(x, y), \\ 0, & Q(-x, y) = Q(x, y). \end{cases}$$

(3) 若有向光滑曲线 L 关于原点对称, L_1 与 L_2 分别表示曲线上对应于 $x \geqslant 0$ 与 $x \leqslant 0$ 的部分, L_1 与 L_2 分别在 x 轴或 y 轴上的投影方向相同且函数 $P(x,y)$ 与 $Q(x,y)$ 在 L 上连续, 则

$$\int_L P(x,y)\mathrm{d}x = \begin{cases} 2\displaystyle\int_{L_1} P(x,y)\mathrm{d}x, & P(-x,-y) = P(x,y), \\ 0, & P(-x,-y) = -P(x,y); \end{cases}$$

$$\int_L Q(x,y)\mathrm{d}y = \begin{cases} 2\displaystyle\int_{L_1} Q(x,y)\mathrm{d}y, & Q(-x,-y) = Q(x,y), \\ 0, & Q(-x,-y) = -Q(x,y). \end{cases}$$

证　不妨设曲线 L 的方程为 $y = y(x)$, $-a \leqslant x \leqslant a$. 则

$$\int_L P(x,y)\mathrm{d}x = \int_{L_1} P(x,y)\mathrm{d}x + \int_{L_2} P(x,y)\mathrm{d}x$$
$$= \int_0^a P(x,y(x))\mathrm{d}x + \int_{-a}^0 P(x,y(x))\mathrm{d}x.$$

令 $x = -t$, 则 $\mathrm{d}x = -\mathrm{d}t$. 从而

$$\int_{-a}^0 P(x,y(x))\mathrm{d}x = \int_0^a P(-t,y(-t))\mathrm{d}t = \int_0^a P(-t,-y(t))\mathrm{d}t.$$

若 $P(-x,-y) = P(x,y)$, 则 $\displaystyle\int_L P(x,y)\mathrm{d}x = 2\int_{L_1} P(x,y)\mathrm{d}x$; 若 $P(-x,-y) = -P(x,y)$, 则 $\displaystyle\int_L P(x,y)\mathrm{d}x = 0$. 对于 $\displaystyle\int_L Q(x,y)\mathrm{d}y$ 的情形类似可证.　　□

例 1　设曲线 $L: \dfrac{x^2}{a^2} + \dfrac{y^2}{b^2} = 1$ 的周长和所围成区域的面积分别是 C 和 S. 证明:

$$I = \oint_L (b^2x^2 + 2xy + a^2y^2)\mathrm{d}s = \frac{S^2C}{\pi^2}.$$

证　因为 $\dfrac{x^2}{a^2} + \dfrac{y^2}{b^2} = 1$, 所以 $b^2x^2 + a^2y^2 = a^2b^2$. 从而

$$I = \oint_L (b^2x^2 + 2xy + a^2y^2)\mathrm{d}s = \oint_L (a^2b^2 + 2xy)\mathrm{d}s = a^2b^2C + \oint_L 2xy\,\mathrm{d}s.$$

对任意的 $\theta \in [0, 2\pi]$, 令 $x = a\sin\theta, y = b\cos\theta$. 则

$$I = a^2 b^2 C + \oint_L 2xy ds$$

$$= a^2 b^2 C + \int_0^{2\pi} 2ab\sin\theta\cos\theta\sqrt{a^2\cos^2\theta + b^2\sin^2\theta}\,d\theta$$

$$= a^2 b^2 C + \frac{ab}{b^2 - a^2}\int_0^{2\pi}\sqrt{a^2 + (b^2 - a^2)\sin^2\theta}\,d(a^2 + (b^2 - a^2)\sin^2\theta)$$

$$= a^2 b^2 C + \frac{2ab}{3(b^2 - a^2)}(a^2 + (b^2 - a^2)\sin^2\theta)^{\frac{3}{2}}\Big|_0^{2\pi} = a^2 b^2 C = \frac{S^2 C}{\pi^2}. \qquad \square$$

例 2 设对任意的 $t \in \left(0, \dfrac{\pi}{2}\right)$, 曲线 L 为 $x = \cos^3 t, y = \sin^3 t$. L 的方向是从 $(0,1)$ 到 $(1,0)$. 计算第二类曲线积分 $I = \displaystyle\int_L \frac{y dx - x dy}{x^2 + y^2}$.

解 如图 5-8 所示, D 是由 L, $\overrightarrow{AC}$, $\overrightarrow{CB}$ 所围成的区域. 记 $P(x, y) = \dfrac{y}{x^2 + y^2}$, $Q(x, y) = \dfrac{-x}{x^2 + y^2}$, $A(1, 0)$, $B(0, 1)$, $C(1, 1)$. 则由格林公式可得

$$\overline{I} = \int_{L + \overrightarrow{AC} + \overrightarrow{CB}} \frac{y dx - x dy}{x^2 + y^2} = \iint_D \left(\frac{\partial Q}{\partial x} - \frac{\partial P}{\partial y}\right) dx dy = 0.$$

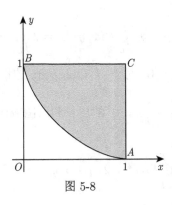

图 5-8

又因为

$$I_1 = \int_{\overrightarrow{AC}} \frac{y dx - x dy}{x^2 + y^2} = \int_{\overrightarrow{AC}} \frac{-x}{x^2 + y^2} dy = \int_0^1 \frac{-1}{1 + y^2} dy = -\frac{\pi}{4}.$$

$$I_2 = \int_{\overrightarrow{CB}} \frac{y\mathrm{d}x - x\mathrm{d}y}{x^2 + y^2} = \int_{\overrightarrow{CB}} \frac{y}{x^2 + y^2}\mathrm{d}x = \int_1^0 \frac{1}{1+x^2}\mathrm{d}x = -\frac{\pi}{4}.$$

所以 $I = \overline{I} - I_1 - I_2 = \dfrac{\pi}{2}.$

例 3　计算第二类曲线积分

$$I = \int_L \sqrt{x^2 + y^2}\mathrm{d}x + y\left(xy + \ln\left(x + \sqrt{x^2 + y^2}\right)\right)\mathrm{d}y,$$

其中 $L = \{(x,y)|y = \sin x, 0 \leqslant x \leqslant \pi\}$，方向为 $(0,0) \to (\pi, 0).$

解　如图 5-9 所示，令 $L' = L + \overrightarrow{BO}$ 且 D 是由 L 与 $\overrightarrow{BO}$ 所围成的区域，$P(x,y) = \sqrt{x^2 + y^2}, Q(x,y) = y(xy + \ln(x + \sqrt{x^2 + y^2}))$. 则由格林公式可得

$$I'' = \int_{L'} \sqrt{x^2 + y^2}\mathrm{d}x + y(xy + \ln(x + \sqrt{x^2 + y^2}))\mathrm{d}y$$

$$= -\iint\limits_D \left(\frac{\partial Q}{\partial x} - \frac{\partial P}{\partial y}\right)\mathrm{d}x\mathrm{d}y$$

$$= \iint\limits_D -y^2\mathrm{d}x\mathrm{d}y = -\int_0^\pi \mathrm{d}x \int_0^{\sin x} y^2\mathrm{d}y$$

$$= -\int_0^\pi \frac{1}{3}\sin^3 x\mathrm{d}x = -\frac{4}{9}.$$

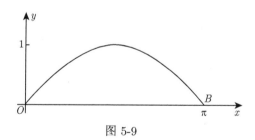

图 5-9

又因为

$$I' = \int_{\overrightarrow{BO}} \sqrt{x^2 + y^2}\mathrm{d}x + y(xy + \ln(x + \sqrt{x^2 + y^2}))\mathrm{d}y$$

$$= \int_\pi^0 x\mathrm{d}x = \frac{1}{2}x^2\bigg|_\pi^0 = -\frac{\pi^2}{2},$$

所以 $I = I'' - I' = -\dfrac{4}{9} + \dfrac{\pi^2}{2}.$

例 4   应用格林公式计算第二类曲线积分

$$I = \int_L \frac{e^x(x\sin y - y\cos y)dx + e^x(x\cos y + y\sin y)dy}{x^2+y^2},$$

其中 L 包围含原点的简单光滑闭曲线, 方向取逆时针方向.

解   在 L 所围区域内部取以原点为圆心, r 为半径的圆, 记该圆周为 C 且其逆时针方向为正方向. 则

$$I = \oint_{L^+} \frac{e^x(x\sin y - y\cos y)dx + e^x(x\cos y + y\sin y)dy}{x^2+y^2}$$

$$= \int_{L^+ + C^-} \frac{e^x(x\sin y - y\cos y)dx + e^x(x\cos y + y\sin y)dy}{x^2+y^2}$$

$$+ \int_{C^+} \frac{e^x(x\sin y - y\cos y)dx + e^x(x\cos y + y\sin y)dy}{x^2+y^2}.$$

设 $L^+ + C^-$ 所围成的区域为 D. 从而由格林公式可知

$$\int_{L^+ + C^-} \frac{e^x(x\sin y - y\cos y)dx + e^x(x\cos y + y\sin y)dy}{x^2+y^2}$$

$$= \iint_D \left(\frac{\partial}{\partial x}\left(\frac{e^x(x\cos y + y\sin y)}{x^2+y^2}\right) - \frac{\partial}{\partial y}\left(\frac{e^x(x\sin y - y\cos y)}{x^2+y^2}\right) \right) dxdy = 0.$$

令 $x = r\cos\theta, y = r\sin\theta$. 则

$$I = \int_{C^+} \frac{e^x(x\sin y - y\cos y)dx + e^x(x\cos y + y\sin y)dy}{x^2+y^2}$$

$$= \frac{1}{r^2}\int_0^{2\pi} e^{r\cos\theta}((r\cos\theta\cdot\sin(r\sin\theta) - r\sin\theta\cdot\cos(r\sin\theta))\cdot(-r\sin\theta)$$

$$+ (r\cos\theta\cdot\cos(r\sin\theta) + r\sin\theta\cdot\sin(r\sin\theta))\cdot r\cos\theta)d\theta$$

$$= \int_0^{2\pi} e^{r\cos\theta}\cos(r\sin\theta)d\theta.$$

从而, 由 r 的任意性及含参变量积分的连续性可知

$$I = \lim_{r\to 0^+}\int_0^{2\pi} e^{r\cos\theta}\cos(r\sin\theta)d\theta$$

$$= \int_0^{2\pi}\lim_{r\to 0^+} e^{r\cos\theta}\cos(r\sin\theta)d\theta = \int_0^{2\pi} d\theta = 2\pi.$$

第八节　曲面积分的计算方法

本节主要介绍计算第一类曲面积分与第二类曲面积分的一些常见方法及其应用, 具体包括化两类曲面积分为二重积分, 利用高斯公式化第二类曲面积分为三重积分, 以及利用被积函数与积分区域的某种特殊性质计算曲面积分等.

一、 化第一类曲面积分为二重积分

设 $\varPhi(x,y,z)$ 为定义在曲面 S 上的连续函数. S 的方程为 $z = f(x,y)$ 且在平面 xOy 上的投影为可求面积区域 σ_{xy}. 若 $f(x,y)$ 在 σ_{xy} 上具有关于 x 和 y 的连续偏导数, 则有

$$\iint\limits_{S} \varPhi(x,y,z)\mathrm{d}S = \iint\limits_{\sigma_{xy}} \varPhi\left(x,y,f(x,y)\right)\sqrt{1 + f_x^2 + f_y^2}\,\mathrm{d}x\mathrm{d}y.$$

若 S 的参数方程为

$$\begin{cases} x = x(u,v), \\ y = y(u,v), \\ z = z(u,v), \end{cases}$$

S 中的点与 S' 中的点 (u,v) 一一对应, $x(u,v)$, $y(u,v)$, $z(u,v)$ 在 S' 上具有关于 u 和 v 的连续偏导数且其雅可比矩阵在 S' 上的秩为 2, 则

$$\iint\limits_{S} \varPhi(x,y,z)\mathrm{d}S = \iint\limits_{S'} \varPhi\left(x(u,v),y(u,v),z(u,v)\right)\sqrt{EG - F^2}\,\mathrm{d}u\mathrm{d}v,$$

其中 $E = x_u^2 + y_u^2 + z_u^2, F = x_u x_v + y_u y_v + z_u z_v, G = x_v^2 + y_v^2 + z_v^2$.

二、 化第二类曲面积分为二重积分

设曲面 S 的方程为 $z = z(x,y)$, $(x,y) \in \sigma_{xy}$. 则

$$\iint\limits_{S} R(x,y,z)\mathrm{d}x\mathrm{d}y = \pm \iint\limits_{\sigma_{xy}} R(x,y,z(x,y))\mathrm{d}x\mathrm{d}y,$$

且当 S 为上侧时选取 "+", 当 S 为下侧时选取 "−".

若 S 的方程为 $y = y(z,x)$, $(z,x) \in \sigma_{zx}$, 则

$$\iint\limits_{S} Q(x,y,z)\mathrm{d}z\mathrm{d}x = \pm \iint\limits_{\sigma_{zx}} Q(x,y(z,x),z)\mathrm{d}z\mathrm{d}x,$$

且当 S 为右侧时选取 "$+$", 当 S 为左侧时选取 "$-$".

若曲面 S 的方程为 $x = x(y, z), (y, z) \in \sigma_{yz}$, 则

$$\iint\limits_{S} P(x, y, z)\mathrm{d}y\mathrm{d}z = \pm \iint\limits_{\sigma_{yz}} P(x(y, z), y, z)\mathrm{d}y\mathrm{d}z,$$

且当 S 为前侧时选取 "$+$", 当 S 为后侧时选取 "$-$".

若曲面 S 的方程为 $x = x(u, v), y = y(u, v), z = z(u, v), (u, v) \in \sigma_{uv}$, 则

$$\iint\limits_{S} P(x, y, z)\mathrm{d}y\mathrm{d}z = \pm \iint\limits_{\sigma_{uv}} P(x(u, v), y(u, v), z(u, v))\left|\frac{\partial(y, z)}{\partial(u, v)}\right|\mathrm{d}u\mathrm{d}v,$$

且当 S 为前侧时选取 "$+$", 当 S 为后侧时选取 "$-$".

$$\iint\limits_{S} Q(x, y, z)\mathrm{d}x\mathrm{d}y = \pm \iint\limits_{\sigma_{uv}} Q(x(u, v), y(u, v), z(u, v))\left|\frac{\partial(z, x)}{\partial(u, v)}\right|\mathrm{d}u\mathrm{d}v,$$

且当 S 为右侧时选取 "$+$", 当 S 为左侧时选取 "$-$".

$$\iint\limits_{S} R(x, y, z)\mathrm{d}z\mathrm{d}x = \pm \iint\limits_{\sigma_{uv}} R(x(u, v), y(u, v), z(u, v))\left|\frac{\partial(x, y)}{\partial(u, v)}\right|\mathrm{d}u\mathrm{d}v,$$

且当 S 为上侧时选取 "$+$", 当 S 为下侧时选取 "$-$".

三、 利用高斯公式计算第二类曲面积分

若 Ω 是由分片光滑曲面 S 围成的单连通有界闭区域, $P(x, y, z)$, $Q(x, y, z)$, $R(x, y, z)$ 在 Ω 及 S 上具有一阶连续偏导数, 则

$$\iint\limits_{S\text{外侧}} P\mathrm{d}y\mathrm{d}z + Q\mathrm{d}x\mathrm{d}z + R\mathrm{d}x\mathrm{d}y = \iiint\limits_{\Omega} \left(\frac{\partial P}{\partial x} + \frac{\partial Q}{\partial y} + \frac{\partial R}{\partial z}\right)\mathrm{d}x\mathrm{d}y\mathrm{d}z$$

$$= \iint\limits_{S} (P\cos\alpha + Q\cos\beta + R\cos\gamma)\mathrm{d}S,$$

其中 $\cos\alpha, \cos\beta, \cos\gamma$ 为 S 在点 (x, y, z) 处的外法线方向的方向余弦.

注 1　若有界闭区域 Ω 的边界由光滑曲面 $S_0, S_1, S_2, \cdots, S_n$ 所构成且 S_1, $S_2, \cdots, S_n$ 包含在闭区域 Ω 的内部, S_0 是闭区域 Ω 的外侧边界曲面, 边界曲面

的法线方向取外侧, 则高斯公式仍成立. 若 $\iiint\limits_{\Omega} \left(\dfrac{\partial P}{\partial x} + \dfrac{\partial Q}{\partial y} + \dfrac{\partial R}{\partial z} \right) \mathrm{d}x\mathrm{d}y\mathrm{d}z = 0$,

则

$$\iint\limits_{S_0 外侧} P\mathrm{d}y\mathrm{d}z + Q\mathrm{d}x\mathrm{d}z + R\mathrm{d}x\mathrm{d}y = \sum_{k=1}^{n} \iint\limits_{S_k 外侧} P\mathrm{d}y\mathrm{d}z + Q\mathrm{d}x\mathrm{d}z + R\mathrm{d}x\mathrm{d}y.$$

四、 利用对称性计算曲面积分

1. 利用对称性计算第一类曲面积分

(1) 若有界光滑或分片光滑曲面 $S = S_1 + S_2$ 且 S_1 与 S_2 关于平面 yOz 对称, 函数 $f(x,y,z)$ 在曲面 S 上连续, 则

$$\iint\limits_{S} f(x,y,z)\mathrm{d}S = \begin{cases} 2\iint\limits_{S_1} f(x,y,z)\mathrm{d}S, & f(-x,y,z) = f(x,y,z), \\ 0, & f(-x,y,z) = -f(x,y,z). \end{cases}$$

证　不妨设 S 在平面 yOz 上的投影为 σ_{yz}, S_1 的方程为 $x = x(y,z),(y,z) \in \sigma_{yz}$. 则 S_2 的方程为 $x = -x(y,z),(y,z) \in \sigma_{yz}$. 故

$$\iint\limits_{S} f(x,y,z)\mathrm{d}S = \iint\limits_{S_1} f(x,y,z)\mathrm{d}S + \iint\limits_{S_2} f(x,y,z)\mathrm{d}S$$

$$= \iint\limits_{\sigma_{yz}} f(x(y,z),y,z)\sqrt{1 + x_y^2(y,z) + x_z^2(y,z)}\mathrm{d}y\mathrm{d}z$$

$$+ \iint\limits_{\sigma_{yz}} f(-x(y,z),y,z)\sqrt{1 + x_y^2(y,z) + x_z^2(y,z)}\mathrm{d}y\mathrm{d}z.$$

若 $f(-x,y,z) = f(x,y,z)$, 则 $\iint\limits_{S} f(x,y,z)\mathrm{d}S = 2\iint\limits_{S_1} f(x,y,z)\mathrm{d}S$;

若 $f(-x,y,z) = -f(x,y,z)$, 则 $\iint\limits_{S_1} f(x,y,z)\mathrm{d}S = 0$. 　　□

类似于 (1) 的证明, 可得当积分曲面 S_1 与 S_2 关于平面 xOz 与平面 xOy 对称时的第一类曲面积分计算公式.

(2) 若有界光滑或分片光滑曲面 $S = S_1 + S_2$ 且 S_1 与 S_2 关于平面 xOz 对称, 函数 $f(x,y,z)$ 在曲面 S 上连续, 则

$$\iint\limits_{S} f(x,y,z)\mathrm{d}S = \begin{cases} 2\iint\limits_{S_1} f(x,y,z)\mathrm{d}S, & f(x,-y,z) = f(x,y,z), \\ 0, & f(x,-y,z) = -f(x,y,z). \end{cases}$$

(3) 若有界光滑或分片光滑曲面 $S = S_1 + S_2$ 且 S_1 与 S_2 关于平面 xOy 对称, 函数 $f(x,y,z)$ 在曲面 S 上连续, 则

$$\iint\limits_{S} f(x,y,z)\mathrm{d}S = \begin{cases} 2\iint\limits_{S_1} f(x,y,z)\mathrm{d}S, & f(x,y,-z) = f(x,y,z), \\ 0, & f(x,y,-z) = -f(x,y,z). \end{cases}$$

2. 利用对称性计算第二类曲面积分

(1) 若有界光滑或分片光滑的有向曲面 $S = S_1 + S_2$ 且 S_1 与 S_2 关于平面 yOz 对称, 函数 $P(x,y,z)$, $Q(x,y,z)$, $R(x,y,z)$ 为 S 上的连续函数, 则

$$\iint\limits_{S} P(x,y,z)\mathrm{d}y\mathrm{d}z = \begin{cases} 2\iint\limits_{S_1} P(x,y,z)\mathrm{d}y\mathrm{d}z, & P(-x,y,z) = -P(x,y,z), \\ 0, & P(-x,y,z) = P(x,y,z); \end{cases}$$

$$\iint\limits_{S} Q(x,y,z)\mathrm{d}x\mathrm{d}z = \begin{cases} 2\iint\limits_{S_1} Q(x,y,z)\mathrm{d}x\mathrm{d}z, & Q(-x,y,z) = Q(x,y,z), \\ 0, & Q(-x,y,z) = -Q(x,y,z); \end{cases}$$

$$\iint\limits_{S} R(x,y,z)\mathrm{d}x\mathrm{d}y = \begin{cases} 2\iint\limits_{S_1} R(x,y,z)\mathrm{d}x\mathrm{d}y, & R(-x,y,z) = R(x,y,z), \\ 0, & R(-x,y,z) = -R(x,y,z). \end{cases}$$

证 不妨设 S_1 的方程为 $x = x(y,z), (y,z) \in \sigma_{yz}$, 则 S_2 的方程为 $x = -x(y,z), (y,z) \in \sigma_{yz}$ 且 S_1 与 S_2 的方向关于平面 yOz 相反. 则

$$\iint\limits_{S} P(x,y,z)\mathrm{d}y\mathrm{d}z = \iint\limits_{S_1} P(x,y,z)\mathrm{d}y\mathrm{d}z + \iint\limits_{S_2} P(x,y,z)\mathrm{d}y\mathrm{d}z$$

$$= \iint\limits_{\sigma_{yz}} P(x(y,z),y,z)\mathrm{d}y\mathrm{d}z - \iint\limits_{\sigma_{yz}} P(-x(y,z),y,z)\mathrm{d}y\mathrm{d}z.$$

若 $P(-x,y,z) = -P(x,y,z)$, 则

$$\iint\limits_{S} P(x,y,z)\mathrm{d}y\mathrm{d}z = 2\iint\limits_{\sigma_{yz}} P(x(y,z),y,z)\mathrm{d}y\mathrm{d}z = 2\iint\limits_{S_1} P(x,y,z)\mathrm{d}y\mathrm{d}z.$$

若 $P(-x,y,z) = P(x,y,z)$, 则 $\iint\limits_{S} P(x,y,z)\mathrm{d}y\mathrm{d}z = 0$.

对于 $\iint\limits_{S} Q(x,y,z)\mathrm{d}x\mathrm{d}z, \iint\limits_{S} R(x,y,z)\mathrm{d}x\mathrm{d}y$ 类似可证.　　　　　□

(2) 若有界光滑或分片光滑的有向曲面 $S = S_1 + S_2$ 且 S_1 与 S_2 关于平面 xOz 对称, 函数 $P(x,y,z), Q(x,y,z), R(x,y,z)$ 为 S 上的连续函数, 则

$$\iint\limits_{S} P(x,y,z)\mathrm{d}y\mathrm{d}z = \begin{cases} 2\iint\limits_{S_1} P(x,y,z)\mathrm{d}y\mathrm{d}z, & P(x,-y,z) = P(x,y,z), \\ 0, & P(x,-y,z) = -P(x,y,z); \end{cases}$$

$$\iint\limits_{S} Q(x,y,z)\mathrm{d}x\mathrm{d}z = \begin{cases} 2\iint\limits_{S_1} Q(x,y,z)\mathrm{d}x\mathrm{d}z, & Q(x,-y,z) = -Q(x,y,z), \\ 0, & Q(x,-y,z) = Q(x,y,z); \end{cases}$$

$$\iint\limits_{S} R(x,y,z)\mathrm{d}x\mathrm{d}y = \begin{cases} 2\iint\limits_{S_1} R(x,y,z)\mathrm{d}x\mathrm{d}y, & R(x,-y,z) = R(x,y,z), \\ 0, & R(x,-y,z) = -R(x,y,z). \end{cases}$$

(3) 若有界光滑或分片光滑的有向曲面 $S = S_1 + S_2$ 且 S_1 与 S_2 关于平面 xOy 对称, 函数 $P(x,y,z), Q(x,y,z), R(x,y,z)$ 为 S 上的连续函数, 则

$$\iint\limits_{S} P(x,y,z)\mathrm{d}y\mathrm{d}z = \begin{cases} 2\iint\limits_{S_1} P(x,y,z)\mathrm{d}y\mathrm{d}z, & P(x,y,-z) = P(x,y,z), \\ 0, & P(x,y,-z) = -P(x,y,z); \end{cases}$$

$$\iint\limits_{S} Q(x,y,z)\mathrm{d}x\mathrm{d}z = \begin{cases} 2\iint\limits_{S_1} Q(x,y,z)\mathrm{d}x\mathrm{d}z, & Q(x,y,-z) = Q(x,y,z), \\ 0, & Q(x,y,-z) = -Q(x,y,z); \end{cases}$$

$$\iint\limits_{S} R(x,y,z)\mathrm{d}x\mathrm{d}y = \begin{cases} 2\iint\limits_{S_1} R(x,y,z)\mathrm{d}x\mathrm{d}y, & R(x,y,-z) = -R(x,y,z), \\ 0, & R(x,y,-z) = R(x,y,z). \end{cases}$$

注 2　关于曲线与曲面积分的计算, 一般应首先考虑被积函数、积分曲线或积分曲面是否具有某种类型的特殊性, 利用积分曲线或积分曲面的某种对称性等将所求积分进行化简, 进而达到简化积分计算的目的.

例 1　设 $S = \{(x,y,z)|x,y,z \geqslant 0, x+y+z = 1\}$ 且其法方向与 $(1,1,1)$ 方向相同. 计算第二类曲面积分 $I = \iint\limits_{S} z\mathrm{d}x\mathrm{d}y$.

解　令 Ω 是由 S, $S_1 = \{(x,y,z)|x = 0\}$, $S_2 = \{(x,y,z)|y = 0\}$, $S_3 = \{(x,y,z)|z = 0\}$ 所围成的闭区域且 $P(x,y,z) = 0$, $Q(x,y,z) = 0$, $R(x,y,z) = z$. 则由高斯公式可知

$$I = \iiint\limits_{\Omega} \mathrm{d}x\mathrm{d}y\mathrm{d}z - \iint\limits_{S_1+S_2+S_3} z\mathrm{d}x\mathrm{d}y = \frac{1}{6}.$$

例 2　设 S 是由曲面 $z = \sqrt{x^2+y^2}$ 与 $z = \sqrt{2-x^2-y^2}$ 所围成的几何体且方向取外侧. 计算第二类曲面积分 $I = \iint\limits_{S} 2xz\mathrm{d}y\mathrm{d}z + yz\mathrm{d}z\mathrm{d}x - z^2\mathrm{d}x\mathrm{d}y$.

解　如图 5-10 所示, 设由曲面所围成的闭区域为 Ω 且令 $P(x,y,z) = 2xz$, $Q(x,y,z) = yz$, $R(x,y,z) = -z^2$. 则由高斯公式可知

$$I = \iiint\limits_{\Omega} (2z+z-2z)\mathrm{d}x\mathrm{d}y\mathrm{d}z = \iiint\limits_{\Omega} z\mathrm{d}x\mathrm{d}y\mathrm{d}z.$$

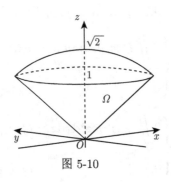

图 5-10

因为有界闭区域 Ω 在平面 xOy 上的投影为 $\sigma_{xy} = \{(x,y)|x^2+y^2 \leqslant 1\}$, 所以利用柱面坐标变换可得 $I = \displaystyle\int_0^{2\pi} \mathrm{d}\theta \int_0^1 r\mathrm{d}r \int_r^{\sqrt{2-r^2}} z\mathrm{d}z = \dfrac{\pi}{2}$.

例 3　证明: 连续函数 $f(x)$ 满足 $I = \displaystyle\oiint\limits_{x^2+y^2+z^2=1} f(z)\mathrm{d}S = 2\pi \int_{-1}^1 f(t)\mathrm{d}t$.

解　当 $z \geqslant 0$ 时, $z = \sqrt{1-x^2-y^2}, \dfrac{\partial z}{\partial x} = \dfrac{-x}{\sqrt{1-x^2-y^2}}, \dfrac{\partial z}{\partial y} = \dfrac{-y}{\sqrt{1-x^2-y^2}}$. 故

$$I_1 = \oiint\limits_{\substack{x^2+y^2+z^2=1 \\ z\geqslant 0}} f(z)\mathrm{d}S = \iint\limits_{\sigma} f(\sqrt{1-x^2-y^2})\sqrt{1+z_x^2+z_y^2}\mathrm{d}\sigma$$

$$= \iint\limits_{\sigma} \dfrac{f(\sqrt{1-x^2-y^2})}{\sqrt{1-x^2-y^2}}\mathrm{d}\sigma,$$

其中 σ 是平面 xOy 上以原点为中心, 1 为半径的圆形区域. 故由极坐标变换得

$$I_1 = \int_0^1 r \int_0^{2\pi} \dfrac{f(\sqrt{1-r^2})}{\sqrt{1-r^2}}\mathrm{d}\theta\mathrm{d}r = 2\pi \int_0^1 \dfrac{f(\sqrt{1-r^2})r}{\sqrt{1-r^2}}\mathrm{d}r.$$

同理, 当 $z \leqslant 0$ 时,

$$I_2 = \oiint\limits_{\substack{x^2+y^2+z^2=1 \\ z\leqslant 0}} f(z)\mathrm{d}S = 2\pi \int_0^1 \dfrac{f(-\sqrt{1-r^2})r}{\sqrt{1-r^2}}\mathrm{d}r.$$

令 $\sqrt{1-r^2} = t$. 则 $I_1 = 2\pi \displaystyle\int_0^1 f(t)\mathrm{d}t, I_2 = 2\pi \int_{-1}^0 f(t)\mathrm{d}t$. 从而可得

$$I = I_1 + I_2 = 2\pi \int_{-1}^1 f(t)\mathrm{d}t.$$

例 4　设函数 $f(x,y,z)$ 表示从原点 $O(0,0,0)$ 到椭球面 $S: \dfrac{x^2}{a^2}+\dfrac{y^2}{b^2}+\dfrac{z^2}{c^2}=1$ 上点 $P(x,y,z)$ 处切平面的距离. 计算第一类曲面积分 $I = \displaystyle\iint\limits_{S} f(x,y,z)\mathrm{d}S$.

解　因椭球面上 (x_0,y_0,z_0) 处的法向量为 $\left(\dfrac{x_0}{a^2}, \dfrac{y_0}{b^2}, \dfrac{z_0}{c^2}\right)$, 所以过椭球面上 (x_0,y_0,z_0) 的切平面方程为

$$\dfrac{x_0}{a^2}(x-x_0) + \dfrac{y_0}{b^2}(y-y_0) + \dfrac{z_0}{c^2}(z-z_0) = 0.$$

整理后即得 $\dfrac{x_0}{a^2}x + \dfrac{y_0}{b^2}y + \dfrac{z_0}{c^2}z = 1$. 从而

$$f(x,y,z) = \frac{1}{\sqrt{\dfrac{x^2}{a^4} + \dfrac{y^2}{b^4} + \dfrac{z^2}{c^4}}}.$$

当 $z \geqslant 0$ 时, $z = c\sqrt{1 - \dfrac{x^2}{a^2} - \dfrac{y^2}{b^2}}$, $z_x = c\dfrac{-\dfrac{x}{a^2}}{\sqrt{1 - \dfrac{x^2}{a^2} - \dfrac{y^2}{b^2}}}$, $z_y = c\dfrac{-\dfrac{y}{b^2}}{\sqrt{1 - \dfrac{x^2}{a^2} - \dfrac{y^2}{b^2}}}$.

故

$$I = 8\iint\limits_{\substack{S \\ x,y,z\geqslant 0}} \frac{\mathrm{d}S}{\sqrt{\dfrac{x^2}{a^2} + \dfrac{y^2}{b^2} + \dfrac{z^2}{c^2}}} = 8\iint\limits_{\substack{\frac{x^2}{a^2}+\frac{y^2}{b^2}\leqslant 1 \\ x,y\geqslant 0}} \frac{\sqrt{1 + z_x^2 + z_y^2}}{\sqrt{\dfrac{x^2}{a^4} + \dfrac{y^2}{b^4} + \dfrac{z^2}{c^4}}}\mathrm{d}x\mathrm{d}y$$

$$= 8\iint\limits_{\substack{\frac{x^2}{a^2}+\frac{y^2}{b^2}\leqslant 1 \\ x,y\geqslant 0}} \frac{c}{\sqrt{1 - \dfrac{x^2}{a^2} - \dfrac{y^2}{b^2}}}\mathrm{d}x\mathrm{d}y.$$

令 $x = ar\cos\theta$, $y = br\sin\theta$. 则

$$I = 8\iint\limits_{\substack{\frac{x^2}{a^2}+\frac{y^2}{b^2}\leqslant 1 \\ x,y\geqslant 0}} \frac{c\mathrm{d}x\mathrm{d}y}{\sqrt{1 - \dfrac{x^2}{a^2} - \dfrac{y^2}{b^2}}} = 8abc\int_0^1 \frac{r}{\sqrt{1-r^2}}\mathrm{d}r\int_0^{\frac{\pi}{2}}\mathrm{d}\theta = 4\pi abc.$$

例 5　设函数 $f(x,y,z)$ 在 $\{(x,y,z)|x^2+y^2+z^2\leqslant 1\}$ 内连续且 $r\in(0,1)$. 令

$$B(r) = \{(x,y,z)|x^2+y^2+z^2\leqslant r^2\},$$
$$S(r) = \{(x,y,z)|x^2+y^2+z^2 = r^2\}.$$

证明: $I = \dfrac{\mathrm{d}}{\mathrm{d}r}\iiint\limits_{B(r)} f(x,y,z)\mathrm{d}x\mathrm{d}y\mathrm{d}z = \iint\limits_{S(r)} f(x,y,z)\mathrm{d}S.$

证　由球面坐标变换以及变上限积分函数的性质可得

$$I = \frac{\mathrm{d}}{\mathrm{d}r}\int_0^r\left(\int_0^{2\pi}\mathrm{d}\theta\int_0^{\pi} f(\rho\sin\varphi\cos\theta, \rho\sin\varphi\sin\theta, \rho\cos\varphi)\rho^2\sin\varphi\mathrm{d}\varphi\right)\mathrm{d}\rho$$

$$= \int_0^{2\pi}\mathrm{d}\theta\int_0^{\pi} f(r\sin\varphi\cos\theta, r\sin\varphi\sin\theta, r\cos\varphi)r^2\sin\varphi\mathrm{d}\varphi.$$

在 $S(r)$ 中, 令 $x = r\sin\varphi\cos\theta, 0 \leqslant \theta \leqslant 2\pi,\ y = r\sin\varphi\sin\theta, 0 \leqslant \varphi \leqslant \pi,\ z = r\cos\varphi$. 则

$$E = x_\varphi^2 + y_\varphi^2 + z_\varphi^2 = r^2,$$

$$F = x_\varphi x_\theta + y_\varphi y_\theta + z_\varphi z_\theta = 0,$$

$$G = x_\theta^2 + y_\theta^2 + z_\theta^2 = r^2\sin^2\varphi.$$

从而有 $\mathrm{d}S = \sqrt{EG - F^2}\mathrm{d}\varphi\mathrm{d}\theta = r^2\sin\varphi\mathrm{d}\varphi\mathrm{d}\theta$. 因此,

$$\iint\limits_{S(r)} f(x,y,z)\mathrm{d}S = \int_0^{2\pi}\mathrm{d}\theta\int_0^\pi f(r\sin\varphi\cos\theta, r\sin\varphi\sin\theta, r\cos\varphi)r^2\sin\varphi\mathrm{d}\varphi.$$

故 $\dfrac{\mathrm{d}}{\mathrm{d}r}\iiint\limits_{B(r)} f(x,y,z)\mathrm{d}x\mathrm{d}y\mathrm{d}z = \iint\limits_{S(r)} f(x,y,z)\mathrm{d}S.$ □

例 6　设 S 是曲面 $|x-y+z| + |y-z+x| + |z-x+y| = 1$ 的外表面. 计算第二类曲面积分 $I = \iint\limits_S (3x+y+z^{12})\mathrm{d}y\mathrm{d}z + (2y+\cos z + x^{12})\mathrm{d}z\mathrm{d}x + (3z+\mathrm{e}^{x+y^{12}})\mathrm{d}x\mathrm{d}y.$

解　设 Ω 是由曲面 S 所围成的空间几何体. 令

$$P(x,y,z) = 3x + y + z^{12},$$

$$Q(x,y,z) = 2y + \cos z + x^{12},$$

$$R(x,y,z) = 3z + \mathrm{e}^{x+y^{12}}.$$

则 $\dfrac{\partial P}{\partial x} = 3, \dfrac{\partial Q}{\partial y} = 2, \dfrac{\partial R}{\partial z} = 3$. 从而由高斯公式可知

$$I = \iiint\limits_\Omega \left(\frac{\partial P}{\partial x} + \frac{\partial Q}{\partial y} + \frac{\partial R}{\partial z}\right)\mathrm{d}x\mathrm{d}y\mathrm{d}z = \iiint\limits_\Omega 8\mathrm{d}x\mathrm{d}y\mathrm{d}z.$$

令 $u = x-y+z,\ v = y-z+x,\ w = z-x+y$. 则 S 可表示为 $|u|+|v|+|w| = 1$. 因为 $|J| = \dfrac{1}{\left|\dfrac{\partial(u,v,w)}{\partial(x,y,z)}\right|} = \dfrac{1}{4}$, 所以 $I = \iiint\limits_{|u|+|v|+|w|\leqslant 1} 8\cdot\dfrac{1}{4}\mathrm{d}u\mathrm{d}v\mathrm{d}w = \dfrac{8}{3}$.

例 7　设曲面 S 的方程为 $z = x^2 + y^2(0 \leqslant z \leqslant 1)$, 其法向量与 z 轴正向的夹角为锐角. 计算第二类曲面积分 $I = \iint\limits_S (2x+z)\mathrm{d}y\mathrm{d}z + z\mathrm{d}x\mathrm{d}y.$

解 令 $\Omega = \{(x,y,z)|0 \leqslant z \leqslant 1, x^2+y^2 = z\}, \overline{S} = \{(x,y,z)|x^2+y^2 \leqslant 1, z = 1\}$ 且 $P(x,y,z) = 2x+z, Q(x,y,z) = 0, R(x,y,z) = z.$ 则由高斯公式可知

$$I = -\iiint\limits_{\Omega} \left(\frac{\partial P}{\partial x} + \frac{\partial R}{\partial z}\right) \mathrm{d}x\mathrm{d}y\mathrm{d}z + 2\iint\limits_{\overline{S}上侧} (2x+z)\mathrm{d}y\mathrm{d}z + z\mathrm{d}x\mathrm{d}y$$

$$= -3\iiint\limits_{\Omega} \mathrm{d}x\mathrm{d}y\mathrm{d}z + 2\iint\limits_{\overline{S}上侧} \mathrm{d}x\mathrm{d}y$$

$$= -3\int_0^{2\pi} \mathrm{d}\theta \int_0^1 \rho\mathrm{d}\rho \int_{\rho^2}^1 \mathrm{d}z + 2\pi = \frac{\pi}{2}.$$

例 8 设 S 是 $x^2+y^2 = z^2$ 介于 $z = 0$ 与 $z = 1$ 之间部分的外侧. 计算第二类曲面积分 $I = \iint\limits_{S} (x-y+z)\mathrm{d}y\mathrm{d}z + (y-z+x)\mathrm{d}z\mathrm{d}y + (z-x+y)\mathrm{d}x\mathrm{d}y.$

解 S 在平面 xOy 上的投影为 $\sigma_{xy} = \{(x,y)|x^2+y^2 \leqslant 1\}$. $\overline{S} = \{(x,y,z)|x^2+y^2 \leqslant 1, z = 1\}$. 设 Ω 由平面 $z = 1$ 与曲面 $z = \sqrt{x^2+y^2}$ 所围成. 则由高斯公式可得

$$I_1 = \iint\limits_{S+\overline{S}上侧} (x-y+z)\mathrm{d}y\mathrm{d}z + (y-z+x)\mathrm{d}z\mathrm{d}x + (z-x+y)\mathrm{d}x\mathrm{d}y$$

$$= 3\iiint\limits_{\Omega} \mathrm{d}x\mathrm{d}y\mathrm{d}z = \pi.$$

又因为

$$I_2 = \iint\limits_{\overline{S}上侧} (x-y+z)\mathrm{d}y\mathrm{d}z + (y-z+x)\mathrm{d}z\mathrm{d}x + (z-x+y)\mathrm{d}x\mathrm{d}y$$

$$= \iint\limits_{\sigma_{xy}} (1-x+y)\mathrm{d}x\mathrm{d}y = \pi,$$

所以 $I = I_1 - I_2 = 0$.

例 9 设 S 是曲面 $x^2+y^2+z^2 = 1, z > 0$ 且方向取上侧. 计算第二类曲面积分 $I = \iint\limits_{S} \sin^4 x\mathrm{d}y\mathrm{d}z + \mathrm{e}^{-|y|}\mathrm{d}z\mathrm{d}x + z^2\mathrm{d}x\mathrm{d}y.$

解 令 $\overline{S} = \{(x,y,z)|x^2 + y^2 \leqslant 1, z = 0\}$, $\Omega = \{(x,y,z)|x^2 + y^2 + z^2 \leqslant 1,$ $z \geqslant 0\}$, 其中 $\overline{S}$ 与 Ω 如图 5-11 所示. 则由高斯公式可得

$$I = I + \iint\limits_{\overline{S}下侧} \sin^4 x\mathrm{d}y\mathrm{d}z + \mathrm{e}^{-|y|}\mathrm{d}z\mathrm{d}x + z^2\mathrm{d}x\mathrm{d}y$$

$$+ \iint\limits_{\overline{S}上侧} \sin^4 x\mathrm{d}y\mathrm{d}z + \mathrm{e}^{-|y|}\mathrm{d}z\mathrm{d}x + z^2\mathrm{d}x\mathrm{d}y$$

$$= \iiint\limits_{\Omega} \left(4\sin^3 x \cdot \cos x + \mathrm{e}^{-|y|}(-\mathrm{sgn}y) + 2z\right)\mathrm{d}x\mathrm{d}y\mathrm{d}z + 0$$

$$= \iiint\limits_{\Omega} 4\sin^3 x \cdot \cos x\mathrm{d}x\mathrm{d}y\mathrm{d}z + \iiint\limits_{\Omega} \mathrm{e}^{-|y|}(-\mathrm{sgn}y)\mathrm{d}x\mathrm{d}y\mathrm{d}z + \iiint\limits_{\Omega} 2z\mathrm{d}x\mathrm{d}y\mathrm{d}z.$$

因为 $\iiint\limits_{\Omega} 4\sin^3 x \cdot \cos x\mathrm{d}x\mathrm{d}y\mathrm{d}z = 0$, $\iiint\limits_{\Omega} e^{-|y|}(-\mathrm{sgn}y)\mathrm{d}x\mathrm{d}y\mathrm{d}z = 0$, 所以

$$I = 2\iiint\limits_{\Omega} z\mathrm{d}x\mathrm{d}y\mathrm{d}z = 2\int_0^{2\pi} \mathrm{d}\theta \int_0^1 \mathrm{d}r \int_0^{\frac{\pi}{2}} r\cos\varphi \cdot r^2 \sin\varphi\mathrm{d}\varphi = \frac{\pi}{2}.$$

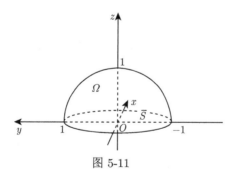

图 5-11

习 题 五

1. 计算定积分 $I_1 = \int_0^1 \dfrac{\ln(1+x)}{1+x^2}\mathrm{d}x$ 与 $I_2 = \int_{\frac{\pi}{2}}^{\frac{2\pi}{3}} \dfrac{\mathrm{d}x}{(2+\cos x)\sin x}$.

2. 设函数 $f(x)$ 在闭区间 $[0,1]$ 上连续. 证明: $\int_0^{2\pi} f(|\sin x|)\mathrm{d}x = 4\int_0^{\frac{\pi}{2}} f(\sin x)\mathrm{d}x$.

3. 设函数 $f(x)$ 在闭区间 $[a,b]$ 上连续. 证明:

$$\left| f\left(\frac{a+b}{2}\right)\right| \leqslant \frac{1}{b-a}\int_a^b |f(t)|\mathrm{d}t + \int_a^b |f'(t)|\mathrm{d}t.$$

(提示: 可利用定积分对区间的有限可加性和积分中值定理.)

4. 设函数 $f(x)$ 在闭区间 $[a,b]$ 上二阶可导且 $f(a)=f(b)=0$. 证明: 存在 $\xi\in(a,b)$ 使得 $\int_a^b f(x)\mathrm{d}x = \frac{f''(\xi)}{12}(a-b)^3.$

$\bigg($提示: 构造辅助函数 $F(x)=\int_a^x f(x)\mathrm{d}x - \frac{1}{2}(x-a)f(x)$, $G(x)=-\frac{1}{2}(x-a)^3$ 并利用柯西中值定理.$\bigg)$

5. 设函数 $f(x)$ 在闭区间 $[0,2]$ 上二阶连续可导且 $f'(0)=f'(2)=0$. 证明: 存在 $\xi\in[0,2]$ 使得 $3\int_0^2 f(x)\mathrm{d}x = 3(f(0)+f(2))+4f''(\xi).$

(提示: 可将函数 $f(x)$ 在 $x=0$ 以及 $x=2$ 处泰勒展开并对 $f''(x)$ 利用闭区间上连续函数的最值存在定理和介值定理.)

6. 计算二重积分 $I=\iint\limits_{[0,2]\times[0,2]} [x+y]\mathrm{d}x\mathrm{d}y.$

7. 计算二重积分 $I=\iint\limits_D \mathrm{e}^{\max\{x^2,y^2\}}\mathrm{d}x\mathrm{d}y$, 其中 $D=[0,1]\times[0,1]$.

8. 设 $D=\{(x,y)\in\mathbb{R}^2|x^2+y^2\leqslant 1, x\geqslant 0, y\geqslant 0\}$. 计算二重积分 $I=\iint\limits_D \sqrt{x^9 y^7}\mathrm{d}x\mathrm{d}y$.

9. 计算三重积分 $I=\iiint\limits_\Omega (x^3+y^3+z^3)\mathrm{d}x\mathrm{d}y\mathrm{d}z$, 其中 Ω 是由曲面 $x^2+y^2+z^2-2a(x+y+z)+2a^2=0(a>0)$ 所围成的区域.

10. 计算三重积分 $I=\iiint\limits_\Omega x^2\sqrt{x^2+y^2}\mathrm{d}x\mathrm{d}y\mathrm{d}z$, 其中 Ω 是由曲面 $z=\sqrt{x^2+y^2}$ 与 $z=x^2+y^2$ 所围成的有界区域.

(提示: 可利用三重积分的柱面坐标变换.)

11. 设曲面 S 的方程为 $x^2+y^2=(1-z)^2$ 且 $0\leqslant z\leqslant 1$. 计算第一类曲面积分 $I=\iint\limits_S \frac{x^3+y^3+z^3}{1-z}\mathrm{d}S.$

12. 计算第二类曲面积分 $I=\iint\limits_S 3x^2\mathrm{d}y\mathrm{d}z+2y\mathrm{d}z\mathrm{d}x$, 其中 S 是曲面 $4(x-3)^2+6(y-2)^2+(z+1)^2\leqslant 36$ 的外侧.

(提示: 可利用高斯公式将曲面积分转化为三重积分.)

13. 计算第二类曲面积分 $I = \iint\limits_{S} yz\mathrm{d}y\mathrm{d}z + (x^2 + z^2)y\mathrm{d}z\mathrm{d}x + xy\mathrm{d}x\mathrm{d}y$, 其中 S 是 $4 - y = x^2 + z^2$ 在平面 xOz 的右侧部分的外侧.

14. 计算第二类曲面积分 $I = \iint\limits_{S} 2(1 - x^2)\mathrm{d}y\mathrm{d}z + 8xy\mathrm{d}z\mathrm{d}x - 4xz\mathrm{d}x\mathrm{d}y$, 其中 S 是曲线 $x = \mathrm{e}^y (0 \leqslant y \leqslant a)$ 绕 x 轴旋转所成的旋转曲面, 方向取外侧.

(提示: 可构造封闭曲面所围成的区域并利用高斯公式.)

15. 计算第二类曲面积分 $I = \iint\limits_{S} 2xz\mathrm{d}y\mathrm{d}z + yz\mathrm{d}z\mathrm{d}x - z^2\mathrm{d}x\mathrm{d}y$, 其中 S 是由曲面 $z = \sqrt{x^2 + y^2}$ 与 $z = \sqrt{2 - x^2 - y^2}$ 所围成立体表面, 方向取外侧.

第六章 级数理论与方法

第一节 数项级数的敛散性判别

本节主要介绍判别数项级数敛散性的一些常用方法以及这些方法的应用, 具体包括比较判别法、柯西判别法、达朗贝尔判别法、阿贝尔判别法、狄利克雷判别法、对数判别法、拉贝判别法和等价判别法等. 在具体判定某一数项级数的敛散性时, 可能需要同时利用多种判别方法并借助于不等式的放缩和极限求解等一些基本的数学技巧.

1. 利用部分和的极限

对于数项级数 $\sum\limits_{n=1}^{\infty} u_n$, 令部分和 $S_n = \sum\limits_{k=1}^{n} u_k$. 若 $\lim\limits_{n\to\infty} S_n$ 存在, 则称 $\sum\limits_{n=1}^{\infty} u_n$ 收敛, 否则称数项级数 $\sum\limits_{n=1}^{\infty} u_n$ 发散.

2. 利用柯西收敛原理

(1) 对于数项级数 $\sum\limits_{n=1}^{\infty} u_n$, 若对任意的 $\varepsilon > 0$, 存在 $N \in \mathbb{N}^+$, 当 $n > N$ 时, 对任意的 $p \in \mathbb{N}^+$, $|u_{n+1} + u_{n+2} + \cdots + u_{n+p}| < \varepsilon$, 则称 $\sum\limits_{n=1}^{\infty} u_n$ 收敛;

(2) 对于数项级数 $\sum\limits_{n=1}^{\infty} u_n$, 若存在 $\varepsilon_0 > 0$, 对任意的 $N \in \mathbb{N}^+$, 存在 $n_0 \in \mathbb{N}^+$, $p_0 \in \mathbb{N}^+$, 当 $n_0 > N$ 时, $|u_{n_0+1} + u_{n_0+2} + \cdots + u_{n_0+p_0}| \geqslant \varepsilon_0$, 则称 $\sum\limits_{n=1}^{\infty} u_n$ 发散.

注 1 对于数项级数 $\sum\limits_{n=1}^{\infty} u_n$, 利用柯西收敛原理易证: 若 $\sum\limits_{n=1}^{\infty} |u_n|$ 收敛, 则 $\sum\limits_{n=1}^{\infty} u_n$ 收敛. 反之不一定成立. 例如: 取 $u_n = (-1)^n \dfrac{1}{n}$. 显然, $\sum\limits_{n=1}^{\infty} |u_n|$ 发散, 但 $\sum\limits_{n=1}^{\infty} u_n$ 收敛.

3. 利用运算法则

(1) 若数项级数 $\sum\limits_{n=1}^{\infty} u_n$ 与 $\sum\limits_{n=1}^{\infty} v_n$ 收敛且 $\alpha, \beta \in \mathbb{R}$, 则 $\sum\limits_{n=1}^{\infty} (\alpha u_n + \beta v_n)$ 收敛;

(2) 若数项级数 $\sum\limits_{n=1}^{\infty} u_n$ 收敛, $\sum\limits_{n=1}^{\infty} v_n$ 发散, 则 $\sum\limits_{n=1}^{\infty}(u_n \pm v_n)$ 发散;

(3) 对于数项级数 $\sum\limits_{n=1}^{\infty} u_n$, 若加括号后的级数发散, 则 $\sum\limits_{n=1}^{\infty} u_n$ 发散.

4. 利用级数收敛的必要条件

对于数项级数 $\sum\limits_{n=1}^{\infty} u_n$, 若 $\lim\limits_{n \to \infty} u_n \neq 0$, 则 $\sum\limits_{n=1}^{\infty} u_n$ 发散.

5. 比较判别法 (不等式形式)

设 $\sum\limits_{n=1}^{\infty} u_n$ 与 $\sum\limits_{n=1}^{\infty} v_n$ 为正项级数. 若存在 $N \in \mathbb{N}^+$, 当 $n > N$ 时, $u_n \leqslant Cv_n$, 其中 C 为正常数, 则

(1) 当 $\sum\limits_{n=1}^{\infty} v_n$ 收敛时, $\sum\limits_{n=1}^{\infty} u_n$ 亦收敛;

(2) 当 $\sum\limits_{n=1}^{\infty} u_n$ 发散时, $\sum\limits_{n=1}^{\infty} v_n$ 亦发散.

6. 比较判别法 (极限形式)

设 $\sum\limits_{n=1}^{\infty} u_n$ 与 $\sum\limits_{n=1}^{\infty} v_n$ 为正项级数. 若 $\lim\limits_{n \to \infty} \dfrac{u_n}{v_n} = l$, 则

(1) 当 $0 < l < +\infty$ 时, $\sum\limits_{n=1}^{\infty} u_n$ 与 $\sum\limits_{n=1}^{\infty} v_n$ 具有相同的敛散性;

(2) 当 $l = 0$ 时, 如果 $\sum\limits_{n=1}^{\infty} v_n$ 收敛, 则 $\sum\limits_{n=1}^{\infty} u_n$ 收敛;

(3) 当 $l = +\infty$ 时, 如果 $\sum\limits_{n=1}^{\infty} v_n$ 发散, 则 $\sum\limits_{n=1}^{\infty} u_n$ 发散.

7. 柯西判别法 (不等式形式)

对于正项级数 $\sum\limits_{n=1}^{\infty} u_n$,

(1) 若存在 $N \in \mathbb{N}^+$, 当 $n > N$ 时, $\sqrt[n]{u_n} \leqslant q < 1$ (q 为常数), 则 $\sum\limits_{n=1}^{\infty} u_n$ 收敛;

(2) 若存在 $N \in \mathbb{N}^+$, 当 $n > N$ 时, $\sqrt[n]{u_n} \geqslant 1$, 则 $\sum\limits_{n=1}^{\infty} u_n$ 发散.

8. 柯西判别法 (极限形式)

设 $\sum\limits_{n=1}^{\infty} u_n$ 为正项级数且 $\varlimsup\limits_{n \to \infty} \sqrt[n]{u_n} = r$, 则

(1) 当 $r < 1$ 时, $\sum\limits_{n=1}^{\infty} u_n$ 收敛;

(2) 当 $r > 1$ 时, $\sum\limits_{n=1}^{\infty} u_n$ 发散;

(3) 当 $r = 1$ 时, $\sum\limits_{n=1}^{\infty} u_n$ 的敛散性不确定.

9. 达朗贝尔判别法 (不等式形式)

对于正项级数 $\sum\limits_{n=1}^{\infty} u_n$,

(1) 若存在 $N \in \mathbb{N}^+$, 当 $n > N$ 时, $\dfrac{u_{n+1}}{u_n} \leqslant q < 1$ (q 为常数), 则 $\sum\limits_{n=1}^{\infty} u_n$ 收敛;

(2) 若存在 $N \in \mathbb{N}^+$, 当 $n > N$ 时, $\dfrac{u_{n+1}}{u_n} \geqslant 1$, 则 $\sum\limits_{n=1}^{\infty} u_n$ 发散.

10. 达朗贝尔判别法 (极限形式)

设 $\sum\limits_{n=1}^{\infty} u_n$ 为正项级数, 则

(1) 当 $\overline{\lim\limits_{n \to \infty}} \dfrac{u_{n+1}}{u_n} = r_1 < 1$ 时, $\sum\limits_{n=1}^{\infty} u_n$ 收敛;

(2) 当 $\underline{\lim\limits_{n \to \infty}} \dfrac{u_{n+1}}{u_n} = r_2 > 1$ 时, $\sum\limits_{n=1}^{\infty} u_n$ 发散;

(3) 当 $r_1 = 1$ 或 $r_2 = 1$ 时, $\sum\limits_{n=1}^{\infty} u_n$ 的敛散性不确定.

11. 柯西积分判别法

设 $\sum\limits_{n=1}^{\infty} u_n$ 为正项级数且数列 $\{u_n\}$ 单调递减. 若存在连续单调递减的正值函数 $f(x)$ 满足对任意的 $n \in \mathbb{N}^+$, $f(n) = u_n$, 则 $\sum\limits_{n=1}^{\infty} u_n$ 与数列 $A_n = \displaystyle\int_1^n f(x)\mathrm{d}x$ 敛散性相同.

12. 莱布尼茨判别法

若交错级数 $\sum\limits_{n=1}^{\infty} (-1)^{n+1} u_n$ 满足对任意的 $n \in \mathbb{N}^+$, $u_{n+1} \leqslant u_n$ 且 $\lim\limits_{n \to \infty} u_n = 0$, 则 $\sum\limits_{n=1}^{\infty} (-1)^{n+1} u_n$ 收敛, r_n 的符号与余和第一项的符号相同且 $|r_n| \leqslant u_{n+1}$.

13. 阿贝尔判别法

若数项级数 $\sum\limits_{n=1}^{\infty} u_n$ 收敛且数列 $\{v_n\}$ 单调有界, 则 $\sum\limits_{n=1}^{\infty} u_n v_n$ 收敛.

14. 狄利克雷判别法

若数项级数 $\sum\limits_{n=1}^{\infty} u_n$ 的部分和有界且数列 $\{v_n\}$ 单调趋于零, 则 $\sum\limits_{n=1}^{\infty} u_n v_n$ 收敛.

15. 对数判别法 (不等式形式)

设 $\sum\limits_{n=1}^{\infty} u_n$ 为正项级数. 若存在 $N \in \mathbb{N}^+$, $\alpha > 0$, 当 $n > N$ 时, 则

(1) 当 $\dfrac{\ln \dfrac{1}{u_n}}{\ln n} \geqslant 1 + \alpha$ 时, $\sum\limits_{n=1}^{\infty} u_n$ 收敛;

(2) 当 $\dfrac{\ln \dfrac{1}{u_n}}{\ln n} \leqslant 1$ 时, $\sum\limits_{n=1}^{\infty} u_n$ 发散.

证　(1) 当 $n > N$ 时, 由 $\dfrac{\ln \dfrac{1}{u_n}}{\ln n} \geqslant 1 + \alpha$ 可知, $u_n \leqslant \left(\dfrac{1}{n}\right)^{1+\alpha}$. 因此, 由比较

判别法可知, 数项级数 $\sum\limits_{n=1}^{\infty} u_n$ 收敛.

(2) 当 $n > N$ 时, 由 $\dfrac{\ln \dfrac{1}{u_n}}{\ln n} \leqslant 1$ 知, $u_n \geqslant \dfrac{1}{n}$. 由比较判别法知, $\sum\limits_{n=1}^{\infty} u_n$ 发散.　□

16. 对数判别法 (极限形式)

设 $\sum\limits_{n=1}^{\infty} u_n$ 为正项级数, 则

(1) 当 $\lim\limits_{n \to \infty} \dfrac{\ln \dfrac{1}{u_n}}{\ln n} = r > 1$ 时, $\sum\limits_{n=1}^{\infty} u_n$ 收敛;

(2) 当 $\lim\limits_{n \to \infty} \dfrac{\ln \dfrac{1}{u_n}}{\ln n} = r < 1$ 时, $\sum\limits_{n=1}^{\infty} u_n$ 发散;

(3) 当 $\lim\limits_{n \to \infty} \dfrac{\ln \dfrac{1}{u_n}}{\ln n} = r = 1$ 时, $\sum\limits_{n=1}^{\infty} u_n$ 的敛散性不确定.

17. 拉贝判别法 (不等式形式)

设 $\sum\limits_{n=1}^{\infty} u_n$ 为正项级数, 若存在 $N_0 \in \mathbb{N}^+$ 与常数 r, 则

(1) 当 $n > N_0$ 时, $n\left(1 - \dfrac{u_{n+1}}{u_n}\right) \geqslant r > 1$, $\sum\limits_{n=1}^{\infty} u_n$ 收敛;

(2) 当 $n > N_0$ 时, $n\left(1 - \dfrac{u_{n+1}}{u_n}\right) \leqslant 1$, $\sum\limits_{n=1}^{\infty} u_n$ 发散.

证　(1) 因当 $n > N_0$ 时, $\dfrac{u_{n+1}}{u_n} < 1 - \dfrac{r}{n}$ 且存在 $p \in \mathbb{R}$ 满足 $1 < p < r$, 故由

$$\lim_{n\to\infty} \frac{1 - \left(1 - \dfrac{1}{n}\right)^p}{\dfrac{r}{n}} = \lim_{x\to 0} \frac{1 - (1-x)^p}{rx} = \lim_{x\to 0} \frac{p(1-x)^{p-1}}{r} = \frac{p}{r} < 1$$

可知, 存在 $N_1 \in \mathbb{N}^+$, 当 $n > N_1$ 时,

$$\frac{r}{n} > 1 - \left(1 - \frac{1}{n}\right)^p.$$

取 $N = \max\{N_0, N_1\}$. 则当 $n > N$ 时,

$$\frac{u_{n+1}}{u_n} < 1 - \left(1 - \left(1 - \frac{1}{n}\right)^p\right) = \left(1 - \frac{1}{n}\right)^p = \left(\frac{n-1}{n}\right)^p.$$

从而当 $n > N$ 时,

$$u_{n+1} = \frac{u_{n+1}}{u_n} \cdot \frac{u_n}{u_{n-1}} \cdot \cdots \cdot \frac{u_{N+1}}{u_N} \cdot u_N$$

$$\leqslant \left(\frac{n-1}{n}\right)^p \left(\frac{n-2}{n-1}\right)^p \cdots \left(\frac{N-1}{N}\right)^p \cdot u_N$$

$$= \frac{(N-1)^p}{n^p} \cdot u_N.$$

因为当 $p > 1$ 时, $\sum\limits_{n=1}^{\infty} \dfrac{1}{n^p}$ 收敛, 所以数项级数 $\sum\limits_{n=1}^{\infty} u_n$ 收敛.

(2) 由 $n\left(1 - \dfrac{u_{n+1}}{u_n}\right) \leqslant 1$ 可知, 当 $n > N_0$ 时, $\dfrac{u_{n+1}}{u_n} \geqslant 1 - \dfrac{1}{n} = \dfrac{n-1}{n}$. 因此,

$$u_{n+1} = \frac{u_{n+1}}{u_n} \cdot \frac{u_n}{u_{n-1}} \cdot \cdots \cdot \frac{u_3}{u_2} \cdot u_2$$

$$\geqslant \frac{n-1}{n} \cdot \frac{n-2}{n-1} \cdots \cdots \frac{1}{2} \cdot u_2 = \frac{1}{n} \cdot u_2.$$

因为 $\sum\limits_{n=1}^{\infty} \dfrac{1}{n}$ 发散, 所以由比较判别法可知, 数项级数 $\sum\limits_{n=1}^{\infty} u_n$ 发散. □

18. 拉贝判别法 (极限形式)

设 $\sum\limits_{n=1}^{\infty} u_n$ 为正项级数且 $\lim\limits_{n\to\infty} n\left(1 - \dfrac{u_{n+1}}{u_n}\right) = r$, 则

(1) 当 $r > 1$ 时, $\sum\limits_{n=1}^{\infty} u_n$ 收敛;

(2) 当 $r < 1$ 时, $\sum\limits_{n=1}^{\infty} u_n$ 发散.

证　(1) 由条件可知, 存在 $N \in \mathbb{N}^+$ 和 $\varepsilon_0 > 0$, 当 $n > N$ 时,

$$n\left(1 - \frac{u_{n+1}}{u_n}\right) \geqslant r - \varepsilon_0 > 1.$$

由拉贝判别法的不等式形式可知, 当 $r > 1$ 时, $\sum\limits_{n=1}^{\infty} u_n$ 收敛.

(2) 由条件可知, 存在 $N \in \mathbb{N}^+$ 和 $\varepsilon_0 > 0$, 当 $n > N$ 时,

$$n\left(1 - \frac{u_{n+1}}{u_n}\right) \leqslant r + \varepsilon_0 < 1.$$

由拉贝判别法的不等式形式可知, 当 $r < 1$ 时, $\sum\limits_{n=1}^{\infty} u_n$ 发散. □

19. 等价判别法

若当 $n \to \infty$ 时, $u_n \sim v_n$ 或 $|u_n| \sim |v_n|$, 则 $\sum\limits_{n=1}^{\infty} |u_n|$ 与 $\sum\limits_{n=1}^{\infty} |v_n|$ 具有相同的敛散性.

证　由条件可知, $\lim\limits_{n\to\infty} \left|\dfrac{v_n}{u_n}\right| = 1$. 故存在 $N \in \mathbb{N}^+$, 当 $n > N$ 时,

$$\frac{1}{2} < \left|\frac{v_n}{u_n}\right| < 2.$$

从而当 $n > N$ 时, $|v_n| < 2|u_n|$ 且 $|u_n| < 2|v_n|$. 由比较判别法可知, $\sum\limits_{n=1}^{\infty} |u_n|$ 与 $\sum\limits_{n=1}^{\infty} |v_n|$ 具有相同的敛散性. □

注 2　(1) 由等价判别法可知, 若 $\sum\limits_{n=1}^{\infty} u_n$ 与 $\sum\limits_{n=1}^{\infty} v_n$ 是正项级数且当 $n \to \infty$ 时, $u_n \sim v_n$, 则 $\sum\limits_{n=1}^{\infty} u_n$ 与 $\sum\limits_{n=1}^{\infty} v_n$ 具有相同的敛散性.

(2) 由等价判别法可知, 若当 $n \to \infty$ 时, $u_n \sim v_n$ 且存在 $N \in \mathbb{N}^+$, 当 $n > N$ 时, $v_n > 0$, 则 $\sum\limits_{n=1}^{\infty} u_n$ 与 $\sum\limits_{n=1}^{\infty} v_n$ 具有相同的敛散性.

(3) 注意到当 $n \to \infty$ 时, 若 $u_n \sim v_n$, 此时 $\sum\limits_{n=1}^{\infty} u_n$ 与 $\sum\limits_{n=1}^{\infty} v_n$ 不一定具有相同的敛散性. 例如, 取 $u_n = \dfrac{(-1)^n}{\sqrt{n}} + \dfrac{1}{n}$, $v_n = \dfrac{(-1)^n}{\sqrt{n}}$. 则当 $n \to \infty$ 时, $u_n \sim v_n$, 但数项级数 $\sum\limits_{n=1}^{\infty} u_n$ 发散, $\sum\limits_{n=1}^{\infty} v_n$ 收敛.

20. **夹逼判别法**

若数项级数 $\sum\limits_{n=1}^{\infty} u_n$, $\sum\limits_{n=1}^{\infty} v_n$ 与 $\sum\limits_{n=1}^{\infty} \omega_n$ 满足存在 $N \in \mathbb{N}^+$, 当 $n > N$ 时, $u_n \leqslant v_n \leqslant \omega_n$ 且 $\sum\limits_{n=1}^{\infty} u_n$ 与 $\sum\limits_{n=1}^{\infty} \omega_n$ 收敛, 则 $\sum\limits_{n=1}^{\infty} v_n$ 收敛.

证　当 $n > N$ 时, $v_n - u_n \leqslant \omega_n - u_n$ 且 $\sum\limits_{n=1}^{\infty} u_n$ 与 $\sum\limits_{n=1}^{\infty} \omega_n$ 收敛, 故由比较判别法和数项级数的运算法则可知, $\sum\limits_{n=1}^{\infty} v_n$ 收敛.　　　　　　　□

21. **广义等价判别法**

对于数项级数 $\sum\limits_{n=1}^{\infty} u_n$ 与 $\sum\limits_{n=1}^{\infty} v_n$, 若 $u_n = v_n + o\left(\dfrac{1}{n^p}\right)$ 且 $p > 1$, 则 $\sum\limits_{n=1}^{\infty} u_n$ 与 $\sum\limits_{n=1}^{\infty} v_n$ 具有相同的敛散性.

证　由 $u_n = v_n + o\left(\dfrac{1}{n^p}\right) = v_n - o\left(\dfrac{1}{n^p}\right)$ 可知

$$\lim_{n \to \infty} \frac{-o\left(\dfrac{1}{n^p}\right)}{\dfrac{1}{n^p}} = \lim_{n \to \infty} \frac{o\left(\dfrac{1}{n^p}\right)}{\dfrac{1}{n^p}} = 0 < 1.$$

故存在 $N \in \mathbb{N}^+$, 当 $n > N$ 时,

$$v_n - \frac{1}{n^p} < v_n + o\left(\frac{1}{n^p}\right) < v_n + \frac{1}{n^p}.$$

若 $\sum\limits_{n=1}^{\infty} v_n$ 收敛, 则由夹逼判别法可知, $\sum\limits_{n=1}^{\infty} u_n$ 收敛.

若 $\sum\limits_{n=1}^{\infty} v_n$ 发散, 则 $\sum\limits_{n=1}^{\infty}\left(v_n - \dfrac{1}{n^p}\right)$ 发散. 又因为当 $n > N$ 时,

$$0 < u_n - \left(v_n - \frac{1}{n^p}\right) \leqslant \frac{1}{2n^p},$$

所以由比较判别法可知, $\sum\limits_{n=1}^{\infty}\left(u_n - \left(v_n - \dfrac{1}{n^p}\right)\right)$ 收敛. 从而 $\sum\limits_{n=1}^{\infty} u_n$ 发散. □

22. 泰勒判别法

对于数项级数 $\sum\limits_{n=1}^{\infty} u_n$, 若 u_n 可泰勒展开为 $v_n + o\left(\dfrac{1}{n^k}\right)$ 且 $k \geqslant 2$, 则 $\sum\limits_{n=1}^{\infty} u_n$

与 $\sum\limits_{n=1}^{\infty} v_n$ 具有相同的敛散性.

证　由广义等价判别法可知, 结论显然成立.　　　　　　　　□

例 1　判断数项级数 $\sum\limits_{n=1}^{\infty}\left(n^{\frac{1}{n^2+1}} - 1\right)$ 的敛散性.

解　令 $u_n = n^{\frac{1}{n^2+1}} - 1$. 显然, $u_n = \mathrm{e}^{\frac{\ln n}{n^2+1}} - 1 = \dfrac{\ln n}{n^2+1} + o\left(\dfrac{\ln n}{n^2+1}\right)$. 因为

$$\lim_{n\to\infty} \frac{u_n}{\dfrac{1}{n^{\frac{3}{2}}}} = \lim_{n\to\infty}\left(\frac{\ln n}{n^{\frac{1}{2}}} \cdot \frac{n^2}{1+n^2} + o\left(\frac{\ln n}{n^{\frac{1}{2}}} \cdot \frac{n^2}{1+n^2}\right)\right) = 0,$$

且 $\sum\limits_{n=1}^{\infty} \dfrac{1}{n^{\frac{3}{2}}}$ 收敛, 所以由比较判别法可知, $\sum\limits_{n=1}^{\infty}\left(n^{\frac{1}{n^2+1}} - 1\right)$ 收敛.

例 2　设 $\lim\limits_{n\to\infty}\left(n^{2n\sin\frac{1}{n}} \cdot u_n\right) = 1$, 判断数项级数 $\sum\limits_{n=1}^{\infty} u_n$ 的敛散性.

解　由条件可知, $\lim\limits_{n\to\infty} \dfrac{u_n}{\left(\dfrac{1}{n^2}\right)^{n\sin\frac{1}{n}}} = 1 > 0$. 故存在 $N \in \mathbb{N}^+$, 当 $n > N$ 时,

$u_n > 0$. 因为 $\sum\limits_{n=1}^{\infty} \dfrac{1}{n^2}$ 收敛且

$$\lim_{n\to\infty} \frac{\left(\dfrac{1}{n^2}\right)^{n\sin\frac{1}{n}}}{\dfrac{1}{n^2}} = \lim_{n\to\infty}\left(\frac{1}{n^2}\right)^{n\sin\frac{1}{n}-1} = \lim_{x\to 0^+}\left(x^2\right)^{\frac{\sin x}{x}-1}$$

$$= \lim_{x \to 0^+} e^{2\left(\frac{\sin x}{x} - 1\right)\ln x} = e^{\lim\limits_{x \to 0^+} \frac{\ln x}{\frac{x}{2\sin x - 2x}}}$$

$$= e^{\lim\limits_{x \to 0^+} \frac{(2\sin x - 2x)^2}{x(2\sin x - 2x\cos x)}} = e^{\lim\limits_{x \to 0^+} \frac{2\sin x - 2x}{x}} = 1,$$

故由比较判别法可知, $\sum\limits_{n=1}^{\infty} \left(\frac{1}{n^2}\right)^{n\sin\frac{1}{n}}$ 收敛. 从而 $\sum\limits_{n=1}^{\infty} u_n$ 收敛.

例 3　判断数项级数 $\sum\limits_{n=1}^{\infty} \frac{((n+1)!)^n}{2!4!\cdots(2n)!}$ 的敛散性.

解　令 $u_n = \frac{((n+1)!)^n}{2!4!\cdots(2n)!}$. 因为

$$\frac{u_{n+1}}{u_n} = \frac{(n+2)^{n+1}(n+1)!}{(2n+2)!} = \frac{(n+2)^{n+1}}{(n+2)(n+3)\cdots(2n+2)} \leqslant \left(\frac{n+2}{n+3}\right)^n,$$

且 $\lim\limits_{n\to\infty} \left(\frac{n+2}{n+3}\right)^n = \frac{1}{e} < \frac{1}{2}$, 所以存在 $N \in \mathbb{N}^+$, 当 $n > N$ 时, $\left(\frac{n+2}{n+3}\right)^n < \frac{1}{2}$.

从而当 $n > N$ 时, $\frac{u_{n+1}}{u_n} < \frac{1}{2}$. 故由达朗贝尔判别法可知原级数收敛.

例 4　判断数项级数 $\sum\limits_{n=1}^{\infty} a^{1+\frac{1}{2}+\cdots+\frac{1}{n}} (a > 0)$ 的敛散性.

解　令 $u_n = a^{1+\frac{1}{2}+\cdots+\frac{1}{n}}$. 由斯托尔茨定理可知

$$\lim_{n\to\infty} \frac{\ln\frac{1}{u_n}}{\ln n} = \lim_{n\to\infty} \frac{1+\frac{1}{2}+\cdots+\frac{1}{n}}{\ln n} \cdot (-\ln a) = -\ln a.$$

从而由对数判别法的极限形式可知, 当 $-\ln a > 1$ 时, 即 $0 < a < \frac{1}{e}$ 时, $\sum\limits_{n=1}^{\infty} u_n$ 收敛; 当 $-\ln a \leqslant 1$ 时, 即 $\frac{1}{e} \leqslant a$ 时, $\sum\limits_{n=1}^{\infty} u_n$ 发散.

例 5　证明: 对任意的 $n \in \mathbb{N}^+$, 方程 $x^n + nx - 1 = 0$ 存在唯一的正实根 u_n 且当 $\alpha > 1$ 时, 数项级数 $\sum\limits_{n=1}^{\infty} u_n^\alpha$ 收敛.

证　对任意的 $x \in \mathbb{R}$, 令 $f(x) = x^n + nx - 1$. 显然, $f(x)$ 为 $\mathbb{R}$ 上的连续函数且

$$f(0) = -1 < 0, \quad f\left(\frac{1}{n}\right) = \left(\frac{1}{n}\right)^n > 0.$$

由介值定理知, 存在 $u_n \in \left(0, \dfrac{1}{n}\right)$ 使得 $f(u_n) = 0$. 又因 $f(x) = x^n + nx - 1$ 在 $(0, +\infty)$ 内严格单调递增, 所以方程 $f(x) = 0$ 仅有唯一正实根 u_n 且满足 $0 < u_n < \dfrac{1}{n}$. 从而对 $\alpha > 1$, $0 < u_n^\alpha < \dfrac{1}{n^\alpha}$. 故由 $\displaystyle\sum_{n=1}^{\infty} \dfrac{1}{n^\alpha}$ 收敛以及比较判别法知,
$\displaystyle\sum_{n=1}^{\infty} u_n^\alpha$ 收敛. $\qquad\qquad\qquad\qquad\qquad\qquad\qquad\qquad\qquad\qquad\qquad\quad$ $\square$

例 6 设数列 $\{u_n\}$ 单调递增且 $u_n > 0$. 证明: 若 $\displaystyle\sum_{n=1}^{\infty} \dfrac{1}{u_n}$ 发散, 则 $\displaystyle\sum_{n=1}^{\infty} \dfrac{1}{u_n + n}$ 发散.

证 反设 $\displaystyle\sum_{n=1}^{\infty} \dfrac{1}{u_n + n}$ 收敛. 因为数列 $\left\{\dfrac{1}{n + u_n}\right\}$ 单调递减, 所以由第一章第五节的例 6 可知 $\displaystyle\lim_{n\to\infty} \dfrac{2n}{n + u_n} = 0$. 故对 $\varepsilon = 1$, 存在 $N \in \mathbb{N}^+$, 当 $n > N$ 时, $\dfrac{2n}{n + u_n} < 1$. 因此, 当 $n > N$ 时, $u_n > n$. 故当 $n > N$ 时,

$$\frac{1}{n + u_n} > \frac{1}{u_n + u_n} = \frac{1}{2u_n}.$$

从而由 $\displaystyle\sum_{n=1}^{\infty} \dfrac{1}{u_n}$ 发散与比较判别法可知, $\displaystyle\sum_{n=1}^{\infty} \dfrac{1}{n + u_n}$ 发散, 这与假设矛盾.

例 7 设正项级数 $\displaystyle\sum_{n=1}^{\infty} u_n$ 收敛. 证明: $\displaystyle\sum_{n=1}^{\infty} u_n^{1-\frac{1}{n}}$ 也收敛.

证 令 $v_n = u_n + \dfrac{1}{n^2}$. 由 $\displaystyle\sum_{n=1}^{\infty} u_n$ 与 $\displaystyle\sum_{n=1}^{\infty} \dfrac{1}{n^2}$ 收敛知, $\displaystyle\sum_{n=1}^{\infty} v_n$ 收敛. 从而 $\displaystyle\lim_{n\to\infty} v_n = 0$. 故存在 $N_1 \in \mathbb{N}^+$, 当 $n > N_1$ 时, $0 < \dfrac{1}{n^2} \leqslant v_n < 1$ 且 $0 < u_n \leqslant v_n < 1$. 从而当 $n > N_1$ 时,

$$\left(\frac{1}{n^2}\right)^{-\frac{1}{n}} \leqslant (v_n)^{-\frac{1}{n}} < (1)^{-\frac{1}{n}}, \quad 0 < u_n^{1-\frac{1}{n}} < v_n^{1-\frac{1}{n}}.$$

因为 $\displaystyle\lim_{n\to\infty} \left(\dfrac{1}{n^2}\right)^{-\frac{1}{n}} = \lim_{n\to\infty} n^{\frac{2}{n}} = 1$, 所以 $\displaystyle\lim_{n\to\infty} (v_n)^{-\frac{1}{n}} = 1 < \dfrac{3}{2}$. 从而存在 $N_2 \in \mathbb{N}^+$, 当 $n > N_2$ 时, $(v_n)^{1-\frac{1}{n}} < \dfrac{3}{2} v_n$. 取 $N = \max\{N_1, N_2\}$. 当 $n > N$ 时,

$$0 < u_n^{1-\frac{1}{n}} \leqslant (v_n)^{1-\frac{1}{n}} < \frac{3}{2} v_n.$$

再由 $\sum\limits_{n=1}^{\infty} v_n$ 收敛以及比较判别法可知, $\sum\limits_{n=1}^{\infty} u_n^{1-\frac{1}{n}}$ 收敛. □

例 8 设函数 $f(x)$ 在闭区间 $[0,1]$ 上有定义且 $f(0)=0, u_n = \sum\limits_{k=1}^{n} f\left(\dfrac{k}{n^4}\right).$

证明: 若存在 $0 < \delta < 1$ 满足 $f(x)$ 在闭区间 $[0,\delta]$ 上连续可导, 则 $\sum\limits_{n=1}^{\infty} u_n$ 绝对收敛.

证 由条件可知, 存在 $M > 0$, 对任意的 $x \in (0,\delta)$ 满足 $|f'(x)| \leqslant M$. 又因为 $f(0) = 0$, 所以对任意的 $x \in (0,\delta)$, 由拉格朗日中值定理知, 存在 $\xi \in (0,x)$ 使得

$$|f(x)| = |f(x) - f(0)| = |f'(\xi)(x-0)| \leqslant Mx.$$

故当 $n > \dfrac{1}{\delta}$ 且 $1 \leqslant k \leqslant n$ 时, $0 < \dfrac{1}{n^4} \leqslant \dfrac{k}{n^4} \leqslant \dfrac{1}{n^3} < \delta^3 < \delta$. 从而

$$\left| f\left(\frac{k}{n^4}\right) \right| \leqslant \frac{Mk}{n^4}.$$

因此可得

$$|u_n| = \left| \sum_{k=1}^{n} f\left(\frac{k}{n^4}\right) \right| \leqslant \sum_{k=1}^{n} \left| f\left(\frac{k}{n^4}\right) \right| \leqslant \sum_{k=1}^{n} \frac{Mk}{n^4} = M \cdot \frac{n(n+1)}{2n^4} \leqslant \frac{M}{n^2}.$$

由 $\sum\limits_{n=1}^{\infty} \dfrac{M}{n^2}$ 收敛以及比较判别法可知, $\sum\limits_{n=1}^{\infty} u_n$ 绝对收敛. □

例 9 设函数 $f(x)$ 在 $(-\infty, +\infty)$ 内有定义, 在点 $x = 0$ 的某邻域内具有二阶连续导数且 $\lim\limits_{x \to 0} \dfrac{f(x)}{x} = a \in \mathbb{R}$. 证明:

(1) 若 $a > 0$, 则数项级数 $\sum\limits_{n=1}^{\infty} (-1)^n f\left(\dfrac{1}{n}\right)$ 收敛, 数项级数 $\sum\limits_{n=1}^{\infty} f\left(\dfrac{1}{n}\right)$ 发散;

(2) 若 $a = 0$, 则数项级数 $\sum\limits_{n=1}^{\infty} f\left(\dfrac{1}{n}\right)$ 绝对收敛.

证 (1) 因为 $\lim\limits_{x \to 0} \dfrac{f(x)}{x} = \lim\limits_{x \to 0} f'(x) = a > 0$, 所以 $\lim\limits_{n \to \infty} f'\left(\dfrac{1}{n}\right) > 0$. 故存在 $N_1 \in \mathbb{N}^+$, 当 $n > N_1$ 时, $f'\left(\dfrac{1}{n}\right) > 0$, 即当 $n > N_1$ 时, $f\left(\dfrac{1}{n}\right)$ 关于 n 单调递减.

从而由莱布尼茨判别法可知, $\sum\limits_{n=1}^{\infty} (-1)^n f\left(\dfrac{1}{n}\right)$ 收敛. 由 $\lim\limits_{n \to \infty} \dfrac{f\left(\dfrac{1}{n}\right)}{\dfrac{1}{n}} = a > 0$ 可

知, 存在 $N_2 \in \mathbb{N}^+$, 当 $n > N_2$ 时, $0 < f\left(\dfrac{1}{n}\right) = \dfrac{a}{n} + o\left(\dfrac{1}{n}\right)$. 因为 $\sum\limits_{n=1}^{\infty} \dfrac{a}{n}$ 发散,

所以由等价判别法可知, $\sum\limits_{n=1}^{\infty} f\left(\dfrac{1}{n}\right)$ 发散.

(2) 由 (1) 的证明可知, $f'(0) = 0$. 又由条件可得, 存在 $\delta > 0$ 满足 $f(x)$ 在

$(-\delta, \delta)$ 内二阶连续可导, 即 $f''(x)$ 在 $\left[-\dfrac{\delta}{2}, \dfrac{\delta}{2}\right]$ 上连续. 从而存在 $M > 0$, 对任意

的 $x \in \left[-\dfrac{\delta}{2}, \dfrac{\delta}{2}\right]$, $|f''(x)| \leqslant M$. 因此, 对任意的 $x \in \left[-\dfrac{\delta}{2}, \dfrac{\delta}{2}\right]$,

$$|f(x)| = \left| f(0) + f'(0)x + \frac{f''(\xi)x^2}{2!} \right| = \left| \frac{f''(\xi)x^2}{2!} \right| \leqslant \frac{Mx^2}{2}.$$

从而存在 $N \in \mathbb{N}^+$, 当 $n > N$ 时, $\left| f\left(\dfrac{1}{n}\right) \right| \leqslant \dfrac{M}{2n^2}$. 由 $\sum\limits_{n=1}^{\infty} \dfrac{M}{2n^2}$ 收敛以及比较判别

法可知, $\sum\limits_{n=1}^{\infty} \left| f\left(\dfrac{1}{n}\right) \right|$ 收敛, 即 $\sum\limits_{n=1}^{\infty} f\left(\dfrac{1}{n}\right)$ 绝对收敛. $\qquad \square$

例 10 设 $a_n = \dfrac{(-1)^n}{\sqrt{n}} + \dfrac{1}{2n}(n \in \mathbb{N}^+)$. 判断数项级数 $\sum\limits_{n=1}^{\infty} \ln(1 + a_n)$ 的敛

散性.

解 因为 $\sum\limits_{n=1}^{\infty} \dfrac{(-1)^n}{\sqrt{n}}$, $\sum\limits_{n=1}^{\infty} \dfrac{(-1)^n}{2n^{\frac{3}{2}}}$ 与 $\sum\limits_{n=1}^{\infty} \dfrac{-1}{8n^2}$ 收敛, 所以 $\sum\limits_{n=1}^{\infty} \left(\dfrac{(-1)^n}{\sqrt{n}} - \dfrac{(-1)^n}{2n^{\frac{3}{2}}} \right.$

$\left. - \dfrac{1}{8n^2} \right)$ 收敛. 又因为

$$\begin{aligned}
\ln(1 + a_n) &= \ln\left(1 + \frac{(-1)^n}{\sqrt{n}} + \frac{1}{2n} \right) \\
&= \frac{(-1)^n}{\sqrt{n}} + \frac{1}{2n} - \frac{1}{2} \cdot \left(\frac{(-1)^n}{\sqrt{n}} + \frac{1}{2n} \right)^2 + o\left(\frac{1}{n^2} \right) \\
&= \frac{(-1)^n}{\sqrt{n}} - \frac{(-1)^n}{2n^{\frac{3}{2}}} - \frac{1}{8n^2} + o\left(\frac{1}{n^2} \right),
\end{aligned}$$

所以由泰勒判别法可知, $\sum\limits_{n=1}^{\infty} \ln(1 + a_n)$ 收敛.

例 11 判断数项级数 $\sum\limits_{n=1}^{\infty} \ln\left(1 + \dfrac{(-1)^{n-1}}{n^p} \right)$ 的敛散性, 其中 $p > \dfrac{1}{2}$.

解　由泰勒中值定理可得

$$\ln\left(1+\frac{(-1)^{n-1}}{n^p}\right) = \frac{(-1)^{n-1}}{n^p} - \frac{1}{2}\left(\frac{(-1)^{n-1}}{n^p}\right)^2 + o\left(\left(\frac{(-1)^{n-1}}{n^p}\right)^2\right)$$

$$= \frac{(-1)^{n-1}}{n^p} - \frac{1}{2n^{2p}} + o\left(\frac{1}{n^{2p}}\right).$$

令 $u_n = \dfrac{(-1)^{n-1}}{n^p} - \dfrac{1}{2n^{2p}}$. 则由广义等价判别法可知, $\sum\limits_{n=1}^{\infty}\ln\left(1+\dfrac{(-1)^{n-1}}{n^p}\right)$ 与

$\sum\limits_{n=1}^{\infty} u_n$ 的敛散性相同.

当 $\dfrac{1}{2}<p\leqslant 1$ 时, 因为 $\sum\limits_{n=1}^{\infty}\dfrac{(-1)^{n-1}}{n^p}$ 与 $\sum\limits_{n=1}^{\infty}\dfrac{1}{2n^{2p}}$ 收敛, 所以 $\sum\limits_{n=1}^{\infty}\ln\left(1+\dfrac{(-1)^{n-1}}{n^p}\right)$

收敛. 显然, $\sum\limits_{n=1}^{\infty}|u_n| = \sum\limits_{k=1}^{\infty}\left(\dfrac{1}{(2k-1)^p} - \dfrac{1}{2(2k-1)^{2p}} + \dfrac{1}{(2k)^p} + \dfrac{1}{2(2k)^{2p}}\right)$. 令

$$d_k = \frac{1}{(2k-1)^p} - \frac{1}{2(2k-1)^{2p}} + \frac{1}{(2k)^p} + \frac{1}{2(2k)^{2p}}.$$

则 $\sum\limits_{k=1}^{\infty} d_k$ 为正项级数且 $0 < \dfrac{1}{(2k-1)^p} - \dfrac{1}{2(2k-1)^{2p}} < d_k$. 因为 $\sum\limits_{k=1}^{\infty}\dfrac{1}{(2k-1)^p}$ 发

散, $\sum\limits_{k=1}^{\infty}\dfrac{1}{2(2k-1)^{2p}}$ 收敛, 所以 $\sum\limits_{k=1}^{\infty}\left(\dfrac{1}{(2k-1)^p} - \dfrac{1}{2(2k-1)^{2p}}\right)$ 发散. 从而由比较

判别法可知, $\sum\limits_{k=1}^{\infty} d_k$ 发散. 再由等价判别法可知, $\sum\limits_{n=1}^{\infty}|u_n|$ 发散.

当 $p > 1$ 时, 因为 $d_k < \dfrac{3}{(2k-1)^p}$ 且 $\sum\limits_{k=1}^{\infty}\dfrac{3}{(2k-1)^p}$ 收敛, 所以由比较判别法

可知, $\sum\limits_{k=1}^{\infty} d_k$ 收敛. 再由等价判别法可知, $\sum\limits_{n=1}^{\infty} u_n$ 绝对收敛.

综上所述, 当 $\dfrac{1}{2}<p\leqslant 1$ 时, 原级数条件收敛; 当 $p>1$ 时, 原级数绝对收敛.

第二节　函数项级数的一致收敛性

本节主要介绍函数项级数一致收敛的定义、判别函数项级数一致收敛性的一些常用方法, 以及这些方法的应用, 具体包括函数项级数一致收敛的定义、柯西收敛原理、比较判别法、M-判别法、柯西判别法、阿贝尔判别法、狄利克雷判别法和夹逼判别法等.

一、函数项级数一致收敛的定义

定义 1 对于函数列 $\{S_n(x)\}$, 若对任意的 $\varepsilon > 0$, 对任意的 $x_0 \in D$, 存在 $N(\varepsilon, x_0) \in \mathbb{N}^+$, 当 $n > N(\varepsilon, x_0)$ 时, $|S_n(x_0) - S(x_0)| < \varepsilon$, 则称 $\{S_n(x)\}$ 在 D 上收敛于 $S(x)$.

定义 2 对于函数列 $\{S_n(x)\}$, 若对任意的 $\varepsilon > 0$, 存在 $N(\varepsilon) \in \mathbb{N}^+$, 当 $n > N(\varepsilon)$ 时, 对任意的 $x \in D$, $|S_n(x) - S(x)| < \varepsilon$, 则称 $\{S_n(x)\}$ 在 D 上一致收敛于 $S(x)$.

注 1 令 $||S_n - S|| = \sup\limits_{x \in D} |S_n(x) - S(x)|$. 则由定义 2 可知, $\{S_n(x)\}$ 在 D 上一致收敛于 $S(x) \Longleftrightarrow \lim\limits_{n \to \infty} ||S_n - S|| = 0$.

注 2 若函数列 $\{S_n(x)\}$ 在 $x_i \in D(i = 1, 2, \cdots, k)$ 处收敛且在 $D \setminus \{x_1, x_2, \cdots, x_k\}$ 上一致收敛, 则 $\{S_n(x)\}$ 在 D 上一致收敛.

事实上, 由函数列 $\{S_n(x)\}$ 在 $x_i \in D$ 收敛知, 对任意的 $\varepsilon > 0$, 存在 $N_i(\varepsilon, x_i) \in \mathbb{N}^+$, 当 $n > N_i(\varepsilon, x_i)$ 时,

$$|S_n(x_i) - S(x_i)| < \varepsilon.$$

又因为 $\{S_n(x)\}$ 在 $D \setminus \{x_1, x_2, \cdots, x_k\}$ 上一致收敛, 故存在 $N_0 \in \mathbb{N}^+$, 当 $n > N_0$ 时, 对任意的 $x \in D \setminus \{x_1, x_2, \cdots, x_k\}$, $|S_n(x) - S(x)| < \varepsilon$. 取

$$N = \max\{N_0, N_1(\varepsilon, x_1), N_2(\varepsilon, x_2), \cdots, N_k(\varepsilon, x_k)\}.$$

则当 $n > N$ 时, 对任意的 $x \in D$, $|S_n(x) - S(x)| < \varepsilon$. 故 $\{S_n(x)\}$ 在 D 上一致收敛.

注 3 对于函数项级数 $\sum\limits_{n=1}^{\infty} u_n(x)$, 令 $S_n(x) = \sum\limits_{k=1}^{n} u_k(x)$. 则类似可定义 $\sum\limits_{n=1}^{\infty} u_n(x)$ 在 D 上的收敛与一致收敛性. 下面给出函数项级数一致收敛的定义.

定义 3 对于函数项级数 $\sum\limits_{n=1}^{\infty} u_n(x)$, 若对任意的 $\varepsilon > 0$, 存在 $N(\varepsilon) \in \mathbb{N}^+$, 当 $n > N(\varepsilon)$ 时, 对任意的 $x \in D$,

$$|r_n(x)| = \left| \sum_{k=n+1}^{\infty} u_k(x) \right| < \varepsilon,$$

则称 $\sum\limits_{n=1}^{\infty} u_n(x)$ 在 D 上一致收敛.

注 4　由函数项级数收敛与一致收敛的定义可知, 若 $\sum\limits_{n=1}^{\infty} u_n(x)$ 在定义域 D 上一致收敛, 则在 D 上必收敛. 反之, 结论不一定成立. 例如: 对任意的 $x \in (-1,0)$, 取 $u_n(x) = x^n$. 显然, $\sum\limits_{n=1}^{\infty} u_n(x)$ 在 $(-1,0)$ 内收敛, 但在 $(-1,0)$ 内非一致收敛. 事实上, 令

$$S_n(x) = \sum_{k=1}^{n} u_k(x) = \sum_{k=1}^{n} x^k = \frac{x(1-x^n)}{1-x}, \quad x \in (-1,0).$$

则 $S(x) = \lim\limits_{n\to\infty} \dfrac{x(1-x^n)}{1-x} = \dfrac{x}{1-x}$. 取 $x = -\left(1 - \dfrac{1}{n}\right) \in (-1,0)$. 则

$$\lim_{n\to\infty} \sup_{x\in(-1,0)} |S_n(x) - S(x)| = \lim_{n\to\infty} \sup_{x\in(-1,0)} \frac{|x|^{n+1}}{1-x}$$
$$\geqslant \lim_{n\to\infty} \frac{(n-1)^{n+1}}{n^n(2n-1)} = \frac{1}{2e} \neq 0,$$

即 $\sum\limits_{n=1}^{\infty} u_n(x)$ 在 $(-1,0)$ 内非一致收敛.

二、函数项级数一致收敛性的判别方法

1. 柯西收敛原理

函数项级数 $\sum\limits_{n=1}^{\infty} u_n(x)$ 在 D 上一致收敛 $\iff$ 对任意的 $\varepsilon > 0$, 存在 $N(\varepsilon) \in \mathbb{N}^+$, 当 $n > N(\varepsilon)$ 时, 对任意的 $x \in D$, 对任意的 $p \in \mathbb{N}^+$, $|S_{n+p}(x) - S_n(x)| = \left| \sum\limits_{k=n+1}^{n+p} u_k(x) \right| < \varepsilon$.

2. 比较判别法

若存在 $N \in \mathbb{N}^+$, 当 $n > N$ 时, 对任意的 $x \in D$, $|u_n(x)| \leqslant v_n(x)$ 且函数项级数 $\sum\limits_{n=1}^{\infty} v_n(x)$ 在 D 上一致收敛, 则 $\sum\limits_{n=1}^{\infty} u_n(x)$ 在 D 上一致收敛.

3. M-判别法

若存在 $N \in \mathbb{N}^+$, 当 $n > N$ 时, 对任意的 $n \in \mathbb{N}^+$, 对任意的 $x \in D$, $|u_n(x)| \leqslant v_n$ 且数项级数 $\sum\limits_{n=1}^{\infty} v_n$ 收敛, 则函数项级数 $\sum\limits_{n=1}^{\infty} u_n(x)$ 在 D 上一致收敛.

4. 柯西判别法 (不等式形式)

对于函数项级数 $\sum\limits_{n=1}^{\infty} u_n(x)$, $x \in D$, 若存在 $N \in \mathbb{N}^+$, 当 $n > N$ 时, $\sqrt[n]{|u_n(x)|} \leqslant q < 1$, 其中 q 为常数, 则 $\sum\limits_{n=1}^{\infty} u_n(x)$ 在 D 上一致收敛.

5. 柯西判别法 (极限形式)

对于函数项级数 $\sum\limits_{n=1}^{\infty} u_n(x)$, $x \in D$, 若 $\varlimsup\limits_{n\to\infty} \sqrt[n]{|u_n(x)|} = q(x) \leqslant q < 1$, 其中 q 为常数, 则 $\sum\limits_{n=1}^{\infty} u_n(x)$ 在 D 上一致收敛.

证　取 $\varepsilon_0 > 0$ 使得 $q < q + \varepsilon_0 < 1$. 因为 $\varlimsup\limits_{n\to\infty} \sqrt[n]{|u_n(x)|} < q + \varepsilon_0$, 所以存在 $N \in \mathbb{N}^+$, 当 $n > N$ 时, $|u_n(x)| < (q + \varepsilon_0)^n$. 因为 $\sum\limits_{n=1}^{\infty} (q + \varepsilon_0)^n$ 收敛, 所以由 M-判别法可知, $\sum\limits_{n=1}^{\infty} u_n(x)$ 在 D 上一致收敛. □

6. 达朗贝尔判别法 (不等式形式)

设函数项级数 $\sum\limits_{n=1}^{\infty} u_n(x)$, $x \in D$ 满足对任意的 $n \in \mathbb{N}^+$, $u_n(x) > 0$. 若存在 $N \in \mathbb{N}^+$, 当 $n > N$ 时, $\dfrac{u_{n+1}(x)}{u_n(x)} \leqslant q < 1$, 其中 q 为常数且 $u_n(x)$ 在 D 上一致有界, 即存在 $M > 0$, 对任意的 $n \in \mathbb{N}^+$, 任意的 $x \in D$, $|u_n(x)| \leqslant M$. 则 $\sum\limits_{n=1}^{\infty} u_n(x)$ 在 D 上一致收敛.

7. 达朗贝尔判别法 (极限形式)

设函数项级数 $\sum\limits_{n=1}^{\infty} u_n(x)$, $x \in D$ 满足对任意的 $n \in \mathbb{N}^+$, $u_n(x) > 0$, 若

$$\varlimsup\limits_{n\to\infty} \frac{u_{n+1}(x)}{u_n(x)} = q(x) \leqslant q < 1,$$

其中 q 为常数且 $u_n(x)$ 在 D 上一致有界, 则 $\sum\limits_{n=1}^{\infty} u_n(x)$ 在 D 上一致收敛.

证　取定 $\varepsilon_0 > 0$ 使得 $q < q + \varepsilon_0 < 1$. 由 $\varlimsup\limits_{n\to\infty} \dfrac{u_{n+1}(x)}{u_n(x)} < q + \varepsilon_0$ 可知, 存在 $N \in \mathbb{N}^+$, 当 $n > N$ 时,

$$u_{n+1}(x) < u_n(x)(q + \varepsilon_0) < u_{n-1}(x)(q + \varepsilon_0)^2 < \cdots$$

$$< u_{N+1}(x)(q+\varepsilon_0)^{n-N} \leqslant M(q+\varepsilon_0)^{n-N}.$$

因为数项级数 $\sum\limits_{n=1}^{\infty} M(q+\varepsilon_0)^{n-N}$ 收敛, 所以由 M-判别法可知, 函数项级数 $\sum\limits_{n=1}^{\infty} u_n(x)$ 在定义域 D 上一致收敛. □

8. 阿贝尔判别法

若函数项级数 $\sum\limits_{n=1}^{\infty} u_n(x)$ 在 D 上一致收敛, 函数列 $\{v_n(x)\}$ 一致有界且对任意固定的 $x \in D$, 数列 $\{v_n(x)\}$ 关于 n 单调, 则 $\sum\limits_{n=1}^{\infty} u_n(x)v_n(x)$ 在 D 上一致收敛.

9. 狄利克雷判别法

设函数列 $\{u_n(x)\}$ 在 D 上一致收敛于 0 且对任意固定的 $x \in D$, 数列 $\{u_n(x)\}$ 关于 n 单调. 如果 $\sum\limits_{n=1}^{\infty} v_n(x)$ 的部分和在 D 上一致有界, 则函数项级数 $\sum\limits_{n=1}^{\infty} u_n(x)v_n(x)$ 在 D 上一致收敛.

10. 夹逼判别法

若函数项级数 $\sum\limits_{n=1}^{\infty} u_n(x)$ 与 $\sum\limits_{n=1}^{\infty} v_n(x)$ 在 D 上均一致收敛于 $S(x)$ 且存在 $N \in \mathbb{N}^+$, 当 $n > N$ 时, $v_n(x) \leqslant \omega_n(x) \leqslant u_n(x)$, 则 $\sum\limits_{n=1}^{\infty} \omega_n(x)$ 在 D 上一致收敛于 $S(x)$.

证　令 $S_n^1(x) = \sum\limits_{k=1}^{n} v_k(x)$, $S_n^2(x) = \sum\limits_{k=1}^{n} \omega_k(x)$, $S_n^3(x) = \sum\limits_{k=1}^{n} u_k(x)$. 由条件可知, 对任意的 $\varepsilon > 0$, 存在 $N \in \mathbb{N}^+$, 当 $n > N$ 时, 对任意的 $x \in D$,

$$S(x) - \varepsilon < S_n^1(x) \leqslant S_n^2(x) \leqslant S_n^3(x) < S(x) + \varepsilon,$$

即当 $n > N$ 时, 对任意的 $x \in D$, $|S_n^2(x) - S(x)| < \varepsilon$. 从而函数项级数 $\sum\limits_{n=1}^{\infty} \omega_n(x)$ 在 D 上一致收敛于 $S(x)$. □

例 1　证明: 当 $\alpha > 2$ 时, 函数项级数 $\sum\limits_{n=1}^{\infty} x^{\alpha} e^{-nx^2}$ 在 $(0, +\infty)$ 内一致收敛.

证　对任意的 $(0, +\infty)$, 令 $u_n(x) = x^{\alpha} e^{-nx^2}$. 则 $u_n'(x) = x^{\alpha-1} e^{-nx^2}(\alpha - 2nx^2)$. 因为当 $0 < x < \sqrt{\dfrac{\alpha}{2n}}$ 时, $u_n'(x) > 0$; 当 $\sqrt{\dfrac{\alpha}{2n}} < x < +\infty$ 时, $u_n'(x) < 0$,

所以对任意的 $x \in (0, +\infty)$,

$$0 < u_n(x) < \max_{x \in (0,+\infty)} u_n(x) = \left(\frac{\alpha}{2e}\right)^{\frac{\alpha}{2}} \frac{1}{n^{\frac{\alpha}{2}}}.$$

由 $\sum_{n=1}^{\infty} \left(\frac{\alpha}{2e}\right)^{\frac{\alpha}{2}} \frac{1}{n^{\frac{\alpha}{2}}}$ 收敛和 M-判别法知, 当 $\alpha > 2$ 时, $\sum_{n=1}^{\infty} x^{\alpha} e^{-nx^2}$ 一致收敛. $\square$

例 2 证明: 函数项级数 $\sum_{n=1}^{\infty} \frac{(1-x)x^n}{1-x^{2n}} \sin nx$ 在开区间 $\left(\frac{1}{2}, 1\right)$ 内一致收敛.

证 显然, 函数项级数可分解为

$$\sum_{n=1}^{\infty} \frac{(1-x)x^n}{1-x^{2n}} \sin nx = \sum_{n=1}^{\infty} \frac{1}{1+x^n} \cdot \frac{(1-x)x^n}{1-x^n} \sin nx$$

且 $\frac{1}{1+x^n}$ 一致有界并关于 n 单调. 下证 $\sum_{n=1}^{\infty} \frac{(1-x)x^n}{1-x^n} \sin nx$ 在 $\left(\frac{1}{2}, 1\right)$ 内一致收敛. 一方面, $\sum_{n=1}^{\infty} \sin nx$ 的部分和一致有界. 另一方面, 对任意的 $x \in \left(\frac{1}{2}, 1\right)$,

$$\frac{(1-x)x^n}{1-x^n} = \frac{x^n}{1+x+\cdots+x^{n-1}} \leqslant \frac{x^n}{nx^{n-1}} \leqslant \frac{x}{n} < \frac{1}{n},$$

所以 $\frac{(1-x)x^n}{1-x^n}$ 一致收敛于 0. 故由 $\frac{(1-x)x^n}{1-x^n}$ 关于 n 单调以及狄利克雷判别法可知, 函数项级数 $\sum_{n=1}^{\infty} \frac{(1-x)x^n}{1-x^n} \sin nx$ 在 $\left(\frac{1}{2}, 1\right)$ 内一致收敛. 从而由阿贝尔判别法可知, 函数项级数 $\sum_{n=1}^{\infty} \frac{(1-x)x^n}{1-x^{2n}} \sin nx$ 在 $\left(\frac{1}{2}, 1\right)$ 内一致收敛. $\square$

例 3 设函数 $f(x)$ 在 $\mathbb{R}$ 上连续且对任意的 $n \in \mathbb{N}^+$, 函数列

$$f_n(x) = \sum_{i=0}^{n-1} \frac{1}{n} f\left(x + \frac{i}{n}\right).$$

证明: 函数列 $\{f_n(x)\}$ 在闭区间 $[a,b](b > a+1)$ 上一致收敛于 $\int_x^{x+1} f(t)dt$.

证 由 $f(x)$ 在 $\mathbb{R}$ 上连续可知, 存在闭区间 $[c,d]$ 使得 $[a, b+1] \subset [c,d]$. 从而 $f(x)$ 在 $[c,d]$ 上一致连续, 即对任意的 $\varepsilon > 0$, 存在 $\delta > 0$, 对任意的 $x_1, x_2 \in [c,d]$, 当 $|x_1 - x_2| < \delta$ 时, $|f(x_1) - f(x_2)| < \varepsilon$. 取 $N = \left[\frac{1}{\delta}\right]$. 则当 $n > N$ 时,

$\dfrac{1}{n} < \delta$. 从而对任意的 $t \in \left[x + \dfrac{i}{n}, x + \dfrac{i+1}{n} \right]$, 当 $\left| t - \left(x + \dfrac{i}{n} \right) \right| \leqslant \dfrac{1}{n} < \delta$ 时,

$\left| f(t) - f\left(x + \dfrac{i}{n} \right) \right| < \varepsilon$. 因此, 当 $n > N$ 时,

$$
\begin{aligned}
\left| \int_x^{x+1} f(t)\mathrm{d}t - f_n(x) \right| &= \left| \int_x^{x+1} f(t)\mathrm{d}t - \sum_{i=0}^{n-1} \int_{x+\frac{i}{n}}^{x+\frac{i+1}{n}} f\left(x + \frac{i}{n} \right) \mathrm{d}t \right| \\
&= \left| \sum_{i=0}^{n-1} \int_{x+\frac{i}{n}}^{x+\frac{i+1}{n}} \left(f(t) - f\left(x + \frac{i}{n} \right) \right) \mathrm{d}t \right| \\
&\leqslant \sum_{i=0}^{n-1} \int_{x+\frac{i}{n}}^{x+\frac{i+1}{n}} \left| f(t) - f\left(x + \frac{i}{n} \right) \right| \mathrm{d}t < \varepsilon,
\end{aligned}
$$

即 $\{f_n(x)\}$ 在 $[a,b](b > a + 1)$ 上一致收敛于 $\displaystyle\int_x^{x+1} f(t)\mathrm{d}t$. $\qquad\qquad\square$

例 4　设函数 $f(x)$ 在闭区间 $[0,1]$ 上连续. 对任意的 $t \in [0,1]$, $n \in \mathbb{N}^+$, 令 $f_n(t) = \displaystyle\int_0^t f(x^n)\mathrm{d}x$. 证明: 函数列 $\{f_n(t)\}$ 在 $[0,1]$ 上一致收敛于 $tf(0)$.

证　由 $f(x)$ 在 $[0,1]$ 上连续可知, 存在 $M > 0$, 对任意的 $x \in [0,1]$, $|f(x)| \leqslant M$. 因为 $f(x)$ 在 $x = 0$ 连续, 所以对任意的 $\varepsilon > 0$, 不妨设 $\varepsilon < 2M$, 存在 $\delta > 0$, 当 $x < \delta$ 时, $|f(x) - f(0)| < \varepsilon$. 对上述给定的 $\varepsilon > 0$, 显然, 存在 $N \in \mathbb{N}^+$, 当 $n > N$ 时, 对任意的 $x \in \left(0, 1 - \dfrac{\varepsilon}{2M} \right)$,

$$
x^n \leqslant \left(1 - \frac{\varepsilon}{2M} \right)^n < \delta.
$$

故当 $n > N$ 时, $|f(x^n) - f(0)| < \varepsilon$. 从而当 $n > N$ 时, 对任意的 $t \in [0,1]$,

$$
\begin{aligned}
|f_n(t) - tf(0)| &= \left| \int_0^t f(x^n)\mathrm{d}x - tf(0) \right| = \left| \int_0^t (f(x^n) - f(0))\mathrm{d}x \right| \\
&\leqslant \int_0^t |f(x^n) - f(0)|\,\mathrm{d}x \leqslant \int_0^1 |f(x^n) - f(0)|\,\mathrm{d}x \\
&= \int_0^{1-\frac{\varepsilon}{2M}} |f(x^n) - f(0)|\,\mathrm{d}x + \int_{1-\frac{\varepsilon}{2M}}^1 |f(x^n) - f(0)|\,\mathrm{d}x \\
&\leqslant \int_0^{1-\frac{\varepsilon}{2M}} |f(x^n) - f(0)|\,\mathrm{d}x + \int_{1-\frac{\varepsilon}{2M}}^1 2M\mathrm{d}x
\end{aligned}
$$

$$\leqslant \int_0^{1-\frac{\varepsilon}{2M}} \varepsilon \mathrm{d}x + \varepsilon = 2\varepsilon - \frac{\varepsilon^2}{2M} < 2\varepsilon,$$

即 $\{f_n(t)\}$ 在 $[0,1]$ 上一致收敛于 $tf(0)$. □

例 5　设函数 $f(x)$ 在闭区间 $[a,b]$ 上连续可导且 $a < \beta < b$. 当 $n > \dfrac{1}{b-\beta}$ 且 $n \in \mathbb{N}^+$ 时, $f_n(x) = n\left(f\left(x+\dfrac{1}{n}\right) - f(x)\right), a \leqslant x \leqslant \beta$. 证明: 函数列 $\{f_n(x)\}$ 在 $[a,\beta]$ 上一致收敛于 $f'(x)$.

证　由 $f'(x)$ 在 $[a,\beta]$ 上连续可知, $f'(x)$ 在 $[a,\beta]$ 上一致连续, 即对任意的 $\varepsilon > 0$, 存在 $\delta > 0$, 对任意的 $x_1, x_2 \in [a,\beta]$, 当 $|x_1 - x_2| < \delta$ 时, $|f'(x_1) - f'(x_2)| < \varepsilon$. 对任意给定的 $x \in [a,\beta]$, 由拉格朗日中值定理可知, 存在 $\xi_n \in (a,\beta)$ 使得

$$f'(\xi_n) = n\left(f\left(x+\frac{1}{n}\right) - f(x)\right) = f_n(x), \quad \xi_n \in \left(x, x+\frac{1}{n}\right) \subset (a,\beta).$$

取 $N = \max\left\{\left[\dfrac{1}{\delta}\right]+1, \left[\dfrac{1}{b-\beta}\right]+1\right\}$. 则当 $n > N$ 时, $\dfrac{1}{n} < \delta$. 从而对任意的 $x \in [a,\beta]$, $|\xi_n - x| < \dfrac{1}{n} < \delta$. 因此, 当 $n > N$ 时,

$$|f_n(x) - f'(x)| = |f'(\xi_n) - f'(x)| < \varepsilon,$$

即 $\{f_n(x)\}$ 在 $[a,\beta]$ 上一致收敛于 $f'(x)$. □

例 6　设函数列 $\{f_n(x)\}$ 在闭区间 $[a,b]$ 上收敛且对任意的 $n \in \mathbb{N}^+$, $f_n(x)$ 在 $[a,b]$ 上可导. 证明: 若 $\{f_n'(x)\}$ 在 $[a,b]$ 上一致有界, 则 $\{f_n(x)\}$ 在 $[a,b]$ 上一致收敛.

证　由 $\{f_n(x)\}$ 在 $[a,b]$ 上收敛可知, 对任意给定的 $x_0 \in [a,b]$, 任意的 $\varepsilon > 0$, 存在 $N(x_0, \varepsilon) \in \mathbb{N}^+$, 当 $m, n > N(x_0, \varepsilon)$ 时,

$$|f_n(x_0) - f_m(x_0)| < \frac{\varepsilon}{2}.$$

因为 $\{f_n'(x)\}$ 在 $[a,b]$ 上一致有界, 所以存在 $M > 0$ 使得 $|f_n'(x)| \leqslant M$. 对任意的 $n \in \mathbb{N}^+$, 由拉格朗日中值定理可知, 存在 $\xi \in (x_0, x)$,

$$f_n'(\xi) - f_m'(\xi) = \frac{(f_n(x) - f_m(x)) - (f_n(x_0) - f_m(x_0))}{x - x_0}.$$

取 $\delta = \dfrac{\varepsilon}{4M} > 0$. 则对任意的 $x \in (x_0 - \delta, x_0 + \delta)$, 当 $m, n > N(x_0, \varepsilon)$ 时,

$$|f_n(x) - f_m(x)| \leqslant |(f_n(x) - f_m(x)) - (f_n(x_0) - f_m(x_0))| + |f_n(x_0) - f_m(x_0)|$$

$$= |f'_n(\xi) - f'_m(\xi)| \cdot |x - x_0| + |f_n(x_0) - f_m(x_0)|$$

$$\leqslant 2M \cdot \frac{\varepsilon}{4M} + \frac{\varepsilon}{2} = \varepsilon.$$

从而可构造 $[a,b]$ 的一个开覆盖 $H = \{(x - \delta, x + \delta) | x \in [a,b]\}$. 由有限覆盖定理可知, 存在 H 中的有限个开区间满足

$$[a,b] \subset \bigcup_{i=1}^{k} (x_i - \delta, x_i + \delta).$$

取 $N = \max\limits_{1 \leqslant i \leqslant k} \{N(x_i, \varepsilon)\}$. 则当 $m, n > N$ 时, 对任意的 $x \in [a,b]$, $|f_n(x) - f_m(x)| < \varepsilon$. 从而由柯西收敛原理可知, $\{f_n(x)\}$ 在 $[a,b]$ 上一致收敛. □

注 5　对于函数项级数 $\sum\limits_{n=1}^{\infty} u_n(x)$, $x \in [a,b]$, 令 $S_n(x) = \sum\limits_{k=1}^{n} u_k(x)$. 则例 6 可表述为: 若 $\sum\limits_{n=1}^{\infty} u_n(x)$ 在 $[a,b]$ 上收敛, 对任意的 $n \in \mathbb{N}^+$, $u_n(x)$ 在 $[a,b]$ 上可导且存在 $M > 0$, 对任意的 $x \in [a,b]$, $\sum\limits_{k=1}^{n} |u'_k(x)| \leqslant M$. 则 $\sum\limits_{n=1}^{\infty} u_n(x)$ 在 $[a,b]$ 上一致收敛.

例 7　设函数 $f(x)$ 在闭区间 $[0,1]$ 上连续, $f(1) = 0$ 且 $f'_-(1) = 0$. 证明: 函数项级数 $\sum\limits_{n=1}^{\infty} x^n f(x)$ 在 $[0,1]$ 上一致收敛.

证　令 $u_n(x) = x^n f(x)$. 则

$$S_n(x) = \sum_{k=1}^{n} u_k(x) = \begin{cases} \dfrac{x(1 - x^n)f(x)}{1 - x}, & x \in [0,1), \\ 0, & x = 1. \end{cases}$$

从而

$$S(x) = \lim_{n \to \infty} S_n(x) = \begin{cases} \dfrac{xf(x)}{1 - x}, & x \in [0,1), \\ 0, & x = 1. \end{cases}$$

因此,

$$|S_n(x) - S(x)| = \begin{cases} \dfrac{x^{n+1}|f(x)|}{1 - x}, & x \in [0,1), \\ 0, & x = 1. \end{cases}$$

故对任意的 $\varepsilon > 0$, 对任意的 $n \in \mathbb{N}^+$, $|S_n(1) - S(1)| = 0 < \varepsilon$. 又由 $f'_-(1) = 0$ 可知, $\lim\limits_{x \to 1^-} \dfrac{|f(x)|}{1-x} = 0$. 则对上述 $\varepsilon > 0$, 存在 $\delta > 0$, 当 $x \in [\delta, 1)$ 时, 对任意的 $n \in \mathbb{N}^+$,

$$|S_n(x) - S(x)| = \frac{x^{n+1}|f(x)|}{1-x} < \frac{|f(x)|}{1-x} < \varepsilon.$$

此外, 因为 $f(x)$ 在 $[0, \delta]$ 上连续, 所以 $f(x)$ 在 $[0, \delta]$ 上有界. 则存在 $M > 0$ 使得 $f(x) \leqslant M$. 令 $g(x) = \dfrac{x^{n+1}}{1-x}$. 则对任意的 $x \in [0, \delta]$, $g'(x) \geqslant 0$, 即 $g(x)$ 在闭区间 $[0, \delta]$ 上单调递增. 故 $\max\limits_{0 \leqslant x \leqslant \delta} g(x) = \dfrac{\delta^{n+1}}{1-\delta}$. 令

$$\sup_{x \in [0,\delta]} |S_n(x) - S(x)| \leqslant M \cdot \frac{\delta^{n+1}}{1-\delta} < M \cdot \frac{\delta^n}{1-\delta} < \varepsilon.$$

则有 $\delta^n < \dfrac{(1-\delta)\varepsilon}{M}$. 取

$$N = \left[\log_\delta \frac{(1-\delta)\varepsilon}{M} \right] + 1.$$

从而当 $n > N$ 时, 对任意的 $x \in [0, 1]$, $|S_n(x) - S(x)| < \varepsilon$.　　　　□

例 8　若对任意的 $n \in \mathbb{N}^+$, $S_n(x)$ 在闭区间 $[a, b]$ 上连续且 $S_n(x)$ 关于 n 单调递减, $\lim\limits_{n \to \infty} S_n(x) = 0$, 则函数列 $\{S_n(x)\}$ 在 $[a, b]$ 上一致收敛于 0.

证　任意固定 $x_0 \in [a, b]$. 由 $\lim\limits_{n \to \infty} S_n(x_0) = 0$ 可知, 对任意的 $\varepsilon > 0$, 存在 $n_{x_0} \in \mathbb{N}^+$ 使得 $S_{n_{x_0}}(x_0) < \varepsilon$. 又因为 $S_{n_{x_0}}(x)$ 在 x_0 处连续, 所以存在 $\delta_{x_0} > 0$, 当 $x \in (x_0 - \delta_{x_0}, x_0 + \delta_{x_0}) \cap [a, b]$ 时, $S_{n_{x_0}}(x) < \varepsilon$. 当 x_0 取遍 $[a, b]$ 时, 可构造开区间集

$$H = \{ (x - \delta_x, x + \delta_x) | x \in [a, b] \}.$$

令 $I = \{ n_x \in \mathbb{N}^+ | x \in [a, b] \}$. 则对任意的 $\overline{x} \in (x - \delta_x, x + \delta_x) \cap [a, b]$, $S_{n_x}(\overline{x}) < \varepsilon$. 由有限覆盖定理可知, 存在 H 中的有限个开区间覆盖 $[a, b]$, 即

$$[a, b] \subset \bigcup_{i=1}^{k} (x_i - \delta_i, x_i + \delta_i).$$

将 I 中与 $x_i (i = 1, 2, \cdots, k)$ 对应的自然数记为 n_i. 取 $N = \max\{n_1, n_2, \cdots, n_k\}$. 由于对应的 $x \in [a, b]$, 存在 $1 \leqslant i \leqslant k$ 使得 $x \in (x_i - \delta_i, x_i + \delta_i)$ 且 $S_{n_i}(x) < \varepsilon$, 所以由函数列 $\{S_n(x)\}$ 关于 n 单调递减可知, 当 $n > N$ 时,

$$S_n(x) \leqslant S_N(x) \leqslant S_{n_i}(x) < \varepsilon,$$

即函数列 $\{S_n(x)\}$ 在 $[a,b]$ 上一致收敛于 0. □

第三节 函数项级数的性质

本节主要介绍函数项级数的一些基本性质及其应用, 具体包括函数项级数和函数的连续与一致连续性、函数项级数的逐项微分性质与逐项积分性质等.

性质 1 若函数项级数 $\sum\limits_{n=1}^{\infty} u_n(x)$ 在闭区间 $[a,b]$ 上一致收敛于 $S(x)$ 且对任意的 $n \in \mathbb{N}^+$, $u_n(x)$ 在 $[a,b]$ 上连续, 则 $S(x)$ 在 $[a,b]$ 上连续, 即

$$\lim_{x \to x_0} S(x) = \lim_{x \to x_0} \sum_{n=1}^{\infty} u_n(x) = \sum_{n=1}^{\infty} \lim_{x \to x_0} u_n(x) = \sum_{n=1}^{\infty} u_n(x_0) = S(x_0).$$

注 1 由本节性质 1 可知, 对于函数项级数 $\sum\limits_{n=1}^{\infty} u_n(x)$, 若对任意的 $n \in \mathbb{N}^+$, $u_n(x)$ 在闭区间 $[a,b]$ 上连续, $\sum\limits_{n=1}^{\infty} u_n(x) = S(x)$ 且 $S(x)$ 在 $[a,b]$ 上不连续, 则 $\sum\limits_{n=1}^{\infty} u_n(x)$ 不一致收敛于 $S(x)$.

性质 2 若对任意的 $n \in \mathbb{N}^+$, 函数 $f_n(x)$ 在 $\mathbb{R}$ 上一致连续且函数列 $\{f_n(x)\}$ 在 $\mathbb{R}$ 上一致收敛于 $f(x)$, 则函数 $f(x)$ 在 $\mathbb{R}$ 上一致连续.

证 对任意的 $n \in \mathbb{N}^+$, 由 $f_n(x)$ 一致连续可知, 对任意的 $\varepsilon > 0$, 存在 $\delta > 0$, 对任意的 $x', x'' \in \mathbb{R}$, 当 $|x' - x''| < \delta$ 时, $|f_n(x') - f_n(x'')| < \dfrac{\varepsilon}{3}$. 对 $\delta > 0$, 存在 $N_1 \in \mathbb{N}^+$ 满足 $\dfrac{1}{N_1} < \delta$. 从而当 $|x' - x''| < \dfrac{1}{N_1}$ 时,

$$|f_n(x') - f_n(x'')| < \frac{\varepsilon}{3}.$$

由函数列 $\{f_n(x)\}$ 一致收敛于 $f(x)$ 可知, 对任意的 $\varepsilon > 0$, 存在 $N_2 \in \mathbb{N}^+$, 当 $n \geqslant N_2$ 时, 对任意的 $x \in \mathbb{R}$,

$$|f_n(x) - f(x)| < \frac{\varepsilon}{3}.$$

取 $N = \max\{N_1, N_2\}$. 则对任意的 $x', x'' \in \mathbb{R}$, 当 $|x' - x''| < \dfrac{1}{N}$ 时,

$$|f(x') - f(x'')|$$
$$\leqslant |f(x') - f_N(x')| + |f(x'') - f_N(x'')| + |f_N(x') - f_N(x'')| < \varepsilon,$$

即 $f(x)$ 在 $\mathbb{R}$ 上一致连续. □

性质 3　若函数项级数 $\sum\limits_{n=1}^{\infty} u_n(x)$ 在闭区间 $[a,b]$ 上一致收敛于 $S(x)$ 且对任意的 $n \in \mathbb{N}^+$, $u_n(x)$ 在 $[a,b]$ 上连续, 则

$$\sum_{n=1}^{\infty} \int_a^b u_n(x)\mathrm{d}x = \int_a^b S(x)\mathrm{d}x = \int_a^b \sum_{n=1}^{\infty} u_n(x)\mathrm{d}x,$$

且函数项级数 $\sum\limits_{n=1}^{\infty} \int_a^x u_n(t)\mathrm{d}t$ 在 $[a,b]$ 上一致收敛于 $\int_a^x S(t)\mathrm{d}t$.

性质 4　对于函数项级数 $\sum\limits_{n=1}^{\infty} u_n(x)$, 若对任意的 $n \in \mathbb{N}^+$, $u_n(x)$ 在闭区间 $[a,b]$ 上连续可导, $\sum\limits_{n=1}^{\infty} u_n'(x)$ 一致收敛于 $s(x)$ 且 $\sum\limits_{n=1}^{\infty} u_n(x) = S(x)$, 则 $\sum\limits_{n=1}^{\infty} u_n(x)$ 一致收敛于 $S(x)$ 且 $S'(x) = s(x)$, 即

$$\frac{\mathrm{d}}{\mathrm{d}x}\left(\sum_{n=1}^{\infty} u_n(x)\right) = \sum_{n=1}^{\infty} \frac{\mathrm{d}}{\mathrm{d}x}(u_n(x)).$$

性质 5　设可积函数列 $\{f_n(x)\}$ 在闭区间 $[a,b]$ 上一致收敛于函数 $f(x)$, 则 $f(x)$ 在 $[a,b]$ 上可积且满足

$$\lim_{n \to \infty} \int_a^b f_n(x)\mathrm{d}x = \int_a^b f(x)\mathrm{d}x.$$

证　由函数列 $\{f_n(x)\}$ 一致收敛于 $f(x)$ 可知, 对任意的 $\varepsilon > 0$, 存在 $N \in \mathbb{N}^+$, 当 $n > N$ 时, 对任意的 $x \in [a,b]$,

$$|f(x) - f_n(x)| < \frac{\varepsilon}{b-a}.$$

从而存在 $n_0 > N$ 且满足

$$f_{n_0}(x) - \frac{\varepsilon}{b-a} < f(x) < f_{n_0}(x) + \frac{\varepsilon}{b-a}.$$

由 $f_{n_0}(x)$ 在 $[a,b]$ 上可积可知, 对上述 $\varepsilon > 0$, 存在 $\delta > 0$, 对 $[a,b]$ 的任意分法 $a = x_0 < x_1 < \cdots < x_n = b$, 当 $\lambda < \delta$ 时,

$$\sum_{i=1}^{n} \omega_i(f_{n_0})\Delta x_i < \varepsilon.$$

故当 $\lambda < \delta$ 时,

$$\omega_i(f) = M_i(f) - m_i(f) < M_i(f_{n_0}) + \frac{\varepsilon}{b-a} - m_i(f_{n_0}) + \frac{\varepsilon}{b-a}$$

$$= \omega_i(f_{n_0}) + \frac{2\varepsilon}{b-a}.$$

因此, 当 $\lambda < \delta$ 时,

$$\sum_{i=1}^{n} \omega_i(f)\Delta x_i < \sum_{i=1}^{n}\left(\omega_i(f_{n_0}) + \frac{2\varepsilon}{b-a}\right)\Delta x_i < \varepsilon + 2\varepsilon.$$

故 $f(x)$ 在 $[a,b]$ 上可积且当 $n > N$ 时,

$$\left|\int_a^b f_n(x)\mathrm{d}x - \int_a^b f(x)\mathrm{d}x\right| \leqslant \int_a^b |f_n(x) - f(x)|\mathrm{d}x < \varepsilon. \qquad \square$$

例 1   设对任意的 $n \in \mathbb{N}^+$, $u_n(x)$ 在闭区间 $[-1,1]$ 上连续非负, 函数项级数 $\sum\limits_{n=1}^{\infty} u_n(x)$ 在 $[-1,1]$ 上一致收敛于 $S(x)$ 且 $S(1) = 1$.

(1) 证明: $\sum\limits_{n=1}^{\infty} u_n(x)\cos(2n\pi x)$ 在 $[-1,1]$ 上一致收敛;

(2) 求 $\lim\limits_{x \to 1^-} \sum\limits_{n=1}^{\infty} u_n(x)\cos(2n\pi x)$.

解   (1) 因为 $|u_n(x)\cos(2n\pi x)| \leqslant u_n(x)$ 且 $\sum\limits_{n=1}^{\infty} u_n(x)$ 在 $[-1,1]$ 上一致收敛于 $S(x)$, 所以由比较判别法可知, $\sum\limits_{n=1}^{\infty} u_n(x)\cos(2n\pi x)$ 在 $[-1,1]$ 上一致收敛.

(2) 因为 $u_n(x)\cos(2n\pi x)$ 在 $[-1,1]$ 上连续且 $\sum\limits_{n=1}^{\infty} u_n(x)\cos(2n\pi x)$ 在 $[-1,1]$ 上一致收敛, 所以由本节性质 1 可得

$$\begin{aligned}
\lim_{x \to 1^-} \sum_{n=1}^{\infty} u_n(x)\cos(2n\pi x) &= \sum_{n=1}^{\infty} \lim_{x \to 1^-} u_n(x)\cos(2n\pi x) \\
&= \sum_{n=1}^{\infty} u_n(1)\cos(2n\pi) \\
&= \sum_{n=1}^{\infty} u_n(1) = S(1) = 1.
\end{aligned}$$

例 2   设函数 $f(x)$ 在闭区间 $[-1,1]$ 上连续可导. 令 $S(x) = \sum\limits_{n=1}^{\infty} \frac{1}{n} f\left(\frac{x}{n}\right)$. 证明: $S(x)$ 在 $[-1,1]$ 上连续可导.

证　因为函数 $f(x)$ 在闭区间 $[-1,1]$ 上连续可导, 所以存在 $M > 0$, 对任意的 $x \in [-1,1]$, $|f'(x)| \leqslant M$. 对任意的 $n \in \mathbb{N}^+$, 令 $u_n(x) = \dfrac{1}{n} f\left(\dfrac{x}{n}\right)$. 显然 $u_n'(x) = \dfrac{1}{n^2} f'\left(\dfrac{x}{n}\right)$ 在 $[-1,1]$ 上连续. 又因为

$$|u_n'(x)| = \left| \frac{1}{n^2} f'\left(\frac{x}{n}\right) \right| \leqslant \frac{M}{n^2}$$

且 $\displaystyle\sum_{n=1}^{\infty} \dfrac{1}{n^2}$ 收敛, 所以由 M-判别法可知, $\displaystyle\sum_{n=1}^{\infty} u_n'(x)$ 一致收敛且 $\displaystyle\sum_{n=1}^{\infty} u_n'(x) = S'(x)$. 再由本节性质 1 可知, $S(x)$ 连续可导. □

例 3　设对任意的 $n \in \mathbb{N}^+$, 函数 $f_n(x)$ 在 $[a,b]$ 上连续且函数列 $\{f_n(x)\}$ 一致收敛于 $f(x)$. 证明: 若对任意的 $n \in \mathbb{N}^+$, $x_n \in [a,b]$ 且 $\displaystyle\lim_{n\to\infty} x_n = x_0$, 则 $\displaystyle\lim_{n\to\infty} f_n(x_n) = f(x_0)$.

证　由本节性质 1 可知, 函数 $f(x)$ 在闭区间 $[a,b]$ 上连续. 故对任意的 $\varepsilon > 0$, 存在 $\delta > 0$, 当 $|x_n - x_0| < \delta$ 时,

$$|f(x_n) - f(x_0)| < \frac{\varepsilon}{2}.$$

因为 $\displaystyle\lim_{n\to\infty} x_n = x_0$, 所以存在 $N_1 \in \mathbb{N}^+$, 当 $n > N_1$ 时, $|x_n - x_0| < \delta$. 从而当 $n > N_1$ 时, $|f(x_n) - f(x_0)| < \dfrac{\varepsilon}{2}$. 又因为 $\{f_n(x)\}$ 一致收敛于 $f(x)$, 所以对任意的 $\varepsilon > 0$, 存在 $N_2 \in \mathbb{N}^+$, 当 $n > N_2$ 时,

$$|f_n(x_n) - f(x_n)| < \frac{\varepsilon}{2}.$$

取 $N = \max\{N_1, N_2\}$. 则当 $n > N$ 时,

$$|f_n(x_n) - f(x_0)| \leqslant |f_n(x_n) - f(x_n)| + |f(x_n) - f(x_0)| < \varepsilon,$$

即 $\displaystyle\lim_{n\to\infty} f_n(x_n) = f(x_0)$. □

例 4　设对任意的 $n \in \mathbb{N}^+$, 函数 $f_n(x)$ 在闭区间 $[a,b]$ 上连续且函数列 $\{f_n(x)\}$ 一致收敛于 $f(x)$. 证明: 存在 $M > 0$, 对任意的 $n \in \mathbb{N}^+$, $|f_n(x)| < M$ 且 $|f(x)| < M$.

证　由本节性质 1 可知, $f(x)$ 在 $[a,b]$ 上连续. 故存在 $M_0 > 0$ 使得 $|f(x)| \leqslant M_0$. 取 $\varepsilon = 1$. 因为 $\{f_n(x)\}$ 在 $[a,b]$ 上一致收敛于 $f(x)$, 所以存在 $N \in \mathbb{N}^+$, 当 $n > N$ 时, $|f_n(x) - f(x)| < 1$, 即当 $n > N$ 时,

$$|f_n(x)| < |f(x)| + 1 < M_0 + 1.$$

由 $f_n(x)$ 在闭区间 $[a,b]$ 上连续可知, 存在 $M_1 > 0,\ M_2 > 0, \cdots, M_N > 0$ 使得对任意的 $x \in [a,b]$, $|f_1(x)| < M_1,\ |f_2(x)| < M_2, \cdots, |f_N(x)| < M_N$. 取

$$M = \max\{M_1,\ M_2, \cdots, M_N,\ M_0 + 1\}.$$

则对任意的 $n \in \mathbb{N}^+$, $x \in [a,b]$, $|f_n(x)| < M$ 且 $|f(x)| < M$.

例 5　设对任意的 $n \in \mathbb{N}^+$, $u_n(x) = \dfrac{1}{n^3}\ln(1 + n^3 x)$. 令 $S(x) = \displaystyle\sum_{n=1}^{\infty} u_n(x)$.

(1) 证明: $\displaystyle\sum_{n=1}^{\infty} u_n(x)$ 在 $[0,b]$ 上一致收敛, 在 $(0, +\infty)$ 内非一致收敛;

(2) 证明: 函数 $S(x)$ 在开区间 $(0, +\infty)$ 内连续可导.

证　(1) 显然, 存在 $N \in \mathbb{N}^+$, 当 $n > N$ 时,

$$0 \leqslant |u_n(x)| = \frac{1}{n^3}\ln(1 + n^3 x) \leqslant \frac{1}{n^3}\ln(1 + n^3 b) \leqslant \frac{1}{n^2}\frac{\ln(2b) + 3\ln n}{n} \leqslant \frac{1}{n^2}.$$

由 $\displaystyle\sum_{n=1}^{\infty}\frac{1}{n^2}$ 收敛以及 M-判别法可知, $\displaystyle\sum_{n=1}^{\infty} u_n(x)$ 在 $[0,b]$ 上一致收敛. 进一步, 因为

$$\beta_n = \sup_{x \in (0,+\infty)} |u_n(x)| \geqslant u_n\left(e^{n^3}\right) = \frac{1}{n^3}\ln(1 + n^3 e^{n^3}) \geqslant \frac{1}{n^3}\ln e^{n^3} = 1,$$

所以 $u_n(x)$ 在 $(0, +\infty)$ 内不一致收敛于 0, 从而 $\displaystyle\sum_{n=1}^{\infty} u_n(x)$ 在 $(0, +\infty)$ 内非一致收敛.

(2) 任取 $\delta \in (0, +\infty)$. 因为

$$u_n'(x) = \frac{1}{n^3}\frac{n^3}{1 + n^3 x} = \frac{1}{1 + n^3 x} \leqslant \frac{1}{n^3 x},$$

所以对任意的 $n \in \mathbb{N}^+$, $u_n'(x)$ 在 $[\delta, +\infty)$ 上连续. 又因为对任意的 $x \in [\delta, +\infty)$,

$$0 < u_n'(x) \leqslant \frac{1}{n^3 x} \leqslant \frac{1}{\delta n^3},$$

所以由 $\displaystyle\sum_{n=1}^{\infty}\frac{1}{\delta n^3}$ 收敛以及 M-判别法可知, $\displaystyle\sum_{n=1}^{\infty} u_n'(x)$ 在 $[\delta, +\infty)$ 上一致收敛. 故由本节性质 4 可知, $S'(x) = \displaystyle\sum_{n=1}^{\infty} u_n'(x)$. 从而由本节性质 1 可知, $S(x)$ 在 $[\delta, +\infty)$ 上连续可导. 再由 δ 的任意性可知, $S(x)$ 在 $(0, +\infty)$ 上连续可导.　　□

第四节 幂级数的收敛半径和基本性质

幂级数作为一类特殊的函数项级数, 具有非常漂亮的性质, 例如, 在其收敛域内的任何闭子区间上必定一致收敛等. 本节主要介绍幂级数的一些基本性质及其应用, 具体包括收敛域内幂级数的和函数的连续性、幂级数的可逐项微分与逐项求导性质等.

一、幂级数的收敛半径

1. 收敛半径的定义

对于幂级数 $\sum\limits_{n=0}^{\infty} a_n(x-x_0)^n$, 若存在 $r \in \mathbb{R}$ 使得 $\sum\limits_{n=0}^{\infty} a_n(x-x_0)^n$ 在 $|x-x_0| < r$ 内绝对收敛, 在 $|x-x_0| > r$ 内发散, 则称 r 为 $\sum\limits_{n=0}^{\infty} a_n(x-x_0)^n$ 的收敛半径.

2. 收敛半径的计算方法

(1) 对于幂级数 $\sum\limits_{n=0}^{\infty} a_n(x-x_0)^n$, 若 $\varlimsup\limits_{n\to\infty} \sqrt[n]{|a_n|}$ 存在, 则由柯西判别法可知, $\sum\limits_{n=0}^{\infty} a_n(x-x_0)^n$ 的收敛半径为 $r = \dfrac{1}{\varlimsup\limits_{n\to\infty} \sqrt[n]{|a_n|}}$.

(2) 对于幂级数 $\sum\limits_{n=0}^{\infty} a_n(x-x_0)^n$, 若 $\lim\limits_{n\to\infty} \left|\dfrac{a_{n+1}}{a_n}\right|$ 存在, 则由达朗贝尔判别法可知, $\sum\limits_{n=0}^{\infty} a_n(x-x_0)^n$ 的收敛半径为

$$r = \frac{1}{\lim\limits_{n\to\infty} \left|\dfrac{a_{n+1}}{a_n}\right|} = \lim\limits_{n\to\infty} \left|\frac{a_n}{a_{n+1}}\right|.$$

二、幂级数的基本性质

性质 1 若幂级数 $\sum\limits_{n=0}^{\infty} a_n(x-x_0)^n$ 的收敛半径为 r, 则 $\sum\limits_{n=0}^{\infty} a_n(x-x_0)^n$ 在开区间 (x_0-r, x_0+r) 上内闭一致收敛[①]; 若 $\sum\limits_{n=0}^{\infty} a_n(x-x_0)^n$ 在 $x = x_0 + r$ 处收敛, 则必在 $[a, x_0+r]$ 上一致收敛. 同理可得, 若 $\sum\limits_{n=0}^{\infty} a_n(x-x_0)^n$ 在 $x = x_0 - r$ 处收敛, 则必在 $[x_0-r, a]$ 上一致收敛.

---

① 内闭一致收敛是指函数项级数在给定区间内的任意闭子区间上均一致收敛.

性质 2 设幂级数 $\sum\limits_{n=0}^{\infty} a_n(x-x_0)^n$ 的收敛半径为 r, 则其和函数 $S(x)$ 在 (x_0-r,x_0+r) 内连续. 又若 $\sum\limits_{n=0}^{\infty} a_n(x-x_0)^n$ 在 $x=x_0-r$ (或 $x=x_0+r$) 处收敛, 则 $S(x)$ 在 $[x_0-r,x_0+r)$ (或 $(x_0-r,x_0+r]$) 连续.

性质 3 设幂级数 $\sum\limits_{n=0}^{\infty} a_n(x-x_0)^n$ 的收敛半径为 r, 则其和函数 $S(x)$ 在 (x_0-r,x_0+r) 内可逐项积分, 即对任意的 $x\in(x_0-r,x_0+r)$,

$$\sum_{n=0}^{\infty}\int_{x_0}^x a_n(x-x_0)^n\mathrm{d}x = \sum_{n=0}^{\infty}\frac{a_n}{n+1}(x-x_0)^{n+1} = \int_{x_0}^x S(x)\mathrm{d}x,$$

并且逐项积分后的幂级数的收敛半径仍为 r.

性质 4 设幂级数 $\sum\limits_{n=0}^{\infty} a_n(x-x_0)^n$ 的收敛半径为 r, 则其和函数 $S(x)$ 在 (x_0-r,x_0+r) 内可逐项求导, 即对任意的 $x\in(x_0-r,x_0+r)$,

$$\sum_{n=0}^{\infty}\frac{\mathrm{d}}{\mathrm{d}x}(a_n(x-x_0)^n) = \sum_{n=1}^{\infty} na_n(x-x_0)^{n-1} = \frac{\mathrm{d}}{\mathrm{d}x}S(x),$$

并且逐项求导后的幂级数的收敛半径仍为 r.

性质 5 若存在 $\delta>0$, 使得函数 $f(x)$ 在 $(x_0-\delta,x_0+\delta)$ 内任意阶可导, 则对任意的 $x\in(x_0-\delta,x_0+\delta)$,

$$f(x) = f(x_0) + \frac{f'(x_0)}{1!}(x-x_0) + \cdots + \frac{f^{(n)}(x_0)}{n!}(x-x_0)^n + R_n(x),$$

其中

$$R_n(x) = \frac{1}{n!}\int_{x_0}^x f^{(n+1)}(t)(x-t)^n\mathrm{d}t.$$

进一步, 若对任意的 $x\in(x_0-\delta,x_0+\delta)$ 且满足 $\lim\limits_{n\to\infty} R_n(x)=0$, 则

$$f(x) = f(x_0) + \frac{f'(x_0)}{1!}(x-x_0) + \cdots + \frac{f^{(n)}(x_0)}{n!}(x-x_0)^n + \cdots,$$

即函数 $f(x)$ 可展开为幂级数形式. 特别地, 取 $x_0=0$, 则得到 $f(x)$ 在 $x_0=0$ 的幂级数展式, 称其为 $f(x)$ 的麦克劳林级数.

下面给出一些常见函数的幂级数展式及其收敛域.

(1) $\dfrac{1}{1-x} = 1 + x + x^2 + \cdots + x^n + \cdots \ (-1 < x < 1)$;

(2) $\mathrm{e}^x = 1 + x + \dfrac{x^2}{2!} + \cdots + \dfrac{x^n}{n!} + \cdots \ (-\infty < x < +\infty)$;

(3) $\sin x = x - \dfrac{x^3}{3!} + \dfrac{x^5}{5!} + \cdots + (-1)^n \dfrac{x^{2n+1}}{(2n+1)!} + \cdots \ (-\infty < x < +\infty)$;

(4) $\cos x = 1 - \dfrac{x^2}{2!} + \dfrac{x^4}{4!} + \cdots + (-1)^n \dfrac{x^{2n}}{(2n)!} + \cdots \ (-\infty < x < +\infty)$;

(5) $\ln(1+x) = x - \dfrac{x^2}{2} + \dfrac{x^3}{3} + \cdots + (-1)^{n-1} \dfrac{x^n}{n} + \cdots \ (-1 < x \leqslant 1)$;

(6) $(1+x)^\alpha = 1 + \alpha x + \dfrac{\alpha(\alpha-1)}{2!} x^2 + \cdots + \dfrac{\alpha(\alpha-1)\cdots(\alpha-n+1)}{n!} x^n + \cdots$,

其收敛域为

$$
\begin{cases}
(-1,1), & \alpha \leqslant -1, \\
(-1,1], & -1 < \alpha < 0, \\
[-1,1], & \alpha > 0.
\end{cases}
$$

性质 6　若函数 $f(x) = \displaystyle\sum_{n=0}^{\infty} a_n x^n$ 在开区间 $(-r,r)$ 内收敛且满足数项级数

$\displaystyle\sum_{n=0}^{\infty} a_n \dfrac{r^{n+1}}{n+1}$ 收敛, 则 $\displaystyle\int_0^r f(x)\mathrm{d}x = \sum_{n=0}^{\infty} a_n \dfrac{r^{n+1}}{n+1}$.

证　因为函数 $f(x)$ 在开区间 $(-r,r)$ 内收敛, 所以在 $(-r,r)$ 上内闭一致收敛. 从而对任意的 $x \in (-r,r)$,

$$
\int_0^x f(t)\mathrm{d}t = \int_0^x \sum_{n=0}^{\infty} a_n t^n \mathrm{d}t = \sum_{n=0}^{\infty} a_n \frac{x^{n+1}}{n+1},
$$

即 $\displaystyle\sum_{n=0}^{\infty} a_n \dfrac{x^{n+1}}{n+1}$ 在 $(-r,r)$ 内收敛. 又因为 $\displaystyle\sum_{n=0}^{\infty} a_n \dfrac{r^{n+1}}{n+1}$ 收敛, 所以 $\displaystyle\sum_{n=0}^{\infty} a_n \dfrac{x^{n+1}}{n+1}$ 在 $[0,r]$ 上一致收敛, 从而其和函数在 $x = r$ 处左连续. 因此,

$$
\int_0^r f(x)\mathrm{d}x = \lim_{x \to r^-} \sum_{n=0}^{\infty} a_n \frac{x^{n+1}}{n+1} = \sum_{n=0}^{\infty} a_n \frac{r^{n+1}}{n+1}. \qquad \square
$$

例 1　将函数 $f(x) = \arctan x$ 在 $x = 0$ 处展开为幂级数形式.

证　因为 $f'(x) = (\arctan x)' = \dfrac{1}{1+x^2}$ 且 $\arctan(0) = 0$, 所以

$$\arctan x = \int_0^x \frac{1}{1+t^2}\mathrm{d}t = \int_0^x \sum_{n=0}^{\infty}(-t^2)^n \mathrm{d}t.$$

由本节性质 3 可知, $\arctan x = \sum_{n=0}^{\infty}(-1)^n \dfrac{x^{2n+1}}{2n+1}$, $x \in (-1,1)$. 又因为当 $x = -1$

和 $x = 1$ 时, 级数 $\sum\limits_{n=0}^{\infty}(-1)^n \dfrac{x^{2n+1}}{2n+1}$ 收敛. 所以

$$\arctan x = \sum_{n=0}^{\infty}(-1)^n \frac{x^{2n+1}}{2n+1}, \quad x \in [-1,1]. \qquad \Box$$

例 2　证明: $\displaystyle\int_0^1 \frac{\mathrm{d}x}{x^x} = \sum_{n=1}^{\infty} \frac{1}{n^n}$.

证　显然, $x^{-x} = \mathrm{e}^{-x \ln x} = \sum\limits_{n=0}^{\infty} \dfrac{(-x \ln x)^n}{n!}$. 因为对任意的 $x \in [0,1]$,

$$\left|\frac{(-x \ln x)^n}{n!}\right| = \left|\frac{(x \ln x)^n}{n!}\right| = \frac{|x \ln x|^n}{|n!|} \leqslant \frac{\mathrm{e}^{-n}}{n!},$$

且 $\sum\limits_{n=0}^{\infty} \dfrac{\mathrm{e}^{-n}}{n!}$ 收敛, 所以由 M-判别法可知, $\sum\limits_{n=0}^{\infty} \dfrac{(-x \ln x)^n}{n!}$ 在 $[0,1]$ 上一致收敛. 因为

$$\int_0^1 x^n \ln^n x \mathrm{d}x = \frac{1}{n+1}\int_0^1 \ln^n x \mathrm{d}(x^{n+1}) = (-1)^n \frac{n!}{(n+1)^{n+1}},$$

所以由本节性质 3 可得

$$\int_0^1 x^{-x}\mathrm{d}x = \int_0^1 \sum_{n=0}^{\infty} \frac{(-x \ln x)^n}{n!}\mathrm{d}x = \sum_{n=0}^{\infty}\int_0^1 \frac{(-x \ln x)^n}{n!}\mathrm{d}x$$

$$= \sum_{n=0}^{\infty} \frac{1}{(n+1)^{n+1}} = \sum_{n=1}^{\infty} \frac{1}{n^n}. \qquad \Box$$

例 3　将函数 $f(x) = \arctan \dfrac{1-3x}{1+3x}$ 展成 x 的幂级数, 并求 $\sum\limits_{n=0}^{\infty} \dfrac{(-1)^n}{2n+1}$ 的和.

解　因为 $f'(x) = \dfrac{1}{1+\left(\dfrac{1-3x}{1+3x}\right)^2} \cdot \dfrac{-6}{(3x+1)^2} = \dfrac{-3}{1+(3x)^2}$ 且 $f(0) = \dfrac{\pi}{4}$, 所以

$$f(x) = \int_0^x f'(t)\mathrm{d}t + f(0) = \int_0^x \frac{-3}{1+(3t)^2}\mathrm{d}t + f(0) = \frac{\pi}{4} - \arctan 3x.$$

又因为对任意的 $x \in [-1, 1]$, $\arctan x = \sum\limits_{n=0}^{\infty} (-1)^n \dfrac{x^{2n+1}}{2n+1}$, 所以

$$f(x) = \frac{\pi}{4} - \arctan 3x = \frac{\pi}{4} - \sum_{n=0}^{\infty} (-1)^n \frac{(3x)^{2n+1}}{2n+1},$$

其收敛域为 $-\dfrac{1}{3} \leqslant x \leqslant \dfrac{1}{3}$. 考虑数项级数 $\sum\limits_{n=0}^{\infty} \dfrac{(-1)^n}{2n+1}$, 令

$$u_n = \frac{1}{2n+1}, \quad S = \sum_{n=0}^{\infty} \frac{(-1)^n}{2n+1}.$$

显然, 由莱布尼茨判别法可知, $\sum\limits_{n=0}^{\infty} \dfrac{(-1)^n}{2n+1}$ 收敛. 令 $S(x) = \sum\limits_{n=0}^{\infty} (-1)^n u_n x^{2n+1}$, 其

收敛域为 $[-1, 1]$. 因为 $S(x) = S(x) - S(0) = \displaystyle\int_0^x S'(t)\mathrm{d}t$, 所以由本节性质 4 可

得 $S'(x) = \sum\limits_{n=0}^{\infty} (-1)^n x^{2n} = \dfrac{1}{1+x^2}$. 从而

$$S(x) = \int_0^x S'(t)\mathrm{d}t = \int_0^x \frac{1}{1+t^2}\mathrm{d}t = \arctan x.$$

因此, 由本节性质 2 可知, $S = \lim\limits_{x \to 1^-} S(x) = \lim\limits_{x \to 1^-} \arctan x = \dfrac{\pi}{4}$.

例 4　设函数 $f(x) = \dfrac{1}{1-x-x^2}$. 证明:

(1) $\dfrac{f^n(0)}{n!} = \dfrac{f^{n-1}(0)}{(n-1)!} + \dfrac{f^{n-2}(0)}{(n-2)!}$; (2) 数项级数 $\sum\limits_{n=0}^{\infty} \dfrac{n!}{f^n(0)}$ 收敛.

证　(1) 令 $a = \dfrac{\sqrt{5}+1}{2}$ 且 $b = \dfrac{\sqrt{5}-1}{2}$. 则对任意的 $x \in (-1, 1)$,

$$\begin{aligned}
f(x) &= \frac{1}{\sqrt{5}}\left(\frac{1}{x+a} + \frac{1}{b-x}\right) \\
&= \frac{1}{\sqrt{5}a} \cdot \frac{1}{1+\dfrac{x}{a}} + \frac{1}{\sqrt{5}b} \cdot \frac{1}{1-\dfrac{x}{b}} \\
&= \frac{1}{\sqrt{5}a} \sum_{n=0}^{\infty} \left(-\frac{x}{a}\right)^n + \frac{1}{\sqrt{5}b} \sum_{n=0}^{\infty} \left(\frac{x}{b}\right)^n \\
&= \frac{1}{\sqrt{5}} \sum_{n=0}^{\infty} \left(\frac{(-1)^n}{a^{n+1}} + \frac{1}{b^{n+1}}\right) x^n.
\end{aligned}$$

从而 $\dfrac{f^{(n)}(0)}{n!} = \dfrac{1}{\sqrt{5}}\left(\dfrac{(-1)^n}{a^{n+1}} + \dfrac{1}{b^{n+1}}\right)$. 同理可得

$$\frac{f^{(n-1)}(0)}{(n-1)!} = \frac{1}{\sqrt{5}}\left(\frac{(-1)^{n-1}}{a^n} + \frac{1}{b^n}\right),$$

$$\frac{f^{(n-2)}(0)}{(n-2)!} = \frac{1}{\sqrt{5}}\left(\frac{(-1)^{n-2}}{a^{n-1}} + \frac{1}{b^{n-1}}\right).$$

从而

$$\begin{aligned}
\frac{f^{(n-1)}(0)}{(n-1)!} + \frac{f^{(n-2)}(0)}{(n-2)!} &= \frac{1}{\sqrt{5}}\left(\frac{(-1)^{n-1}}{a^n} + \frac{(-1)^{n-2}}{a^{n-1}} + \frac{1}{b^n} + \frac{1}{b^{n-1}}\right) \\
&= \frac{1}{\sqrt{5}}\left(\frac{(a^2-a)(-1)^n}{a^{n+1}} + \frac{b^2+b}{b^{n+1}}\right) \\
&= \frac{1}{\sqrt{5}}\left(\frac{(-1)^n}{a^{n+1}} + \frac{1}{b^{n+1}}\right) = \frac{f^{(n)}(0)}{n!}.
\end{aligned}$$

(2) 因为 $ab = 1$, 所以

$$\frac{f^{(n)}(0)}{n!} = \frac{a^{n+1}}{\sqrt{5}}\left(1 + (-1)^n\left(\frac{b}{a}\right)^{n+1}\right) \geqslant \frac{a^{n+1}}{\sqrt{5}}\left(1 - \left(\frac{b}{a}\right)^{n+1}\right) > 0.$$

这表明 $\sum\limits_{n=0}^{\infty} \dfrac{n!}{f^{(n)}(0)}$ 是正项级数. 又因为

$$\lim_{n\to\infty} \frac{\dfrac{n!}{f^{(n)}(0)}}{\dfrac{1}{a^{n+1}}} = \sqrt{5}\lim_{n\to\infty} \frac{1}{\left(1 + (-1)^n\left(\dfrac{b}{a}\right)^{n+1}\right)} = \sqrt{5} \neq 0,$$

且 $\sum\limits_{n=0}^{\infty} \dfrac{1}{a^{n+1}}$ 收敛, 所以由比较判别法可知, $\sum\limits_{n=0}^{\infty} \dfrac{n!}{f^{(n)}(0)}$ 收敛.

例 5[①]　设函数 $f(x) = \sum\limits_{n=1}^{\infty} \dfrac{x^n}{n^2}(0 \leqslant x \leqslant 1)$. 证明: 当 $0 < x < 1$ 时,

$$f(x) + f(1-x) + \ln x \cdot \ln(1-x) = \frac{\pi^2}{6}.$$

---

① 例 5 的求解利用了 $\dfrac{1}{1^2} + \dfrac{1}{2^2} + \cdots + \dfrac{1}{n^2} + \cdots = \dfrac{\pi^2}{6}$ 这一重要结果.

证 显然, 幂级数 $\sum\limits_{n=1}^{\infty}\dfrac{x^n}{n^2}$ 的收敛域为 $[-1,1]$, 故 $f(x)$ 在 $x=1$ 处左连续. 令

$$F(x)=f(x)+f(1-x)+\ln x(\ln(1-x)).$$

则 $F(x)$ 在 $(0,1)$ 内连续且 $F'(x)=f'(x)-f'(1-x)+\dfrac{\ln(1-x)}{x}-\dfrac{\ln x}{1-x}$. 因为

$$f'(x)=\sum_{n=1}^{\infty}\frac{x^{n-1}}{n}=\frac{1}{x}\sum_{n=1}^{\infty}\frac{x^n}{n}=\frac{1}{x}\int_0^x\sum_{n=1}^{\infty}t^{n-1}\mathrm{d}t$$

$$=\frac{1}{x}\int_0^x\frac{1}{1-t}\mathrm{d}t=-\frac{\ln(1-x)}{x},$$

所以 $f'(1-x)=-\dfrac{\ln(1-(1-x))}{1-x}=-\dfrac{\ln x}{1-x}$. 从而

$$F'(x)=-\frac{\ln(1-x)}{x}+\frac{\ln x}{1-x}+\frac{\ln(1-x)}{x}-\frac{\ln x}{1-x}=0.$$

故对任意的 $x\in(0,1)$, $F(x)=C$, 其中 C 为常数. 因为

$$\lim_{x\to1^-}F(x)=f(1)+f(0)+\lim_{x\to1^-}\ln x(\ln(1-x))$$

$$=\frac{\pi^2}{6}+\lim_{x\to1^-}\ln x(\ln(1-x))=\frac{\pi^2}{6},$$

所以 $f(x)+f(1-x)+\ln x\cdot\ln(1-x)=\dfrac{\pi^2}{6}$. □

例 6 计算幂级数 $\sum\limits_{n=0}^{\infty}(n^2+1)3^nx^n$ 的和.

解 因为对任意的 $t\in(-1,1)$, $\dfrac{1}{1-t}=\sum\limits_{n=0}^{\infty}t^n$, 所以 $\dfrac{1}{(1-t)^2}=\sum\limits_{n=1}^{\infty}nt^{n-1}$. 从而有 $\dfrac{t}{(1-t)^2}=\sum\limits_{n=1}^{\infty}nt^n$. 故对任意的 $t\in(-1,1)$, $\sum\limits_{n=1}^{\infty}n^2t^{n-1}=\dfrac{1+t}{(1-t)^3}$. 所以

$$\sum_{n=1}^{\infty}n^2t^n=\frac{t(1+t)}{(1-t)^3},\quad t\in(-1,1).$$

因此, 当 $t\in(-1,1)$ 时,

$$\sum_{n=0}^{\infty}(n^2+1)t^n=\sum_{n=0}^{\infty}n^2t^n+\sum_{n=0}^{\infty}t^n=\frac{t(1+t)}{(1-t)^3}+\frac{1}{1-t}=\frac{2t^2-t+1}{(1-t)^3}.$$

从而当 $|x| < \dfrac{1}{3}$ 时, $\displaystyle\sum_{n=0}^{\infty}(n^2+1)3^n x^n = \sum_{n=0}^{\infty}(n^2+1)(3x)^n = \dfrac{18x^2-3x+1}{(1-3x)^3}$.

例 7 证明: $\displaystyle\sum_{n=1}^{\infty}\dfrac{(-1)^{n-1}}{3n-2} = \dfrac{1}{3}\ln 2 + \dfrac{\sqrt{3}}{9}\pi$.

证 因为对任意的 $x \in (-1,1)$, $\dfrac{1}{1+x^3} = \displaystyle\sum_{n=0}^{\infty}(-1)^n x^{3n}$ 且数项级数 $\displaystyle\sum_{n=0}^{\infty}\dfrac{(-1)^n}{3n+1}$ 收敛, 所以由本节性质 6 可知

$$
\begin{aligned}
\sum_{n=1}^{\infty}\frac{(-1)^{n-1}}{3n-2} &= \sum_{n=0}^{\infty}\frac{(-1)^n}{3n+1} = \int_0^1 \frac{1}{1+x^3}\mathrm{d}x \\
&= \int_0^1 \left(\frac{1}{3}\cdot\frac{1}{1+x} - \frac{1}{3}\cdot\frac{x-2}{x^2-x+1}\right)\mathrm{d}x \\
&= \frac{1}{3}\ln(1+x)\Big|_0^1 - \frac{1}{6}\int_0^1 \frac{2x-1-3}{x^2-x+1}\mathrm{d}x \\
&= \frac{1}{3}\ln 2 - \frac{1}{6}\int_0^1 \frac{2x-1}{x^2-x+1}\mathrm{d}x + \frac{1}{6}\int_0^1 \frac{3}{x^2-x+1}\mathrm{d}x \\
&= \frac{1}{3}\ln 2 + \frac{\sqrt{3}}{9}\pi. \qquad\qquad \square
\end{aligned}
$$

例 8 设幂级数 $S(x) = \displaystyle\sum_{n=0}^{\infty}a_n x^n$ 的系数满足 $a_{n+2}+c_1 a_{n+1}+c_2 a_n = 0$ $(n \geqslant 0)$, 其中 c_1, c_2 是常数 $a_0 = 1, a_1 = -7, a_2 = -1, a_3 = -43$.

(1) 求和函数 $S(x)$ 的表达式;

(2) 求 a_n 的表达式与 $\displaystyle\sum_{n=0}^{\infty}a_n x^n$ 的收敛半径.

解 (1) 因为对任意的 $n \in \mathbb{N}^+$, $a_{n+2}+c_1 a_{n+1}+c_2 a_n = 0$ 且 $a_0 = 1$, $a_1 = -7$, $a_2 = -1$, $a_3 = -43$, 所以 $-1-7c_1+c_2 = 0$ 且 $-43-c_1-7c_2 = 0$. 故 $c_1 = -1$, $c_2 = -6$. 因此, $a_{n+2}-a_{n+1}-6a_n = 0$. 所以

$$
\sum_{n=0}^{\infty}a_{n+2}x^{n+2} = \sum_{n=0}^{\infty}a_{n+1}x^{n+2} + 6\sum_{n=0}^{\infty}a_n x^{n+2}.
$$

从而 $S(x) - a_0 - a_1 x = x(S(x)-a_0) + 6x^2 S(x)$, 即

$$
S(x) = \frac{a_0 + (a_1-a_0)x}{1-x-6x^2} = \frac{1-8x}{1-x-6x^2}.
$$

(2) 因为

$$\frac{1-8x}{1-x-6x^2} = \frac{2}{1+2x} - \frac{1}{1-3x} = \sum_{n=0}^{\infty}((-1)^n 2^{n+1} - 3^n)x^n,$$

所以对任意的 $n \in \mathbb{N}^+$, $a_n = (-1)^n 2^{n+1} - 3^n$. 从而 $r = \lim\limits_{n\to\infty}\left|\dfrac{a_n}{a_{n+1}}\right| = \dfrac{1}{3}$.

习　题　六

1. 设正项级数 $\sum\limits_{n=1}^{\infty} a_n$ 收敛且 $\{a_n\}$ 单调递减. 证明: $\lim\limits_{n\to\infty} \dfrac{n^2}{\dfrac{1}{a_1} + \dfrac{1}{a_2} + \cdots + \dfrac{1}{a_n}}$ 存在.

(提示: 利用斯托尔茨定理以及第一章第五节的例 6.)

2. 判断数项级数 $\sum\limits_{n=1}^{\infty} \ln\cos\dfrac{1}{n}$ 的敛散性.

3. 证明: 正项级数 $\sum\limits_{n=1}^{\infty}\left(\dfrac{1}{\sqrt{n}} - \sqrt{\ln\left(1+\dfrac{1}{n}\right)}\right)$ 收敛.

(提示: 利用泰勒展式和比较判别法.)

4. 设函数 $f(x)$ 在 $[0, +\infty)$ 内可导且 $f'(x) \geqslant K > 0$. 证明: $\sum\limits_{n=1}^{\infty} \dfrac{1}{1+f^2(n)}$ 收敛.

(提示: 利用柯西积分判别法.)

5. 证明: 函数项级数 $\sum\limits_{n=1}^{\infty} nxe^{-nx}$ 在 $(0, +\infty)$ 内非一致收敛但可逐项求导.

6. 对任意的 $x \in [a,b]$, 令 $f(x) = \sum\limits_{n=1}^{\infty} u_n(x)$. 若对任意的 $n \in \mathbb{N}^+$, $u_n(x)$ 与 $f(x)$ 在闭区间 $[a,b]$ 上连续且非负. 证明: 函数项级数 $\sum\limits_{n=1}^{\infty} u_n(x)$ 在 $[a,b]$ 上一致收敛于 $f(x)$.

7. 设函数 $f_0(x)$ 在闭区间 $[a,b]$ 上可积且对任意的 $n \in \mathbb{N}^+$, $f_n(x) = \int_a^x f_{n-1}(t)\mathrm{d}t$ $(a \leqslant x \leqslant b)$. 证明: 函数列 $\{f_n(x)\}$ 在 $[a,b]$ 上一致收敛于 0.

8. 设幂级数 $f(x) = \sum\limits_{k=0}^{\infty} a_k x^k$ 的收敛半径 $r = +\infty$. 令 $f_n(x) = \sum\limits_{k=0}^{n} a_k x^k$. 证明: 若 $a < b$, 则 $\{f(f_n(x))\}$ 在 $[a,b]$ 上一致收敛于 $f(f(x))$.

(提示: 利用 $[a,b]$ 上函数列 $\{f_n(x)\}$ 一致收敛于 $f(x)$ 以及函数 $f(x)$ 的连续性.)

9. 设 $x \geqslant 0$. 求幂级数 $\sum\limits_{n=1}^{\infty} \dfrac{x^n}{4n-3}$ 的和函数.

$\left(\text{提示: 作变换 } x = t^4, \text{则 } \sum\limits_{n=1}^{\infty} \dfrac{x^n}{4n-3} = t^4 \sum\limits_{n=1}^{\infty} \dfrac{t^{4n-4}}{4n-3}.\right)$

10. 求幂级数 $1 + \sum\limits_{n=1}^{\infty} (-1)^n \dfrac{x^{2n}}{2n}$ 的和函数的极值.

(提示: 利用幂级数的逐项微分性质或函数 $\ln(1+x)$ 的幂级数展式.)

第七章　广义积分理论与方法

第一节　广义积分的定义及敛散性判别

定积分一般要求积分区间为有限区间且被积函数为有界函数. 因此, 对定积分的拓展可以从这两个方面进行. 本节主要介绍单变量函数的无穷限广义积分与无界广义积分, 给出这两类广义积分敛散性判别的一些常见方法及其应用.

一、广义积分的定义

定义 1　设函数 $f(x)$ 在 $[a, +\infty)$ 上有定义且对任意的 $A(A > a)$, $f(x)$ 在闭区间 $[a, A]$ 上可积. 若 $\lim\limits_{A \to +\infty} \int_a^A f(x)\mathrm{d}x$ 存在, 则称其值为 $f(x)$ 在无限区间 $[a, +\infty)$ 上的广义积分值, 记作

$$\int_a^{+\infty} f(x)\mathrm{d}x = \lim_{A \to +\infty} \int_a^A f(x)\mathrm{d}x.$$

此时也称无穷限广义积分 $\int_a^{+\infty} f(x)\mathrm{d}x$ 收敛. 否则称无穷限广义积分 $\int_a^{+\infty} f(x)\mathrm{d}x$ 发散.

注 1　其他类型的无穷限广义积分可类似定义为

$$\int_{-\infty}^b f(x)\mathrm{d}x = \lim_{A \to -\infty} \int_A^b f(x)\mathrm{d}x,$$

$$\int_{-\infty}^{+\infty} f(x)\mathrm{d}x = \int_{-\infty}^a f(x)\mathrm{d}x + \int_a^{+\infty} f(x)\mathrm{d}x$$

$$= \lim_{A' \to -\infty} \int_{A'}^a f(x)\mathrm{d}x + \lim_{A \to +\infty} \int_a^A f(x)\mathrm{d}x.$$

定义 2　若存在 $\delta > 0$, 在 $(a - \delta, a + \delta)$ 或 $(a - \delta, a)$ 或 $(a, a + \delta)$ 内函数 $f(x)$ 无界, 则称 $x = a$ 为 $f(x)$ 的奇点.

定义 3　设函数 $f(x)$ 以 $x = b$ 为奇点且对任意充分小的正数 η, $f(x)$ 在闭区间 $[a, b - \eta]$ 上可积. 若 $\lim\limits_{\eta \to 0+} \int_a^{b-\eta} f(x)\mathrm{d}x$ 存在, 则称其值为 $f(x)$ 在闭区间

$[a, b]$ 上的广义积分值. 此时也称无界广义积分 $\displaystyle\int_a^b f(x)\mathrm{d}x$ 收敛. 否则称无界广义

积分 $\displaystyle\int_a^b f(x)\mathrm{d}x$ 发散.

注 2　(1) 如果 $x=a$ 是被积函数 $f(x)$ 的奇点, 则定义无界广义积分

$$\int_a^b f(x)\mathrm{d}x = \lim_{\eta \to 0^+} \int_{a+\eta}^b f(x)\mathrm{d}x.$$

(2) 若 $c \in (a,b)$ 为被积函数 $f(x)$ 的奇点, 则定义无界广义积分

$$\int_a^b f(x)\mathrm{d}x = \int_a^c f(x)\mathrm{d}x + \int_c^b f(x)\mathrm{d}x$$

$$= \lim_{\eta_1 \to 0^+} \int_a^{c-\eta_1} f(x)\mathrm{d}x + \lim_{\eta_2 \to 0^+} \int_{c+\eta_2}^b f(x)\mathrm{d}x.$$

注 3　对于积分区间是无限区间且同时被积函数含有奇点的情况, 不妨设 $b \in (a, +\infty)$ 是函数 $f(x)$ 的奇点, 则可将此广义积分分解为

$$\int_a^{+\infty} f(x)\mathrm{d}x = \int_a^b f(x)\mathrm{d}x + \int_b^c f(x)\mathrm{d}x + \int_c^{+\infty} f(x)\mathrm{d}x.$$

若右端三个广义积分中至少有一个广义积分发散, 则广义积分 $\displaystyle\int_a^{+\infty} f(x)\mathrm{d}x$ 发散.

当右端三个广义积分均收敛时, 广义积分 $\displaystyle\int_a^{+\infty} f(x)\mathrm{d}x$ 收敛. 对于积分区间是无限区间且同时被积函数含有多个奇点的情况, 可用类似的方法进行处理.

二、广义积分敛散性的判别方法

对于无穷限广义积分 $\displaystyle\int_a^{+\infty} f(x)\mathrm{d}x$, 如果 $\displaystyle\int_a^{+\infty} |f(x)|\mathrm{d}x$ 收敛, 则称 $\displaystyle\int_a^{+\infty} f(x)\mathrm{d}x$

绝对收敛; 如果 $\displaystyle\int_a^{+\infty} |f(x)|\mathrm{d}x$ 发散但 $\displaystyle\int_a^{+\infty} f(x)\mathrm{d}x$ 收敛, 则称 $\displaystyle\int_a^{+\infty} f(x)\mathrm{d}x$ 条件收敛. 类似可定义无界广义积分的绝对收敛和条件收敛.

注 4　(1) 若无穷限广义积分绝对收敛, 则其必收敛. 反之不一定成立. 例如: 无穷限广义积分 $\displaystyle\int_1^{+\infty} \frac{\sin x}{x}\mathrm{d}x$ 收敛, 但非绝对收敛.

(2) 若无界广义积分绝对收敛, 则其必收敛. 反之不一定成立. 例如: 当 $1 < r < 2$ 时, 无界广义积分 $\displaystyle\int_0^1 \frac{\sin\dfrac{1}{x}}{x^r}\mathrm{d}x$ 收敛, 但不绝对收敛.

注 5 (1) 对于无穷限广义积分, 其平方收敛性与绝对收敛性之间无必然联系. 例如: 取 $f(x) = x^{-\frac{3}{4}}$, $x \in (1, +\infty)$. 则 $\int_1^{+\infty} f^2(x)\mathrm{d}x$ 收敛, 但 $\int_1^{+\infty} |f(x)|\mathrm{d}x$ 发散. 取

$$f(x) = \begin{cases} n^2, & n \leqslant x < n + \dfrac{1}{n^4}, \\ 0, & n + \dfrac{1}{n^4} \leqslant x < n + 1. \end{cases}$$

则 $\int_1^{+\infty} |f(x)|\mathrm{d}x = \sum\limits_{n=1}^{\infty} \dfrac{1}{n^2}$ 收敛, 但

$$\int_1^{+\infty} f^2(x)\mathrm{d}x = \frac{1}{1^4} \cdot 1^4 + \frac{1}{2^4} \cdot 2^4 + \cdots = \infty.$$

(2) 若无界广义积分平方收敛, 则必绝对收敛, 反之不一定成立. 例如: 取 $f(x) = \dfrac{1}{(x-1)^{\frac{1}{2}}}$, $x \in (1, 2)$. 则 $\int_1^2 |f(x)|\mathrm{d}x$ 收敛, 但 $\int_1^2 f^2(x)\mathrm{d}x$ 发散.

对于无穷限广义积分和无界广义积分, 用定义判别其敛散性往往可能比较困难. 下面给出这两类广义积分敛散性判别的一些常见方法. 首先给出无穷限广义积分敛散性的一些判别方法. 仅以 $\int_a^{+\infty} f(x)\mathrm{d}x$ 为例, 其余情形有类似结果.

1. 柯西收敛原理

$\int_a^{+\infty} f(x)\mathrm{d}x$ 收敛 $\Longleftrightarrow$ 对任意的 $\varepsilon > 0$, 存在 $A > a$, 当 $A_1, A_2 > A$ 时,

$$\left| \int_{A_1}^{A_2} f(x)\mathrm{d}x \right| < \varepsilon.$$

2. 比较判别法 (不等式形式)

(1) 若存在 $x_0 \in (a, +\infty)$, 当 $x \geqslant x_0$ 时, $|f(x)| \leqslant \varphi(x)$ 且 $\int_a^{+\infty} \varphi(x)\mathrm{d}x$ 收敛, 则 $\int_a^{+\infty} f(x)\mathrm{d}x$ 绝对收敛;

(2) 若存在 $x_0 \in (a, +\infty)$, 当 $x \geqslant x_0$ 时, $|f(x)| \geqslant \varphi(x) \geqslant 0$ 且 $\int_a^{+\infty} \varphi(x)\mathrm{d}x$ 发散, 则 $\int_a^{+\infty} |f(x)|\mathrm{d}x$ 发散.

3. **比较判别法** (极限形式)

(1) 若 $\lim\limits_{x\to+\infty}\dfrac{|f(x)|}{\varphi(x)}=l$, 其中 $0\leqslant l<+\infty$ 且 $\displaystyle\int_a^{+\infty}\varphi(x)\mathrm{d}x$ 收敛, 则 $\displaystyle\int_a^{+\infty}f(x)\mathrm{d}x$ 绝对收敛;

(2) 若 $\lim\limits_{x\to+\infty}\dfrac{|f(x)|}{\varphi(x)}=l$, $0<l\leqslant+\infty$ 且 $\displaystyle\int_a^{+\infty}\varphi(x)\mathrm{d}x$ 发散, 则 $\displaystyle\int_a^{+\infty}|f(x)|\mathrm{d}x$ 发散.

4. **柯西判别法** (不等式形式)

(1) 若 $|f(x)|\leqslant\dfrac{c}{x^p}$ $(c>0,\ p>1)$, 则 $\displaystyle\int_a^{+\infty}f(x)\mathrm{d}x$ 绝对收敛;

(2) 若 $|f(x)|\geqslant\dfrac{c}{x^p}$ $(c>0,\ p\leqslant1)$, 存在 $x_0\in(a,+\infty)$, 当 $x\geqslant x_0$ 时, 函数 $f(x)$ 不变号, 则 $\displaystyle\int_a^{+\infty}f(x)\mathrm{d}x$ 发散.

5. **柯西判别法** (极限形式)

设 $\lim\limits_{x\to+\infty}x^p|f(x)|=l$.

(1) 若 $0\leqslant l<+\infty$, $p>1$, 则 $\displaystyle\int_a^{+\infty}f(x)\mathrm{d}x$ 绝对收敛;

(2) 若 $0<l\leqslant+\infty$, $p\leqslant1$, 则 $\displaystyle\int_a^{+\infty}|f(x)|\mathrm{d}x$ 发散.

6. **阿贝尔判别法**

若 $\displaystyle\int_a^{+\infty}f(x)\mathrm{d}x$ 收敛, 函数 $g(x)$ 在 $[a,+\infty)$ 上单调有界, 则 $\displaystyle\int_a^{+\infty}f(x)g(x)\mathrm{d}x$ 收敛.

7. **狄利克雷判别法**

若对任意的 $A>a$, $I(A)=\displaystyle\int_a^{A}f(x)\mathrm{d}x$ 有界, 函数 $g(x)$ 在 $[a,+\infty)$ 上单调 且 $\lim\limits_{x\to+\infty}g(x)=0$, 则 $\displaystyle\int_a^{+\infty}f(x)g(x)\mathrm{d}x$ 收敛.

下面给出无界广义积分敛散性的一些常见判别方法, 仅以 $\displaystyle\int_a^{b}f(x)\mathrm{d}x$ 为例, 其中 $x=a$ 为奇点, 其余情形有类似结果.

8. 柯西收敛原理

$\int_a^b f(x)\mathrm{d}x$ 收敛 $\iff$ 对任意的 $\varepsilon > 0$, 存在 $\delta > 0$, 当 $0 < \eta_1, \eta_2 < \delta$ 时,

$$\left| \int_{a+\eta_1}^{a+\eta_2} f(x)\mathrm{d}x \right| < \varepsilon.$$

9. 比较判别法 (不等式形式)

(1) 若存在 $\delta > 0$, 当 $x \in (a, a+\delta)$ 时, $|f(x)| \leqslant \varphi(x)$ 且 $\int_a^b \varphi(x)\mathrm{d}x$ 收敛, 则 $\int_a^b f(x)\mathrm{d}x$ 绝对收敛;

(2) 若存在 $\delta > 0$, 当 $x \in (a, a+\delta)$ 时, $|f(x)| \geqslant \varphi(x) \geqslant 0$ 且 $\int_a^b \varphi(x)\mathrm{d}x$ 发散, 则 $\int_a^b |f(x)|\mathrm{d}x$ 发散.

10. 比较判别法 (极限形式)

(1) 若 $\lim\limits_{x \to a^+} \dfrac{|f(x)|}{\varphi(x)} = l$, $0 \leqslant l < +\infty$ 且 $\int_a^b \varphi(x)\mathrm{d}x$ 收敛, 则 $\int_a^b f(x)\mathrm{d}x$ 绝对收敛;

(2) 若 $\lim\limits_{x \to a^+} \dfrac{|f(x)|}{\varphi(x)} = l$, $0 < l \leqslant +\infty$ 且 $\int_a^b \varphi(x)\mathrm{d}x$ 发散, 则 $\int_a^b |f(x)|\mathrm{d}x$ 发散.

11. 柯西判别法 (不等式形式)

(1) 若 $|f(x)| \leqslant \dfrac{c}{(x-a)^p}$ $(c > 0,\ p < 1)$, 则 $\int_a^b f(x)\mathrm{d}x$ 绝对收敛;

(2) 若 $|f(x)| \geqslant \dfrac{c}{(x-a)^p}$ $(c > 0,\ p \geqslant 1)$, 则 $\int_a^b |f(x)|\mathrm{d}x$ 发散.

12. 柯西判别法 (极限形式)

设 $\lim\limits_{x \to a^+} (x-a)^p |f(x)| = l$.

(1) 若 $0 \leqslant l < +\infty$, $p < 1$, 则 $\int_a^b f(x)\mathrm{d}x$ 绝对收敛;

(2) 若 $0 < l \leqslant +\infty$, $p \geqslant 1$, 函数 $f(x)$ 在 $(a, b]$ 内不变号, 则 $\int_a^b f(x)\mathrm{d}x$ 发散.

13. 阿贝尔判别法

若 $\displaystyle\int_a^b f(x)\mathrm{d}x$ 收敛且函数 $g(x)$ 在闭区间 $[a,b]$ 上单调有界, 则 $\displaystyle\int_a^b f(x)g(x)\mathrm{d}x$ 收敛.

14. 狄利克雷判别法

设 $\displaystyle\int_{a+\eta}^b f(x)\mathrm{d}x$ 是关于 η 的有界函数, 函数 $g(x)$ 在闭区间 $[a,b]$ 上单调且满足 $\displaystyle\lim_{x\to a^+} g(x)=0$, 则 $\displaystyle\int_a^b f(x)g(x)\mathrm{d}x$ 收敛.

例 1 计算广义积分 $I=\displaystyle\int_0^{+\infty}\dfrac{\mathrm{d}x}{1+x^4}$.

解 令 $x=\dfrac{1}{t}$, 则 $\mathrm{d}x=-\dfrac{1}{t^2}\mathrm{d}t$. 于是

$$I=\int_0^{+\infty}\frac{t^2}{1+t^4}\mathrm{d}t=\int_0^{+\infty}\frac{x^2}{1+x^4}\mathrm{d}x=\frac{1}{2}\int_0^{+\infty}\frac{1+x^2}{1+x^4}\mathrm{d}x$$

$$=\frac{1}{2}\int_0^{+\infty}\frac{1+\dfrac{1}{x^2}}{x^2+\dfrac{1}{x^2}}\mathrm{d}x=\frac{1}{2}\int_0^{+\infty}\frac{\mathrm{d}\left(x-\dfrac{1}{x}\right)}{\left(x-\dfrac{1}{x}\right)^2+2}=\frac{\pi}{2\sqrt{2}}.$$

例 2 设 $\alpha\geqslant 0$. 证明: $I=\displaystyle\int_0^{+\infty}\dfrac{\mathrm{d}x}{(1+x^2)(1+x^\alpha)}=\dfrac{\pi}{4}$.

证 令 $x=\dfrac{1}{t}$, 则 $\mathrm{d}x=-\dfrac{1}{t^2}\mathrm{d}t$. 从而

$$I=\int_{+\infty}^0\frac{-\dfrac{1}{t^2}\mathrm{d}t}{\left(1+\dfrac{1}{t^2}\right)\left(1+\dfrac{1}{t^\alpha}\right)}=\int_0^{+\infty}\frac{t^\alpha\mathrm{d}t}{(1+t^2)(1+t^\alpha)}$$

$$=\frac{1}{2}\int_0^{+\infty}\frac{(1+t^\alpha)\mathrm{d}t}{(1+t^2)(1+t^\alpha)}=\frac{1}{2}\int_0^{+\infty}\frac{\mathrm{d}t}{1+t^2}=\frac{\pi}{4}. \qquad \square$$

例 3 设函数 $f(x)$ 在 $[0,+\infty)$ 上单调递减, $\displaystyle\lim_{x\to+\infty} f(x)=0$ 且 $f'(x)$ 在 $[0,+\infty)$ 上连续. 证明: 广义积分 $\displaystyle\int_0^{+\infty} f'(x)\sin^2 x\mathrm{d}x$ 收敛.

证　因为 $\lim\limits_{x\to+\infty} f(x)\sin^2 x = 0$, 所以

$$\int_0^{+\infty} f'(x)\sin^2 x\mathrm{d}x = f(x)\sin^2 x\Big|_0^{+\infty} - \int_0^{+\infty} f(x)\sin 2x\mathrm{d}x$$

$$= -\int_0^{+\infty} f(x)\sin 2x\mathrm{d}x.$$

又因为对任意的 $A > 0$, $\left|\int_0^A \sin 2x\mathrm{d}x\right| \leqslant 1$, $f(x)$ 在 $[0,+\infty)$ 上单调递减且

$\lim\limits_{x\to+\infty} f(x) = 0$, 所以由狄利克雷判别法知, $\int_0^{+\infty} f(x)\sin 2x\mathrm{d}x$ 收敛. 从而

$\int_0^{+\infty} f'(x)\sin^2 x\mathrm{d}x$ 收敛.　　　　　　　　　　　　　　　　　　　　□

例 4　设函数 $f(x)$ 在区间 $[0,+\infty)$ 上一致连续且广义积分 $\int_0^{+\infty} f(x)\mathrm{d}x$ 收

敛. 证明: $\lim\limits_{x\to+\infty} f(x) = 0$.

证　由 $f(x)$ 在 $[0,+\infty)$ 上一致连续可知, 对任意的 $\varepsilon > 0$, 存在 $\delta > 0$, 不妨设

$\delta < \varepsilon$, 对任意的 $x_1, x_2 \in [0,+\infty)$, 当 $|x_1 - x_2| < \delta$ 时, $|f(x_1) - f(x_2)| < \dfrac{\varepsilon}{2}$. 对任意

的 $n \in \mathbb{N}^+$, 由积分中值定理可知, 存在 $\xi_n \in [(n-1)\delta, n\delta]$ 使得 $\int_{(n-1)\delta}^{n\delta} f(x)\mathrm{d}x =$

$f(\xi_n)\delta$. 因为 $\int_0^{+\infty} f(x)\mathrm{d}x$ 收敛, 所以 $\sum\limits_{n=1}^{\infty} \int_{(n-1)\delta}^{n\delta} f(x)\mathrm{d}x$ 收敛. 从而

$$\lim_{n\to\infty} f(\xi_n) = \lim_{n\to\infty} \frac{1}{\delta} \int_{(n-1)\delta}^{n\delta} f(x)\mathrm{d}x = 0.$$

故存在 $N \in \mathbb{N}^+$, 当 $n > N$ 时, $|f(\xi_n)| < \dfrac{\varepsilon}{2}$. 取 $X = \xi_N$. 则当 $x > X$ 时, 存在

$n_0 \in \mathbb{N}^+$ 使得 $n_0 > N$ 且 $x \in [(n_0-1)\delta, n_0\delta]$. 从而当 $x > X$ 时,

$$|f(x)| \leqslant |f(x) - f(\xi_{n_0})| + |f(\xi_{n_0})| < \varepsilon.$$

故由函数极限的分析定义可知, $\lim\limits_{x\to+\infty} f(x) = 0$.　　　　　　　　　　　□

例 5　设对任意的 $A > a$, 函数 $f(x)$ 与 $g(x)$ 在闭区间 $[a, A]$ 上可积且

$\int_a^{+\infty} f^2(x)\mathrm{d}x$ 与 $\int_a^{+\infty} g^2(x)\mathrm{d}x$ 收敛. 证明:

$$\int_a^{+\infty} (f(x) + g(x))^2\mathrm{d}x \quad 与 \quad \int_a^{+\infty} |f(x)g(x)|\mathrm{d}x$$

收敛.

证 因为 $f(x)$ 与 $g(x)$ 在 $[a, A]$ 上可积, 则 $\displaystyle\int_a^A |f(x)g(x)|\mathrm{d}x$ 存在且 $\displaystyle\int_a^A (f(x)$

$+g(x))^2\mathrm{d}x$ 存在. 由 $\displaystyle\int_a^{+\infty} f^2(x)\mathrm{d}x$ 与 $\displaystyle\int_a^{+\infty} g^2(x)\mathrm{d}x$ 收敛知 $\displaystyle\int_a^{+\infty} (f^2(x)+g^2(x))\mathrm{d}x$

收敛. 故由 $|f(x)g(x)| \leqslant \dfrac{f^2(x) + g^2(x)}{2}$ 及比较判别法知, $\displaystyle\int_a^{+\infty} |f(x)g(x)|\mathrm{d}x$ 收

敛. 又因为

$$(f(x) + g(x))^2 \leqslant f^2(x) + g^2(x) + 2|f(x)g(x)| \leqslant 2(f^2(x) + g^2(x)),$$

所以再由比较判别法可知, $\displaystyle\int_a^{+\infty} (f(x) + g(x))^2\mathrm{d}x$ 收敛. $\qquad\square$

例 6 设函数 $f(x)$ 为定义在区间 $[0, +\infty)$ 上的连续正值函数且广义积分
$\displaystyle\int_0^{+\infty} \dfrac{1}{f(x)}\mathrm{d}x$ 收敛. 证明: $\displaystyle\lim_{A\to+\infty} \dfrac{1}{A^2} \int_0^A f(x)\mathrm{d}x = +\infty$.

证 对任意的 $A > 0$, 由第五章第二节的性质 9 可得

$$\int_{\frac{A}{2}}^A \frac{\sqrt{f(x)}}{\sqrt{f(x)}}\mathrm{d}x \leqslant \left(\int_{\frac{A}{2}}^A f(x)\mathrm{d}x\right)^{\frac{1}{2}} \left(\int_{\frac{A}{2}}^A \frac{1}{f(x)}\mathrm{d}x\right)^{\frac{1}{2}}.$$

故由定积分的性质可得

$$\int_0^A f(x)\mathrm{d}x \geqslant \int_{\frac{A}{2}}^A f(x)\mathrm{d}x \geqslant \frac{1}{4} \int_{\frac{A}{2}}^A \frac{1}{f(x)}\mathrm{d}x.$$

因为 $\displaystyle\int_0^{+\infty} \dfrac{1}{f(x)}\mathrm{d}x$ 收敛, 所以 $\displaystyle\lim_{A\to+\infty} \int_{\frac{A}{2}}^A \dfrac{1}{f(x)}\mathrm{d}x = 0$. 从而

$$\lim_{A\to+\infty} \frac{1}{A^2} \int_0^A f(x)\mathrm{d}x \geqslant \lim_{A\to+\infty} \frac{1}{4\displaystyle\int_{\frac{A}{2}}^A \dfrac{1}{f(x)}\mathrm{d}x} = +\infty,$$

即 $\displaystyle\lim_{A\to+\infty} \dfrac{1}{A^2} \int_0^A f(x)\mathrm{d}x = +\infty$. $\qquad\square$

例 7 讨论广义积分 $I = \displaystyle\int_0^{+\infty} \dfrac{\ln x\, \mathrm{d}x}{x^p|1-x|^q} (p > 0, q > 0)$ 的敛散性.

解　因为 $\displaystyle\lim_{x\to 0^+}\frac{\ln x}{x^p(1-x)^q}=-\infty$ 且

$$\lim_{x\to 1^-}\frac{\ln x}{x^p(1-x)^q}=\begin{cases}0,&q<1,\\[2mm]-\infty,&q>1,\\[2mm]-\dfrac{1}{q},&q=1,\end{cases}$$

$$\lim_{x\to 1^+}\frac{\ln x}{x^p(x-1)^q}=\begin{cases}0,&q<1,\\[2mm]+\infty,&q>1,\\[2mm]\dfrac{1}{q},&q=1,\end{cases}$$

所以 $x=0$ 为奇点. 当 $q>1$ 时, $x=1$ 为奇点. 故当 $q>1$ 时, 可将 I 分解为

$$I=\int_0^{\frac{1}{2}}\frac{\ln x\mathrm{d}x}{x^p|1-x|^q}+\int_{\frac{1}{2}}^1\frac{\ln x\mathrm{d}x}{x^p|1-x|^q}+\int_1^2\frac{\ln x\mathrm{d}x}{x^p|1-x|^q}+\int_2^{+\infty}\frac{\ln x\mathrm{d}x}{x^p|1-x|^q}$$

$$=I_1+I_2+I_3+I_4.$$

对于 I_1, 当 $p\geqslant 1$ 时, $\displaystyle\lim_{x\to 0^+}x^p\left|\frac{\ln x}{x^p|1-x|^q}\right|=+\infty$, 由柯西判别法可知, I_1 发散.

当 $p<1$ 时, 取 α 使得 $p<\alpha<1$. 因为 $\displaystyle\lim_{x\to 0^+}x^\alpha\cdot\frac{\ln x}{x^p|1-x|^q}=0$, 所以由柯西判别法可知, I_1 收敛.

当 $q>1$ 时, 对于 I_2, 因为当 $x\to 1^-$ 时, $\ln x=\ln(1+(x-1))\sim x-1$, 所以

$$\frac{\ln x}{x^p|1-x|^q}\sim\frac{-1}{x^p|1-x|^{q-1}}.$$

从而 $\displaystyle\lim_{x\to 1^-}(1-x)^{q-1}\left|\frac{\ln x}{x^p|1-x|^q}\right|=\lim_{x\to 1^-}(1-x)^{q-1}\left|\frac{1}{x^p}\cdot\frac{-1}{|1-x|^{q-1}}\right|=1$. 故由柯西判别法可知, 当 $0<q-1<1$ 即 $1<q<2$ 时, I_2 收敛, 当 $q\geqslant 2$ 时, I_2 发散.

对于 I_3, 因为当 $x\to 1^+$ 时, $\ln x=\ln(1+(x-1))\sim x-1$, 所以 $\dfrac{\ln x}{x^p|1-x|^q}\sim\dfrac{1}{x^p|1-x|^{q-1}}$. 从而可得

$$\lim_{x\to 1^+}(1-x)^{q-1}\left|\frac{\ln x}{x^p|x-1|^q}\right|=\lim_{x\to 1^+}(1-x)^{q-1}\left|\frac{1}{x^p}\cdot\frac{1}{|1-x|^{q-1}}\right|=1.$$

故由柯西判别法可知, 当 $q-1<1$ 即 $q<2$ 时, I_3 收敛, 当 $q\geqslant 2$ 时, I_3 发散.

对于 I_4, 因为当 $x\to +\infty$ 时, $x^p|x-1|^q\sim x^{p+q}$ 且 $p+q>\alpha$ 时,

$$\lim_{x\to +\infty}x^\alpha\left|\frac{\ln x}{x^p|1-x|^q}\right|=\lim_{x\to +\infty}x^\alpha\left|\frac{\ln x}{x^{p+q}}\right|=0,$$

所以由柯西判别法可知, 当 $\alpha>1$, 即 $p+q>1$ 时, I_4 收敛. 又因为

$$\lim_{x\to +\infty}x^{p+q}\left|\frac{\ln x}{x^p|1-x|^q}\right|=\lim_{x\to +\infty}x^{p+q}\left|\frac{\ln x}{x^{p+q}}\right|=+\infty,$$

所以由柯西判别法可知, 当 $p+q\leqslant 1$ 时, I_4 发散.

当 $q\leqslant 1$ 时, 可将广义积分 I 分解为

$$I=\int_0^2\frac{\ln x\mathrm{d}x}{x^p|1-x|^q}+\int_2^{+\infty}\frac{\ln x\mathrm{d}x}{x^p|1-x|^q}=I_1+I_2.$$

同理可证, 当 $p\geqslant 1$ 时, I_1 发散. 当 $p<1$ 时, I_1 收敛. 当 $p+q>1$ 时, I_2 收敛. 当 $p+q\leqslant 1$ 时, I_2 发散.

综上所述, 当 $p<1$, $q<2$ 且 $p+q>1$ 时, 广义积分 I 收敛, 其余情形发散.

第二节　含参变量广义积分的一致收敛性

含参变量广义积分是含参变量积分的推广, 与函数项级数有非常密切的关系. 本节主要介绍含参变量广义积分一致收敛的定义, 以及判别其一致收敛的一些常见方法.

一、含参变量广义积分的一致收敛性的定义

定义 1　若对任意的 $\varepsilon>0$, 存在 $A_0(\varepsilon)>a$, 当 $A_1,A_2>A_0$ 时, 对任意的 $y\in [c,d]$, $\left|\int_{A_1}^{A_2}f(x,y)\mathrm{d}x\right|<\varepsilon$, 则称无穷限含参变量广义积分 $\int_a^{+\infty}f(x,y)\mathrm{d}x$ 关于 $y\in [c,d]$ 一致收敛.

注 1　定义 1 中的闭区间 $[c,d]$ 可以替换为其他区间, 例如 $[c,d)$, $(c,d]$, $[c,+\infty)$, $(-\infty,d]$ 等. 类似可给出这些无穷限含参变量广义积分一致收敛的定义.

注 2　类似可定义 $\int_{-\infty}^b f(x,y)\mathrm{d}x$ 关于 $y\in [c,d]$ 的一致收敛性. 对于无穷限

含参变量广义积分 $\int_{-\infty}^{+\infty} f(x,y)\mathrm{d}x$, 可将其分解为

$$\int_{-\infty}^{+\infty} f(x,y)\mathrm{d}x = \int_{-\infty}^{a} f(x,y)\mathrm{d}x + \int_{a}^{+\infty} f(x,y)\mathrm{d}x.$$

定义 2　设 $\int_{a}^{b} f(x,y)\mathrm{d}x$ 对于任意的 $y \in [c,d]$, 以 $x=a$ 为奇点的积分存在. 如果对任意的 $\varepsilon > 0$, 存在 $\delta_0(\varepsilon)$, 当 $0 < \eta_1, \eta_2 < \delta_0(\varepsilon)$ 时, $\left| \int_{a+\eta_1}^{a+\eta_2} f(x,y)\mathrm{d}x \right| < \varepsilon$, 则称无界含参变量积分 $\int_{a}^{b} f(x,y)\mathrm{d}x$ 关于 $y \in [c,d]$ 一致收敛.

注 3　定义 2 中的闭区间 $[c,d]$ 可以换为其他区间, 例如 $[c,d), (c,d], [c,+\infty), (-\infty,d]$ 等. 此时类似可给出这些无界含参变量广义积分一致收敛的定义.

注 4　对于无界含参变量广义积分 $\int_{a}^{b} f(x,y)\mathrm{d}x$, 其中 $x=b$ 为奇点, 也可类似定义其一致收敛性. 若存在 $c \in (a,b)$ 为被积函数的奇点, 则可将积分分解为

$$\int_{a}^{b} f(x,y)\mathrm{d}x = \int_{a}^{c} f(x,y)\mathrm{d}x + \int_{c}^{b} f(x,y)\mathrm{d}x.$$

此时若 $\int_{a}^{c} f(x,y)\mathrm{d}x$ 与 $\int_{c}^{b} f(x,y)\mathrm{d}x$ 均一致收敛, 则称 $\int_{a}^{b} f(x,y)\mathrm{d}x$ 一致收敛.

注 5　对于含参变量广义积分 $\int_{a}^{+\infty} f(x,y)\mathrm{d}x$, 其中 $y \in [c,d]$, $c \in (a,+\infty)$ 为被积函数的奇点, 可将其分解为

$$\int_{a}^{+\infty} f(x,y)\mathrm{d}x = \int_{a}^{c} f(x,y)\mathrm{d}x + \int_{c}^{d} f(x,y)\mathrm{d}x + \int_{d}^{+\infty} f(x,y)\mathrm{d}x.$$

注 6　若含参变量广义积分一致收敛, 则其必收敛. 反之不一定成立. 例如: 无穷限含参变量广义积分 $I(x) = \int_{0}^{+\infty} \sqrt{x}\mathrm{e}^{-xy^2}\mathrm{d}y$ 在开区间 $(0,+\infty)$ 内收敛但非一致收敛.

二、含参变量广义积分一致收敛的判别方法

对于无穷限含参变量广义积分和无界含参变量广义积分, 用定义判断其一致收敛往往可能比较困难. 下面首先给出无穷限含参变量广义积分一致收敛的一些常见判别方法, 仅考虑 $\int_{a}^{+\infty} f(x,y)\mathrm{d}x$ 情形, 其余情形有类似结果.

定义 3　若对任意的 $\varepsilon > 0$, 存在 $\delta > 0$, 当 $0 < |y - y_0| < \delta$ 时, 对任意的 $x \in D$, $|f(x, y) - \varphi(x)| < \varepsilon$, 则称当 $y \to y_0$ 时, 函数 $f(x, y)$ 在 D 上一致收敛于 $\varphi(x)$.

注 7　当 $y \to y_0^+$ 或者 $y \to y_0^-$ 时, 类似可以给出函数 $f(x, y)$ 在 D 上一致收敛于 $\varphi(x)$ 的定义.

定义 4　若对任意的 $\varepsilon > 0$, 存在 $Y > 0$, 当 $|y| > Y$ 时, 对任意的 $x \in D$, $|f(x, y) - \varphi(x)| < \varepsilon$, 则称当 $y \to \infty$ 时, 函数 $f(x, y)$ 在 D 上一致收敛于 $\varphi(x)$.

注 8　当 $y \to +\infty$ 或者 $y \to -\infty$ 时, 类似可以给出函数 $f(x, y)$ 在 D 上一致收敛于 $\varphi(x)$ 的定义.

定义 5　若存在 $M > 0$, 对任意的 $y \in [c, d]$, $\left| \int_a^b f(x, y) \mathrm{d}x \right| \leqslant M$, 则称含参变量积分 $I(y) = \int_a^b f(x, y) \mathrm{d}x$ 关于 $y \in [c, d]$ 一致有界.

1. 比较判别法

若对任意的 $(x, y) \in [a, +\infty) \times [c, d]$, $|f(x, y)| \leqslant F(x, y)$ 且 $\int_a^{+\infty} F(x, y) \mathrm{d}x$ 一致收敛, 则 $\int_a^{+\infty} f(x, y) \mathrm{d}x$ 关于 $y \in [c, d]$ 一致收敛.

2. M-判别法

若对任意的 $(x, y) \in [a, +\infty) \times [c, d]$, $|f(x, y)| \leqslant F(x)$ 且 $\int_a^{+\infty} F(x) \mathrm{d}x$ 收敛, 则 $\int_a^{+\infty} f(x, y) \mathrm{d}x$ 关于 $y \in [c, d]$ 一致收敛.

3. 阿贝尔判别法

若 $\int_a^{+\infty} f(x, y) \mathrm{d}x$ 关于 $y \in [c, d]$ 一致收敛, 函数 $g(x, y)$ 关于 x 单调且关于 y 一致有界, 则 $\int_a^{+\infty} f(x, y) g(x, y) \mathrm{d}x$ 关于 $y \in [c, d]$ 一致收敛.

4. 狄利克雷判别法

若对任意的 $A \geqslant a$ 和 $y \in [c, d]$, 含参变量积分 $\int_a^A f(x, y) \mathrm{d}x$ 一致有界, 函数 $g(x, y)$ 关于 x 单调且当 $x \to +\infty$ 时, $g(x, y)$ 关于 $y \in [c, d]$ 一致收敛于 0, 则 $\int_a^{+\infty} f(x, y) g(x, y) \mathrm{d}x$ 关于 $y \in [c, d]$ 一致收敛.

下面给出无界含参变量广义积分一致收敛性的一些常见判别方法, 仅给出被积函数以 $x = a$ 为奇点时的判别方法, 其余情形有类似结果.

5. 比较判别法

若对任意的 $(x, y) \in (a, b] \times [c, d]$, $|f(x, y)| \leqslant F(x, y)$ 且 $\int_a^b F(x, y)\mathrm{d}x$ 一致收敛, 则 $\int_a^b f(x, y)\mathrm{d}x$ 关于 $y \in [c, d]$ 一致收敛.

6. M-判别法

若对任意的 $(x, y) \in (a, b] \times [c, d]$, $|f(x, y)| \leqslant F(x)$ 且 $\int_a^b F(x)\mathrm{d}x$ 收敛, 则 $\int_a^b f(x, y)\mathrm{d}x$ 关于 $y \in [c, d]$ 一致收敛.

7. 阿贝尔判别法

若 $\int_a^b f(x, y)\mathrm{d}x$ 关于 $y \in [c, d]$ 一致收敛, 函数 $g(x, y)$ 关于 x 单调且关于 y 一致有界, 则 $\int_a^b f(x, y)g(x, y)\mathrm{d}x$ 关于 $y \in [c, d]$ 一致收敛.

8. 狄利克雷判别法

若对充分小的正数 η, 含参变量积分 $\int_{a+\eta}^b f(x, y)\mathrm{d}x$ 关于 $y \in [c, d]$ 一致有界, 函数 $g(x, y)$ 关于 x 单调且当 $x \to a^+$ 时, $g(x, y)$ 关于 $y \in [c, d]$ 一致收敛于 0, 则 $\int_a^b f(x, y)g(x, y)\mathrm{d}x$ 关于 $y \in [c, d]$ 一致收敛.

例 1   证明: 含参变量广义积分 $I(p) = \int_0^{+\infty} \dfrac{x \sin px}{1 + x^2}\mathrm{d}x$ 关于 $p \in [1, +\infty)$ 是一致收敛的.

证   因为对任意的 $A > 0$, $\left| \int_0^A \sin px\, \mathrm{d}x \right| \leqslant 2$, 所以 $\int_0^A \sin px\, \mathrm{d}x$ 一致有界. 当 $x \geqslant 1$ 时, 因为 $\dfrac{x}{1 + x^2}$ 关于 x 单调且当 $x \to +\infty$ 时, $\dfrac{x}{1 + x^2}$ 关于 p 一致收敛于 0, 所以由狄利克雷判别法可知, $I(p)$ 关于 $p \in [1, +\infty)$ 一致收敛.   □

例 2   证明: 含参变量广义积分 $I(t) = \int_1^{+\infty} \mathrm{e}^{-tx} \dfrac{\sin x}{x}\mathrm{d}x$ 在 $[0, +\infty)$ 上一致收敛.

解　因为 $\int_1^{+\infty}\dfrac{\sin x}{x}\mathrm{d}x$ 收敛, 所以 $\int_1^{+\infty}\dfrac{\sin x}{x}\mathrm{d}x$ 关于 t 一致收敛. 又因为对任意的 $t\in[0,+\infty)$, e^{-tx} 关于 x 单调且 $0\leqslant\mathrm{e}^{-tx}\leqslant 1$, 即 e^{-tx} 一致有界, 所以由阿贝尔判别法可知, $I(t)$ 在 $[0,+\infty)$ 上一致收敛.

例 3　设 $a<b$ 且 $f(x)$ 在 $(0,+\infty)$ 内连续. 证明: 若含参变量广义积分 $\int_0^{+\infty}x^a f(x)\mathrm{d}x$ 和 $\int_0^{+\infty}x^b f(x)\mathrm{d}x$ 收敛, 则 $I(p)=\int_0^{+\infty}x^p f(x)\mathrm{d}x$ 关于 $p\in[a,b]$ 一致收敛.

证　因 $f(x)$ 在 $(0,+\infty)$ 内连续, 故 $x^p f(x)$ 的奇点只可能是 0. 将 $I(p)$ 分解为

$$\int_0^{+\infty}x^p f(x)\mathrm{d}x=\int_0^1 x^p f(x)\mathrm{d}x+\int_1^{+\infty}x^p f(x)\mathrm{d}x.$$

因为 $\int_0^{+\infty}x^a f(x)\mathrm{d}x$ 收敛, 所以 $\int_0^1 x^a f(x)\mathrm{d}x$ 收敛. 从而 $\int_0^1 x^a f(x)\mathrm{d}x$ 关于 $p\in[a,b]$ 一致收敛. 又因为对任意的 $x\in(0,1)$, x^{p-a} 关于 p 单调递减且 $|x^{p-a}|\leqslant 1$, 即 x^{p-a} 一致有界, 所以由阿贝尔判别法可知, $\int_0^1 x^p f(x)\mathrm{d}x$ 关于 $p\in[a,b]$ 一致收敛.

因 $\int_0^{+\infty}x^b f(x)\mathrm{d}x$ 收敛, 故 $\int_1^{+\infty}x^b f(x)\mathrm{d}x$ 收敛, 即关于 $p\in[a,b]$ 一致收敛. 又因为当 $x\in[1,+\infty]$ 时, x^{p-b} 关于 p 单调递减且 $|x^{p-b}|\leqslant 1$, 即 x^{p-b} 一致有界, 所以由阿贝尔判别法知, $\int_1^{+\infty}x^p f(x)\mathrm{d}x$ 关于 $p\in[a,b]$ 一致收敛. 因此, $I(p)$ 关于 $p\in[a,b]$ 一致收敛. □

例 4　证明: 含参变量广义积分 $I(y)=\int_0^{+\infty}\dfrac{\sin x}{x+y}\mathrm{e}^{-xy}\mathrm{d}x$ 在 $[0,1]$ 上一致收敛.

证　因为

$$\lim_{x\to 0^+}\frac{\sin x}{x+y}\mathrm{e}^{-xy}=\lim_{x\to 0^+}\mathrm{e}^{-xy}\lim_{x\to 0^+}\frac{\sin x}{x}\lim_{x\to 0^+}\frac{x}{x+y}=\begin{cases}0, & y\in(0,1],\\ 1, & y=0,\end{cases}$$

所以 $x=0$ 不是奇点. 对任意的 $A\geqslant 0$, $y\in[0,1]$, $\left|\int_0^A\sin x\mathrm{d}x\right|\leqslant 2$, $\dfrac{1}{x+y}$ 关于 x 单调递减且当 $x\to+\infty$ 时, $\dfrac{1}{x+y}$ 关于 y 一致收敛于 0, 所以由狄利克雷判别

法可知, $\int_0^{+\infty} \dfrac{\sin x}{x+y}\mathrm{d}x$ 关于 $y \in [0,1]$ 一致收敛. 进一步, 因为对任意的 $y \in [0,1]$, e^{-xy} 关于 x 单调递减且 $0 < \mathrm{e}^{-xy} \leqslant 1$, 即 e^{-xy} 一致有界, 所以由阿贝尔判别法可知, $I(y)$ 在闭区间 $[0,1]$ 上是一致收敛的. □

例 5　证明: 含参变量广义积分 $I(p) = \int_0^{+\infty} \dfrac{\cos x^2}{x^p}\mathrm{d}x$ 关于 $|p| \leqslant p_0 < 1$ 一致收敛.

证　令 $t = x^2$, 则

$$I(p) = \int_0^{+\infty} \frac{x\cos x^2}{x^{p+1}}\mathrm{d}x = \frac{1}{2}\int_0^{+\infty} \frac{\cos x^2}{(x^2)^{\frac{p+1}{2}}}\mathrm{d}x^2 = \frac{1}{2}\int_0^{+\infty} \frac{\cos t}{t^{\frac{p+1}{2}}}\mathrm{d}t.$$

因为 $|p| \leqslant p_0 < 1$, 所以

$$0 < \frac{-p_0+1}{2} \leqslant \frac{p+1}{2} \leqslant \frac{p_0+1}{2} < 1.$$

故 $\lim\limits_{t\to 0^+} \dfrac{\cos t}{t^{\frac{p+1}{2}}} = +\infty$, 即 $t = 0$ 是奇点. 对任意的 $0 < t \leqslant 1$, $|p| \leqslant p_0 < 1$, 因为

$$\left|\frac{\cos t}{t^{\frac{p+1}{2}}}\right| \leqslant \frac{1}{t^{\frac{p+1}{2}}} \leqslant \frac{1}{t^{\frac{p_0+1}{2}}},$$

且 $\int_0^1 \dfrac{1}{t^{\frac{p_0+1}{2}}}\mathrm{d}t$ 收敛, 所以由 M-判别法可知 $\int_0^1 \dfrac{\cos t}{t^{\frac{p+1}{2}}}\mathrm{d}t$ 在 $|p| \leqslant p_0 < 1$ 时一致收敛. 进一步, 对任意的 $A > 1$, 因为 $\left|\int_1^A \cos t\,\mathrm{d}t\right| = |\sin A - \sin 1| \leqslant 2$, 所以 $\int_1^A \cos t\,\mathrm{d}t$ 一致有界. 又因为 $p_0 < 1$, 所以 $\lim\limits_{t\to+\infty} \dfrac{1}{t^{\frac{1-p_0}{2}}} = 0$. 从而对任意的 $\varepsilon > 0$, 存在 $\overline{A}$, 当 $t > \overline{A}$ 时, $\dfrac{1}{t^{\frac{1-p_0}{2}}} < \varepsilon$. 因此, 当 $t > \overline{A}$ 时, $0 < \dfrac{1}{t^{\frac{p+1}{2}}} \leqslant \dfrac{1}{t^{\frac{1-p_0}{2}}} < \varepsilon$. 所以当 $|p| \leqslant p_0 < 1$ 时, $\dfrac{1}{t^{\frac{p+1}{2}}}$ 关于 t 单调且当 $t \to +\infty$ 时, $\dfrac{1}{t^{\frac{p+1}{2}}}$ 关于 p 一致收敛于 0. 因此, 由狄利克雷判别法可知, $\int_1^{+\infty} \dfrac{\cos t}{t^{\frac{p+1}{2}}}\mathrm{d}t$ 关于 $|p| \leqslant p_0 < 1$ 一致收敛. 又因为

$$\int_0^{+\infty} \frac{\cos t}{t^{\frac{p+1}{2}}}\mathrm{d}t = \int_0^1 \frac{\cos t}{t^{\frac{p+1}{2}}}\mathrm{d}t + \int_1^{+\infty} \frac{\cos t}{t^{\frac{p+1}{2}}}\mathrm{d}t,$$

所以 $\int_0^{+\infty} \dfrac{\cos t}{t^{\frac{p+1}{2}}}\mathrm{d}t$ 一致收敛. 从而 $I(p)$ 关于 $|p| \leqslant p_0 < 1$ 一致收敛. □

例 6 对于任意的 $x \in \mathbb{R}$, 令 $f(x) = \displaystyle\int_1^{+\infty} \frac{\sin xt}{t(1+t^2)}\mathrm{d}t$. 证明:

(1) $f(x)$ 关于 $x \in \mathbb{R}$ 一致收敛;

(2) $\displaystyle\lim_{x \to 0} f(x) = 0$;

(3) 函数 $f(x)$ 在 $\mathbb{R}$ 内一致连续.

证 (1) 对任意的 $t \in [1, +\infty)$, $x \in \mathbb{R}$, 因为 $\left| \dfrac{\sin xt}{t(1+t^2)} \right| \leqslant \dfrac{1}{t(1+t^2)}$ 且

$\displaystyle\int_1^{+\infty} \frac{1}{t(1+t^2)}\mathrm{d}t$ 收敛, 所以由 M-判别法可知, $\displaystyle\int_1^{+\infty} \frac{\sin xt}{t(1+t^2)}\mathrm{d}t$ 一致收敛.

(2) 因为 $\displaystyle\lim_{x \to 0} \frac{\pi}{4}|x| = 0$ 且

$$0 \leqslant |f(x)| = \left| \int_1^{+\infty} \frac{\sin xt}{t(1+t^2)}\mathrm{d}t \right| \leqslant \int_1^{+\infty} \frac{|\sin xt|}{t(1+t^2)}\mathrm{d}t$$

$$\leqslant |x| \int_1^{+\infty} \frac{1}{1+t^2}\mathrm{d}t = \frac{\pi}{4}|x|,$$

所以由夹逼准则可得 $\displaystyle\lim_{x \to 0} f(x) = 0$.

(3) 对任意的 $\varepsilon > 0$, 因 $\displaystyle\int_1^{+\infty} \frac{1}{t(1+t^2)}\mathrm{d}t$ 收敛, 故存在 $A > 1$ 满足

$$\int_A^{+\infty} \frac{1}{t(1+t^2)}\mathrm{d}t < \frac{\varepsilon}{4}.$$

令 $M = 2\displaystyle\int_1^A \frac{1}{1+t^2}\mathrm{d}t$ 并取 $\delta = \dfrac{\varepsilon}{M}$. 则对任意的 $x_1, x_2 \in \mathbb{R}$, 当 $|x_1 - x_2| < \delta$ 时,

$$|f(x_1) - f(x_2)| = \left| \int_1^{+\infty} \frac{\sin x_1 t}{t(1+t^2)}\mathrm{d}t - \int_1^{+\infty} \frac{\sin x_2 t}{t(1+t^2)}\mathrm{d}t \right|$$

$$= \left| \int_1^{+\infty} \frac{\sin x_1 t - \sin x_2 t}{t(1+t^2)}\mathrm{d}t \right|$$

$$= \left| \int_1^{+\infty} \frac{2\cos\dfrac{(x_1+x_2)t}{2}\sin\dfrac{(x_1-x_2)t}{2}}{t(1+t^2)}\mathrm{d}t \right|$$

$$\leqslant \int_1^{+\infty} \frac{\left| 2\cos\dfrac{(x_1+x_2)t}{2}\sin\dfrac{(x_1-x_2)t}{2} \right|}{t(1+t^2)}\mathrm{d}t$$

$$= \int_1^A \frac{\left| 2\cos\dfrac{(x_1+x_2)t}{2} \sin\dfrac{(x_1-x_2)t}{2} \right|}{t(1+t^2)} \mathrm{d}t$$

$$+ \int_A^{+\infty} \frac{\left| 2\cos\dfrac{(x_1+x_2)t}{2} \sin\dfrac{(x_1-x_2)t}{2} \right|}{t(1+t^2)} \mathrm{d}t$$

$$\leqslant |x_1-x_2| \int_1^A \frac{1}{1+t^2} \mathrm{d}t + 2\int_A^{+\infty} \frac{1}{t(1+t^2)} \mathrm{d}t$$

$$< \frac{\varepsilon}{2} + \frac{\varepsilon}{2} = \varepsilon.$$

故函数 $f(x)$ 在 $\mathbb{R}$ 上一致连续. □

第三节　含参变量广义积分的基本性质

本节主要介绍含参变量广义积分的一些基本性质及其应用, 具体包括含参变量广义积分的连续性、积分顺序的可交换性与可微性等.

性质 1　若函数 $f(x,y)$ 在 $[a,+\infty)\times[c,d]$ 上连续, 含参变量广义积分 $\int_a^{+\infty} f(x,y)\mathrm{d}x$ 关于 $y\in[c,d]$ 一致收敛, 则 $I(y) = \int_a^{+\infty} f(x,y)\mathrm{d}x$ 在 $[c,d]$ 上连续.

性质 2　若函数 $f(x,y)$ 在 $[a,+\infty)\times[c,d]$ 上连续, 含参变量广义积分 $\int_a^{+\infty} f(x,y)\mathrm{d}x$ 关于 $y\in[c,d]$ 一致收敛, 则

$$\int_c^d \mathrm{d}y \int_a^{+\infty} f(x,y)\mathrm{d}x = \int_a^{+\infty} \mathrm{d}x \int_c^d f(x,y)\mathrm{d}y.$$

性质 3　设函数 $f(x,y), f_y(x,y)$ 在 $[a,+\infty)\times[c,d]$ 上连续. 若含参变量广义积分 $\int_a^{+\infty} f(x,y)\mathrm{d}x$ 存在, $\int_a^{+\infty} f_y(x,y)\mathrm{d}x$ 关于 $y\in[c,d]$ 一致收敛, 则

$$\frac{\mathrm{d}}{\mathrm{d}y}\int_a^{+\infty} f(x,y)\mathrm{d}x = \int_a^{+\infty} \frac{\partial}{\partial y} f(x,y)\mathrm{d}x.$$

性质 4　设函数列 $f_n(x)$ 在 $[0,+\infty)$ 上一致有界且内闭一致收敛于 $f(x)$. 若

对任意固定的 $n, f_n(x)$ 单调且 $\int_0^{+\infty} g(x)\mathrm{d}x$ 收敛, 则

$$\lim_{n \to \infty} \int_0^{+\infty} f_n(x)g(x)\mathrm{d}x = \int_0^{+\infty} f(x)g(x)\mathrm{d}x.$$

证　首先证明 $\int_0^{+\infty} f_n(x)g(x)\mathrm{d}x$ 一致收敛且 $\int_0^{+\infty} f(x)g(x)\mathrm{d}x$ 收敛. 因为 $\int_0^{+\infty} g(x)\mathrm{d}x$ 收敛, 所以 $\int_0^{+\infty} g(x)\mathrm{d}x$ 关于 $n \in \mathbb{N}^+$ 一致收敛. 又由 $f_n(x)$ 关于 x 单调且关于 $n \in \mathbb{N}^+$ 一致有界可知, $\int_0^{+\infty} f_n(x)g(x)\mathrm{d}x$ 一致收敛. 从而对任意的 $\varepsilon > 0$, 存在 $A > 0$, 当 $A_2 > A_1 > A$ 时, 对任意的 $n \in \mathbb{N}^+$,

$$\left| \int_{A_1}^{A_2} f_n(x)g(x)\mathrm{d}x \right| < \frac{\varepsilon}{2}.$$

又因为 $\{f_n(x)\}$ 在 $[a, +\infty)$ 上内闭一致收敛于 $f(x)$, 所以对上述 $\varepsilon > 0$, 存在 $N \in \mathbb{N}^+$, 当 $n > N$ 时, 对任意的 $x \in [A_1, A_2]$, 均有 $|f_n(x) - f(x)| < \dfrac{\varepsilon}{2C'}$, 其中 $C' = \int_{A_1}^{A_2} |g(x)|\mathrm{d}x$. 从而当 $n > N$ 时,

$$\left| \int_{A_1}^{A_2} f(x)g(x)\mathrm{d}x \right|$$
$$\leqslant \left| \int_{A_1}^{A_2} f(x)g(x)\mathrm{d}x - \int_{A_1}^{A_2} f_n(x)g(x)\mathrm{d}x \right| + \left| \int_{A_1}^{A_2} f_n(x)g(x)\mathrm{d}x \right|$$
$$< \int_{A_1}^{A_2} |f_n(x) - f(x)||g(x)|\mathrm{d}x + \frac{\varepsilon}{2} < \frac{\varepsilon}{2} + \frac{\varepsilon}{2} = \varepsilon.$$

故 $\int_0^{+\infty} f(x)g(x)\mathrm{d}x$ 收敛. 下面证明

$$\lim_{n \to \infty} \int_0^{+\infty} f_n(x)g(x)\mathrm{d}x = \int_0^{+\infty} f(x)g(x)\mathrm{d}x.$$

由 $\int_0^{+\infty} f(x)g(x)\mathrm{d}x$ 的收敛性和 $\int_0^{+\infty} f_n(x)g(x)\mathrm{d}x$ 的一致收敛性可知, 对任意的 $\varepsilon > 0$, 存在 $A > 0$ 满足对任意的 $n \in \mathbb{N}^+$,

$$\left| \int_A^{+\infty} f(x)g(x)\mathrm{d}x \right| < \frac{\varepsilon}{3}, \quad \left| \int_A^{+\infty} f_n(x)g(x)\mathrm{d}x \right| < \frac{\varepsilon}{3}.$$

又因为函数列 $\{f_n(x)\}$ 在闭区间 $[0, A]$ 上一致收敛于 $f(x)$, 所以对上述 $\varepsilon > 0$, 存在 $N \in \mathbb{N}^+$, 当 $n > N$ 时, 对任意的 $x \in [0, A]$, $|f_n(x) - f(x)| < \dfrac{\varepsilon}{3C''}$, 其中 $C'' = \displaystyle\int_0^A |g(x)|\mathrm{d}x$. 从而当 $n > N$ 时,

$$\left| \int_0^{+\infty} f_n(x)g(x)\mathrm{d}x - \int_0^{+\infty} f(x)g(x)\mathrm{d}x \right|$$

$$\leqslant \int_0^A |f_n(x) - f(x)||g(x)|\mathrm{d}x + \left| \int_A^{+\infty} f_n(x)g(x)\mathrm{d}x \right| + \left| \int_A^{+\infty} f(x)g(x)\mathrm{d}x \right|$$

$$< \frac{\varepsilon}{3} + \frac{\varepsilon}{3} + \frac{\varepsilon}{3} = \varepsilon.$$

故由数列极限的分析定义可知结论成立. □

性质 5　设函数列 $\{f_n(x)\}$ 在 $[a, +\infty)$ 上内闭一致收敛于函数 $f(x)$ 且含参变量广义积分 $\displaystyle\int_a^{+\infty} f_n(x)\mathrm{d}x$ 关于 $n \in \mathbb{N}^+$ 一致收敛, 广义积分 $\displaystyle\int_a^{+\infty} f(x)\mathrm{d}x$ 收敛, 则

$$\lim_{n\to\infty} \int_a^{+\infty} f_n(x)\mathrm{d}x = \int_a^{+\infty} f(x)\mathrm{d}x.$$

证　首先证明 $\displaystyle\int_a^{+\infty} f(x)\mathrm{d}x$ 收敛. 由 $\displaystyle\int_a^{+\infty} f_n(x)\mathrm{d}x$ 关于 $n \in \mathbb{N}^+$ 一致收敛可知, 对任意的 $\varepsilon > 0$, 存在 $A > a$, 当 $A_1, A_2 > A$ 时, $\left| \displaystyle\int_{A_1}^{A_2} f_n(x)\mathrm{d}x \right| < \varepsilon$ 对一切 $n \in \mathbb{N}^+$ 均成立. 因为函数列 $\{f_n(x)\}$ 在闭区间 $[A_1, A_2]$ 上可积且一致收敛于 $f(x)$, 所以由第六章第三节的性质 5 以及数列极限的保序性可知

$$\left| \int_{A_1}^{A_2} f(x)\mathrm{d}x \right| = \lim_{n\to\infty} \left| \int_{A_1}^{A_2} f_n(x)\mathrm{d}x \right| \leqslant \varepsilon,$$

即 $\displaystyle\int_a^{+\infty} f(x)\mathrm{d}x$ 收敛. 下证 $\displaystyle\lim_{n\to\infty} \int_a^{+\infty} f_n(x)\mathrm{d}x = \int_a^{+\infty} f(x)\mathrm{d}x$. 由 $\displaystyle\int_a^{+\infty} f(x)\mathrm{d}x$ 的收敛性和 $\displaystyle\int_a^{+\infty} f_n(x)\mathrm{d}x$ 关于 $n \in \mathbb{N}^+$ 的一致收敛性可知, 对任意的 $\varepsilon > 0$, 存在 $\overline{A} > a$ 满足对任意的 $n \in \mathbb{N}^+$,

$$\left| \int_{\overline{A}}^{+\infty} f(x)\mathrm{d}x \right| < \frac{\varepsilon}{3}, \quad \left| \int_{\overline{A}}^{+\infty} f_n(x)\mathrm{d}x \right| < \frac{\varepsilon}{3}.$$

又因为 $\{f_n(x)\}$ 在 $[a,+\infty)$ 上内闭一致收敛于 $f(x)$, 所以对上述 $\varepsilon > 0$, 存在 $N \in \mathbb{N}^+$, 当 $n > N$ 时, 对任意的 $x \in [a, \overline{A}]$, $|f_n(x) - f(x)| < \dfrac{\varepsilon}{3(\overline{A} - a)}$. 故当 $n > N$ 时,

$$\left| \int_a^{+\infty} f_n(x)\mathrm{d}x - \int_a^{+\infty} f(x)\mathrm{d}x \right|$$

$$\leqslant \int_a^{\overline{A}} |f_n(x) - f(x)|\mathrm{d}x + \left| \int_{\overline{A}}^{+\infty} f_n(x)\mathrm{d}x \right| + \left| \int_{\overline{A}}^{+\infty} f(x)\mathrm{d}x \right|$$

$$< \frac{\varepsilon}{3(\overline{A} - a)}(\overline{A} - a) + \frac{\varepsilon}{3} + \frac{\varepsilon}{3} = \frac{\varepsilon}{3} + \frac{\varepsilon}{3} + \frac{\varepsilon}{3} = \varepsilon.$$

故由数列极限的分析定义可知结论成立. $\qquad\qquad\qquad\square$

性质 6 设 D 为包含 y_0 的某个区间. 若

(1) 含参变量广义积分 $\displaystyle\int_a^{+\infty} f(x,y)\mathrm{d}x$ 关于 $y \in D$ 一致收敛;

(2) 当 $y \to y_0$ 时, 函数 $f(x,y)$ 在 $[a,+\infty)$ 上内闭一致收敛于 $\varphi(x)$;

(3) 广义积分 $\displaystyle\int_a^{+\infty} \varphi(x)\mathrm{d}x$ 收敛, 则 $\displaystyle\lim_{y \to y_0} \int_a^{+\infty} f(x,y)\mathrm{d}x = \int_a^{+\infty} \varphi(x)\mathrm{d}x$.

证 由条件可知, 对任意的 $\varepsilon > 0$, 存在 $A > a$ 满足

$$\left| \int_A^{+\infty} f(x,y)\mathrm{d}x \right| < \frac{\varepsilon}{3}, \quad \left| \int_A^{+\infty} \varphi(x)\mathrm{d}x \right| < \frac{\varepsilon}{3},$$

且对任意的 $x \in [a, A]$, 存在 $\delta > 0$, 当 $0 < |y - y_0| < \delta$ 时, $|f(x,y) - \varphi(x)| < \dfrac{\varepsilon}{3(A - a)}$. 从而当 $0 < |y - y_0| < \delta$ 时,

$$\left| \int_a^{+\infty} f(x,y)\mathrm{d}x - \int_a^{+\infty} \varphi(x)\mathrm{d}x \right|$$

$$\leqslant \int_a^A |f(x,y) - \varphi(x)|\mathrm{d}x + \left| \int_A^{+\infty} f(x,y)\mathrm{d}x \right| + \left| \int_A^{+\infty} \varphi(x)\mathrm{d}x \right|$$

$$< \frac{\varepsilon}{3} + \frac{\varepsilon}{3} + \frac{\varepsilon}{3} = \varepsilon.$$

故由函数极限的分析定义可知结论成立. $\qquad\qquad\qquad\square$

例 1 证明: 含参变量广义积分 $I(y) = \displaystyle\int_1^{+\infty} \dfrac{\cos x}{x^y}\mathrm{d}x$ 在开区间 $(0, +\infty)$ 内连续.

证 对任意的 $p \in (0, +\infty)$, 考虑区间 $[p, +\infty)$. 因为对任意 $A > 1$, $\left| \int_1^A \cos x \mathrm{d}x \right| \leqslant 2$, $\dfrac{1}{x^y}$ 关于 x 单调递减且对任意的 $y \in [p, +\infty)$, $\dfrac{1}{x^y} \leqslant \dfrac{1}{x^p}$, 所以当 $x \to +\infty$ 时, $\dfrac{1}{x^y}$ 关于 x 单调且一致趋于 0. 由狄利克雷判别法可知, $I(y) = \displaystyle\int_1^{+\infty} \dfrac{\cos x}{x^y} \mathrm{d}x$ 在 $[p, +\infty)$ 上一致收敛. 又因为 $f(x, y) = \dfrac{\cos x}{x^y}$ 在 $[1, +\infty) \times [p, +\infty)$ 上连续, 所以由本节性质 1 可知, $I(y)$ 在 $[p, +\infty)$ 上连续. 从而在 p 处连续. 由 p 的任意性可知, $I(y)$ 在 $(0, +\infty)$ 内连续. □

例 2 利用含参变量广义积分的性质计算广义积分 $\displaystyle\int_0^{+\infty} \mathrm{e}^{-x^2} \mathrm{d}x$.

解 设

$$f(t) = \left(\int_0^t \mathrm{e}^{-x^2} \mathrm{d}x \right)^2, \quad g(t) = \int_0^1 \frac{\mathrm{e}^{-t^2(1+x^2)}}{1+x^2} \mathrm{d}x.$$

由第五章第四节的例 1 可得 $f(t) + g(t) = \dfrac{\pi}{4}$. 因为 $\lim\limits_{t \to +\infty} \mathrm{e}^{-t^2} = 0$, 所以对任意的 $\varepsilon > 0$, 存在 $\overline{A} > 0$, 当 $t > \overline{A}$ 时, 对任意的 $x \in [0, 1]$, $\mathrm{e}^{-t^2} < \varepsilon$. 从而当 $t > \overline{A}$ 时, 对任意的 $x \in [0, 1]$,

$$0 \leqslant \frac{\mathrm{e}^{-t^2(1+x^2)}}{1+x^2} \leqslant \mathrm{e}^{-t^2} < \varepsilon,$$

即 $\dfrac{\mathrm{e}^{-t^2(1+x^2)}}{1+x^2}$ 一致收敛于 0. 从而 $\lim\limits_{t \to +\infty} g(t) = \displaystyle\int_0^1 \lim\limits_{t \to +\infty} \dfrac{\mathrm{e}^{-t^2(1+x^2)}}{1+x^2} \mathrm{d}x = 0$. 因此,

$$\left(\int_0^{+\infty} \mathrm{e}^{-x^2} \mathrm{d}x \right)^2 = \lim_{t \to +\infty} f(t) = \lim_{t \to +\infty} (f(t) + g(t)) - \lim_{t \to +\infty} g(t) = \frac{\pi}{4},$$

即 $\displaystyle\int_0^{+\infty} \mathrm{e}^{-x^2} \mathrm{d}x = \dfrac{\sqrt{\pi}}{2}$.

例 3 设函数 $f(x)$ 在 $[0, +\infty)$ 上内闭可积①且 $\displaystyle\int_0^{+\infty} f(x) \mathrm{d}x$ 收敛. 证明:

$$\lim_{a \to 0^+} \int_0^{+\infty} \mathrm{e}^{-ax} f(x) \mathrm{d}x = \int_0^{+\infty} f(x) \mathrm{d}x.$$

---

① 内闭可积是指函数 $f(x)$ 在给定区间内的任意闭子区间上可积.

证　设 $a \in [0,b]$ $(b > 0)$. 因为 e^{-ax} 关于 x 单调且对任意的 $a \in [0,b]$, 任意的 $x \in [0,+\infty)$, $|\mathrm{e}^{-ax}| \leqslant 1$, 即 e^{-ax} 一致有界, 所以由阿贝尔判别法可知, $\int_0^{+\infty} \mathrm{e}^{-ax} f(x) \mathrm{d}x$ 一致收敛. 由 $f(x)$ 在 $[0,+\infty)$ 上内闭可积知, 对任意的 $A > 0$, 存在 $M > 0$, 对任意的 $x \in [0,A]$, $|f(x)| \leqslant M$. 从而对任意的 $x \in [0,A]$,

$$|\mathrm{e}^{-ax} f(x) - f(x)| = |\mathrm{e}^{-ax} - 1||f(x)| \leqslant M|1 - \mathrm{e}^{-aA}|.$$

因为 $\lim\limits_{a \to 0^+} M(1 - \mathrm{e}^{-aA}) = 0$, 所以对任意的 $\varepsilon > 0$, 存在 $\delta > 0$, 当 $0 < a < \delta$ 时, $M|1 - \mathrm{e}^{-aA}| < \varepsilon$. 从而对任意的 $x \in [0,A]$, 当 $0 < a < \delta$ 时,

$$|\mathrm{e}^{-ax} f(x) - f(x)| \leqslant M|1 - \mathrm{e}^{-aA}| < \varepsilon,$$

即当 $a \to 0^+$ 时, $\mathrm{e}^{-ax} f(x)$ 在 $[0,A]$ 上一致收敛于 $f(x)$. 故 $\mathrm{e}^{-ax} f(x)$ 在 $[0,+\infty)$ 上内闭一致收敛于 $f(x)$. 又因为 $\int_0^{+\infty} f(x) \mathrm{d}x$ 收敛, 所以由本节性质 5 可得

$$\lim_{a \to 0^+} \int_0^{+\infty} \mathrm{e}^{-ax} f(x) \mathrm{d}x = \int_0^{+\infty} \lim_{a \to 0^+} \mathrm{e}^{-ax} f(x) \mathrm{d}x = \int_0^{+\infty} f(x) \mathrm{d}x. \qquad \square$$

例 4　证明: 函数 $I(y) = \displaystyle\int_0^{+\infty} \dfrac{\ln(1+x^2)}{x^y} \mathrm{d}x$ 在开区间 $(1,3)$ 内连续.

证　不妨将 $I(y)$ 记为

$$I(y) = \int_0^1 \frac{\ln(1+x^2)}{x^y} \mathrm{d}x + \int_1^{+\infty} \frac{\ln(1+x^2)}{x^y} \mathrm{d}x = I_1 + I_2.$$

$$\lim_{x \to 0^+} \frac{\ln(1+x^2)}{x^y} = \lim_{x \to 0^+} \frac{2x^2}{yx^y(1+x^2)} = \begin{cases} 1, & y = 2 \\ 0, & y < 2, \\ +\infty, & y > 2. \end{cases}$$

故当 $2 < y < 3$ 时, $x = 0$ 是被积函数的奇点. 故当 $1 < y \leqslant 2$ 时, I_1 为含参变量积分, 由第 5 章第四节的性质 1 可知, I_1 在 $(1,2]$ 上连续. 当 $2 < y < 3$ 时, I_1 是无界含参变量广义积分. 由实数的稠密性可知, 存在 p_1, p_2 使得 $1 < p_1 \leqslant y \leqslant p_2 < 3$. 因为 $y \leqslant p_2$, 所以当 $0 < x \leqslant 1$ 时,

$$0 < \frac{\ln(1+x^2)}{x^y} \leqslant \frac{\ln(1+x^2)}{x^{p_2}}.$$

又因为

$$\lim_{x \to 0} x^{p_2-2} \frac{\ln(1+x^2)}{x^{p_2}} = \lim_{x \to 0} \frac{\ln(1+x^2)}{x^2} = 1,$$

且 $p_2 - 2 < 1$, 所以由柯西判别法可知, I_1 收敛. 从而由 M-判别法可知

$$\int_0^1 \frac{\ln(1+x^2)}{x^y} \mathrm{d}x$$

一致收敛. 又因为 $\dfrac{\ln(1+x^2)}{x^y}$ 在 $(0,1] \times (2,3)$ 上连续, 所以 I_1 在 $(2,3)$ 内连续.
进而 I_1 在 $(1,3)$ 上连续. 因为 $p_1 \leqslant y$, 所以当 $1 \leqslant x < +\infty$ 时,

$$\frac{\ln(1+x^2)}{x^y} \leqslant \frac{\ln(1+x^2)}{x^{p_1}}.$$

由于 $p_1 > 1$, 不妨设 $p_1 = 1 + \delta, 0 < \delta < 2$. 因为

$$\lim_{x \to +\infty} x^{p_1-\frac{\delta}{2}} \frac{\ln(1+x^2)}{x^{p_1}} = \lim_{x \to +\infty} \frac{\ln(1+x^2)}{x^{\frac{\delta}{2}}} = \lim_{x \to +\infty} \frac{\dfrac{2x}{1+x^2}}{\dfrac{\delta}{2} x^{\frac{\delta}{2}-1}}$$

$$= \frac{4}{\delta} \lim_{x \to +\infty} \frac{1}{\dfrac{1}{x^{2-\frac{\delta}{2}}} + x^{\frac{\delta}{2}}} = 0,$$

所以由柯西判别法可知, $\displaystyle\int_1^{+\infty} \frac{\ln(1+x^2)}{x^{p_1}} \mathrm{d}x$ 收敛. 从而由 M-判别法可知, I_2 一

致收敛. 又因为 $\dfrac{\ln(1+x^2)}{x^y}$ 在 $[1,+\infty) \times (1,3)$ 上连续, 所以 $\displaystyle\int_1^{+\infty} \frac{\ln(1+x^2)}{x^y} \mathrm{d}x$

在 $(1,3)$ 上连续, 从而 $I(y)$ 在 $(1,3)$ 内连续.　　　　　　　　　　□

例 5　证明: 含参变量广义积分 $I(\alpha) = \displaystyle\int_0^{+\infty} \frac{1-\mathrm{e}^{-\alpha x}}{x} \cos x \mathrm{d}x$ 在闭区间

$[0,1]$ 上一致收敛并计算 $\displaystyle\int_0^{+\infty} \frac{1-\mathrm{e}^{-x}}{x} \cos x \mathrm{d}x$.

证　显然, $x = 0$ 不是被积函数的奇点. 因此, $\displaystyle\int_0^{+\infty} \frac{1-\mathrm{e}^{-\alpha x}}{x} \cos x \mathrm{d}x$ 是无穷

限含参变量广义积分. 因为对任意的 $A > 0$, $\left| \displaystyle\int_0^A \cos x \mathrm{d}x \right| \leqslant 1$, $\dfrac{1}{x}$ 单调且一致趋

于 0, 所以由狄利克雷判别法可知, $\displaystyle\int_0^{+\infty} \frac{\cos x}{x} \mathrm{d}x$ 收敛. 所以 $\displaystyle\int_0^{+\infty} \frac{\cos x}{x} \mathrm{d}x$ 关于

α 一致收敛. 又因为 $1-\mathrm{e}^{-\alpha x}$ 关于 x 单调且一致有界, 所以由阿贝尔判别法可知, $\displaystyle\int_0^{+\infty}\dfrac{1-\mathrm{e}^{-\alpha x}}{x}\cos x\mathrm{d}x$ 在 $[0,1]$ 上一致收敛. 令

$$f(x,\alpha)=\dfrac{1-\mathrm{e}^{-\alpha x}}{x}\cos x.$$

则 $f_\alpha(x,\alpha)=\cos x\mathrm{e}^{-\alpha x}$. 由狄利克雷判别法可知, $\displaystyle\int_0^{+\infty}\cos x\mathrm{e}^{-\alpha x}\mathrm{d}x$ 一致收敛. 因为 $f(x,\alpha),f_\alpha(x,\alpha)$ 在 $[0,\infty)\times(0,1]$ 上连续, 所以由本节性质 3 可知

$$I'(\alpha)=\int_0^{+\infty}\cos x\mathrm{e}^{-\alpha x}\mathrm{d}x=\dfrac{\mathrm{e}^{-\alpha x}\sin x-\alpha\mathrm{e}^{-\alpha x}\cos x}{\alpha^2+1}\bigg|_0^{+\infty}=\dfrac{\alpha}{\alpha^2+1}.$$

从而两边积分可得 $I(\alpha)=\dfrac{1}{2}\ln(\alpha^2+1)+C$. 因为 $I(\alpha)$ 关于 $\alpha\in[0,1]$ 一致收敛且 $f(x,\alpha)$ 在 $[0,+\infty)\times[0,1]$ 上连续, 所以 $I(\alpha)$ 在 $[0,1]$ 上连续. 从而

$$\begin{aligned}C&=\lim_{\alpha\to0^+}\left(\dfrac{1}{2}\ln(\alpha^2+1)+C\right)=\lim_{\alpha\to0^+}I(\alpha)\\&=\lim_{\alpha\to0^+}\int_0^{+\infty}\dfrac{1-\mathrm{e}^{-\alpha x}}{x}\cos x\mathrm{d}x\\&=\int_0^{+\infty}\lim_{\alpha\to0^+}\dfrac{1-\mathrm{e}^{-\alpha x}}{x}\cos x\mathrm{d}x=0.\end{aligned}$$

故 $I(\alpha)=\dfrac{1}{2}\ln(\alpha^2+1)$. 因此,

$$\int_0^{+\infty}\dfrac{1-\mathrm{e}^{-x}}{x}\cos x\mathrm{d}x=I(1)=\dfrac{1}{2}\ln 2.\qquad\qquad\square$$

例 6　计算含参变量广义积分 $g(\alpha)=\displaystyle\int_1^{+\infty}\dfrac{\arctan(\alpha x)}{x^2\sqrt{x^2-1}}\mathrm{d}x$.

解　令 $f(x,\alpha)=\dfrac{\arctan(\alpha x)}{x^2\sqrt{x^2-1}}$. 则对 $f(x,\alpha)$ 关于 α 求导可得

$$f_\alpha(x,\alpha)=\dfrac{1}{x\sqrt{x^2-1}(1+\alpha^2x^2)}.$$

显然, 函数 $f(x,\alpha)$ 与 $f_\alpha(x,\alpha)$ 均在 $(1,+\infty)\times(-\infty,+\infty)$ 上连续且 $x=1$ 为被积函数 $f(x,\alpha)$ 的奇点. 将含参变量广义积分 $g(\alpha)$ 分解为

$$\int_1^{+\infty}f(x,\alpha)\mathrm{d}x=\int_1^2 f(x,\alpha)\mathrm{d}x+\int_2^{+\infty}f(x,\alpha)\mathrm{d}x.$$

因为

$$\lim_{x \to 1^+} \left| (x-1)^{\frac{1}{2}} f(x, \alpha) \right| = \lim_{x \to 1^+} \left| (x-1)^{\frac{1}{2}} \frac{\arctan(\alpha x)}{x^2 \sqrt{x^2-1}} \right| = \frac{|\arctan \alpha|}{\sqrt{2}},$$

所以由柯西判别法可知 $\displaystyle\int_1^2 f(x, \alpha) \mathrm{d}x$ 收敛. 又因为

$$\lim_{x \to +\infty} \left| x^3 f(x, \alpha) \right| = \lim_{x \to +\infty} \left| x^3 \frac{\arctan(\alpha x)}{x^2 \sqrt{x^2-1}} \right| = \begin{cases} \dfrac{\pi}{2}, & \alpha \neq 0, \\ 0, & \alpha = 0, \end{cases}$$

所以由柯西判别法可知, $\displaystyle\int_2^{+\infty} f(x, \alpha) \mathrm{d}x$ 在 $(-\infty, +\infty)$ 内收敛. 因此, $\displaystyle\int_1^{+\infty} f(x,$ $\alpha) \mathrm{d}x$ 收敛. 因为对任意的 $\alpha \in (-\infty, +\infty)$,

$$\left| \frac{1}{x \sqrt{x^2-1}(1+\alpha^2 x^2)} \right| \leqslant \frac{1}{x \sqrt{x^2-1}},$$

且 $\displaystyle\int_1^{+\infty} \frac{\mathrm{d}x}{x \sqrt{x^2-1}}$ 收敛, 所以由 M-判别法可知, $\displaystyle\int_1^{+\infty} f_\alpha(x, \alpha) \mathrm{d}x$ 在 $(-\infty, +\infty)$ 内一致收敛. 故由本节性质 3 可得

$$g'(\alpha) = \int_1^{+\infty} \frac{\mathrm{d}x}{x \sqrt{x^2-1}(1+\alpha^2 x^2)}$$

$$= \frac{1}{2} \int_1^{+\infty} \frac{\mathrm{d}(x^2)}{x^2 \sqrt{x^2-1}(1+\alpha^2 x^2)} = \frac{\pi}{2} \left(1 - \frac{|\alpha|}{\sqrt{1+\alpha^2}} \right).$$

因为 $g(\alpha) = -g(-\alpha)$, 所以 $g(\alpha)$ 为奇函数. 故只需考虑 $\alpha \geqslant 0$ 的情形. 此时有

$$g(0) = 0, \quad g'(\alpha) = \frac{\pi}{2} \left(1 - \frac{\alpha}{\sqrt{1+\alpha^2}} \right).$$

故当 $\alpha \geqslant 0$ 时,

$$g(\alpha) = g(\alpha) - g(0) = \int_0^\alpha g'(t) \mathrm{d}t = \frac{\pi}{2} \int_0^\alpha \left(1 - \frac{t}{\sqrt{1+t^2}} \right) \mathrm{d}t$$

$$= \frac{\pi}{2} (\alpha + 1 - \sqrt{1+\alpha^2}).$$

而当 $\alpha < 0$ 时,

$$g(\alpha) = -g(-\alpha) = -\frac{\pi}{2} (-\alpha + 1 - \sqrt{1+\alpha^2}).$$

故当 $\alpha \in (-\infty, +\infty)$ 时, $g(\alpha) = \dfrac{\pi}{2} (|\alpha| + 1 - \sqrt{1+\alpha^2}) \operatorname{sgn}\alpha$.

习 题 七

1. 设函数 $f(x)$ 在区间 $[a, +\infty)$ 上单调且连续可导，$\lim\limits_{x \to +\infty} f(x) = 0$. 证明：广义积分 $\int_a^{+\infty} f'(x) \cos^2 x \mathrm{d}x$ 收敛.

2. 判断广义积分 $\int_1^{+\infty} x^2 \mathrm{e}^{-x} \sin x \mathrm{d}x$ 的敛散性.

(提示: 利用 $|x^2 \mathrm{e}^{-x} \sin x| \leqslant x^2 \mathrm{e}^{-x}$ 以及比较判别法.)

3. 讨论广义积分 $I = \int_0^{+\infty} \dfrac{\mathrm{d}x}{\sqrt{x} + x^p} \ (p \geqslant 0)$ 的敛散性.

$\left(\text{提示: 将广义积分分解为 } \int_0^1 \dfrac{\mathrm{d}x}{\sqrt{x} + x^p} + \int_1^{+\infty} \dfrac{\mathrm{d}x}{\sqrt{x} + x^p} \text{ 并利用柯西判别法.}\right)$

4. 设函数 $f(x)$ 在区间 $[0, +\infty)$ 上单调连续且 $\lim\limits_{x \to +\infty} f(x) = 0$. 证明:

$$\lim_{n \to \infty} \int_0^{+\infty} f(x) \sin nx \mathrm{d}x = 0.$$

(提示: 利用黎曼引理[①]以及无穷限广义积分的狄利克雷判别法.)

5. 讨论广义积分 $I = \int_0^{+\infty} \left(\left(1 - \dfrac{\sin x}{x}\right)^{-\frac{1}{3}} - 1\right) \mathrm{d}x$ 的收敛性.

6. 讨论含参变量广义积分 $I(t) = \int_1^{+\infty} \dfrac{x \sin(tx)}{1 + x^2} \mathrm{d}x$ 在 $(0, +\infty)$ 内的一致收敛性.

7. 证明: $I(y) = \int_0^{+\infty} \dfrac{\sin(yx^2)}{x} \mathrm{d}x$ 在开区间 $(0, +\infty)$ 内连续但非一致收敛.

$\left(\text{提示: 作变换 } t = yx^2, \text{ 则有 } I(y) = \dfrac{1}{2} \int_0^{+\infty} \dfrac{\sin t}{t} \mathrm{d}t.\right)$

8. 证明: 含参变量广义积分 $I(y) = \int_0^{+\infty} \dfrac{\cos x}{1 + (x+y)^2} \mathrm{d}x$ 在 $[0, +\infty)$ 上可导.

9. 讨论含参变量广义积分 $I(x) = \int_0^{+\infty} x^2 \mathrm{e}^{-xy} \mathrm{d}y$ 在 $(0, +\infty)$ 内的一致收敛性.

---

① 黎曼引理: 若函数 $\phi(x)$ 在闭区间 $[a, b]$ 上可积且绝对可积, 则

$$\lim_{p \to +\infty} \int_a^b \phi(x) \sin px \mathrm{d}x = 0, \quad \lim_{p \to +\infty} \int_a^b \phi(x) \cos px \mathrm{d}x = 0.$$

第八章　凸函数的性质及其应用

第一节　凸函数的定义与基本性质

凸函数是数学分析中一类非常重要的函数, 具有非常漂亮的一些性质, 例如, 其局部极小点一定是整体极小点, 整体极小点的集合是凸集, 严格凸函数的局部极小点必是其唯一的整体极小点等. 本节主要介绍凸函数的定义以及凸函数的一些基本性质.

一、凸函数的定义[①]

定义 1　对任意的 $x, y \in D$, $\lambda \in [0,1]$, 若 $\lambda x + (1-\lambda)y \in D$, 则称集合 D 为凸集.

定义 2　设函数 $f(x)$ 是定义在凸集 D 上的实值函数. 若对任意的 $x, y \in D$, $\lambda \in [0,1]$, $f(\lambda x + (1-\lambda)y) \leqslant \lambda f(x) + (1-\lambda)f(y)$, 则称 $f(x)$ 为 D 上的凸函数.

定义 3　设函数 $f(x)$ 是定义在凸集 D 上的实值函数. 若对任意的 $x, y \in D(x \neq y)$, $\lambda \in (0,1)$, $f(\lambda x + (1-\lambda)y) < \lambda f(x) + (1-\lambda)f(y)$, 则称 $f(x)$ 为 D 上的严格凸函数.

注 1　若函数 $-f(x)$ 为凸集 D 上的凸函数, 则称 $f(x)$ 为 D 上的凹函数; 若函数 $-f(x)$ 为 D 上的严格凸函数, 则称 $f(x)$ 为 D 上的严格凹函数.

注 2　显然, 严格凸函数一定是凸函数, 反之不一定成立.

例 1　对任意的 $x \in [-1, 1]$, 令 $f(x) = C$, 其中 C 为常数. 显然, 函数 $f(x)$ 是闭区间 $[-1, 1]$ 上的凸函数. 取 $x = -1$, $y = 1$, $\lambda = \dfrac{1}{2}$. 则

$$f(\lambda x + (1-\lambda)y) = \lambda f(x) + (1-\lambda)f(y),$$

即 $f(x)$ 不是 $[-1, 1]$ 上的严格凸函数.

注 3　常见的一些简单凸函数包括:

反比例函数 $y = \dfrac{k}{x}$, 其中 $k > 0, x \in (0, +\infty)$;

二次函数 $y = ax^2 + bx + c(a > 0)$, $x \in \mathbb{R}$;

指数函数 $y = a^x(a > 1)$, $x \in \mathbb{R}$;

对数函数 $y = \log_a x(0 < a < 1)$, $x > 0$ 等.

[①] 凸函数有多种不同的定义, 本书仅介绍其中一种常见的定义形式.

二、凸函数的基本性质

性质 1[①]　设 D 是 $\mathbb{R}$ 上的凸集, 函数 $f(x)$ 是 D 上的凸函数, 则

(1) $f(x)$ 的极小值点一定是最小值点;

(2) $f(x)$ 的全体最小值点构成的集合 S 是凸集;

(3) 若 $f(x)$ 是定义在凸集 D 上的严格凸函数且 $\overline{x} \in D$ 是 $f(x)$ 的极小值点, 则 $\overline{x}$ 是 $f(x)$ 在 D 上的唯一最小值点.

证　(1) 设 $\overline{x}$ 是 $f(x)$ 的极小值点, 则存在 $\delta > 0$, 对任意的 $x \in (\overline{x} - \delta, \overline{x} + \delta) \cap D$, $f(x) \geqslant f(\overline{x})$. 反设 $\overline{x}$ 不是 $f(x)$ 在 D 上的最小值点. 则存在 $\widehat{x} \in D$ 使得 $f(\widehat{x}) < f(\overline{x})$. 由 $f(x)$ 是凸函数可知, 对任意的 $\lambda \in (0,1]$,

$$f(\lambda \widehat{x} + (1 - \lambda)\overline{x}) \leqslant \lambda f(\widehat{x}) + (1 - \lambda)f(\overline{x}) < \lambda f(\overline{x}) + (1 - \lambda)f(\overline{x}) = f(\overline{x}).$$

从而对充分小的 $\lambda > 0$, $\lambda \widehat{x} + (1 - \lambda)\overline{x} \in (\overline{x} - \delta, \overline{x} + \delta) \cap D$ 且

$$f(\lambda \widehat{x} + (1 - \lambda)\overline{x}) < f(\overline{x}).$$

这与 $\overline{x}$ 为 $f(x)$ 的极小点矛盾. 故 $\overline{x}$ 是 $f(x)$ 的最小值点.

(2) 对任意的 $x, y \in S$, 任意的 $\lambda \in [0,1]$, 由 D 是凸集可知, $\lambda x + (1-\lambda)y \in D$. 又因为 $f(x)$ 是凸函数, 所以

$$f(\lambda x + (1 - \lambda)y) \leqslant \lambda f(x) + (1 - \lambda)f(y) = f(x) = f(y),$$

即 $\lambda x + (1-\lambda)y$ 也是 $f(x)$ 的最小值点. 从而 $\lambda x + (1-\lambda)y \in S$. 因此, S 是凸集.

(3) 由本节注 2 可知, $f(x)$ 是 D 上的凸函数. 因此, 由 (1) 可知, $\overline{x}$ 是 $f(x)$ 的最小值点. 若存在 $\widehat{x} \neq \overline{x} \in D$ 使得 $f(\widehat{x}) = f(\overline{x})$, 则对任意的 $\lambda \in (0,1)$, $\lambda \widehat{x} + (1 - \lambda)\overline{x} \in D$ 且满足

$$f(\lambda \widehat{x} + (1 - \lambda)\overline{x}) < \lambda f(\widehat{x}) + (1 - \lambda)f(\overline{x}) = f(\overline{x}),$$

这与 $f(x)$ 是严格凸函数矛盾. 故 $\overline{x}$ 是 $f(x)$ 的唯一的最小值点.　　　□

注 4　类似于性质 1 的证明易知: 若函数 $f(x)$ 是 D 上的凹函数, 则

(1) $f(x)$ 的极大值点一定是最大值点;

(2) $f(x)$ 的全体最大值点构成的集合 S 是凸集;

(3) 若 $f(x)$ 是定义在凸集 D 上的严格凹函数且 $\overline{x} \in D$ 是 $f(x)$ 的极大值点, 则 $\overline{x}$ 是 $f(x)$ 在 D 上的唯一最大值点.

性质 2　设 D 是 $\mathbb{R}$ 上的凸集, 函数 $f(x)$ 与 $g(x)$ 均是定义在 D 上的凸函数且 $\alpha \geqslant 0$, $\beta \geqslant 0$. 证明: 函数 $\alpha f(x) + \beta g(x)$ 是 D 上的凸函数.

---

① 在最优化领域中, 性质 1 是凸函数十分重要的优化性质.

证　显然, 对任意的 $x, y \in D$, $\lambda \in [0,1]$, $\lambda x + (1-\lambda)y \in D$. 因为 $f(x)$ 与 $g(x)$ 均是 D 上的凸函数, 所以

$$f(\lambda x + (1-\lambda)y) \leqslant \lambda f(x) + (1-\lambda)f(y),$$

$$g(\lambda x + (1-\lambda)y) \leqslant \lambda g(x) + (1-\lambda)g(y).$$

从而

$$\alpha f(\lambda x + (1-\lambda)y) + \beta g(\lambda x + (1-\lambda)y)$$

$$\leqslant \lambda(\alpha f(x) + \beta g(x)) + (1-\lambda)(\alpha f(y) + \beta g(y)),$$

即 $\alpha f(x) + \beta g(x)$ 是 D 上的凸函数. □

性质 3　设 D 是 $\mathbb{R}$ 上的凸集, 函数 $f(x)$ 与 $g(x)$ 均是 D 上单调递增且非负的凸函数. 证明: 函数 $f(x)g(x)$ 在 D 上为凸函数.

证　显然, 对任意的 $x, y \in D$, $\lambda \in [0,1]$, $\lambda x + (1-\lambda)y \in D$. 因为 $f(x)$ 与 $g(x)$ 均是 D 上单调递增的函数, 所以

$$f(x)g(x) + f(y)g(y) - f(x)g(y) - f(y)g(x)$$

$$= f(x)(g(x) - g(y)) + f(y)(g(y) - g(x))$$

$$= (f(y) - f(x))(g(y) - g(x)) \geqslant 0,$$

即 $f(x)g(x) + f(y)g(y) \geqslant f(x)g(y) + f(y)g(x)$. 因此,

$$f(\lambda x + (1-\lambda)y)g(\lambda x + (1-\lambda)y)$$

$$\leqslant (\lambda f(x) + (1-\lambda)f(y))(\lambda g(x) + (1-\lambda)g(y))$$

$$= \lambda^2 f(x)g(x) + (1-\lambda)^2 f(y)g(y) + \lambda(1-\lambda)(f(x)g(y) + f(y)g(x))$$

$$\leqslant \lambda^2 f(x)g(x) + (1-\lambda)^2 f(y)g(y) + \lambda(1-\lambda)(f(x)g(x) + f(y)g(y))$$

$$= \lambda f(x)(\lambda g(x) + (1-\lambda)g(x)) + (1-\lambda)g(y)(\lambda f(y) + (1-\lambda)f(y))$$

$$= \lambda f(x)g(x) + (1-\lambda)f(y)g(y).$$

故 $f(x)g(x)$ 为凸集 D 上的凸函数. □

性质 4　设 D 是 $\mathbb{R}$ 上的凸集, 函数 $f(x)$ 是 D 上的凹函数且对任意的 $x \in D$, $f(x) > 0$. 证明: $\dfrac{1}{f(x)}$ 为 D 上的凸函数.

证 显然, 对任意的 $x, y \in D$, $\lambda \in [0,1]$, $\lambda x + (1-\lambda)y \in D$. 因为函数 $f(x)$ 是凸集 D 上的凹函数, 所以 $f(\lambda x + (1-\lambda)y) \geqslant \lambda f(x) + (1-\lambda)f(y)$. 又因为对任意的 $x \in D$, $f(x) > 0$, 所以

$$\frac{\lambda}{f(x)} + \frac{1-\lambda}{f(y)} - \frac{1}{\lambda f(x) + (1-\lambda)f(y)}$$

$$= \frac{\lambda(1-\lambda)(f^2(y) + f^2(x) - 2f(x)f(y))}{f(x)f(y)(\lambda f(x) + (1-\lambda)f(y))}$$

$$= \frac{\lambda(1-\lambda)(f(y) - f(x))^2}{f(x)f(y)(\lambda f(x) + (1-\lambda)f(y))} \geqslant 0.$$

从而有

$$\frac{1}{f(\lambda x + (1-\lambda)y)} \leqslant \frac{1}{\lambda f(x) + (1-\lambda)f(y)} \leqslant \frac{\lambda}{f(x)} + \frac{1-\lambda}{f(y)}.$$

故 $\dfrac{1}{f(x)}$ 为凸集 D 上的凸函数. $\qquad\square$

性质 5 设函数 $f(x)$ 在开区间 (a,b) 内可导, 则 $f(x)$ 在 (a,b) 上是凸函数 $\Longleftrightarrow$ 对任意的 $x, y \in (a,b)$, $f(x) - f(y) \geqslant f'(y)(x - y)$.

证 (必要性) 因为 $f(x)$ 是凸函数, 所以对任意的 $x, y \in (a,b)$, $\lambda \in (0,1)$,

$$f(\lambda x + (1-\lambda)y) \leqslant \lambda f(x) + (1-\lambda)f(y),$$

即 $f(x) - f(y) \geqslant \dfrac{f(y + \lambda(x-y)) - f(y)}{\lambda}$. 从而由 $f(x)$ 在 (a,b) 内可导可知

$$f(x) - f(y) \geqslant f'(y)(x - y).$$

(充分性) 显然对任意的 $x, y \in (a,b)$, $\lambda \in (0,1)$, $\lambda x + (1-\lambda)y \in (a,b)$. 由条件可知

$$f(x) - f(\lambda x + (1-\lambda)y) \geqslant (1-\lambda)f'(\lambda x + (1-\lambda)y)(x - y),$$

$$f(y) - f(\lambda x + (1-\lambda)y) \geqslant \lambda f'(\lambda x + (1-\lambda)y)(y - x).$$

将上述两式分别乘以 λ 和 $1-\lambda$ 并相加可得

$$f(\lambda x + (1-\lambda)y) \leqslant \lambda f(x) + (1-\lambda)f(y).$$

故由定义可知, $f(x)$ 在 (a,b) 内为凸函数. $\qquad\square$

性质 6　设函数 $f(x)$ 在开区间 (a,b) 内可导. 则 $f(x)$ 是凸函数 $\Longleftrightarrow$ 对任意的 $x,y \in (a,b)$, $(f'(x)-f'(y))(x-y) \geqslant 0$.

证　(必要性) 因为 $f(x)$ 是凸函数, 所以由本节性质 5 可知, 对任意的 $x,y \in (a,b)$,

$$f(x) \geqslant f(y) + f'(y)(x-y), \quad f(y) \geqslant f(x) + f'(x)(y-x).$$

因此, $(f'(x)-f'(y))(x-y) \geqslant 0$.

(充分性) 对任意的 $x,y \in (a,b)$, 由拉格朗日中值定理可知, 存在 $\lambda \in (0,1)$ 使得

$$f(x) - f(y) = f'(\lambda y + (1-\lambda)x)(x-y).$$

由条件可知, $(f'(\lambda y + (1-\lambda)x) - f'(y))(\lambda y + (1-\lambda)x - y) \geqslant 0$, 即

$$(1-\lambda)(f'(\lambda y + (1-\lambda)x) - f'(y))(x-y) \geqslant 0.$$

从而 $f'(\lambda y + (1-\lambda)x)(x-y) \geqslant f'(y)(x-y)$. 因此, $f(x) - f(y) \geqslant f'(y)(x-y)$. 再由本节性质 5 可知, $f(x)$ 在 (a,b) 内为凸函数. □

性质 7　设函数 $f(x)$ 在开区间 (a,b) 内二阶可导. 则 $f(x)$ 在 (a,b) 内为凸函数 $\Longleftrightarrow$ 对任意的 $x \in (a,b)$, $f''(x) \geqslant 0$.

证　由本节性质 6 可得结论显然成立. □

性质 8　设 D 是 $\mathbb{R}$ 上的凸集, 函数 $f(x)$ 是定义在 D 上的凸函数. 则对任意的 $x_1, x_2, x_3 \in D$, 当 $x_1 < x_2 < x_3$ 时,

$$\frac{f(x_2)-f(x_1)}{x_2-x_1} \leqslant \frac{f(x_3)-f(x_1)}{x_3-x_1} \leqslant \frac{f(x_3)-f(x_2)}{x_3-x_2}.$$

证　令 $\lambda = \dfrac{x_3-x_2}{x_3-x_1}$, 则

$$0 < \lambda < 1, \quad 1-\lambda = \frac{x_2-x_1}{x_3-x_1}, \quad x_2 = \lambda x_1 + (1-\lambda)x_3.$$

由 $f(x)$ 是 D 上的凸函数可得

$$f(x_2) = f(\lambda x_1 + (1-\lambda)x_3) \leqslant \lambda f(x_1) + (1-\lambda)f(x_3).$$

从而

$$f(x_2) - f(x_1) \leqslant (1-\lambda)(f(x_3)-f(x_1)) = \frac{(x_2-x_1)(f(x_3)-f(x_1))}{x_3-x_1},$$

$$f(x_3) - f(x_2) \geqslant \lambda(f(x_3)-f(x_1)) = \frac{(x_3-x_2)(f(x_3)-f(x_1))}{x_3-x_1}.$$

因此,

$$\frac{f(x_2) - f(x_1)}{x_2 - x_1} \leqslant \frac{f(x_3) - f(x_1)}{x_3 - x_1} \leqslant \frac{f(x_3) - f(x_2)}{x_3 - x_2}. \qquad \Box$$

注 5　由本节性质 8 可知, 若 D 是 $\mathbb{R}$ 上的凸集, 函数 $f(x)$ 是定义在 D 上的凸函数, 则对任意的 $x_0 \in D$, $k(x) = \dfrac{f(x) - f(x_0)}{x - x_0}$ 在 $D \setminus \{x_0\}$ 上单调递增.

性质 9　若函数 $f(x)$ 为开区间 (a,b) 内的凸函数, 则 $f(x)$ 在 (a,b) 内连续.

证　对任意的 $x_0 \in (a,b)$, 显然, 存在 $c < d$ 使得 $x_0 \in (c,d) \subset [c,d] \subset (a,b)$. 令

$$0 < |h| < \min\{d - x_0, x_0 - c\}.$$

当 $h > 0$ 时, 由本节性质 8 可得

$$\frac{f(x_0 + h) - f(x_0)}{h} \leqslant \frac{f(d) - f(x_0)}{d - x_0},$$

$$\frac{f(x_0) - f(c)}{x_0 - c} \leqslant \frac{f(x_0 + h) - f(x_0)}{h}.$$

从而有

$$h\left(\frac{f(d) - f(x_0)}{d - x_0}\right) \geqslant f(x_0 + h) - f(x_0) \geqslant h\left(\frac{f(x_0) - f(c)}{x_0 - c}\right).$$

当 $h \to 0^+$ 时,

$$\lim_{h \to 0^+} h\left(\frac{f(d) - f(x_0)}{d - x_0}\right) = \lim_{h \to 0^+} h\left(\frac{f(x_0) - f(c)}{x_0 - c}\right) = 0,$$

从而 $\lim\limits_{h \to 0^+} f(x_0 + h) = f(x_0)$, 即 $f(x)$ 在 x_0 处右连续.

当 $h < 0$ 时, 同理可证, $f(x)$ 在 x_0 点左连续. 从而 $f(x)$ 在 x_0 点连续. 由 x_0 的任意性可知, $f(x)$ 在 (a,b) 内连续. $\qquad \Box$

注 6　若函数 $f(x)$ 是闭区间 $[a,b]$ 上的凸函数, 由本节性质 9 可知 $f(x)$ 在开区间 (a,b) 内必连续. 然而 $f(x)$ 在端点 $x = a$ 或 $x = b$ 处不一定连续. 例如: 对任意的 $x \in [-1,1]$, 取

$$f(x) = \begin{cases} 2, & x = -1, \\ x^2, & -1 < x \leqslant 1. \end{cases}$$

显然, $f(x)$ 在 $[-1,1]$ 上为凸函数, 但在 $x = -1$ 处不连续. 进一步, 可以证明 $f(x)$ 在 $x = a$, $x = b$ 处必上半连续.

性质 10　若函数 $f(x)$ 为开区间 (a,b) 内的凸函数, 则对任意的 $x_0 \in (a,b)$, 单侧导数 $f'_+(x_0)$, $f'_-(x_0)$ 存在且 $f'_-(x_0) \leqslant f'_+(x_0)$.

证　因 $x_0 \in (a,b)$, 故存在 $x_1, x_2 \in (a,b)$ 使得 $x_1 < x_0 < x_2$. 由本节性质 8 可得

$$\frac{f(x_1) - f(x_0)}{x_1 - x_0} \leqslant \frac{f(x_2) - f(x_0)}{x_2 - x_0}.$$

从而由本节注 5 可知, $k(x) = \dfrac{f(x) - f(x_0)}{x - x_0}$ 在 $(x_1, x_2) \setminus \{x_0\}$ 上单调递增且有界. 因此, 对任意的 $y \in (x_0, x_2)$,

$$f'_-(x_0) = \lim_{x_1 \to x_0^-} \frac{f(x_1) - f(x_0)}{x_1 - x_0} \leqslant \frac{f(y) - f(x_0)}{y - x_0}.$$

从而

$$f'_-(x_0) \leqslant \lim_{x_2 \to x_0^+} \frac{f(x_2) - f(x_0)}{x_2 - x_0} = f'_+(x_0). \qquad \square$$

性质 11　设函数 $f(x)$ 是定义在 $\mathbb{R}$ 上的实值函数. 对任意的 $\overline{x} \in \mathbb{R}$ 且 $0 \neq d \in \mathbb{R}$, 令 $\Phi_{(\overline{x};d)}(\lambda) = f(\overline{x} + \lambda d), \lambda \in \mathbb{R}$. 则函数 $f(x)$ 是 $\mathbb{R}$ 上的凸函数 $\iff$ 函数 $\Phi_{(\overline{x};d)}(\lambda)$ 是 $\mathbb{R}$ 上的凸函数.

证　(必要性) 对任意的 $\overline{x} \in \mathbb{R}$, $0 \neq d \in \mathbb{R}$. 若 $f(x)$ 是凸函数, 则对任意的 $\lambda_1, \lambda_2 \in \mathbb{R}$, 任意的 $\alpha \in [0,1]$,

$$\begin{aligned}
\Phi_{(\overline{x};d)}(\alpha\lambda_1 + (1-\alpha)\lambda_2) &= f(\alpha(\overline{x} + \lambda_1 d) + (1-\alpha)(\overline{x} + \lambda_2 d)) \\
&\leqslant \alpha f(\overline{x} + \lambda_1 d) + (1-\alpha)f(\overline{x} + \lambda_2 d) \\
&= \alpha\Phi_{(\overline{x};d)}(\lambda_1) + (1-\alpha)\Phi_{(\overline{x};d)}(\lambda_2).
\end{aligned}$$

(充分性) 设对任意的 $\overline{x} \in \mathbb{R}$, $0 \neq d \in \mathbb{R}$, $\Phi_{(\overline{x};d)}$ 是凸函数. 则对任意的 $x, y \in \mathbb{R}$, 任意的 $\lambda \in [0,1]$,

$$\begin{aligned}
\lambda f(x) + (1-\lambda)f(y) &= \lambda f(x + 0(y-x)) + (1-\lambda)f(x + 1(y-x)) \\
&= \lambda\Phi_{(x;(y-x))}(0) + (1-\lambda)\Phi_{(x;(y-x))}(1) \\
&\geqslant \Phi_{(x;(y-x))}(1-\lambda) = f(x + (1-\lambda)(y-x)) \\
&= f(\lambda x + (1-\lambda)y),
\end{aligned}$$

即 $f(x)$ 是 $\mathbb{R}$ 上的凸函数.　$\square$

性质 12 设函数 $f(x)$ 是定义在 $\mathbb{R}$ 上的实值函数. 对任意的 $\overline{x} \in \mathbb{R}, d \in \mathbb{R}$, 任意的 $\lambda \in (0,1]$, 令

$$\Phi_{(\overline{x};d)}(\lambda) = \frac{f(\overline{x} + \lambda d) - f(\overline{x})}{\lambda}.$$

则 $f(x)$ 是 $\mathbb{R}$ 上的凸函数 $\Longleftrightarrow$ $\Phi_{(\overline{x};d)}(\lambda)$ 在 $(0,1]$ 上单调递增.

证 (必要性) 对任意的 $0 < \lambda_1 \leqslant \lambda_2 \leqslant 1$, 由 $f(x)$ 为凸函数可得

$$f(\overline{x} + \lambda_1 d) = f\left(\frac{\lambda_1}{\lambda_2}(\overline{x} + \lambda_2 d) + \left(1 - \frac{\lambda_1}{\lambda_2}\right)\overline{x}\right)$$

$$\leqslant \frac{\lambda_1}{\lambda_2}f(\overline{x} + \lambda_2 d) + \left(1 - \frac{\lambda_1}{\lambda_2}\right)f(\overline{x}).$$

从而

$$\Phi_{(\overline{x};d)}(\lambda_1) = \frac{f(\overline{x} + \lambda_1 d) - f(\overline{x})}{\lambda_1} \leqslant \frac{f(\overline{x} + \lambda_2 d) - f(\overline{x})}{\lambda_2} = \Phi_{(\overline{x};d)}(\lambda_2).$$

故 $\Phi_{(\overline{x};d)}(\lambda)$ 在 $(0,1]$ 上单调递增.

(充分性) 设对任意的 $\overline{x} \in \mathbb{R}, d \in \mathbb{R}$, $\Phi_{(\overline{x};d)}(\lambda)$ 在 $(0,1]$ 上单调递增. 则对任意的 $x, y \in \mathbb{R}$, 任意的 $\lambda \in (0,1)$,

$$\frac{f(x + \lambda(y-x)) - f(x)}{\lambda} \leqslant \frac{f(x + 1(y-x)) - f(x)}{1} = f(y) - f(x).$$

因此, $f(x + \lambda(y-x)) \leqslant \lambda f(y) + (1-\lambda)f(x)$. $\quad\square$

利用定义验证函数的凸性往往比较困难. 下面的结果表明: 上半连续或下半连续条件下函数凸性的判定可以转化为对函数中间点凸性的验证.

性质 13 设 D 是 $\mathbb{R}$ 上的凸集, 函数 $f(x)$ 是定义在 D 上的上半连续函数. 则 $f(x)$ 是 D 上的凸函数 $\Longleftrightarrow$ 存在 $\alpha \in (0,1)$, 对任意的 $x, y \in D$,

$$f(y + \alpha(x-y)) \leqslant \alpha f(x) + (1-\alpha)f(y).$$

证 必要性显然成立. 下证充分性. 假设 $f(x)$ 不是 D 上的凸函数, 则存在 $x, y \in D, \overline{\lambda} \in (0,1)$ 使得 $f(y + \overline{\lambda}(x-y)) > \overline{\lambda}f(x) + (1-\overline{\lambda})f(y)$. 令

$$g(\lambda) = f(y + \lambda(x-y)) - \lambda f(x) - (1-\lambda)f(y).$$

由 $f(x)$ 的上半连续性可知, 函数 $g(\lambda)$ 在闭区间 $[0,1]$ 上半连续. 故由第三章第三节的性质 5 可知, $g(\lambda)$ 在闭区间 $[0,1]$ 上存在最大值 M_0. 由 $g(\overline{\lambda}) > 0$ 可知, $M_0 > 0$. 令

$$\lambda_0 = \max\{\lambda \in [0,1] | g(\lambda) = M_0\}.$$

显然, $g(0) = 0 = g(1)$. 故 $\lambda_0 \in (0,1)$. 取 $\delta > 0$ 满足

$$(\lambda_0 - (1-\alpha)\delta, \lambda_0 + \alpha\delta) \subset (0,1).$$

令 $\lambda_1 = \lambda_0 + \alpha\delta$, $\lambda_2 = \lambda_0 - (1-\alpha)\delta$. 显然,

$$\lambda_1 = \lambda_2 + \delta, \quad \lambda_1 - \lambda_2 > 0, \quad 0 < \frac{\lambda_1 - \lambda_2}{1 - \lambda_2} < 1.$$

令 $x^* = y + \lambda_2(x-y)$, $y^* = y + \lambda_1(x-y)$, 则

$$\begin{aligned}
y^* + \alpha(x^* - y^*) &= y + \lambda_1(x-y) + \alpha(\lambda_2 - \lambda_1)(x-y) \\
&= y + \lambda_1(x-y) - \alpha\delta(x-y) \\
&= y + (\lambda_0 + \alpha\delta)(x-y) - \alpha\delta(x-y) \\
&= y + \lambda_0(x-y).
\end{aligned}$$

因此有

$$\begin{aligned}
g(\lambda_0) &= f(y + \lambda_0(x-y)) - \lambda_0 f(x) - (1-\lambda_0)f(y) \\
&= f(y^* + \alpha(x^* - y^*)) - \lambda_0 f(x) - (1-\lambda_0)f(y) \\
&\leqslant \alpha f(x^*) + (1-\alpha)f(y^*) - \lambda_0 f(x) - (1-\lambda_0)f(y) \\
&= \alpha(f(x^*) - \lambda_2 f(x) - (1-\lambda_2)f(y)) \\
&\quad + (1-\alpha)(f(y^*) - \lambda_1 f(x) - (1-\lambda_1)f(y)) \\
&= \alpha g(\lambda_2) + (1-\alpha)g(\lambda_1) < \alpha M_0 + (1-\alpha)M_0 = M_0.
\end{aligned}$$

这与 $M_0 = g(\lambda_0)$ 矛盾. 故 $f(x)$ 是 D 上的凸函数.　　　　　　□

　　性质 14[①]　设 D 是 $\mathbb{R}$ 上的凸集, 函数 $f(x)$ 是定义在 D 上的下半连续函数. 则 $f(x)$ 是 D 上的凸函数 $\Longleftrightarrow$ 存在 $\alpha \in (0,1)$, 对任意的 $x, y \in D$,

$$f(y + \alpha(x-y)) \leqslant \alpha f(x) + (1-\alpha)f(y).$$

　　证　必要性显然成立. 下面证明充分性. 令

$$A = \{\lambda \in [0,1] | f(\lambda x + (1-\lambda)y) \leqslant \lambda f(x) + (1-\lambda)f(y), \forall x, y \in D\}.$$

---

① 性质 14 及其证明来源于 (杨新民. 凸函数的两个充分性条件. 重庆师范学院学报 (自然科学版), 1994, 11(4): 9-12).

由题意可知 $\alpha \in A$. 故 $A \neq \varnothing$. 下证 A 在 $[0,1]$ 上稠密, 即对任意的 $\lambda \in [0,1]$ 和 $\delta > 0$, $A \cap (\lambda - \delta, \lambda + \delta) \neq \varnothing$. 若不然, 假设存在 $\lambda_0 \in (0,1)$ 和 $\delta_0 > 0$ 使得

$$A \cap (\lambda_0 - \delta_0, \lambda_0 + \delta_0) = \varnothing.$$

取 $\lambda_1 = \inf\{\lambda \in A | \lambda \geqslant \lambda_0\}$, $\lambda_2 = \sup\{\lambda \in A | \lambda \leqslant \lambda_0\}$. 则 $0 \leqslant \lambda_2 < \lambda_0 < \lambda_1 \leqslant 1$. 由于 $\max\{\alpha, 1-\alpha\} \in (0,1)$, 所以存在 $\beta_1, \beta_2 \in A$ 使得 $\beta_1 \geqslant \lambda_1$, $\beta_2 \leqslant \lambda_2$ 且

$$\alpha(\beta_1 - \beta_2) < \lambda_1 - \lambda_2, \quad (1-\alpha)(\beta_1 - \beta_2) < \lambda_1 - \lambda_2.$$

令 $\overline{\beta} = \alpha\beta_1 + (1-\alpha)\beta_2$. 则

$$\overline{\beta}x + (1-\overline{\beta})y$$
$$= (\alpha\beta_1 + (1-\alpha)\beta_2)x + (1 - (\alpha\beta_1 + (1-\alpha)\beta_2))y$$
$$= \alpha(\beta_1 x + (1-\beta_1)y) + (1-\alpha)(\beta_2 x + (1-\beta_2)y), \quad \forall x,y \in D.$$

故对任意的 $x, y \in D$,

$$f(\overline{\beta}x + (1-\overline{\beta})y)$$
$$= f(\alpha(\beta_1 x + (1-\beta_1)y) + (1-\alpha)(\beta_2 x + (1-\beta_2)y))$$
$$\leqslant \alpha f(\beta_1 x + (1-\beta_1)y) + (1-\alpha)f(\beta_2 x + (1-\beta_2)y)$$
$$\leqslant \alpha\beta_1 f(x) + \alpha(1-\beta_1)f(y) + (1-\alpha)\beta_2 f(x) + (1-\alpha)(1-\beta_2)f(y)$$
$$= \overline{\beta}f(x) + (1-\overline{\beta})f(y),$$

即 $\overline{\beta} \in A$.

(i) 当 $\overline{\beta} \geqslant \lambda_0$ 时, 由 $\overline{\beta} - \beta_2 = \alpha(\beta_1 - \beta_2) < \lambda_1 - \lambda_2$ 可得 $\overline{\beta} < \lambda_1$. 又 $\overline{\beta} \geqslant \lambda_0$ 且 $\overline{\beta} \in A$, 这显然与 λ_1 的取法矛盾.

(ii) 当 $\overline{\beta} \leqslant \lambda_0$ 时, 由 $\beta_1 - \overline{\beta} = (1-\alpha)(\beta_1 - \beta_2) < \lambda_1 - \lambda_2$ 可得 $\overline{\beta} > \lambda_2$. 又 $\overline{\beta} \leqslant \lambda_0$ 且 $\overline{\beta} \in A$, 这显然与 λ_2 的取法矛盾.

综合上述讨论可知, A 在 $[0,1]$ 中稠密. 下证 $f(x)$ 是 D 上的凸函数. 对任意的 $\lambda \in (0,1)$, 由上述证明知, 存在 $\lambda_n \in (0,1)(n = 1,2,\cdots)$ 使得 $\lambda_n \to \lambda$ 且 $\lambda_n \in A$. 从而由 A 的定义有

$$f(\lambda_n + (1-\lambda_n)y) \leqslant \lambda_n f(x) + (1-\lambda_n)f(y), \quad \forall x,y \in D.$$

由 $f(x)$ 的下半连续性可知, 对任意的 $x, y \in D, \lambda \in [0,1]$,

$$f(\lambda x + (1-\lambda)y) \leqslant \lim_{n \to \infty} f(\lambda_n x + (1-\lambda_n)y) \leqslant \lambda f(x) + (1-\lambda)f(y).$$

故 $f(x)$ 为 D 上的凸函数. □

由性质 13 和性质 14 立即可得下面的推论.

推论 1　设 D 是 $\mathbb{R}$ 上的凸集, 函数 $f(x)$ 是定义在 D 上的连续函数. 则 $f(x)$ 是 D 上的凸函数 $\Longleftrightarrow$ 存在 $\alpha \in (0,1)$, 对任意的 $x, y \in D$,

$$f(y + \alpha(x - y)) \leqslant \alpha f(x) + (1 - \alpha)f(y).$$

推论 2　设 D 是 $\mathbb{R}$ 上的凸集, 函数 $f(x)$ 是定义在 D 上的连续函数. 则 $f(x)$ 是 D 上的凸函数 $\Longleftrightarrow$ 对任意的 $x, y \in D$,

$$f\left(\frac{x + y}{2}\right) \leqslant \frac{1}{2}f(x) + \frac{1}{2}f(y).$$

第二节　凸函数与不等式证明

凸函数在最优化理论与方法、数理经济学等分支学科中具有广泛应用. 本节主要利用凸函数的定义及其基本性质给出一些常见的不等式的证明. 利用凸函数证明不等式的关键在于, 如何准确地构造符合要求的一些具体的凸函数形式.

例 1 (詹森 (Jensen) 不等式)　设 D 是 $\mathbb{R}$ 上的凸集, 函数 $f(x)$ 为定义在 D 上的实值函数. 则 $f(x)$ 是 D 上的凸函数 $\Longleftrightarrow$ 对任意的 $x_i \in D$, $\lambda_i \geqslant 0$, $i = 1, 2, \cdots, n, \sum\limits_{i=1}^{n} \lambda_i = 1$ 且满足

$$f(\lambda_1 x_1 + \lambda_2 x_2 + \cdots + \lambda_n x_n) \leqslant \lambda_1 f(x_1) + \lambda_2 f(x_2) + \cdots + \lambda_n f(x_n).$$

证　充分性显然成立. 下证必要性 (用数学归纳法).

当 $n = 2$ 时, 由凸函数的定义可知, 结论显然成立. 假设当 $n = k - 1$ 时, 结论成立, 即当 $\lambda_i \geqslant 0 (1 \leqslant i \leqslant k - 1)$, $\sum\limits_{i=1}^{k-1} \lambda_i = 1$ 时,

$$f(\lambda_1 x_1 + \lambda_2 x_2 + \cdots + \lambda_{k-1} x_{k-1}) \leqslant \lambda_1 f(x_1) + \lambda_2 f(x_2) + \cdots + \lambda_{k-1} f(x_{k-1}).$$

故当 $\lambda_i \geqslant 0, \sum\limits_{i=1}^{k} \lambda_i = 1$ 时,

$$
\begin{aligned}
& f(\lambda_1 x_1 + \cdots + \lambda_k x_k) \\
&= f\left((1 - \lambda_k)\frac{\lambda_1 x_1 + \lambda_2 x_2 + \cdots + \lambda_{k-1} x_{k-1}}{1 - \lambda_k} + \lambda_k x_k\right) \\
&\leqslant (1 - \lambda_k) f\left(\frac{\lambda_1 x_1 + \lambda_2 x_2 + \cdots + \lambda_{k-1} x_{k-1}}{1 - \lambda_k}\right) + \lambda_k f(x_k)
\end{aligned}
$$

$$\leqslant (1-\lambda_k)\left(\frac{\lambda_1}{1-\lambda_k}f(x_1)+\cdots+\frac{\lambda_{k-1}}{1-\lambda_k}f(x_{k-1})\right)+\lambda_k f(x_k)$$

$$=\lambda_1 f(x_1)+\lambda_2 f(x_2)+\cdots+\lambda_{k-1}f(x_{k-1})+\lambda_k f(x_k).$$

例 2 (阿达马 (Hadamard) 不等式) 设函数 $f(x)$ 是闭区间 $[a,b]$ 上的凸函数. 证明:

$$f\left(\frac{a+b}{2}\right)\leqslant\frac{1}{b-a}\int_a^b f(x)\mathrm{d}x\leqslant\frac{f(a)+f(b)}{2}.$$

证 对任意的 $x\in[a,b]$, $a+b-x\in[a,b]$. 由 $f(x)$ 是 $[a,b]$ 上的凸函数可得

$$f\left(\frac{a+b}{2}\right)=f\left(\frac{x+(a+b-x)}{2}\right)\leqslant\frac{f(x)+f(a+b-x)}{2}.$$

令 $a+b-x=t$. 则 $\displaystyle\int_{\frac{a+b}{2}}^b f(x)\mathrm{d}x=\int_a^{\frac{a+b}{2}}f(a+b-t)\mathrm{d}t$. 从而

$$\int_a^b f(x)\mathrm{d}x=\int_a^{\frac{a+b}{2}}f(x)\mathrm{d}x+\int_{\frac{a+b}{2}}^b f(x)\mathrm{d}x$$

$$=\int_a^{\frac{a+b}{2}}(f(x)+f(a+b-x))\,\mathrm{d}x$$

$$\geqslant 2\int_a^{\frac{a+b}{2}}f\left(\frac{a+b}{2}\right)\mathrm{d}x=(b-a)f\left(\frac{a+b}{2}\right),$$

因此, $f\left(\dfrac{a+b}{2}\right)\leqslant\dfrac{1}{b-a}\displaystyle\int_a^b f(x)\mathrm{d}x$. 令 $t=\dfrac{b-x}{b-a}$. 则

$$x=b-t(b-a),\quad \mathrm{d}x=-(b-a)\mathrm{d}t.$$

因此可得

$$\int_a^b f(x)\mathrm{d}x=\int_1^0 f(b-t(b-a))(-(b-a))\mathrm{d}t$$

$$=(b-a)\int_0^1 f(ta+(1-t)b)\mathrm{d}t$$

$$\leqslant(b-a)\int_0^1(tf(a)+(1-t)f(b))\,\mathrm{d}t$$

$$=(b-a)f(a)\int_0^1 t\,\mathrm{d}t+(b-a)f(b)\int_0^1(1-t)\,\mathrm{d}t$$

$$= (b - a)\frac{f(a) + f(b)}{2}. \qquad\qquad \square$$

例 3 (均值不等式)　设 $a_i > 0(i = 1, 2, \cdots, n)$. 证明:

$$\frac{n}{\dfrac{1}{a_1} + \dfrac{1}{a_2} + \cdots + \dfrac{1}{a_n}} \leqslant \sqrt[n]{a_1 a_2 \cdots a_n} \leqslant \frac{a_1 + a_2 + \cdots + a_n}{n}.$$

证　对任意的 $x \in (0, +\infty)$, 令 $f(x) = -\ln x$. 因为 $f''(x) = \dfrac{1}{x^2} > 0(x > 0)$, 所以 $f(x)$ 在 $(0, \infty)$ 内为凸函数. 由本节例 1 可得

$$f\left(\sum_{i=1}^{n} \frac{1}{n} a_i\right) \leqslant \frac{1}{n} \sum_{i=1}^{n} f(a_i),$$

即

$$-\ln\left(\sum_{i=1}^{n} \frac{a_i}{n}\right) \leqslant -\frac{1}{n} \sum_{i=1}^{n} \ln a_i \Longrightarrow \ln\left(\sum_{i=1}^{n} \frac{a_i}{n}\right) \geqslant \frac{1}{n} \sum_{i=1}^{n} \ln a_i$$

$$\Longrightarrow \ln\left(\sum_{i=1}^{n} \frac{a_i}{n}\right) \geqslant \frac{\ln(a_1 a_2 \cdots a_n)}{n}$$

$$\Longrightarrow \ln\left(\sum_{i=1}^{n} \frac{a_i}{n}\right) \geqslant \ln \sqrt[n]{a_1 a_2 \cdots a_n},$$

所以

$$\frac{a_1 + a_2 + \cdots + a_n}{n} \geqslant \sqrt[n]{a_1 a_2 \cdots a_n}.$$

同理

$$f\left(\sum_{i=1}^{n} \frac{1}{n} \frac{1}{a_i}\right) \leqslant \frac{1}{n} \sum_{i=1}^{n} f\left(\frac{1}{a_i}\right) \Longrightarrow -\ln \frac{\displaystyle\sum_{i=1}^{n} \frac{1}{a_i}}{n} \leqslant -\frac{1}{n} \sum_{i=1}^{n} \ln \frac{1}{a_i}$$

$$\Longrightarrow \ln \frac{n}{\displaystyle\sum_{i=1}^{n} \frac{1}{a_i}} \leqslant \ln \sqrt[n]{a_1 a_2 \cdots a_n}$$

$$\Longrightarrow \frac{n}{\displaystyle\sum_{i=1}^{n} \frac{1}{a_i}} \leqslant \sqrt[n]{a_1 a_2 \cdots a_n}.$$

例 4 (杨 (Young) 不等式)　设 $u, v > 0$, $p, q > 1$ 且 $\dfrac{1}{p} + \dfrac{1}{q} = 1$. 证明:

$$u^{\frac{1}{p}} v^{\frac{1}{q}} \leqslant \frac{u}{p} + \frac{v}{q}.$$

证　令 $f(x) = \ln x$. 因为对任意的 $x \in (0, +\infty)$, $f''(x) = -\dfrac{1}{x^2} < 0$, 所以 $f(x)$ 是 $(0, +\infty)$ 内的凹函数. 故对 $u, v > 0$, $p, q > 1$ 且 $\dfrac{1}{p} + \dfrac{1}{q} = 1$,

$$\ln\left(\frac{1}{p}u + \frac{1}{q}v\right) \geqslant \frac{1}{p}\ln u + \frac{1}{q}\ln v = \ln u^{\frac{1}{p}} v^{\frac{1}{q}}.$$

从而有 $u^{\frac{1}{p}} v^{\frac{1}{q}} \leqslant \dfrac{u}{p} + \dfrac{v}{q}$. □

例 5 (赫尔德 (Hölder) 不等式)　设 $p > 0, q > 0$, $\dfrac{1}{p} + \dfrac{1}{q} = 1$ 且函数 $f(x)$ 和 $g(x)$ 在闭区间 $[a, b]$ 上连续. 证明:

$$\int_a^b |f(x)g(x)|\mathrm{d}x \leqslant \left(\int_a^b |f(x)|^p \mathrm{d}x\right)^{\frac{1}{p}} \left(\int_a^b |g(x)|^q \mathrm{d}x\right)^{\frac{1}{q}}.$$

证　若 $\left(\displaystyle\int_a^b |f(x)|^p \mathrm{d}x\right)^{\frac{1}{p}} = 0$ 或 $\left(\displaystyle\int_a^b |g(x)|^q \mathrm{d}x\right)^{\frac{1}{q}} = 0$, 则由函数的连续性易知 $f(x) = 0$ 或 $g(x) = 0$. 此时结论显然成立. 故不妨设 $\displaystyle\int_a^b |f(x)|^p \mathrm{d}x > 0$ 且 $\displaystyle\int_a^b |g(x)|^q \mathrm{d}x > 0$. 在杨不等式中取

$$u = \frac{|f(x)|^p}{\displaystyle\int_a^b |f(x)|^p \mathrm{d}x}, \quad v = \frac{|g(x)|^q}{\displaystyle\int_a^b |g(x)|^q \mathrm{d}x}.$$

则

$$\frac{|f(x)g(x)|}{\left(\displaystyle\int_a^b |f(x)|^p \mathrm{d}x\right)^{\frac{1}{p}} \left(\displaystyle\int_a^b |g(x)|^q \mathrm{d}x\right)^{\frac{1}{q}}} \leqslant \frac{|f(x)|^p}{p \displaystyle\int_a^b |f(x)|^p \mathrm{d}x} + \frac{|g(x)|^q}{q \displaystyle\int_a^b |g(x)|^q \mathrm{d}x}.$$

对上式两边同时积分可得

$$\int_a^b |f(x)g(x)|\mathrm{d}x \leqslant \left(\int_a^b |f(x)|^p \mathrm{d}x\right)^{\frac{1}{p}} \left(\int_a^b |g(x)|^q \mathrm{d}x\right)^{\frac{1}{q}}.$$

例 6　设 $a, b > 0$ 且 $0 < x < 1$. 证明: $\dfrac{a^3}{x^2} + \dfrac{b^3}{(1-x)^2} \geqslant (a+b)^3$.

证　对任意的 $t \in (0, +\infty)$, 令 $f(t) = t^3$. 显然 $f(t)$ 在开区间 $(0, +\infty)$ 内为凸函数. 从而对任意的 $t_1, t_2 \in (0, +\infty)$, 任意的 $x \in (0, 1)$,

$$xf(t_1) + (1-x)f(t_2) \geqslant f(xt_1 + (1-x)t_2).$$

取 $t_1 = \dfrac{a}{x}, t_2 = \dfrac{b}{1-x}$. 则

$$x\frac{a^3}{x^3} + (1-x)\frac{b^3}{(1-x)^3} \geqslant (a+b)^3,$$

即 $\dfrac{a^3}{x^2} + \dfrac{b^3}{(1-x)^2} \geqslant (a+b)^3$.　　　　　　　　　　□

例 7　设函数 $f(x)$ 在 $[0, 1]$ 上二阶可导且满足 $f''(x) \geqslant 0$, 函数 $g(x)$ 在闭区间 $[0, 1]$ 上连续. 证明: $\displaystyle\int_0^1 f(g(t))\,\mathrm{d}t \geqslant f\left(\int_0^1 g(t)\mathrm{d}t\right)$.

证　由条件可知, $f(g(t))$ 在闭区间 $[0, 1]$ 上连续. 故由定积分的定义可得

$$\int_0^1 f(g(t))\,\mathrm{d}t = \lim_{n \to \infty} \frac{1}{n} \sum_{i=1}^n f\left(g\left(\frac{i}{n}\right)\right).$$

又因为对任意的 $x \in [0, 1]$, $f''(x) \geqslant 0$, 所以由本章第一节的性质 7 可知, $f(x)$ 为凸函数. 从而由本节例 1 可得

$$\frac{f\left(g\left(\dfrac{1}{n}\right)\right) + \cdots + f\left(g\left(\dfrac{n}{n}\right)\right)}{n} \geqslant f\left(\frac{g\left(\dfrac{1}{n}\right) + \cdots + g\left(\dfrac{n}{n}\right)}{n}\right)$$

$$= f\left(\sum_{i=1}^n g\left(\frac{i}{n}\right) \cdot \frac{1}{n}\right).$$

因此,

$$\int_0^1 f(g(t))\,\mathrm{d}t = \lim_{n \to \infty} \frac{1}{n} \sum_{i=1}^n f\left(g\left(\frac{i}{n}\right)\right) \geqslant \lim_{n \to \infty} f\left(\sum_{i=1}^n g\left(\frac{i}{n}\right) \cdot \frac{1}{n}\right)$$

$$= f\left(\lim_{n \to \infty} \sum_{i=1}^n g\left(\frac{i}{n}\right) \cdot \frac{1}{n}\right) = f\left(\int_0^1 g(t)\mathrm{d}t\right).$$

例 8　设函数 $f(x)$ 在 $[0,+\infty)$ 内二阶连续可导, $f'_+(0) < 0$ 且对任意的 $x \in [0,+\infty)$, $f''(x) \geqslant r > 0$. 证明: 存在唯一的 $\xi \in (0,+\infty)$ 使得 $f(\xi) = \min\limits_{x \geqslant 0} f(x)$.

证　因为 $f''(x) \geqslant r > 0$, 所以由第五章第二节的性质 7 可得

$$\int_0^{\frac{-2f'_+(0)}{r}} f''(x)\mathrm{d}x \geqslant \int_0^{\frac{-2f'_+(0)}{r}} r\mathrm{d}x,$$

即

$$f'\left(\frac{-2f'_+(0)}{r}\right) \geqslant f'_+(0) + r \cdot \frac{-2f'_+(0)}{r} = -f'_+(0) > 0.$$

又因为 $f'_+(0) < 0$, 所以由 $f'(x)$ 在 $\left[0, \dfrac{-2f'_+(0)}{r}\right]$ 上连续以及闭区间上连续函数的零点存在定理可知, 存在 $\xi \in \left(0, \dfrac{-2f'_+(0)}{r}\right)$ 使得 $f'(\xi) = 0$. 又因为 $f''(x)$ 在 $[0,+\infty)$ 上恒大于 0, 所以 $f(x)$ 是 $[0,+\infty)$ 上的严格凸函数. 由 $f(x)$ 的凸性以及本章第一节的性质 5 可知, 对任意的 $x \in [0,+\infty)$,

$$f(x) \geqslant f(\xi) + f'(\xi)(x - \xi) = f(\xi),$$

即 $x = \xi$ 是 $f(x)$ 的最小值点. 再由 $f(x)$ 的严格凸性以及本章第一节的性质 1 可知, $x = \xi$ 是函数 $f(x)$ 的唯一最小值点.　　　□

习　题　八

1. 设 D 是 $\mathbb{R}$ 上的凸集, 函数 $f(x)$ 与 $g(x)$ 均是 D 上的凸函数. 举例说明函数 $f(x)g(x)$ 在 D 上不必为凸函数.

2. 设函数 $f(x)$ 与 $g(x)$ 均是定义在 $\mathbb{R}$ 上的凸函数且 $g(x)$ 在定义域内单调递增. 证明: 函数 $g(f(x))$ 是 $\mathbb{R}$ 上的凸函数.

3. 设函数 $f(x)$ 与 $g(x)$ 均是定义在区间 D 上的凸函数.

(1) 证明: $\max\limits_{x \in D}\{f(x), g(x)\}$ 是 D 上的凸函数;

(2) 举例说明 $\min\limits_{x \in D}\{f(x), g(x)\}$ 不必是 D 上的凸函数.

4. 设 D 是 $\mathbb{R}$ 上的凸集. 对任意的 $x \in \mathbb{R}$, 令 $f(x) = \inf\{|x - y| | y \in D\}$. 证明: 函数 $f(x)$ 是 $\mathbb{R}$ 上的凸函数.

(提示: 可利用下确界的性质和凸函数的定义.)

5. 设函数 $f(x)$ 是闭区间 $[a,b]$ 上的凸函数. 证明:

$$\max\{f(x) | x \in [a,b]\} = \max\{f(a), f(b)\}.$$

(提示: 可利用反证法和凸函数的定义.)

6. 设函数 $f(x)$ 是区间 D 上的凸函数. 证明: 对任意的 $\alpha \in \mathbb{R}$, 集合 $S = \{x \in D | f(x) \leqslant \alpha\}$ 为凸集.

7. 设函数 $f(x)$ 是有限开区间 (a,b) 上的凸函数且有界. 证明: $\lim\limits_{x \to a^+} f(x)$ 与 $\lim\limits_{x \to b^-} f(x)$ 存在.

参 考 文 献

卜春霞. 2006. 数学分析选讲 [M]. 郑州: 郑州大学出版社.

费定晖, 周学圣. 2012. 数学分析习题集题解 [M]. 4 版. 济南: 山东科学技术出版社.

何新龙, 陈克军. 2012. 数学分析选讲 [M]. 南京: 南京大学出版社.

华东师范大学数学系. 2010. 数学分析: 上、下 [M]. 4 版. 北京: 高等教育出版社.

李克典, 马云苓. 2006. 数学分析选讲 [M]. 厦门: 厦门大学出版社.

刘三阳, 于力, 李广民. 2007. 数学分析选讲 [M]. 北京: 科学出版社.

刘玉琏, 傅沛仁, 林玎, 等. 2008. 数学分析讲义: 上、下 [M]. 5 版. 北京: 高等教育出版社.

欧阳光中, 朱学炎, 金福临, 等. 2007. 数学分析: 上、下册 [M]. 3 版. 北京: 高等教育出版社.

裴礼文. 2006. 数学分析中的典型问题与方法 [M]. 2 版. 北京: 高等教育出版社.

钱吉林. 2003. 数学分析题解精粹 [M]. 武汉: 崇文书局.

宋国柱. 2004. 分析中的基本定理和典型方法 [M]. 北京: 科学出版社.

孙涛. 2004. 数学分析经典习题解析 [M]. 北京: 高等教育出版社.

王家正, 乔宗敏, 丁一鸣, 等. 2010. 数学分析选讲 [M]. 合肥: 安徽大学出版社.

王俊青. 1996. 数学分析中的反例 [M]. 成都: 电子科技大学出版社.

王昆扬. 2001. 数学分析专题研究 [M]. 北京: 高等教育出版社.

徐利治, 王兴华. 1983. 数学分析的方法及例题选讲 [M]. 北京: 高等教育出版社.

徐新亚, 夏海峰. 2008. 数学分析选讲 [M]. 上海: 同济大学出版社.

张学军, 王仙桃, 徐景实. 2012. 数学分析选讲 [M]. 长沙: 湖南师范大学出版社.